エクセレントドリル

1級 管工事施工管理技士

試験によく出る 重要問題集

市ヶ谷出版社

はじめに

「管工事施工管理技士」の資格制度は，建設業法によって制定されたもので，管工事技術者の技術水準を高めること，および社会的地位の向上を目的としています。この資格は，日頃従事している管工事の専門分野はもとより，管工事の仕事にたずさわる技術者にとって，必要不可欠なものとなっています。

この試験に出題される一般基礎，建築工事での基礎知識，各種関連法規および管工事の施工管理の内容は，指導監督的な立場に立つことを期待されている受験者各位にとって，身につけておかなければならない事項でもあります。

本書は，忙しく活躍されている管工事技術者の皆様が，時間がない中でも**独学で，短期間に試験に合格することを目標**としてつくられています。

なお，令和３年度より，施工管理技術検定制度が大きく変わります。改正内容については，viページを参照してください。

本書の主な特徴は，次の３点です。

① **「過去５年間の出題傾向分析」**を経年でまとめて，各章ごとに詳しく分析してありますので，学習する際の参考になります。

この試験は，出題内容の傾向がある程度把握しやすい試験です。各章と各節に，**令和３年度の出題予想を記載**していますので，効率よく学習できます。

② **最新５年間の試験問題および基本問題を，多数掲載**してあります。

受験勉強で最も大切なことは，**多くの試験問題を解くこと**です。本書もできるだけ多くの問題を取りあげ，解説してあります。

③ 毎年のように出題される内容について，**「試験によく出る重要事項」**として簡潔にまとめてあります。

出題の頻度の高い事項は，**太字**またはアンダーラインで示してあり，学習効果を高められるようにしてあります。

本書を十分活用されることにより，輝かしい「１級管工事施工管理技士」の資格を取得されることを心から祈念しております。

2021年５月

執筆者一同

1級管工事施工管理技術検定 令和3年度制度改正について

令和3年度より，施工管理技術検定は制度が大きく変わります。

●試験の構成の変更　（旧制度）　→　（新制度）
学科試験・実地試験　→　第一次検定・第二次検定
●第一次検定合格者に『技士補』資格の付与
令和3年度以降の第一次検定合格者が生涯有効な資格となり，国家資格として『1級管工事施工管理技士補』と称することになりました。
●試験内容の変更・・・下記を参照ください。
●受験手数料の変更・・・第一次検定，第二次検定ともに受験手数料が10,500円に変更。

試験内容の変更

学科・実地の両試験を経て，1級の技士となる現行制度から，施工技術のうち，基礎となる知識・能力を判定する第一次検定，実務経験に基づいた技術管理，指導監督の知識・能力を判定する第二次検定に改められます。

第一次検定の合格者には技士補，第二次検定の合格者には技士がそれぞれ付与されます。

1. 第一次検定

これまで学科試験で求められていた知識問題を基本に，実地試験で出題されていた施工管理法などの応用能力問題が一部追加されることになりました。

これに合わせ，合格基準も変更され，新制度では，第一次検定は全体の合格基準に加えて，施工管理法（応用能力）の設問部分の合格基準が設けられました。これにより，全体の60%の得点と施工管理法の設問部分の50%の得点の両方を満たすことで合格となります。

第一次検定はマークシート式で，出題形式の変更はありませんが，これまでの四肢択一形式となります。

合格に求める知識・能力の水準は現行検定と同程度となっています。

(1) 第一次検定の試験内容

次の検定科目の範囲とし，問題は択一式で解答はマークシート方式で行います。

検定区分	検定科目	検　定　基　準
第一次検定	機械工学等	1. 管工事の施工の管理を適確に行うために必要な機械工学，衛生工学電気工学，電気通信工学及び建築学に関する一般的な知識を有すること。 2. 管工事の施工の管理を適確に行うために必要な冷暖房，空気調和，給排水，衛生等の設備に関する一般的な知識を有すること。 3. 管工事の施工の管理を適確に行うために必要な設計図書に関する一般的な知識を有すること。
	施工管理法	1. 監理技術者補佐として，管工事の施工の管理を適確に行うために必要な施工計画の作成方法及び工程管理，品質管理，安全管理等工事の施工の管理方法に関する知識を有すること。
		2. 監理技術者補佐として，管工事の施工の管理を適確に行うために必要な応用能力を有すること。
	法　規	建設工事の施工の管理を適確に行うために必要な法令に関する一般的な知識を有すること。

(2) 第一次検定の合格基準

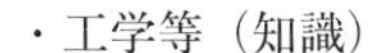

・工学等（知識）
・施工管理法（知識）
・法規（知識）
――― 60％ 以上

・施工管理法（応用能力）――― 50％ 以上

2. 第二次検定

(1) 第二次検定の試験内容

次の検定科目の範囲とし，記述式による筆記試験を行います。

検定区分	検定科目	検　定　基　準
第二次検定	施工管理法	1. 監理技術者として，管工事の施工の管理を適確に行うために必要な知識を有すること。 2. 監理技術者として，設計図書で要求される設備の性能を確保するために設計図書を正確に理解し，設備の施工図を適正に作成し，及び必要な機材の選定，配置等を適切に行うことができる応用能力を有すること。

1級管工事施工管理技術検定の概要

(1) 試験日程

令和3年度1級管工事施工管理技術検定　実施日程

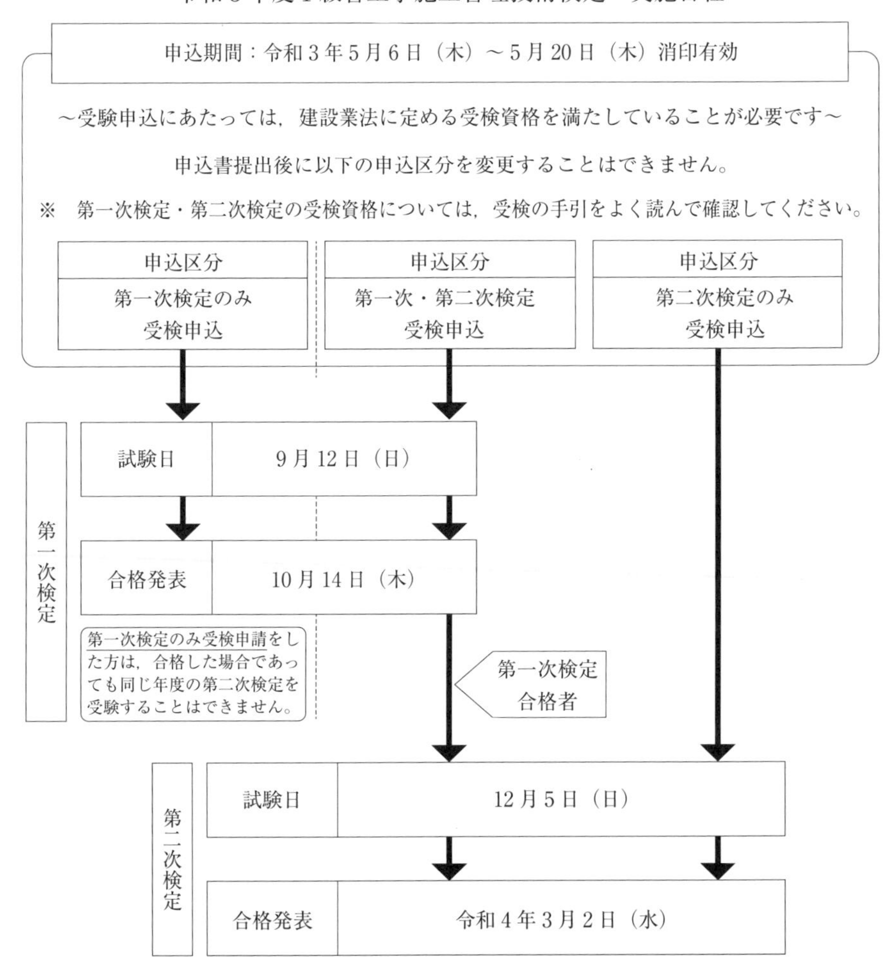

(2) 試験地

札幌・仙台・東京・新潟・名古屋・大阪・広島・高松・福岡・沖縄

(3) その他

詳細については，一般財団法人全国建設研修センター発行の「受験の手引」を参照するか，またはホームページを利用してください。

不明点等は下記機関に問い合わせしてください。

(4) 試験実施機関

〒187-8540　東京都小平市喜平町2-1-2

TEL：042（300）6855

一般財団法人　全国建設研修センター　管工事試験部

https://www.jctc.jp/

第一次検定の「施工管理の応用能力」を問う問題についての詳細は，現時点（2021年3月）では発表されておりませんので，本書では対処しておりません。出題傾向および解答例につきましては，弊社発行の「1級管工事施工管理技士実戦セミナー実地試験」の第4編・第5編を参照ください。

令和3年4月　市ヶ谷出版社

本書の利用法と試験の特徴

(1) 本書の構成

本書は，次のような内容で構成されています。

分野別出題数と解答数，出題傾向分析表

1章　一般基礎（必須）
2章　電気設備（必須）
3章　建築工事（必須）
4章　空気調和設備（選択）
5章　給排水衛生設備（選択）
6章　建築設備一般（必須）
7章　施工管理（必須）
8章　設備関連法規（選択）

(2) 本書での学習の仕方

① 試験には，**必須問題**と**選択問題**があります。その内容と解答問題数，および本書における収録問題数は，xii ページの一覧表のとおりです。

② 重点学習方法としては，次の方法があります。

1） 問題数が多く，全問必須である**一般基礎**，**施工管理**，**設備施工**を重点的に学習する。

2） 選択問題は，専門分野ごとに問題をまとめてあるので，自分の得意分野を中心として，確実に得点できるように学習する。

3） 建築設備（機器・材料，設計図書）は必須問題なので，問題を中心に約款・図面の読み方を中心に知識を確認する。

4） 項目の重要度を★の数で示してある。「★★★」が付されている箇所は，もっとも重要度が高いことを示しているので，参考にされたい。

5） 令和２年度に出題された問題は**最新問題**として明記し，最新の傾向がわかるようにしてあるので，参考にされたい。

6） 各章の「過去の出題傾向」をよく読み，本年度の出題の可能性を確認しながら学習を進める。

(3) 第一次検定の解答時の留意事項

択一問題の出題の問い掛けは，主として次の形式の問い掛けがされています。

・**正しいもの**はどれか。
・**適当なもの**はどれか。
・**最も適当なもの**はどれか。
・**誤っているもの**はどれか。
・**適当でないもの**はどれか。
・**関係のないもの**はどれか。

「適当でないものはどれか。」という問い掛けの出題が多いのですが，同じ問い掛けの出題が続くと，次の出題が「適当なものはどれか。」であっても，誤って解答する場合もありますので，**最後まで出題文を正確に読むことが大切**です。

試験に合格する極意七ヶ条

一．過去５年間の出題傾向分析により，出題者の意図（傾向）をつかむ。

毎年出題・隔年に出題される，などの傾向がかなりはっきりしているので，勉強のポイントを外さないこと。敵を知れば百戦危うからず。

二．得意な（理解できる）分野から勉強を始める。

試験勉強が途中で挫折しないように，一般基礎や電気設備などが不得意なら後まわしにする。

三．正答率 70% をめざして得点計画を立てる（満点を取る必要はなし）。

全解答 60 問に対し 36 問正解（60%）なら合格ラインです。受験勉強は毎年必ず出る問題を中心に得意・不得意分野を取捨選択し，正答率 70% 以上をめざそう。

四．選択問題（空調設備，衛生設備，法規）でも賢く得点する。

苦手分野でも，数問は正答肢がわかるものです。また，例えば空調が苦手でも，ほぼ毎年出題される換気や排煙の計算問題などにもトライしてみよう。

五．過去問題の正しい選択肢文を，繰り返し勉強・復習する。

過去の出題問題からの類似出題が多いので，数多くの問題を学習し出題のポイントを復習することが有効です。誤りの文は正しい文に直して覚える。

六．試験直前で他の図書に手を出さない。

本書でしっかり実力をつけ，自信を持って試験に臨もう。

七．実力が十分に発揮できるように，受験の心得を確認する。

得意な分野の問題から解く。

最後に全体を見直す時間を確保できるように，時間配分に注意する。

学科試験はすべて四肢択一問題なので，最後まであきらめずに正答肢を見つけよう。

目　　次

分野別出題数と解答数 xii

出題傾向分析表 xiii

第1章　一般基礎

出題傾向分析・過去の出題傾向… 1

1-1　環境工学 ……………………… 2

1-2　流体工学 …………………… 10

1-3　熱力学 ……………………… 19

1-4　その他（音・腐食） ……… 30

第2章　電気設備

出題傾向分析・過去の出題傾向… 35

2　電気設備 …………………… 36

第3章　建築工事

出題傾向分析・過去の出題傾向… 43

3　建築工事 …………………… 44

第4章　空気調和設備

出題傾向分析・過去の出題傾向… 53

4-1　空気調和設備 ……………… 54

4-2　熱源設備 ……………………80

4-3　換気・排煙 ………………… 93

第5章　給排水衛生設備

出題傾向分析・過去の出題傾向 … 109

5-1　上水道 …………………… 111

5-2　下水道 …………………… 116

5-3　給水設備 ………………… 120

5-4　給湯設備 ………………… 129

5-5　排水・通気設備 ………… 134

5-6　消火設備 ………………… 145

5-7　ガス設備 ………………… 150

5-8　浄化槽 …………………… 154

第6章　建築設備一般

出題傾向分析・過去の出題傾向 … 163

6-1　共通機材 ………………… 164

6-2　配管・ダクト …………… 175

6-3　設計図書 ………………… 183

第7章　施工管理

出題傾向分析・過去の出題傾向 … 189

7-1　施工計画 ………………… 190

7-2　工程管理 ………………… 200

7-3　品質管理 ………………… 215

7-4　安全管理 ………………… 223

7-5-1 設備施工(機器の据付け)… 243

7-5-2 設備施工(配管・ダクト)… 256

7-5-3 設備施工(保温・保冷・塗装)… 281

7-5-4 設備施工(その他)……… 288

第8章　設備関連法規

出題傾向分析・過去の出題傾向 … 305

8-1　労働安全衛生法 ………… 306

8-2　労働基準法 ……………… 316

8-3　建築基準法 ……………… 320

8-4　建設業法 ………………… 328

8-5　消防法 …………………… 337
8-6　廃棄物の処理及び
　　清掃に関する法律…… 345
8-7　建設工事に係る資材の
　　再資源化等に関する法律… 349
8-8　騒音規制法………………… 349
8-9　その他の法令 …………… 354

付　録

1　建築基準法における
　　換気に関する規定……… 358
2　排煙設備設置基準………… 359
3　下水道……………………… 360
4　消防用設備………………… 361
5　スプリンクラー設備……… 363
6　公共工事標準請負契約約款
　　(抜粋)(設計図書)……… 364
7　ネットワーク手法………… 366
8　品質管理手法……………… 367
9　工程と原価・品質との関係 … 368
10　ヒストグラム（柱状図）
　　測定値の読み方………… 369
11　酸素欠乏等に対する
　　安全基準………………… 370
12　安全管理
　　（足場・鋼管足場）……… 371
13　送風機の据付け…………… 373
14　給排水衛生配管の施工…… 375
15　蒸気配管の施工…………… 376
16　配管材料と接続工法・
　　継手など………………… 377
17　保温・保冷・塗装の施工… 378
18　主要機器の試運転調整…… 380
19　防振………………………… 381
20　産業廃棄物の分類………… 382
21　ベルヌーイの定理………… 383
22　流体の運動に関する
　　基本事項・用語及び流体の
　　圧力，流速，流量……… 384
23　湿り空気線図……………… 385
24　熱の移動に関する
　　基本事項や用語　……… 386
25　低圧屋内配線工事の種類… 387

分野別出題数と解答数，本書収録問題数（令和2年度の例）

午前の部〔問題A-機械工学等〕…出題数44問（必要解答数33問，解答時間2時間30分）

出題分野	出題数	必要解答数	必須・選択	本書収録問題数
一般基礎 （環境工学） （流体工学） （熱力学） （その他）	10問 (3) (3) (3) (1)	10問	必須問題	29問
電気設備	2問	2問		6問
建築工事	2問	2問		5問
空調設備 （空気調和） （冷暖房） （換気・排煙）	11問 (5) (2) (4)	12問	選択問題 23問の中から任意に12問を選び解答する。余分に解答すると減点される。	42問
給排水衛生設備 （上下水道） （給水・給湯設備） （排水・通気設備） （消火設備） （ガス設備） （浄化槽）	12問 (2) (3) (3) (1) (1) (2)			46問
建築設備 （機器） （配管・ダクト） （設計図書）	7問 (2) (3) (2)	7問	必須問題	14問
問題Aの小計	44問	33問		142問

午後の部〔問題B-施工管理および法規〕…出題数29問（必要解答数27問，解答時間2時間00分）

出題分野	出題数	必要解答数	必須・選択	本書収録問題数
施工管理 （施工計画） （工程管理） （品質管理） （安全管理）	8問 (2) (2) (2) (2)	17問	必須問題	103問
設備施工 （機器据付け） （配管・ダクト） （保温・保冷） （その他）	9問 (2) (4) (1) (2)			
法規 （労働安全衛生法） （労働基準法） （建築基準法） （建設業法） （消防法） （その他）	12問 (2) (1) (2) (2) (2) (3)	10問	選択問題 12問の中から任意に10問を選び解答する。余分に解答すると減点される。	31問
問題Bの小計	29問	27問		134問

合計	73問	60問		276問

出題傾向分析表

分類		令和2年	令和1年	平成30年	平成29年	平成28年
問題A	一般基礎	1. 地球環境 2. 外壁の結露 3. 排水の水質 4. 流体の性質 5. 直管路の圧力損失 6. 流体の用語 7. 熱用語 8. 伝熱 9. 湿り空気 10. 音	1. 日射 2. 室内の空気環境 3. 排水の水質 4. 流体の性質 5. 直管路の圧力損失 6. 流体の用語 7. 熱用語 8. 燃焼に関する原理と用途 9. 湿り空気 10. 金属材料の腐食	1. 地球環境 2. 温熱環境評価 3. 排水の水質 4. 流体の性質 5. 直管路の圧力損失 6. 流体の用語 7. 熱用語 8. 伝熱 9. 冷凍 10. 音	1. 日射 2. 外壁の結露 3. 室内の浮遊粉じん 4. 流体の性質 5. 直管路の圧力損失 6. ベルヌーイの定理 7. カルノーサイクル 8. 湿り空気 9. 燃焼 10. 金属材料の腐食	1. 地球環境 2. 室内空気環境 3. 排水の水質 4. 流体の性質 5. 直管路の圧力損失 6. 管路内静圧計算 7. 熱 8. 湿り空気 9. 燃焼 10. 音
	電気	11. 低圧屋内配線工事 12. 三相誘導電動機	11. 三相誘導電動機 12. 電気工事	11. 電気工事 12. 三相誘導電動機	11. 電気工事の施工 12. 三相誘導電動機	11. インバータ制御 12. 電気工事
	建築	13. 鉄筋コンクリートの梁貫通 14. 曲げモーメント図	13. コンクリート工事 14. 鉄筋コンクリートの性状	13. 鉄筋コンクリート造の配筋など 14. コンクリートの調合・試験	13. コンクリート 14. 鉄筋コンクリートの開口部補強	13. 梁の曲げモーメント図 14. 鉄筋コンクリート
	空調設備	15. 空気調和計画 16. 空気調和方式 17. 湿り空気線図 18. 熱負荷 19. 自動制御 20. コージェネレーションシステム 21. 蓄熱方式 22. 換気計算 23. 換気設備 24. 排煙設備 25. 排煙設備	15. 熱源システム 16. 空気調和方式 17. 湿り空気線図 18. 熱負荷 19. 自動制御 20. 地域冷暖房 21. 冷凍サイクル 22. 換気設備 23. 換気計算 24. 排煙設備 25. 排煙設備	15. 空調計画 16. 空気調和方式 17. 空気調和方式 18. 熱負荷 19. 自動制御 20. コージェネレーションシステム 21. 氷蓄熱 22. 換気設備 23. 換気計算 24. 排煙設備 25. 排煙設備	15. 冷房の部分負荷 16. 空気調和方式 17. 冷房時の湿り空気線図 18. 冷暖房負荷 19. 自動制御 20. 地域冷暖房 21. 氷蓄熱方式 22. 換気量計算 23. 換気設備 24. 排煙設備 25. 排煙設備	15. 建築計画 16. 空気調和方式 17. 空気調和計画 18. 冷房時の湿り空気線図 19. 定風量単一ダクトの自動制御 20. コージェネレーション 21. ヒートポンプ 22. 換気設備 23. 最小有効換気量 24. 排煙設備 25. 排煙設備
	給排水衛生設備	26. 配水管 27. 下水道 28. 給水設備 29. 給水設備 30. 給湯設備 31. 排水・通気設備 32. 排水・通気設備 33. 排水・通気設備 34. 消火設備 35. ガス設備	26. 配水管 27. 下水道 28. 給水設備 29. 給水設備 30. 給湯設備 31. 排水・通気設備 32. 排水・通気設備 33. 排水設備 34. 消火設備 35. ガス設備	26. 上水道 27. 下水道 28. 給水設備 29. 給水設備 30. 給湯設備 31. 排水・通気設備 32. 排水・通気設備 33. 排水設備 34. 消火設備 35. ガス設備	26. 配水管 27. 下水道の管きょ 28. 給水設備 29. 給水設備 30. 給湯設備 31. 排水設備 32. 排水槽 33. 特殊継手排水システム 34. 屋内消火栓設備 35. ガス設備	26. 上水道 27. 下水道 28. 給水設備 29. 給水設備 30. 給湯設備 31. 排水・通気設備 32. 排水設備 33. 排水設備 34. 不活性ガス消火設備 35. ガス設備

分類		令和２年	令和１年	平成30年	平成29年	平成28年
問題A	給排水衛生設備	36. 浄化槽 37. 浄化槽	36. 浄化槽の処理対象人員 37. 放流水 BOD 濃度の計算	36. 浄化槽 37. 浄化槽の処理対象人員	36. 浄化槽 37. 浄化槽の処理対象人員	36. 浄化槽のフローシート 37. 放流水 BOD 濃度の計算
	機器・材料	38. ボイラーの種類と構造 39. 保温材の種類と特性 40. 送風機の特徴 41. 配管材料及び配管付属品の特性 42. ダクト及びダクト付属品	38. 遠心ポンプの特性 39. 冷却塔 40. ユニット形空気調和機 41. 配管材料及び配管付属品の特性 42. ダクト及び付属品の特性	38. 冷凍機 39. ボイラー等 40. 空気清浄装置 41. 配管付属品 42. ダクト及び付属品	38. 吸収冷凍機 39. 遠心ポンプ 40. 温熱源機器 41. 配管材料及び付属品 42. ダクト及び付属品	38. 送風機 39. 冷却塔 40. 空気清浄装置 41. 配管および配管付属品 42. ダクト・ダクト付属品
	設計図書	43. 公共工事標準請負契約約款 44. 配管材料とその記号	43. 公共工事標準請負契約約款 44. 設計図書に記載する機器の仕様項目	43. 公共工事標準請負契約約款 44. 配管とその記号	43. 公共工事標準請負契約約款 44. 配管材料とその規格記号	43. 公共工事標準請負契約約款 44. ユニット型空調機の仕様
問題B	施工管理	1. 施工計画 2. 届出書類と提出先 3. 工程表管理 4. ネットワーク工程表 5. 品質管理の統計的手法名称 6. 品質管理 7. 安全管理 8. 安全管理	1. 施工計画 2. 届出書類と提出先 3. 工程管理 4. ネットワーク工程表 5. 管理図の読み方 6. 品質管理 7. 安全管理 8. 安全管理	1. 施工管理 2. 申請・届出書類の提出先 3. 工程管理 4. ネットワーク工程表 5. 品質管理 6. 品質管理の統計的手法 7. 安全管理 8. 安全管理	1. 施工計画 2. 申請・届出書類の提出先 3. 工程管理 4. ネットワーク工程表 5. 品質管理の統計的手法 6. 品質管理 7. 安全管理 8. 現場の危険防止措置	1. 施工計画 2. 建設工事廃棄物処理計画 3. 工程管理 4. ネットワーク工程表 5. 品質管理 6. 品質管理の手法 7. 安全管理 8. 危険防止
	設備施工	9. 機器の据付け 10. 機器の据付け 11. 配管の施工 12. 配管の施工 13. ダクトの施工 14. ダクトの施工 15. 保温・保冷 16. 試運転調整 17. 防振	9. 機器の据付け 10. 機器の据付け 11. 空調冷温水管施工 12. 配管の施工 13. ダクト及びダクト付属品 14. ダクト及びダクト付属品 15. 保温・保冷 16. 腐食・防食 17. 試運転調整	9. 機器の据付け 10. 機器の据付け 11. 配管の施工 12. 配管の施工 13. ダクト及びダクト付属品の施工 14. ダクト及びダクト付属品の施工 15. 保温・保冷・塗装 16. 腐食・防食 17. 騒音・振動	9. 機器の据付け 10. アンカボルト 11. 配管と継手・接合方法 12. 配管の施工 13. ダクト及びダクト付属品の施工 14. ダクト及びダクト付属品の施工 15. 保温・保冷・塗装 16. 腐食・防食 17. 試運転調整	9. 機器の基礎及びアンカボルト 10. 機器の据付け 11. 給水管・排水管の施工 12. 配管の切断・接合 13. ダクトの施工 14. ダクト及びダクト付属品 15. 保温・保冷 16. 機器の試運転調整 17. 機器の防振

分類		令和２年	令和１年	平成30年	平成29年	平成28年
問題B	法規	18. 労働安全衛生法 19. 労働安全衛生法 20. 労働基準法 21. 建築基準法 22. 建築基準法 23. 建設業法 24. 建設業法 25. 消防法 26. 消防法 27. 騒音規制法 28. 建築物における衛生的環境の確保に関する法律 29. 廃棄物の処理及び清掃に関する法律	18. 労働安全衛生法 19. 労働安全衛生法 20. 労働基準法 21. 建築基準法 22. 建築基準法 23. 建設業法 24. 建設業法 25. 消防法 26. 消防法 27. 建築における衛生的環境の確保に関する法律 28. 建設工事に関わる資材の再資源化等に関する法律 29. 廃棄物の処理及び清掃に関する法律	18. 労働安全衛生法 19. 労働安全衛生法 20. 労働基準法 21. 建築基準法 22. 建築基準法 23. 建設業法 24. 建設業法 25. 消防法 26. 消防法 27. 建設工事に係る資材の再資源化等に関する法律 28. 高齢者、障害者等の移動等の円滑化の促進に関する法律 29. 廃棄物の処理及び清掃に関する法律	18. 労働安全衛生法 19. 労働安全衛生法 20. 労働基準法 21. 建築基準法 22. 建築基準法 23. 建設業法 24. 建設業法 25. 消防法 26. 消防法 27. 建設リサイクル法 28. 騒音規制法 29. 廃棄物処理清掃法	18. 労働安全衛生法 19. 労働安全衛生法 20. 労働基準法 21. 建築基準法 22. 建築基準法 23. 建設業法 24. 建設業法 25. 消防法 26. 消防法 27. 建築物衛生法 28. 廃棄物処理清掃法 29. 機器の据付け・配管作業の資格

第1章　一般基礎

●出題傾向分析●

出題内容 ＼ 年度(和暦)	R2	R1	H30	H29	H28	計
(1) 環境工学	3	3	3	3	3	15
(2) 流体工学	3	3	3	3	3	15
(3) 熱力学	3	3	3	3	3	15
(4) その他	1	1	1	1	1	5
計	10	10	10	10	10	50

[過去の出題傾向]

一般基礎は，必須問題が10問出題される。

(内訳)

環境工学・流体工学・熱力学に関しては各3問，その他1問である。

① 環境工学では，空気と環境が重点課題になっており，その中では，地球環境が平成28，30，令和2年度に**出題**されている。室内環境が平成29，令和1年度の**隔年に出題**，外壁結露が平成29，令和2年度に出題されている。また，温熱環境が平成28，30年度の**隔年に出題**，排水の水質（水と環境）は平成28，30年度の隔年で出題されていたが，平成30，令和1，2年度と**続けて出題**されている。日射が平成29，令和1年度に出題されている。

② 流体工学では，流体の性質，流体の運動，管路に関して，**ほぼ毎年出題**されている。特に，流体の粘性，レイノルズ数，圧力損失，ベルヌーイの定理，ダルシー・ワイスバッハの式などは**十分に理解しておく**ことが要求される。

③ 熱力学では，熱，伝熱，湿り空気に関して，**毎年出題**されている。また，燃焼は，平成28，29，令和1年度に出題されている。

④ その他では，音・振動と腐食・防食について，**交互に隔年で出題**されている。腐食・防食が平成29，令和1年度の隔年に出題されている。**令和3年度は要注意**である。音が平成28，30，令和2年度に出題されている。

1-1 環境工学

環境工学関連では，毎年3問出題されている。

① 温熱環境の評価や代謝に関する用語（有効温度，等価温度，平均予想申告PMV，作用温度，基礎代謝，エネルギー代謝，met，cloなど）が平成30年度に出題されている。日照・日射に関する用語は平成29，令和1年度の隔年に出題されている。**令和3年度は要注意**である。

② 地球環境に関する用語（地球温暖化，オゾン層破壊，大気・環境汚染，京都議定書による温室効果ガス削減ZEBなど）とその内容が平成28，30，令和2年度に出題されている。

③ 室内空気環境に関する用語（CO，CO_2の濃度と人体への影響，臭気，シックハウス症候群，浮遊粉じんなど）が，平成28，29，令和1年度に出題されている。**令和3年度は要注意**である。

④ 結露に関する事項（発生原因，発生部位・防止策，水蒸気圧・気流と結露，断熱材など）が平成29年度までの隔年と令和2年度に出題されている。

⑤ 水環境や排水の水質に関する用語（BOD，COD，DO，SS，ノルマルヘキサン抽出物質，富栄養化など）が平成28，30年度までの隔年，平成30年度以降は令和2年度まで続けて出題されている。**令和3年度は要注意**である。

年度（和暦）	No	出題内容（キーワード）
R2	1	地球環境：建築物の二酸化炭素排出量，代替フロンと地球温暖化係数，酸性雨，ZEB
	2	外壁の結露：表面結露，窓ガラス表面の結露対策，防湿層の位置，水蒸気圧と結露
	3	排水の水質：水質汚濁防止法と有害物質，BOD，ノルマルヘキサン抽出物質，TOC
R1	1	日射：大気の透過率，天空日射量，日射のエネルギー，太陽定数
	2	室内の空気環境：不完全燃焼，ホルムアルデヒド，浮遊粉じんの量，臭気
	3	排水の水質：COD，DO，大腸菌，SS

年度(和暦)	No	出題内容（キーワード）
H30	1	地球環境：オゾン層破壊による影響，地球温暖化係数（GWP），酸性雨，温室効果
	2	温熱環境の評価：met，OT，新有効温度（ET），予想平均申告 (PMV)
	3	排水の水質：BOD，TOC，SS，ノルマルヘキサン抽出物質
H29	1	日射：日射のエネルギーの波長区分別分布，日射の吸収量，天空日射量，大気の透過率
	2	外壁の結露：断熱材の熱貫流抵抗，防湿層の位置，水蒸気圧と結露，室内温度と結露
	3	室内の空気環境：浮遊粉じんの発生原因，浮遊粉じんの粒径，浮遊粉じんの量，浮遊粉じんの濃度表示
H28	1	地球環境：オゾン層破壊による影響，指定フロンの生産・輸出入，代替フロンと地球温暖化係数，アンモニア自然冷媒
	2	室内の空気環境：燃焼と酸素濃度，臭気と空気汚染，ホルムアルデヒドと致死量，浮遊粉じんの環境基準
	3	排水の水質：ノルマルヘキサン抽出物質，COD，TOC，DO

1-1 環境工学 日射 ★★★

1 日射に関する記述のうち，**適当でないもの**はどれか。

(1) 日射の大気透過率は，大気中に含まれる水蒸気の量に影響される。

(2) 天空日射とは，大気を通過して直接地表に到達する日射をいう。

(3) 日射のエネルギーは，紫外線部よりも赤外線部及び可視線部に多く含まれている。

(4) 太陽定数とは，大気上端で，太陽光線に対して垂直な面で受けた単位面積当たりの太陽放射エネルギーの強さをいう。 (R1-A1)

解 答 天空日射は，太陽からの放射熱が，大気中で散乱したものが全天空から放射として地上にくる日射をいう。

したがって，**(2)は適当でない。** **正解** (2)

試験によく出る重要事項

日射に関する用語を理解する。

(1) 直達日射と天空日射

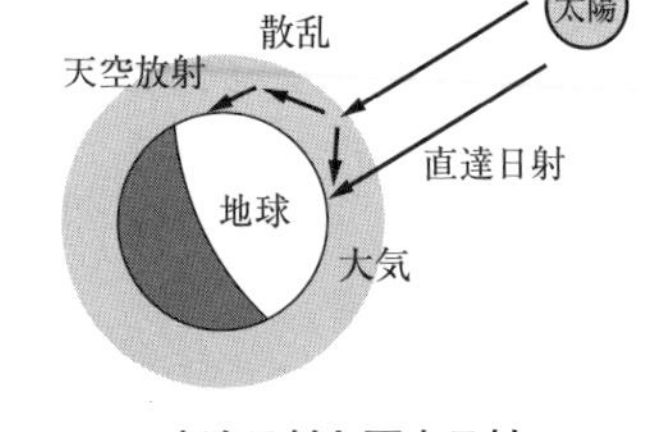

直達日射と天空日射

太陽からの放射熱は，大気を通過して地表に到達するまでに大気に吸収され散乱して弱まり，透過して直接地表に到達するものを直達日射という。大気中で散乱したものが全天空から放射として地上にくるものが天空日射という。直達日射量は，冬より夏の方が多い。

(2) 大気の透過率

太陽が天頂にあるとしたときの地表面の直達日射の強さと大気外の日射の強さの比で表され，約 0.6 ～ 0.8 である。大気透過率は，大気が清浄なところや水蒸気の少ない冬に大きく，水蒸気に影響し，大気の二酸化炭素には影響されない。

太陽定数とは，大気圏外の日射の強さで，一般に約 1,362 W/m^2 である。

(3) 日射による遠赤外線

日射により加熱された地表から放射される遠赤外線は，大気中の二酸化炭素などの温室効果ガスに吸収される。

類題　日射に関する記述のうち，**適当でないもの**はどれか。

(1)　日射の熱エネルギーは，可視線部よりも紫外線部に多く含まれる。

(2)　日射により加熱された地表から放射される遠赤外線は，大気中の二酸化炭素などの温室効果ガスに吸収される。

(3)　日射の大気透過率は，大気中に含まれる二酸化炭素よりも水蒸気の量に影響される。

(4)　1日の直達日射量は，水平面では冬よりも夏の方が多い。

（基本問題）

解 答　日射の熱エネルギーは，紫外線部は少なく1～2%，可視光線部は40～45%，赤外線部は53～59%である。紫外線部よりも赤外線部及び可視光線部に多く存在する。

正解　(1)

類題　日射に関する記述のうち，**適当でないもの**はどれか。

(1)　大気中の透過率は，大気中に含まれる水蒸気よりも二酸化炭素の量に影響される。

(2)　日射により加熱された地表から放射される遠赤外線は，大気中の二酸化炭素などの温室効果ガスに吸収される。

(3)　日射の熱エネルギーは，紫外線部よりも赤外線部及び可視線部に多く存在する。

(4)　大気を透過して直接地表に到達する日射を直達日射といい，大気中で散乱して地表に到達する 日射を天空日射という。

（基本問題）

解 答　大気透過率は，地表に到達する日射の強さと大気外の日射の強さの比である。地表 に到達する日射の強さは，大気中の微粒子による散乱や水蒸気による吸収で弱まる。冬の方が水蒸気が少ないので，大気透過率は冬の方が大きい。

正解　(1)

1-1　環境工学　温熱環境の評価・代謝　★★★

2　温熱環境に関する記述のうち、**適当でないもの**はどれか。

(1)　人体の代謝量はメット（met）で表され、1 met は椅座(いざ)安静状態の代謝量で単位体表面積（m^2）当たり概ね 100 W である。

(2)　人体は周囲空間との間で対流と放射による熱交換を行っており、これと同じ量の熱を交換する均一温度の閉鎖空間の温度を作用温度（OT）という。

(3)　新有効温度（ET *）は、湿度 50% を基準とし、気温、湿度、気流、放射温度、代謝量（met）及び着衣量（clo）の６つの要素を総合的に評価した温熱環境指標である。

(4)　予想平均申告（PMV）は、大多数の人が感ずる温冷感を＋３から－３までの数値で示すものである。　(H30-A2)

解 答　基礎代謝量は，人体が生命を保持するための最低の必要エネルギーで，人体表面積 1 m^2 当たりの 1 時間の必要熱量を表わす。1 met はいす座安静時における代謝量で 58 W/m^2 である。

したがって，(1)**は適当でない。**　**正解**　(1)

試験によく出る重要事項

❶　代謝に関する用語および数値と単位を理解する。

(1)　基礎代謝（量）　人間の生命維持のために最低限必要な熱量をいい，体表面積当たりの 1 時間の必要熱量で示す。安静時の代謝量は，基礎代謝量の 20% 増で，標準は 58 W/m^2 であるが，これを 1 **met** という。

(2)　エネルギー代謝率（RMR）　作業時の代謝量と基礎代謝量の比［(作業時代謝量－安静時代謝量)/基礎代謝量］であり，作業強度・呼吸量・酸素要求量・心拍数と関係する。人間の温熱感覚や人体からの放熱量は着衣の断熱性にも関係し，その断熱性の熱抵抗は **clo**（クロ）で表される。

$$1\ \text{clo} = 0.155\ (m^2 \cdot K)/W$$

❷　温熱環境・暖冷感に関する用語について理解する。

(1)　温度と湿度　一般建築では夏は 25～27℃・50%，冬は 23～25℃・35% 程度に設定される。

(2)　**有効温度**（ET）　乾球温度，湿球温度，風速の 3 要素の組合せによる温熱環境指標の一つである。

(3) 修正有効温度（CET）　空気温度と周辺表面温度に差があるとき，暖房用放熱面があるときなどに放射の影響を加えて表したものである。

(4) **新有効温度**（ET*）　気温・湿度・気流・放射熱・作業強度・着衣量の6要素により計算された環境を総合的に評価したものである。

(5) **効果温度**（OT）　**作用温度**ともいい，室内の乾球温度・気流・周壁からの冷放射を総合したもので，放射の効果を重視した暖房時の暖冷感を表す。

(6) **等価温度**（EW）　空気温度・放射温度・気流速度の3要素より算出され，実用的にはグローブ温度計の測定温度で表される。

(7) 平均放射温度（MRT）　暑さを示す体感指標のひとつで，周囲の全方向から受ける熱放射を平均化して温度表示したものである。

(8) **予想（予測）平均申告**（PMV）　温熱感覚に関する6要素（環境側の乾球温度，相対湿度，放射熱，気流，人体側の代謝量，着衣量）を全て考慮した温冷感の指標である。快適な状態を0として，暑い（+3）〜寒い（−3）の7段階で示している。

類題　温熱環境に関する記述のうち，**適当でないもの**はどれか。

(1) 有効温度（ET）は，ヤグローが提唱したもので，乾球温度，湿球温度及び気流速度に関係する。

(2) 作用温度（OT）は，乾球温度，気流速度及び周囲の壁からの放射温度に関係するもので，実用上は周壁面の平均温度と室内温度との平均値で示される。

(3) 等価温度（EW）は，乾球温度，気流速度及び周囲の壁からの放射温度に関係するもので，実用上はグローブ温度計により求められる。

(4) 予想平均申告（PMV）は，大多数の人が感ずる温冷感を+5から−5までの数値で示すものである。

（基本問題）

解答　予想平均申告（PMV）は，温冷感の指標で，+3から−3までの数値で示すものである。

正解 (4)

1-1 環境工学 排水の水質 ★★★

最新問題

3 排水の水質に関する記述のうち，**適当でないもの**はどれか。

(1) ヒ素，六価クロム化合物等の重金属は毒性が強く，水質汚濁防止法に基づく有害物質として排水基準が定められている。

(2) BODは，河川等の水質汚濁の指標として用いられ，主に水中に含まれる有機物が酸化剤で化学的に酸化したときに消費する酸素量をいう。

(3) ノルマルヘキサン抽出物質含有量は，油脂類による水質汚濁の指標として用いられ，ヘキサンで抽出される油分等の物質量をいう。

(4) TOCは，水の汚染度を判断する指標として用いられ，水中に存在する有機物中の炭素量をいう。 (R2-A3)

解 答 BOD(生物化学的酸素要求量)は，水質汚濁の指標として用いられ，主に水中に含まれる有機物が微生物によって酸化分解されるときに消費される酸素量で表される。

したがって，(2)**は適当でない。** **正解** (2)

試験によく出る重要事項

❶ BOD（生物化学的酸素要求量）

河川等の水質汚濁の指標として用いられ，水中に含まれる有機物が**微生物によって酸素分解**される際に消費される**酸素量**〔mg/L〕で表され，この値が大きいほど河川等の水質は，有機物による汚染度が高い。この指標は，1Lの水を20℃で5日間放置して，その間に微生物によって消費される酸素量として表される。

❷ COD（化学的酸素要求量）

湖沼や海域の水質汚濁の指標として用いられ，おもに水中に含まれる有機物が過マンガン酸カリウムなどの酸化剤で**化学的に酸化**したときに消費される**酸素量**〔mg/L〕で表され，水中の有機物および無機性亜酸化物の量を示す。

❸ TOC（総有機炭素量）

排水中の有機物を構成する炭素（有機炭素）の量を示すもので，水中の総炭素量から無機性炭素量を引いて求め，**有機性汚濁の指標**として用いられる。

❹ SS（浮遊物質）

水の汚濁度を判断する指標として用いられ，水中に存在する浮遊物質〔mg/L〕で表される。SSは水中に溶解しないで浮遊または懸濁しているおおむね粒子径1 μ m以上2 mm以下の有機性，無機性の物質で，水の**汚濁度を視覚的に判断**する。

❺ ノルマルヘキサン抽出物質含有量

排水中に含まれる**油脂類**による**水質汚濁**の指標として用いられ，水中に含まれる油分等がヘキサンで抽出される量〔mg/L〕で表される。油脂類は比較的揮発しにくい炭化水素，グリースなどである。建築設備においては，厨(ちゅう)房排水などで問題となる。

❻ 窒素・リン

窒素やリンは，湖沼・海域等の閉鎖性水域において，植物プランクトンや水生生物が異常発生する**富栄養化**のおもな原因物質で，湖沼においてはアオコの，海域においては赤潮の発生原因となる。

❼ DO

水中に溶存する酸素量〔mg/L〕で，生物の呼吸や溶解物質の酸化などで消費される。

類題 排水の水質に関する記述のうち，**適当でないもの**はどれか。

(1) CODは，主に水中に含まれる有機物を，酸化剤で化学的に酸化したときに消費される酸素量で表される。

(2) DOは，水中に溶存する酸素量のことで，生物の呼吸や溶解物質の酸化などで消費される。

(3) 窒素及びりんは，湖沼，海域などの閉鎖性水域における富栄養化の主な原因物質である。

(4) SSは，水中に存在する有機物質に含まれる炭素の総量で表される。

（基本問題）

解答 SSは，水中に浮遊して溶解しない懸濁性の物質の量のことをいう。

正解 (4)

1-2 流体工学

流体工学関連では，毎年3問出題されている。

① 流体の性質と用語（水の密度，毛管現象，水・空気の圧縮性，パスカルの原理など）について平成28，29，30，令和1，2年度と**毎年出題**されている。

② 流体の運動は，**毎年1〜2問出題**されている。流れに関する用語（粘性係数・動粘性係数，ニュートン流体，完全流体，定常流，乱流・層流，レイノルズ数など）の出題頻度は高く，計量・計測に関する用語（トリチェリの定理，ピトー管，ベンチュリ計（管））などもよく出題されている。

特に，レイノルズ数，粘性係数，動粘性係数に関する内容については**毎年出題**，ベルヌーイの定理に関しても出題頻度は高く，公式や計算（静圧および流速の算出）などについても十分に理解しておく必要がある。

③ 管路では，管路の圧力損失・摩擦損失などに関連するダルシー・ワイスバッハの式は**毎年出題**されている。**令和3年度も要注意**である。

年度(和暦)	No	出題内容（キーワード）
R2	4	流体の性質：キャビテーション，カルマン渦，粘性と摩擦応力，動粘性係数
	5	直管路の圧力損失：ベルヌーイの定理と圧力損失の計算
	6	流体の用語：ダルシー・ワイスバッハの式，ベンチュリー管，トリチェリの定理，ウォーターハンマー
R1	4	流体の性質：容器内の圧力，流体の密度と水撃圧，ニュートン流体，レイノズル数
	5	直管路の圧力損失：ダルシー・ワイスバッハの式，粘性と圧力損失，流速と圧力損失
	6	流体の用語：非圧縮性の完全流体の定常流
H30	4	流体の性質：水の粘性係数，水の密度，表面張力，カルマン渦
	5	直管路の圧力損失：ベルヌーイの定理と流速の計算
	6	流体の用語：レイノズル数，ベルヌーイの定理，ダルシー・ワイスバッハの式，トリチェリの定理
H29	4	流体の性質：レイノズル数と乱流・層流，粘性とせん断応力，粘性係数，水の圧力の伝達
	5	直管路の圧力損失：粘性と圧力損失，流速と圧力損失，ダルシー・ワイスバッハの式
	6	ベルヌーイの定理（トリチェリの定理）と流速の計算
H28	4	流体の性質：空気の粘性係数と温度，粘性とせん断応力，水の密度，レイノズル数と乱流・層流
	5	直管路の圧力損失：管径と摩擦損失の関係，ダルシー・ワイスバッハの式
	6	ベルヌーイの定理と静圧の計算

1-2 流体工学 流体の性質・運動 ★★★

最新問題

4 流体に関する記述のうち，**適当でないもの**はどれか。

(1) キャビテーションとは，流体の静圧が局部的に飽和蒸気圧より低下し，気泡が発生する現象をいう。

(2) カルマン渦とは，一様な流れの中に置いた円柱等の下流側に交互に発生する渦のことをいう。

(3) 流体の粘性による摩擦応力の影響は，一般的に，物体の表面近くで顕著に現れる。

(4) 粘性流体の運動に影響を及ぼす動粘性係数は，粘性係数を流体の速度で除した値である。 (R2-A4)

解答 動粘性係数は，粘性係数を流体の密度で除した値である。

したがって，(4)**は適当でない。** **正解** (4)

試験によく出る重要事項

❶ 水の性質や用語を理解する。

(1) 粘性とは，運動する流体内の2つの部分が，互いに力を及ぼす性質をいい，粘性係数は，流体固有の定数である。流体の運動に及ぼす影響は，粘性係数よりも動粘性係数で決定され，動粘性係数は，粘性係数を流体の密度で除した値である。

(2) 液体の粘性係数は温度が上昇すると減少する。一方，気体の粘性係数は温度が上昇すると増加する。

(3) 密度とは，物質の単位体積の質量をいい，ρ [kg/m^3] で表す。

水の密度：1気圧，4℃で1000 [kg/m^3] と最大となる。

(4) 毛管現象は，液中に立てた細管の中の液体が上昇（濡れの起きる場合）または下降（濡れの起きない場合）する現象で，表面張力による。

(5) 密閉容器内の静止している液体の一部に加えた圧力は，液体の全ての部分にそのまま均等に伝わる。(パスカルの原理)

(6) ニュートン流体は，粘性による摩擦応力が，境界面と垂直方向の速度勾配に比例する。

(7) **カルマン渦**は，流体中を適当な速度範囲で運動する柱状体の背後にできる，回転の向きが反対の2列の渦となっている。

1-2 流体工学 流体の運動 ★★★

5 流体におけるレイノルズ数に関する文中，［　　］内に当てはまる用語の組合せとして，**適当なもの**はどれか。

レイノルズ数は，流体に作用する慣性力と［ A ］の比で表され，管内の流れにおいて，その値が大きくなり臨界レイノルズ数を超えると［ B ］になる。

	(A)		(B)
(1)	粘性力	―――	層流
(2)	粘性力	―――	乱流
(3)	圧縮力	―――	層流
(4)	圧縮力	―――	乱流

（基本問題）

解 答 管路内の流れは，レイノルズ数（Re）が臨界レイノルズ数より大きいときに乱流で，小さいときに層流となる。

したがって，(2)**は適当である。** **正解** (2)

レイノルズ数（*Re*） 無次元数で，慣性力と粘性力の比をいい，層流・乱流の判定に利用される。

$$Re = \frac{vd}{\upsilon}$$

Re：レイノルズ数［－］ v：平均速度［m/s］
d：管内径［m］ υ：動粘性係数［m^2/s］

解 説 層流から乱流に変わるときの流速を**臨界速度**という。このときのReを臨界レイノルズ数（約2300）といい，次のように層流域と乱流域に区分される。

層流域：Re＜2300，臨界域：2300＜Re＜4000，乱流域：Re＞4000

試験によく出る重要事項

❶ 流体の運動に関する基本事項や用語を理解する。

(1) 流体摩擦応力は，流体のもつ粘性により生じ，一般的に境界層の近くで顕著に現れるが，粘性係数および境界面に垂直方向の速度勾配に比例する流体を**ニュートン流体**といい，次式が成立する。

$$\tau = \mu \frac{dv}{dy}$$

τ：流体摩擦応力［Pa］ dv/dy：速度勾配［－］
μ：粘性係数［Pa･s］

(2)　流体の流れの状態は，**層流**（規則正しい層をなす流れ）と**乱流**（内部に渦を含むなど不規則な混乱した流れ）に分けられる。

❷　管路に関する基本事項や用語を理解する。

(1)　**ウォーターハンマー**　　管内を流れていた流体を弁などにより急閉止した場合などに，ウォーターハンマーによる急激な圧力上昇により，管の振動と騒音を発生させることがある。

ウォーターハンマーによる上昇圧力（水撃圧）の最大値（P_{max}）は，次のジューコフスキーの公式で求められる。

$P_{max} = \rho av$　　P_{max}：弁急閉止の場合の最大水撃圧［Pa］

ρ：流体の密度［kg/m^3］　　a：圧力波の伝播速度［m/s］

v：弁急閉止時に流れていた流速［m/s］

aは，管材のヤング率が大きいほど，管厚さが大きいほど大きな値になるため，鋼管などは樹脂管などに比べ水撃圧も大きく，ウォーターハンマーも発生しやすい。

(2)　**キャビテーション**　　キャビテーションは，ポンプの羽根車入口部などで発生しやすく，流れの中で圧力がその液体の飽和蒸気圧以下になると，その部分の液体が局部的に蒸発して気泡を生じることで発生する。キャビテーションが発生すると，振動や騒音，あるいは発生部の金属侵食が生じることがある。

類題　流体に関する記述のうち，**適当でないもの**はどれか。

(1)　空気の粘性係数は，一定の圧力のもとでは，温度の上昇とともに小さくなる。

(2)　流体の粘性による摩擦応力の影響は，一般に，物体の表面近くで顕著に現れる。

(3)　空気は，一般に，圧縮性流体として扱われることが多い。

(4)　カルマン渦とは，一様な流れの中に置いた円柱などの下流側に発生する渦のことをいう。

（基本問題）

解答　気体の粘性係数は，温度が上昇すると増加し，圧力には無関係である。一方，液体の粘性係数は，温度が上昇すると減少する。　　**正解**　(1)

1-2 流体工学 直管路の圧力損失 ★★★

6 管路内の流体に関する文中，［　］内に当てはまる用語の組合せとして，**適当なもの**はどれか。

流体が水平管路の直管部を流れている場合，［A］のために流体摩擦が働いて，圧力損失を生じる。

この圧力損失は，ダルシー・ワイスバッハの式から，［B］に反比例することが知られている。

	(A)	(B)
(1)	慣性	管径
(2)	慣性	平均流速の２乗
(3)	粘性	管径
(4)	粘性	平均流速の２乗

(R1-A5)

解答 管路に流体が流れると，流体の粘性による流体内部の摩擦や流体と管壁などとの摩擦による圧力損失が生じる。直管路でのその圧力損失$\varDelta P$は，次に示す，ダルシー・ワイスバッハの式を用いて求められる。

$$\varDelta P=\lambda\cdot\left(\frac{L}{d}\right)\cdot\left(\frac{\rho v^2}{2}\right)$$

$\varDelta P$：圧力損失［Pa］　d：管内径［m］
λ：管摩擦係数［－］　ρ：流体の密度［kg/m³］
L：管長［m］　v：流速［m/s］

圧力損失$\varDelta P$は，管径dに反比例し，管長L，管摩擦係数λ，流体の密度ρに比例し，流速vの２乗に比例する。

したがって，(3)**は適当である。**　**正解** (3)

解説 管摩擦係数λは，ムーディ線図によって求められる。滑らかな円管の層流域においては，ハーゲン・ポアズイユの式 $\left(\lambda=\dfrac{64}{Re}\right)$，乱流域においては，レイノルズ数$Re$と管の相対粗さ（管内表面粗さ$\varepsilon$［m］／管内径$d$［m］）とから求めることができる。

直管以外の継手・弁などの局部摩擦損失も動圧 $\left(\dfrac{\rho v^2}{2}\right)$ に比例する。

類題 管路内の流体に関する文中，[ ]内に当てはまる数値として，**適当なもの**はどれか。

流体が管路の直管部を流れる場合において，管径が2倍で流速が等しいとき，摩擦による圧力損失は[ ]倍になる。

ただし，圧力損失はダルシー・ワイスバッハの式によるものとし，管摩擦係数は一定とする。

(1) $\frac{1}{4}$　　(3) 2

(2) $\frac{1}{2}$　　(4) 4

(H28-A5)

解 答 圧力損失は管径に反比例する。管径が2倍になると圧力損失は$\frac{1}{2}$となる。

正解 (2)

最新問題

類題 流体に関する用語の組合せのうち，**関係のないもの**はどれか。

	(A)		(B)
(1)	ダルシー・ワイスバッハの式	――	圧力損失
(2)	ベンチュリー管	――	流量測定
(3)	トリチェリの定理	――	毛管現象
(4)	ウォーターハンマー	――	水柱分離

(R2-A6)

解 答 トリチェリの定理は，開放された水槽の側面の小孔から水が噴き出すときの流速が，

$v=\sqrt{2gh}$ である。

正解 (3)

試験によく出る重要事項

❶ 流体の運動に関する基本事項，用語の詳細は，付録22（p.384）を参照。

❷ 流体の圧力（静圧・動圧），流速，流量などの測定は，付録22（p.384）を参照。

1-2 流体工学 ベルヌーイの定理と流速計算 ★★★

7 図に示す水平な管路内を空気が流れる場合，B 点の流速として**適当なもの**はどれか。

ただし，A 点における全圧は 40 Pa，B 点の静圧は 20 Pa，A 点と B 点の間の圧力損失は 5 Pa，空気の密度は 1.2 kg/m^3 とする。

(1) 3 m/s
(2) 5 m/s
(3) 10 m/s
(4) 15 m/s

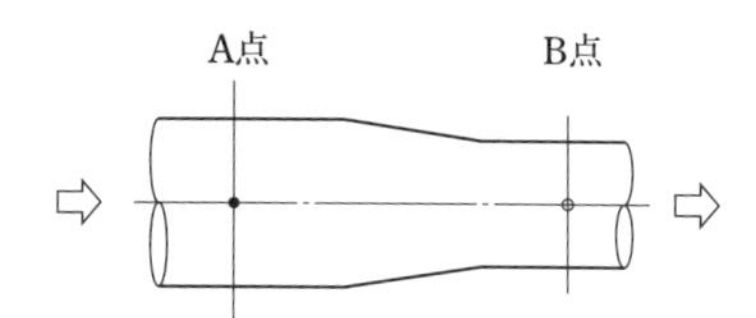

(H30-A5)

解答 A 点の全圧を P_T，B 点の動圧を Pv_B，静圧を Ps_B，A 点と B 点の間の圧力損失を $\varDelta P$ とすると，

$$P_T = Pv_B + Ps_B + \varDelta P$$

B 点の流速を V_B とすると

$$Pv_B = \frac{(\rho \cdot V_B^2)}{2}$$

ここで，P_T：A 点の全圧（40 Pa）
Ps_B：B 点の静圧（20 Pa）
$\varDelta P$：圧力損失（5 Pa）
ρ：空気の密度（1.2 kg/m^3）

とすると，Pv_B（B 点の動圧）は

$$Pv_B = P_T - (Ps_B + \varDelta P) = 40 - (20+5)$$
$$= 15 \text{〔Pa〕}$$

となり，V_B（B 点の流速）は

$$V_B = \sqrt{\frac{2 \cdot Pv_B}{\rho}} = \sqrt{\frac{2 \times 15}{1.2}} = \sqrt{25} = 5 \text{［m/s］}$$

となり，B 点の流速 V_B は 5［m/s］

したがって，**(2)は適当である。** **正解** (2)

（ベルヌーイの定理は，付録 21（p.383）を参照）

最新問題

類題　図に示す水平な管路内を空気が流れる場合において，A点とB点の間の圧力損失ΔＰの値として**適当なもの**はどれか。

ただし，A点における全圧は80 Pa，B点の静圧は10 Pa，B点の流速は10 m/s，空気の密度は1.2 kg/m^{3}とする。

(1)　5 Pa

(2)　10 Pa

(3)　15 Pa

(4)　20 Pa

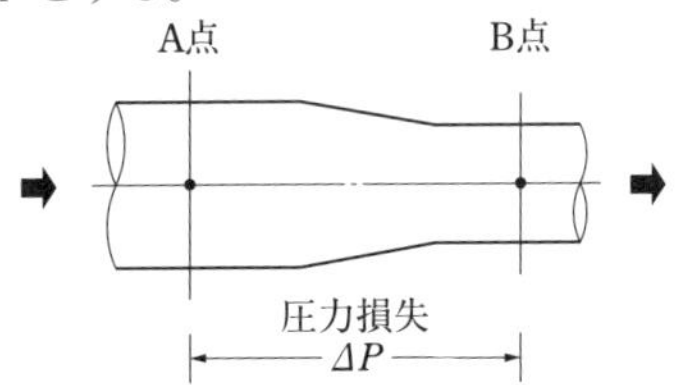

(R2-A5)

解 答　ベルヌーイの定理に摩擦による圧力損失を考慮すると，A点とB点の間には次の式が成り立つ。

A点の全圧をP_T，動圧をPv_A，静圧をPs_A，B点の動圧をPv_B，静圧をPs_B，A点とB点の間の圧力損失を$\varDelta P$とすると，

$$P_T = Pv_A + Ps_A = Pv_B + Ps_B + \varDelta P$$

$$Pv_B = \frac{(\rho \cdot V_B{}^2)}{2}$$

ここで，P_T：A点の全圧（80 Pa）

Pv_A：A点の動圧［Pa］　　Ps_A：A点の静圧［Pa］

Pv_B：B点の動圧［Pa］　　Ps_B：B点の静圧（10 Pa）

$\varDelta P$：A点とB点との間の圧力損失

ρ：流体の密度［1.2 kg/m^3］　V_B：B点の流速［10m/s］

とすると，圧力損失$\varDelta P$は

$$Ps_B = P_T - Pv_B - \varDelta P = 80 - \frac{1.2 \times 10^2}{2} - 10 = 80 - 60 - 10$$

$$\varDelta P = P_T - Pv_B - Ps_B = 80 - \frac{1.2 \times 10^2}{2} - 10 = 10 \text{〔Pa〕}$$

となり，A点とB点との間の圧力損失$\varDelta P$は10［Pa］　　**正解**　(2)

解 説　ベルヌーイの定理は，重力だけが作用する場において，ダクト内あるいは管内の流れが定常流で，粘性も圧縮性もない完全流体に適用されるエネルギー保存の法則である。

（ベルヌーイの定理は，付録21（p.383）を参照）

1-3 熱 力 学

熱力学関連では，毎年3問出題されている

① 熱および伝熱に関する原理と用語（ボイル・シャルルの法則，比熱比・定圧比熱・定容比熱，潜熱・顕熱，熱膨張・線膨張係数，ゼーベック効果・熱力学の第一法則，熱力学の第二法則，クロジュース（クラウジウス）の原理，カルノーサイクル，エンタルピー・エントロピー，断熱膨張・断熱圧縮，熱伝導・熱対流・熱放射・熱通過（熱貫流），フーリエの法則，ステファン・ボルツマン定数など）については**毎年出題**されている。**令和3年度も要注意**である。

② 燃焼に関する用語（理論空気量，空気過剰率，不完全燃焼，高発熱量，窒素酸化物など）は平成28，29，令和1年度に出題されている。**令和3年度も要注意**である。

③ 冷凍理論では，冷凍サイクル・モリエ線図に関する問題が平成30年度に出題されている。

④ 空気では，湿り空気・湿り空気線図に関する問題およびこれらの関連用語（相対湿度・絶対湿度，顕熱比，熱水分比，露点温度，水蒸気分圧，飽和蒸気圧，アスマン通風乾湿計など）が，平成28，29，令和1，2年度に出題されている。特に，空気線図における状態変化に関する問題が，平成28年度に出題されている。**令和3年度も要注意**である。

年度(和暦)	No	出題内容（キーワード）
R2	7	熱に関する原理と用語：定圧比熱と定容比熱，気体の断熱圧縮，体積膨張係数と線膨張係数，圧縮式冷凍サイクルの成績係数
	8	伝熱：固体内部の熱電導による熱移動量，自然対流，熱放射，熱伝達
	9	湿り空気：固体吸収材による除湿，水スプレーによる加湿，蒸気加湿，熱水分比
R1	7	熱に関する原理と用語：熱起電力，エンタルピー，潜熱，気体の定圧比熱と定容比熱
	8	燃焼に関する原理と用途：空気過剰率，窒素酸化物の量，不完全燃焼時の燃焼ガス成分，低発熱量
	9	湿り空気：相対湿度，絶対湿度，蒸気スプレーの加湿，露点温度と絶対湿度

年度(和暦)	No	出題内容（キーワード）
H30	7	熱に関する原理と用語：気体の状態式，熱力学の第二法則，熱伝導，熱伝達
	8	伝熱：熱放射，自然対流，熱電導，固体内部の熱電導による熱移動量
	9	冷凍：冷凍，冷媒による冷凍，冷媒の種類，モリエ線図
H29	7	カルノーサイクル：等温膨張，断熱膨張，等温圧縮，断熱圧縮
	8	湿り空気：加熱と相対湿度，飽和湿り空気，相対湿度と乾球温度，固体吸収材による除湿
	9	燃焼に関する原理と用途：高発熱量，固体燃料と気体燃料，理論空気量と完全燃焼，ウォッベ指数
H28	7	熱に関する原理と用語：断熱膨張，定圧比熱・定容比熱，潜熱，体膨張係数と線膨張係数の関係
	8	湿り空気：絶対湿度，水スプレーによる加湿，絶対湿度，相対湿度
	9	燃焼に関する原理と用途：燃焼ガス中の窒素酸化物量，空気過剰率，低発熱量・高発熱量，理論空気量と完全燃焼

1-3 熱力学 熱に関する原理と用語 ★★★

最新問題

8 熱に関する記述のうち，**適当でないもの**はどれか。

(1) 固体や液体では，定圧比熱と定容比熱はほぼ同じ値である。

(2) 気体を断熱圧縮させた場合，その温度は上昇する。

(3) 結晶が等方性を有する固体の体膨張係数は，線膨張係数のほぼ3倍である。

(4) 圧縮式冷凍サイクルでは，蒸発温度を低くすれば，成績係数は大きくなる。

(R2-A7)

解 答 冷凍機の凝縮温度と蒸発温度の温度差は，水ポンプの揚程に相当し，蒸発温度が高くなれば冷凍能力は大きくなり圧縮動力は小さくなる。蒸発温度が低くなれば冷凍能力は小さくなり圧縮動力は大きくなる。したがって，できるだけ蒸発温度を高く，凝縮温度を低くすれば，同じ冷却熱量に対する圧縮動力を減少させることができる。つまり，冷凍効率は大きくなる。

したがって，(4)**は適当でない。** **正解** (4)

試験によく出る重要事項

❶ 熱力学の法則を理解する。

(1) **熱力学の第一法則** 各種のエネルギーの総和である総エネルギーの保存の原理（エネルギー保存（不滅）の法則）をいう。

1) 熱エネルギーも力学的エネルギーも同じくエネルギーである。

2) 機械的仕事が熱に変わり，また熱が機械的仕事に変わる場合，機械的仕事と熱量との比率は一定である。

3) 熱と仕事は，ともにエネルギーの一種であり，一方から他方に変えることができる。

(2) **熱力学の第二法則** エネルギーの移動と変換の方向とその難易を示した経験則であり，簡易的には次のように表現される。

熱は高温度の物体から低温度の物体へ移動し，低温度の物体から高温度の物体へ自然に移動することはない。(クラウジウスの原理)

(3) 一定温度の熱源から取り出した熱を，他への変化を与えることなく，その全ての熱を仕事に変換することはできない（ケルビン，第二種永久機関の原理。トムソンの原理ともいう）

＊熱エネルギーを仕事のエネルギーに変換するには，熱機関が必要であり，高温源から低温源に熱が移動する途中でその一部を仕事に変えて取り出している。その動作の基本サイクルがカルノーサイクルである。

＊現象の不可逆性，熱の移動方向を定量的に示すのにエントロピーを用いる。

＊エンタルピーは，物質のもつエネルギーの状態量の1つで，その物質の内部エネルギーに外部への体積膨張仕事量を加えたもので表わされる。

❷ 熱・熱エネルギーの基本事項や用語について理解する。

(1) エネルギー保存則（不滅則） 外界と作用し合わない系の全エネルギーは不変である。

(2) 熱容量 物体の質量に比熱を掛けたものが，その物体の熱容量である。物体の温度を t_1 ℃から t_2 ℃まで上昇させたときの熱量は，次の式で求める。

$$Q = G \cdot C\,(t_2 - t_1)$$

Q：熱量［J］ G：物体の質量［kg/m^3］
C：比熱［J/kg·K］

(3) 比熱 比熱とは，物体の単位質量の熱容量で，質量1 kgの物質の温度を1℃高める熱量［J/(kg·K)］である。比熱には，定圧比熱 Cp と定容比熱 Cv とがある。気体の比熱は，定圧比熱 Cp＞定容比熱 Cv である。即ち，気体の比熱比（定圧比熱 Cp／定容比熱 Cv）の大きさは，気体の種類により異なるが，常に1より大きい。固体や液体は，温度による容積の変化が少なく，定圧比熱と定容比熱の差はほとんどない。

❸ 熱的現象の基本事項や用語を理解する。

(1) 熱膨張 等方性の物質の体膨張係数は，線膨張係数の3倍である。

(2) ゼーベック効果 異なる2種類の金属線で作った回路の2つの接点に，温度差が生じると熱起電力を生じて電流が流れる。(熱電温度計に利用)

(3) ペルチェ効果 ゼーベック効果の逆現象で，異種金属の回路に直流を流すと，一方の接点の温度が下がり他方の接点の温度が上がる。電流の流れを逆にすると，温度の上がり下がりも逆になる。

(4) 顕熱と潜熱 物体に熱を加えると，その熱量は，内部エネルギーとして物体の温度が上昇し，一部は膨張によって外部に押除け仕事をする。この温度の変化に使われる熱を顕熱という。また，温度変化を伴わないで，状態の変化のみに費やされる熱を潜熱という。

(5) 熱放射 物体が電磁波の形で熱エネルギーを放出し，熱吸収して移動が行われるもので，途中に媒体を必要としない。一般に，赤外線または熱線といわれる 0.8 ～ 400 μm の波長の電磁波である。

類題 熱に関する用語の組合せのうち，**関係のないもの**はどれか。

(1) 気体の状態式 ―――――― ボイル・シャルルの法則
(2) 熱力学の第二法則 ―――― エントロピー
(3) 熱伝導 ―――――――― ステファン・ボルツマン定数
(4) 熱伝達 ―――――――― ニュートンの冷却則

(H30-A7)

解 答 ステファン・ボルツマンの法則は，熱・放射に関係するものである。熱伝導は，フーリエの法則が関係する。

正解 (3)

類題 熱に関する記述のうち，**適当でないもの**はどれか。

(1) 融解熱や気化熱などのように，状態変化のみに費やされる熱を顕熱という。
(2) 気体を断熱膨張させた場合，温度は低下する。
(3) 熱放射は，熱エネルギーが電磁波として伝わるため，熱の移動に媒体を必要としない。
(4) 固体内部における熱伝導による伝熱量は，その固体内の温度勾(こう)配に比例する。

(基本問題)

解 答 潜熱は，温度変化を伴わない熱の授受（吸収又は放出）で，状態（固体，液体，気体）の相変化に用いられる熱をいう。融解熱や蒸発熱（気化熱）を潜熱という。

正解 (1)

1-3 熱力学 湿り空気線図における状態変化 ★★★

最新問題

湿り空気に関する記述のうち，**適当でないもの**はどれか。

(1) 湿り空気を固体吸着減湿器（シリカゲル）で減湿する場合，湿り空気の状態変化は，一般的に，乾球温度一定の変化としてよい。

(2) 湿り空気を水噴霧加湿器で加湿する場合，湿り空気の状態変化は，近似的に湿球温度一定の変化としてよい。

(3) 湿り空気を蒸気加湿器で加湿する場合，湿り空気の状態変化における熱水分比は，水蒸気の比エンタルピーと同じ値としてよい。

(4) 熱水分比とは，湿り空気の状態変化における比エンタルピーの変化量の絶対湿度の変化量に対する比をいう。 (R2-A9)

解答・解説 化学吸着吸収剤（シリカゲル）で除湿した場合，絶対湿度は下がり，乾球温度は上がる。

したがって，**(1)は適当でない。** **正解** (1)

試験によく出る重要事項

❶ 湿り空気についての基本事項と用語を理解する。

(1) 水蒸気分圧　湿り空気中の水蒸気の多少を示す。飽和湿り空気中の水蒸気分圧は，その温度の飽和蒸気圧に等しい。

(2) **絶対湿度**　乾き空気1［kg］を含む湿り空気中の水蒸気量がx［kg］のとき，絶対湿度x［kg/kg(DA)］と表示する。

(3) **飽和空気（飽和湿り空気）**　空気中に水蒸気として存在できる最大の水蒸気濃度である。水蒸気が飽和空気より少ない空気を，不飽和空気という。

(4) **露点温度**　ある湿り空気の水蒸気分圧に等しい水蒸気分圧をもつ飽和空気の温度をいう。不飽和湿り空気を絶対湿度一定のまま冷却していくと，相対湿度が次第に増加していき，100% に飽和する温度である。

(5) エンタルピー［kJ］　ある物質がもっているエネルギーをいう。比エンタルピー（h［kJ/kg(DA)］）とは，1 kg の物質がもっているエンタルピーのことをいい，湿り空気の比エンタルピーは，1 kg の乾き空気（DA）が0℃からt［℃］まで温度変化する顕熱量，x［kg］の水の0℃における蒸発潜熱量，x［kg］の水蒸気が0℃からt［℃］まで温度変化する顕熱量の和である。

なお，比エンタルピーを単にエンタルピーということもあるので注意する。

(6) 全熱量　湿り空気の全熱量は，乾き空気と水蒸気のエンタルピーの和である。すなわち，(乾き空気の顕熱) ＋ (水蒸気の潜熱と顕熱) である。

(7) 熱水分比 (u)　空気に熱と水分が加わり，比エンタルピー (h) がΔh，絶対湿度 (x) がΔxだけ変化したときの，この比 ($\Delta h/\Delta x$) をいう。

(8) 顕熱比 (SHF)　全熱量 (顕熱量＋潜熱量) に対する顕熱量の比である。空気状態の変化方向を示すのが状態線であり，SHFにより勾配が決まる。

❷ 湿り空気線図の構成，使い方を理解する。詳細は，付録23 (p.385) を参照。

❸ 湿り空気の状態変化を理解する。

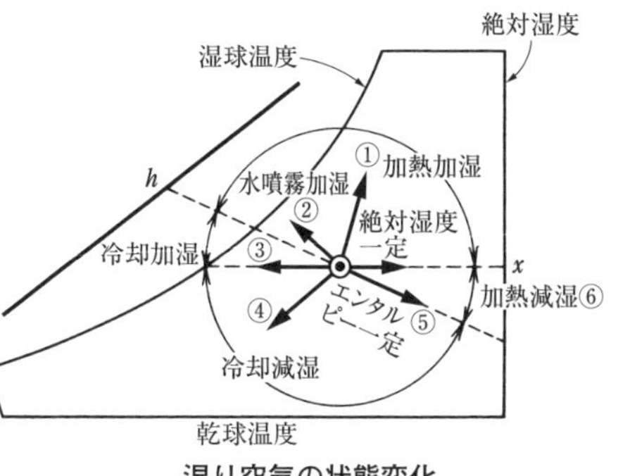

湿り空気の状態変化

湿り空気は，前述のように，熱と水分の加減 (加温，冷却，加湿，減湿) やその条件により状態が変化するが，その主な状態変化の関係を右図に示す。図では，⦿の状態の湿り空気に，蒸気などにより加熱加湿した場合は①，冷水などにより水噴霧加湿した場合は②，冷却 (顕熱冷却) した場合③，冷却減湿した場合は④，化学吸着吸収剤による除湿をした場合⑤，加熱減湿した場合は⑥，のように状態が変化する。

類題 湿り空気の性質に関する記述のうち，**適当でないもの**はどれか。

(1) 湿り空気を露点以下の冷却コイルで冷却すると，絶対湿度は降下する。
(2) 湿り空気を水スプレーで加湿すると，乾球温度は上昇する。
(3) 飽和湿り空気の温度を上げても，絶対湿度は変わらない。
(4) 飽和湿り空気の温度を下げても，相対湿度は変わらない。　(H28-A8)

解 答 水スプレーによる加湿は，比エンタルピー一定の変化をし，乾球温度は下がる。

正解 (2)

1-3　熱力学　固体壁に関連した伝熱　★★★

最新問題

10　伝熱に関する記述のうち，**適当でないもの**はどれか。

(1)　等質な固体壁内部における熱伝導による熱移動量は，その固体壁内の温度勾配に比例する。

(2)　自然対流は，流体の密度の差により生じる浮力により，上昇流や下降流が起こることで生じる。

(3)　物体から放出される放射熱量は，その物体の絶対温度の4乗に比例する。

(4)　固体壁表面の熱伝達率の大きさは，固体壁表面に当たる気流の影響を受けない。

(R2-A8)

解答　固体壁表面の熱伝達は，対流・伝熱・放射などの影響を受けるため，固体壁表面に当たる気流の影響を受ける。

したがって，(4)**は適当でない**。　**正解**　(4)

解説　固体壁とこれに接する流体間の熱伝達による熱移動量は，固体の表面温度と周囲流体温度との差に比例する。

固体壁表面の形状粗さ，寸法，水平との角度，流体の特性，流れの状態などによっても変化し，この時の特性値を熱伝達率と表現している。熱伝達率は，固体壁の表面における流体の速度が速いほど大きくなるため，熱の移動量も多くなる。

試験によく出る重要事項

❶　熱の移動に関する基本事項や用語を理解する。

(1)　伝熱現象：エネルギーの移動であり，伝導・対流・放射がある。

(2)　熱伝導：固体壁などで隣接する物体の温度が異なるとき，固体の高温部側から低温部側へ物質の移動なしに熱エネルギーが移動する伝熱現象である。(フーリエの法則：付録24，p.386を参照)

(3)　熱対流と熱伝達：対流は，エネルギーを蓄積した流体が，浮力等によって移動・混合等をすることによって，起こる熱移動である。

固体壁とこれに接する流体の間の熱移動は，対流・伝熱・放射なども伴うが，これらを含めて熱伝達として扱う。熱移動量は，固体の表面温度と周囲

流体温度との差に比例する。（ニュートンの法則：付録 24，p.386 を参照）

(4) 熱放射：熱放射は，物体が電磁波の形で熱エネルギーを放射し，熱吸収して移動が行われるもので，途中に媒体を必要としない。（ステファン・ボルツマンの法則：付録 24，p.386 を参照）

(5) 自然対流：流体温度が異なる部分の密度の差により，流体の浮力の差が生じ，上昇流と下降流が起こることで生じる。

類題 伝熱に関する記述のうち、**適当でないもの**はどれか。

(1) 熱放射は、物体が電磁波の形で熱エネルギーを放出・吸収する現象であり、その伝達には媒体の存在を必要とするため真空中では生じない。

(2) 自然対流は、流体温度の異なる部分の密度差により浮力を生じ、上昇流と下降流が起こることで生じる。

(3) 熱伝導は、異なる温度の物質が隣接する場合に、高温の物質から低温の物質に、物質の移動なく熱エネルギーが伝わる現象である。

(4) 等質な固体内部における熱伝導による熱移動量は、その固体内の温度勾配に比例する。

（H30-A8）

解 答 熱放射は，電磁波により伝達されるため，伝達には媒体を必要としない。

正解 (1)

類題 伝熱に関する記述のうち，**適当でないもの**はどれか。

(1) 単一固体内部における熱伝導による熱移動量は，その固体内の温度勾（こう）配に比例する。

(2) 自然対流は，流体温度の異なる部分の密度の差により，上昇流と下降流が起こることで生じる。

(3) 熱放射は，電磁波により伝達されるため，媒体を必要としない。

(4) 固体壁両側の流体間の熱通過による熱移動量は，固体壁の厚さに反比例する。

（基本問題）

解 答 固体壁両側の流体間の熱通過による熱移動量は，固体壁の厚さに反比例しない。

正解 (4)

1-3 熱力学 燃焼に関する原理と用途 ★★★

11 燃焼に関する記述のうち，**適当でないもの**はどれか。

(1) ボイラーの燃焼において，空気過剰率が大きいほど熱損失は小さくなる。

(2) 燃焼ガス中の窒素酸化物の量は，低温燃焼時よりも高温燃焼時の方が多い。

(3) 不完全燃焼時における燃焼ガスには，二酸化炭素，水蒸気，窒素酸化物のほか，一酸化炭素等が含まれている。

(4) 低発熱量とは，高発熱量から潜熱分を差し引いた熱量をいう。

(R1-A8)

解答 燃料を完全燃焼に十分近づけるためには，理論空気量以上に空気を供給する必要があり，この割り増し率を**空気過剰率**（空気比）という。空気過剰率が小さいほど，熱損失は小さくなる。

したがって，(1)**は適当でない。** **正解** (1)

解説 燃料を完全燃焼させるために理論的に必要な最少の空気量を，理論空気量という。実際に完全燃焼させるためには，理論空気量に割増しをした空気量が必要となり，実際の燃焼ガス量も理論燃焼ガス量よりも多くなる。

試験によく出る重要事項

❶ 燃焼に関する基本事項や用語を理解する。

(1) 高発熱量・低発熱量　　高発熱量とは，燃料が完全燃焼したときの発生熱量で燃焼によって発生した水蒸気（潜熱）も含んでいる。

低発熱量とは，高発熱量から熱機関では利用できない水蒸気がもつ潜熱を除外した熱量をいい，実際に利用できる熱量に近い。

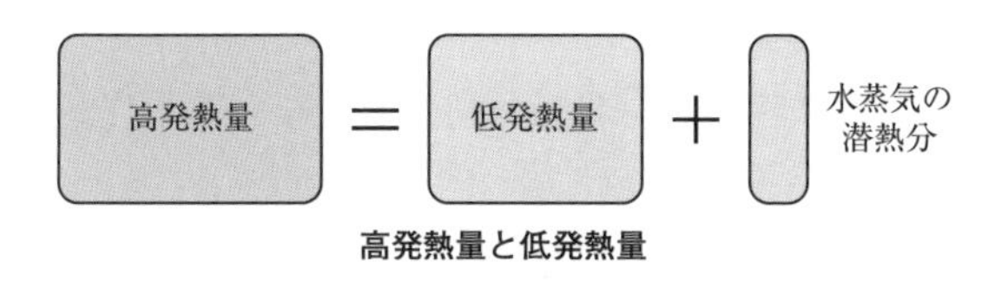

高発熱量と低発熱量

(2) 空気過剰率　完全燃焼に近づけるための理論空気量への割増しを空気過剰率 m といい，次式で表される。

$$m=\frac{\text{実際の空気量}}{\text{理論空気量}}$$

m は空気比ともいい，その値は，一般的に気体燃料（1.1～1.2）・液体燃料（1.2～1.3）・固体燃料（1.4～1.6）の順で大きくなる。

(3) 理論燃焼ガス量（理論廃ガス量）　理論空気量で完全燃焼したと仮定した場合の燃焼ガス量（廃ガス量）のことをいう。

不完全燃焼時の燃焼ガスには，二酸化炭素，水蒸気，窒素のほか一酸化炭素などが含まれる。

(4) 窒素酸化物　燃焼温度が高ければ，一般に効率は高くなるが，反面では排ガス中の窒素酸化物 NOx の量が多くなり，燃焼ガスの温度が低いとボイラの低温腐食なども起こってくる。また，窒素酸化物 NOx は，燃料中の窒素成分が燃焼により酸素と結びついて発生するほか，高温下では空気中の窒素と酸素が結合しても発生する。

類題　燃焼に関する記述のうち，**適当でないもの**はどれか。

(1) 燃焼ガス中の窒素酸化物の量は，低温燃焼時より高温燃焼時の方が少ない。
(2) 燃料の低発熱量とは，水蒸気の潜熱分を除いた熱量である。
(3) 燃料が理論空気量で完全燃焼した際に生じる燃焼ガス量を，理論燃焼ガス量という。
(4) 一般に，液体燃料より気体燃料の方が空気過剰率が小さい。

（基本問題）

解答　燃焼ガスとは，炭酸ガス・水蒸気・窒素・残りの酸素・亜硫酸ガスなどであるが，不完全燃焼では一酸化炭素，高温燃焼では低温燃焼に比べて窒素酸化物が増加する。

正解　(1)

1-4　その他（音・腐食）

その他の基礎では，出題数は毎年1問であり，音と振動と腐食・防食とは，平成28年度以降から隔年で交互に出題されている。

① 音と振動では，音に関する特性と用語（音の大きさ，音の強さ，音の速さ，音圧レベル，可聴範囲，音の吸収，音の合成，マスキング効果，NC曲線，騒音計の特性など）が出題されている。

② 腐食・防食では，金属の腐食・防食や環境に関する用語（pH，イオン化傾向，腐食速度，異種金属接触腐食（ガルバニック腐食），マクロセル腐食，不動態皮膜など）などが出題されている。**令和3年度も要注意**である。

年度（和暦）	No	出題内容（キーワード）
R2	10	音：音の合成，人の可聴範囲の音の強さ，NC曲線・音圧レベル許容値，音源距離と音圧レベル
R1	10	金属材料の腐食：異種金属の接触腐食，炭素鋼の腐食とpH，開放系の腐食速度，流速と腐食速度
H30	10	音：音の吸収（ロックウール・グラスウール），音速，音の強さ，NC曲線・音圧レベル許容値
H29	10	金属材料の腐食：すきま腐食，炭素鋼の腐食における水温やpHの影響，イオン化傾向と腐食
H28	10	音：音の吸収（ロックウール・グラスウール），音の合成，音の大きさ，NC曲線・音圧レベル許容値

1-4　その他　金属材料の腐食　★★★

12　金属材料の腐食に関する記述のうち，**適当でないもの**はどれか。

(1)　異種金属の接触腐食は，貴な金属と卑な金属を水中で組み合わせた場合，それぞれの電極電位差によって卑な金属が腐食する現象である。

(2)　水中における炭素鋼の腐食は，pH4 以下では，ほとんど起こらない。

(3)　溶存酸素の供給が多い開放系配管における配管用炭素鋼鋼管の腐食速度は，水温の上昇とともに 80℃ 位までは増加する。

(4)　配管用炭素鋼鋼管の腐食速度は，管内流速が速くなると増加するが，ある流速域では表面の不動態化が促進され腐食速度が減少する。　(R1-A10)

解答　水中における炭素鋼の腐食は，pH4 以下では，酸化第一鉄の不動態被膜が溶解して増大する。

したがって，(2)**は適当でない。**　**正解**　(2)

試験によく出る重要事項

❶　金属材料の腐食に関する一般的な事項や用語を理解する。

(1)　イオン化傾向　建築設備などで使用される金属では，イオン化傾向［小］→［大］の順に並べた一般的なイオン化列は次のようになる。

ステンレス鋼→銅→青銅→鉛→炭素鋼→亜鉛

(2)　異種金属接触腐食（ガルバニック腐食）　鋼管と青銅弁など電位差の異なる金属の接触により，電位差が生じイオン化傾向大の金属が腐食する。

(3)　局部電池腐食　水に接している金属表面に電位差が生じて，局部電池が形成され，電位の低い卑な陽極部（アノード）が腐食する。孔食など。

(4)　流速による影響　速度による影響は一律ではなく，酸素の供給具合により，腐食の促進，腐食の減少（不動態皮膜生成の促進），過大流速による**エロージョン（潰食）**の発生もある。また，溶液の状態などにも影響を受ける。

❷　炭素鋼の腐食に関する一般的な事項や用語を理解する。

(1)　温度の影響　腐食速度は，開放系システムでは 80℃ 程度までは温度が高くなるほどが増大する。それ以上では溶存酸素の放出により減少する。

(2)　マクロセル腐食　土中埋設の鋼管が，建物貫通部の鉄筋，ポンプやつり金具・支持金具などを通して接触した状態になり，電池を形成する。

この場合，相対的に大きな面積をもつ鉄筋がカソード，埋設鋼管がアノードになって鋼管が激しく腐食することがある。このようなアノードとカソードが分離して大規模な腐食電池を形成した腐食をマクロセル腐食という。

(3) 電食　直流電気軌道の近くに地中埋設された鋼管などに，軌条（レール）などから地中に漏れ出た電流が流入し，変電所近くなどで電流が鋼管から再び流出することがあり，流出部（アノード（陽極部））に激しい腐食を起こすことがある。これを電食（迷走電流による腐食）という。

(4) 溝状腐食　電縫鋼管では，電縫部に溝状の腐食を生じることがある。

(5) 蒸気還水管の腐食　還水管は凝縮水が酸性になりやすく，腐食しやすい。

(6) コンクリート中の鉄は，土に埋設された鉄より腐食しにくい。

❸ ステンレス鋼の腐食に関する一般的な事項や用語を理解する。

(1) 応力腐食割れ　オーステナイト・ステンレス鋼や黄銅などで，引張り残留応力と水中の塩素イオン（濃度30 mg/L以上）の影響により発生しやすい。

(2) 粒界腐食　溶接部などで，結晶粒界付近に発生しやすい。

(3) 水槽の腐食　水槽内の気相部などに水の蒸発により塩素イオン濃度が高くなり，その影響（濃縮）で鋼表面の不動態皮膜が破壊され，孔食が発生する場合がある。

❹ 銅管・銅合金の腐食に関する一般的な事項や用語を理解する。

(1) 孔食　酸化皮膜が局部的に破壊し，針孔状の腐食が発生する。

(2) エロージョン（潰食）　エルボなど曲がり部で流速の影響で発生する。

類題　金属材料の腐食に関する記述のうち，**適当でないもの**はどれか。

(1) 配管のフランジ接合部など，金属と金属，あるいは，金属と非金属の合わさったすきま部が優先的に腐食される現象をすきま腐食という。

(2) 水中における銅管の腐食は，pH6.5程度の微酸性の水では，中性の水と比較して高い腐食速度を示す。

(3) 開放系配管における炭素鋼の腐食速度は，水温の上昇とともに80℃位までは増加する。

(4) 水中でイオン化傾向が異なる金属を接触させた場合，イオン化傾向が小さい金属の方が腐食しやすい。　(H29-A10)

解答　銅・ステンレスなどのイオン化傾向の小さい金属は腐食しにくい。　**正解** (4)

1-4　その他　音　★★★

最新問題

13　音に関する記述のうち，**適当でないもの**はどれか。

(1)　同じ音圧レベルの２つの音を合成すると，音圧レベルは約３dB大きくなる。

(2)　人の可聴範囲は，周波数では概ね20～20,000 Hzであるが，同じ音圧レベルの音であっても3,000～4,000 Hz付近の音が最も大きく聞こえる。

(3)　NC曲線で示される音圧レベルの許容値は，周波数が高いほど大きい。

(4)　点音源から放射された音が球面状に一様に広がる場合，音源からの距離が２倍になると音圧レベルは約６dB低下する。　(R2-A10)

解答　NC曲線の音圧レベル許容値は，周波数が低いほど大きい。
したがって，**(3)は適当でない。**　**正解**　(3)

試験によく出る重要事項

❶　音・振動に関する基本事項や用語を理解する。

(1)　音速　　大気中では約340 m/s（15℃）である。温度が高いほど速くなる。

(2)　可聴範囲　　周波数では20～20,000 Hz，音圧レベルでは0～130 dBである。

(3)　音の物理量

①　音の強さI　　音の進行方向に垂直な平面内の単位面積を単位時間に通過する音のエネルギー量［W/m^2］である。

②　音圧P　　音圧は空気の粗密による圧力の大小である。単位は［N/m^2］であるが，一般に物理量として音圧レベル（SIL［dB]）を使う。

(4)　音の大きさ　音の大きさは，同じ大きさに聞こえる周波数が1,000 Hzの純音の音圧レベル（dB）の数値で表し，単位にphonを用い，ラウドネスレベルと呼ぶ。音の大きさは，人間の耳に感じる音の感覚量で，周波数によって耳の感度が異なるので，よく聞こえる音と聞こえにくい音がある。大きい音では耳の感度は平坦であるが，小さい音では低音域と高音域が1,000 Hz付近の中音域に比べて感度が低下し，大きな音圧でないと同等に聞こえない。

(5)　遮音・吸音・減衰

①　遮音　　透過損失［dB］は，壁など物体の質量が大きく，すき間が少ないほど，また，周波数が高いほど大きくなり，遮音効果がある。

② 吸音　　吸音率は音が反射しない割合をいい，一般に低音・低周波の音が処理しにくい。

吸音材には，材料の内部の空気を振動させて，摩擦などによって音のエネルギーを熱に変え，低音域での吸音率は小さいが，中・高音域での吸音率は大きいグラスウール，ロックウールなどの多孔性のものがある。また，200 ～ 300 Hz の低音域での吸音率が大きい合板・プラスチック板などの板振動によるもの，共鳴作用によって音のエネルギーを吸収し，共鳴周波数以外の音に対して吸音率が小さい孔あき合板・孔あきせっこうボードなどがある。

③ 減衰　　点音源からの離隔距離による音の強さの減衰である。

(6) 騒音

① マスキング　　周波数が近いほどマスキング効果は大きい。

② 騒音計　　A 特性，C 特性および平坦特性があり，通常 A 特性を用いる。

(7) 振動　　基礎の固有振動数は，防振装置のばね定数に比例する。ばね常数の小さな防振材料は，固有振動数・振動伝達率を小さくできる。

(8) 残響　　音源が停止してから平均音圧レベルが 60 dB 下がるのに要する時間をその室の残響時間という。

(9) NC 曲線　　騒音を分析し，周波数別に音圧レベルの許容値を示したもので，騒音の評価として使用されている。

NC 曲線の音圧レベル許容値は，周波数が低いほど大きい。

(10) 音の合成　　音圧レベルの等しい 2 つの音を合成すると，音圧レベルは約 3dB 大きくなる。

類題　音に関する記述のうち，**適当でないもの**はどれか。

(1) ロックウールやグラスウールは，一般的に，中・高周波数域よりも低周波数域の音をよく吸収する。

(2) 音速は，一定の圧力のもとでは，空気の温度が高いほど速くなる。

(3) 音の強さとは，音の進行方向に垂直な平面内の単位面積を単位時間に通過する音のエネルギー量をいう。

(4) NC 曲線で示される音圧レベルの許容値は，周波数が低いほど大きい。

(H30-A10)

解答　ロックウールやグラスウールは中・高音域での吸音率が大きい。　**正解**　(1)

第 2 章　電気設備

●出題傾向分析●

出題内容 ＼ 年度（和暦）	R2	R1	H30	H29	H28	計
(1)　低圧屋内配線工事	1	1	1	1	1	5
(2)　三相誘導電動機	1	1	1	1		4
(3)　インバータ制御					1	1
(4)　進相コンデンサ						0
計	2	2	2	2	2	10

[過去の出題傾向]

電気設備は，必須問題が毎年 2 題出題されている。

（内訳）

① 低圧屋内配線工事は，**平成 28，29，30，令和 1，2 年度と毎年出題**されていて，**出題頻度が高い。**

② インバータ制御は，**平成 28 年度に出題**されている。

③ 三相誘導電動機は，**平成 29 年度までは隔年，平成 30，令和 1，2 年度に出題**されている。

2　電気設備

① 低圧屋内配線工事は，CD管・PF管の敷設可能範囲，使用電線種類・金属管のD種接地，電線接続，配管内は絶縁電線，漏電遮断器に関して出題されている。

② 三相かご形誘導電動機は，全電圧直入れ・スターデルタ始動方式，インバータ制御，保護装置，極数と回転数，電源の種類，過負荷・欠相保護に関して出題されている。

③ インバータ制御は，特徴としての負荷に応じた最適制御，高調波の発生，電源容量に関して出題されている。

年度(和暦)	No	出題内容（キーワード）
R2	11	低圧屋内配線工事：厨房内のボンド線省略，200V金属管のD種接地，漏電遮断器の省略条件，CD管のコンクリート埋設
	12	三相誘導電動機の保護：過負荷と欠相保護，過負荷回路，スターデルタ始動方式と過負荷・欠相保護継電器，全電圧始動と過負荷・欠相・反相保護継電器
R1	11	三相誘導電動機：インバータと発熱，スターデルタ始動方式の始動電流，トップランナーモータと始動電流，インバータと騒音
	12	電気工事：合成樹脂製可とう管（PF管）内の接続，D種接地工事，合成樹脂製可とう管（PF管）相互の接続，金属管相互の接続
H30	11	低圧屋内配線工事：合成樹脂製可とう電線管の色，工事，金属製ボックスの接地，400V金属管の接地
	12	三相誘導電動機：過負荷保護装置の設置，スターデルタ始動方式のトルク，全電圧直入始動方式の始動電流，インバータと高調波
H29	11	低圧屋内配線工事：低圧屋内配線工事の施設条件，金属管工事，合成樹脂管工事，金属可とう電線管工事，金属線ぴ工事
	12	三相誘導電動機：スターデルタ始動方式のトルク，始動方式と定格出力，結線と回転方向，同期速度と極数・周波数
H28	11	インバータ制御：出力周波数と出力電圧，電圧波形のひずみ，始動電流，三相かご形誘導電動機
	12	電気工事：コンクリート埋設PF管の施設，金属管工事，CD管の接続，400V金属管の接地

2 電気設備 電気工事 ★★★

最新問題

1 低圧屋内配線工事に関する記述のうち，**適当でないもの**はどれか。

(1) 厨房内の電動機用配線工事において，金属管と金属製ボックスを接続するボンド線（裸銅線）を省略する。

(2) 三相3線 200 V の電動機用配線工事において，金属管にD種接地工事を施す。

(3) 合成樹脂で被覆した機械器具に接続する三相3線 200 V の電路において，漏電遮断器（ELCB）を省略する。

(4) CD 管（合成樹脂製可とう電線管）を直接コンクリートに埋め込んで施設する。 (R2-A11)

解 答 電路に施設する機械器具の鉄台および金属製ボックスの接地工事は省略することができない。

したがって，(1)**は適当でない**。 **正解** (1)

（低圧屋内配線工事の種類については，付録25（p.387）を参照のこと。）

試験によく出る重要事項

(1) **金属管工事** 金属管工事の交流回路では，電磁的平衡を保つため，単相2回線ではその2線を，単相3線式及び三相3線式回路ではその3線を，三相4線式ではその4線を同一管内に収める。なお，金属管相互及び金属管とボックスの間には，ボンディング（接地）を施し，電気的に接続する。

(2) **合成樹脂管工事** CD 管（合成樹脂製可とう電線管：CD 管は，オレンジ色であるため，PF 管（合成樹脂製可とう管）と判別できる）は，ポリエチレン・ポリプロピレン・塩化ビニルなどを主材とした波付管で，自己消火性がないので直接コンクリートに埋め込んで施設する。コンクリート埋設以外は，専用の不燃性又は自消性のある難燃性の管又はダクトに収めて施設する。なお，自己消火性がある PF 管は，コンクリート施設以外に天井内等にも直接施設できる。すなわち，CD 管は，天井内に直接転がして施設できない。

また，CD 管及び PF 管内で，電線の接続点を設けてはならない。

(3) **接地工事**　300 V 以下の金属管の接地工事は，D 種接地工事を施す。なお，400 V の接地工事は C 種とする。一方，電路に施設する機械器具の鉄台および金属ボックスの接地工事は，次の表の区分ごとに各種接地工事を施す。ただし，水気のある場所以外に施設される電動機に漏電遮断器を設ける場合などは，省略することができる。

接地工事の種類

接地工事の種類	接地抵抗値	機械器具の適用区分
C 種接地工事	10 Ω以下	300 V を超える低圧用機械器具の鉄台，金属製外箱
D 種接地工事	100 Ω以下	300 V 以下の低圧用機械器具の鉄台，金属製外箱

(4) **絶縁電線**　金属管や合成樹脂製可とう電線管等の内に収める電線は，**IV 電線**（600 V ビニル絶縁電線）や **VVF ケーブル**（600 V ビニル絶縁ビニルシースケーブル）等の**絶縁電線**とする。

類題　低圧屋内配線工事に関する記述のうち，**適当でないもの**はどれか。

(1) 金属管内に収める電線を，IV 電線（600 V ビニル絶縁電線）とした。
(2) 乾燥した場所に施設した CD 管（合成樹脂製可とう電線管）内に，電線の接続部を設けた。
(3) 使用電圧が 300 V 以下であるため，金属管に D 種接地工事を施した。
(4) CD 管を，直接コンクリートに埋め込んで施設した。　（基本問題）

解答　低圧屋内配線工事にあって，乾燥した場所に施設した CD 管（合成樹脂製可とう電線管），PF 管および金属管内であっても，電線に接続点を設けてはならない。すなわち，電線の接続は，点検が可能なアウトレットボックスを設けボックス内で行う（下図参照）。

正解　(2)

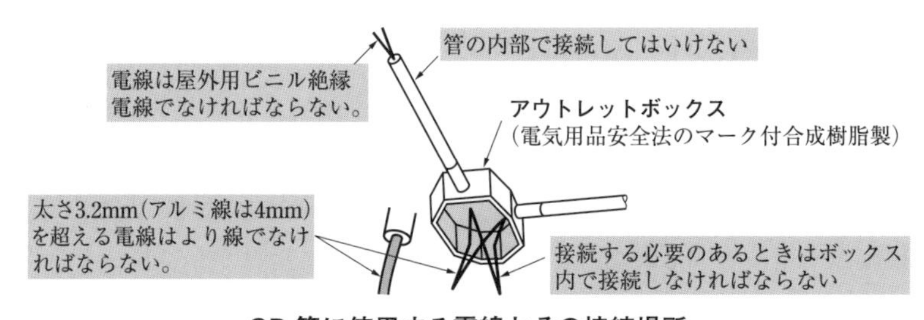

CD 管に使用する電線とその接続場所

2 電気設備 電動機のインバータ制御 ★★★

2 電動機インバータ制御に関する記述のうち，**適当でないもの**はどれか。

(1) 汎用インバータでは，一般に，出力周波数の変更に合わせて出力電圧を制御する方式が用いられる。

(2) インバータによる運転は，電圧波形にひずみを含むため，インバータを用いない運転よりも電動機の温度が高くなる。

(3) インバータによる始動方式は，直入始動方式よりも始動電流が大きいため，電源容量を大きくする必要がある。

(4) 三相かご形誘導電動機は，インバータにより制御することができる。

(H28-A11)

解答 インバータとは，商用電源から交流電動機駆動用の可変電圧，可変周波数の電源に変換する装置である。インバータ運転は，始動電流が小さいため，電源設備容量を小さくできる。ただし，始動トルクも商用始動時の半分程度になるので，始動トルク等が不足する場合は，電動機定格より上位の容量の装置を考慮する必要がある。

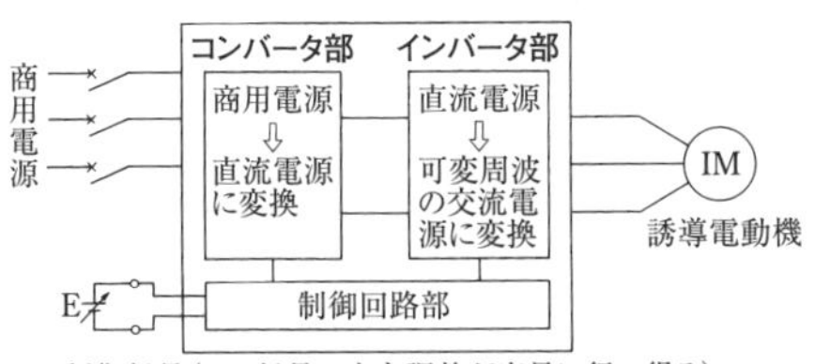

インバータの基本構成

したがって，**(3)は適当でない。** **正解** (3)

試験によく出る重要事項

(1) **インバータ制御方式**　インバータ制御方式は，次に示す特徴がある。

① 誘導電動機では，適正なトルクを得るために，周波数を変えると同時に電圧も比例して変化させる。この方式では，速度を連続的に変えることができるので，常に最適の速度を選択できる。

② インバータの電源部では，サイリスタによる電源裁断のため高調波が発生しやすく，電源ラインに大きなノイズを発生する原因となり，電子機器の誤作動や進相コンデンサの発熱が起こるので，フィルタ等で高調波除去対策を行う。

(2) **高調波の抑制対策**　高調波とは，ひずみ波交流の中に含まれる基本波の整数倍の周波数をもつ正弦波である。

高調波の抑制対策として，次のようなものがある。

① インバータの電源側に交流リアクトルを設置し，電源波形を改善する。

② インバータの出力電圧の大きさを制御する方法に，電圧の大きさを制御するPAM方式とパルス振幅を制御するPWM方式がある。PWM方式の方が高調波が少ない。

PWM制御：コンバータ部にリアクタとコンデンサからなるパッシブフィルタを配置し，力率の改善と高調波の制御を行う。

PAM制御：アクティブフィルタでコンバータを構成し，スイッチング素子を制御することによって，インバータ部に供給する直流電圧そのものを変化させ，電動機への出力電圧を制御する。

③ コンデンサ・リアクトルによる分路を設けるパッシブフィルタ（受動型フィルタ）を設ける。

④ PWMインバータを用い，発生高調波と逆位相の電流を系統に供給して打ち消すアクティブフィルタ（能動型フィルタ）を設ける。

類題　電動機のインバータ制御に関する記述のうち，**適当でないもの**はどれか。

(1) 三相かご形誘導電動機は，インバータにより制御することができる。
(2) インバータにより周波数を変化させて，速度を制御する。
(3) 直入始動方式よりも始動電流を小さくできるため，電源設備容量が小さくなる。
(4) 高調波が発生しないため，フィルタなどの高調波除去対策が不要である。

（基本問題）

解答　電源部ではサイリスタによる電源裁断のため高調波が発生し，電源ラインに大きなノイズを発生する原因となり，電子機器の誤作動や進相コンデンサの発熱が起こるので，フィルタなどの高調波除去対策が必要である。　**正解**　(4)

2 電気設備 三相誘導電動機 ★★★

3 三相誘導電動機に関する記述のうち，**適当でないもの**はどれか。

(1) インバータによる運転は，電圧波形にひずみを含むため，インバータを用いない運転よりも電動機の温度が高くなる。

(2) スターデルタ始動方式は，全電圧直入始動方式と比較して，始動電流を $\frac{1}{\sqrt{3}}$ に低減できる。

(3) トップランナーモータは，銅損低減のため抵抗を低くしている場合があり，標準モータに比べて始動電流が大きくなる傾向がある。

(4) インバータで運転すると，騒音が増加することがある。

(R1-A11)

解答 スターデルタ始動方式の始動電流は，じか入れ始動方式の 1/3 となる。したがって，(2)**は適当でない**。 **正解** (2)

試験によく出る重要事項

(1) **三相かご形誘導電動機の特性**

① 誘導電動機の回転数・同期速度は，電源周波数に比例し極数に反比例する。

三相誘導電動機の同期速度は，電動機の極数に反比例し，電源の周波数に比例する。同期速度 $No = \frac{120f}{P}$ P: 極数 f: 電源周波数

② 電動機は許容温度上昇限界より絶縁種別が区分されており，一般に，低圧は E 種（120℃），高圧は B 種（130℃）が用いられる。

③ 誘導電動機は，誘導性負荷なので力率が悪く，負荷の無効電力相当分の進相コンデンサ（記号：C）を用いて力率を改善する。

④ トップランナーモータは，銅損低減のため抵抗を低くしている場合があり，標準モータに比べ，始動電流が大きくなる傾向がある。

(2) **三相かご形誘導電動機の始動方法**

① **全電圧直入れ始動方式**は，始動電流が定格電流の 5 ～ 8 倍と大きく，電源容量が小さい場合，始動電流のために電源の電圧降下が増大して，同一電源系につながる他の負荷の機器に支障をきたす。一般に小容量機器に採用される。200 V 級で 5.5 kW 未満の範囲で使用される。

② **スターデルタ始動方式**は，電動機の固定子巻線の各端子を始動時にはスター結線に接続することにより，巻線電圧を $1/\sqrt{3}$ に減圧し，始動電流を 1/3 に低減して始動し，定格回転数に近づいたとき，デルタ結線の接続に切り替えて正常運転に入る方式で，200 V 級で 11～37 kW 程度の中容量機器に採用される。この方式では，始動電流及び始動トルクは，直入始動の約 1/3 となる。コストは，比較的安価である。

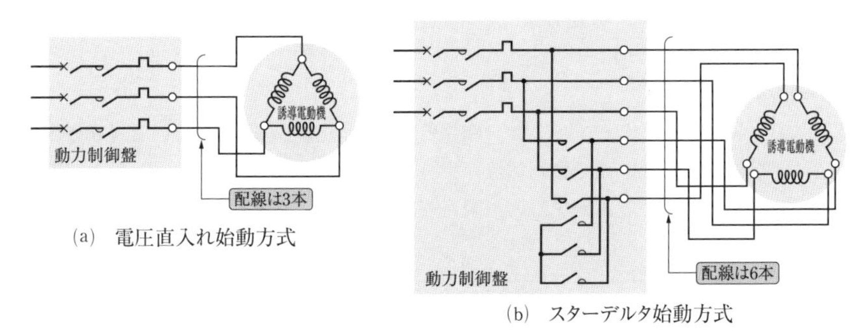

(a) 電圧直入れ始動方式

(b) スターデルタ始動方式

三相誘導電動機の始動方法

(3) 三相かご形誘導電動機の保護

電動機の過負荷及び欠相（3 相電源の 1 相が断線等により欠落すること）の保護のため，過負荷・欠相運転防止継電器と電磁接触器を組み合わせて使用する。出力が 0.2kw 以下の電動機は，過負荷保護装置の設置を省略することができる。

最新問題

類題 低圧の三相電動機の保護回路に関する記述のうち，**適当でないもの**はどれか。

(1) 過負荷及び欠相を保護する回路に，保護継電器と電磁接触器を組み合わせて使用する。

(2) 配線用遮断器と電磁開閉器を組み合わせた回路において，過負荷に対して，電磁開閉器より配線用遮断器が先に動作するように設定する。

(3) スターデルタ始動の冷却水ポンプの回路に，過負荷・欠相保護継電器（2E リレー）を使用する。

(4) 全電圧始動（直入始動）の水中モーターポンプの回路に，過負荷・欠相・反相保護継電器（3E リレー）を使用する。 (R2-A12)

解 答 電磁開閉器は，電磁接触器と過負荷継電器の組み合わせで，電動機の過負荷保護を行う。配線用遮断器は，過電流負荷に対して動作する。したがって，過負荷に対しては，電磁開閉器が先に動作するように設定する。 **正解** (2)

第３章　建築工事

●出題傾向分析●

出題内容 ＼ 年度（和暦）	R2	R1	H30	H29	H28	計
(1)　コンクリート工事		1				1
(2)　鉄筋コンクリート		1	1	1	1	4
(3)　鉄筋コンクリートの梁貫通	1		1	1		3
(4)　曲げモーメント図	1				1	2
計	2	2	2	2	2	10

[過去の出題傾向]

建築工事からは，毎年２問出題されている。

（内訳）

①　コンクリート工事は，令和１年度に出題されている。令和３年度は要注意である。

②　鉄筋コンクリートは，平成 28，29，30，令和１年度に出題されている。令和３年度は要注意である。

③　鉄筋コンクリートの梁貫通は，平成 29，30，令和２年度に出題されている。

④　曲げモーメント図は，平成 28，30 年度に出題されている。

3 建築工事

① ワーカビリティーは，平成 27 年度以降出題がない。**令和 3 年度は要注意**である。

② 鉄筋のかぶり厚さは，令和 1 年度に出題されている。

③ 水セメント比は，平成 28，29，令和 1 年度に出題されている。

④ 単位セメント量は，平成 30 年度に出題されている。

⑤ 単位水量は，平成 29，30，令和 1 年度に出題されている。

⑥ コールドジョイント，ジャンカ，打込み方法，スランプ値は，平成 27 年度以降出題がない。**令和 3 年度は要注意**である。

年度(和暦)	No	出題内容（キーワード）
R2	13	鉄筋コンクリートの梁貫通：開口補強（金網、連続)、径、中心間隔
	14	曲げモーメント図
R1	13	コンクリート工事：かぶり厚さ，定着長さ
	14	鉄筋コンクリートの性状：構造部材に生じる応力，単位水量，設計基準強度，水セメント比
H30	13	鉄筋コンクリートの性状：スパイラル筋，あばら筋・帯筋，補強筋，スリーブ（鉄筋のかぶり厚さ）
	14	コンクリートの性状：スランプ試験，スランプ，単位セメント量とひび割れ，単位水量
H29	13	鉄筋コンクリートの性状：水セメント比，単位水量
	14	鉄筋コンクリートの梁貫通孔
H28	13	曲げモーメント図と配筋図
	14	鉄筋コンクリートの性状：水セメント比，凝結・硬化，線膨張係数，ラーメン構造

3 建築工事 コンクリートの性状 ★★★

1 鉄筋コンクリート構造の建築物に関する記述のうち，**適当でないもの**はどれか。

(1) 構造部材に生じる応力は，軸方向応力，曲げモーメントの2種類である。
(2) 単位水量が多いほど，乾燥収縮によるひび割れが発生しやすい。
(3) 躯体を打設するコンクリートは，設計基準強度を割り増した強度とする。
(4) 水セメント比を小さくすると，コンクリートの耐久性は高くなる。

(R1-A14)

解答 構造部材に生じる応力は，軸方向応力，曲げモーメント及びせん断力の3種類である。

したがって，(1)**は適当でない。** **正解** (1)

解説 単位水量は，生コン1 m³当たりの水量を表す。建築工事では単位水量は185 kg/m³以下という場合が多い。水セメント比は，鉄筋入りで55% 以下であるので，これで計算する。

1 m³の生コンの質量は2300kgとすると，単位水量＜185kg/m³，水セメント比＜55% これを当てはめると，水量＝185kg以下，セメント量＝185/0.55＝336kg以上，その他骨材や添加剤量＝2300－185－336＝1779kg以下となる。

水セメント比は小さいほど密実なコンクリートとなるが，これは単位水量の使用上限が決まっているので，つまりはセメントを増やし骨材量を減らすという意味となる。

単位水量は，最近では加水（配合まで完璧なのに生コン工場と現場の間で水を追加して柔らかくし，ワーカビリティーを向上させる打設方法が横行した。）防止のために現場打設試験にて用いられる。

試験によく出る重要事項

(1) **単位セメント量**　コンクリート1 m^3を造るのに使うセメントの重量で，この値を大きくすれば高強度になるが，水和熱が増大しクリープも大になる。単位セメント量を小さくするとワーカビリティが悪くなる。単位セメント量を少なくすると単位水量も小さくすることができ，それに伴って乾燥収縮も小さくなり，ひび割れの防止に効果がある。

(2) ブリージング（ブリーディング）　コンクリート打設後に水が分離してコンクリート上面に上昇する現象のことをいう。スランプや水セメント比が大きいコンクリートほどこの現象が著しく，コンクリートの沈下量が大きく，透水性・透気性に劣り，鉄筋との付着強度が低下する。

(3) 中性化　初期のコンクリートはpH12強のアルカリ性であるため，鉄筋に対して防せいの効果があるが，日時の経過とともに空気中の水蒸気や二酸化炭素の作用を受けて，表面から徐々にアルカリ性をなくしていく現象をいう。

(4) ワーカビリティー　コンクリートが骨材材料分離を起こすことなく，打込み・締固め等の施工のしやすさの程度をいう。

(5) コンクリート打設　夏期の打設後のコンクリートは，急激な乾燥を防ぐために湿潤養生を行う。打込み後2，3時間で表面にクラックが入るため，タンピング（タンタンと叩いて固めるという意味で，コンクリートを打ったあと，水平面を叩くことをいう。）を十分に行い，散水養生やシート養生を行う。

(6) **コールドジョイント**　コンクリートの打込み中に，先に打ち込まれたコンクリートが固まり，後から打ち込んだコンクリートと十分に一体化できない打継目であり，構造物の強度を低下させる。外部からの有害物質を侵入しやすくし，構造物の機能を損う欠陥部となる。

コールドジョイントの例

(7) ジャンカ　打設したコンクリートの骨材とモルタルが分離し，1か所に骨材の集中，もしくは，締固めの不足により，空隙の多い欠陥部分が生じた状態をいう。図中の赤丸で囲った部分がジャンカになっている。

鉄筋の腐食の原因になりやすい。

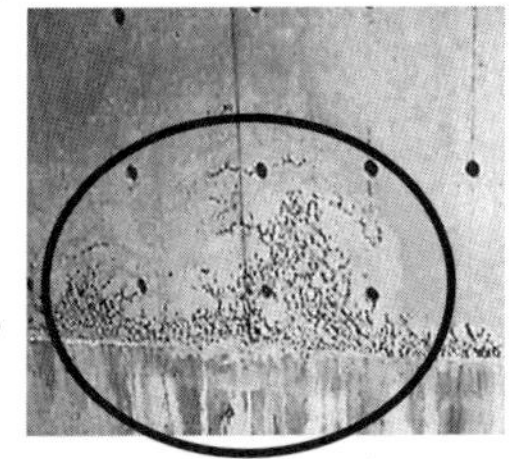
ジャンカの例

3 建築工事 鉄筋コンクリートの性状 ★★★

2 コンクリートの調合，試験に関する記述のうち，**適当でないもの**はどれか。

(1) スランプ試験は，コンクリートの流動性と材料分離に対する抵抗性の程度を測定する試験である。

(2) スランプが大きいと，コンクリートの打設効率が低下し，充填不足を生じることがある。

(3) 単位セメント量を少なくすると，水和熱及び乾燥収縮によるひび割れを防止することができる。

(4) 単位水量が多く，スランプの大きいコンクリートほど，コンクリート強度は低くなる。

(H30-A14)

解 答 スランプとは，スランプ試験において，コンクリートの中央部の下がり［χ cm］をいう。すなわち，スランプが大きいと，単位水量が多く，付着強度が低下し，乾燥収縮によるひび割れが増加する。一方，スランプが小さくなると，流動性が小さくなるためワーカビリティー（コンクリートの打設効率）は低下し，充填不足を生じることがある。

したがって，(2)**は適当でない。** **正解** (2)

試験によく出る重要事項

(1) 高炉セメント　クリンカ，石膏とともに混合材として高炉スラグを採用したセメントのことで，一般には高炉セメントB種がよく使われ，高炉スラグの比率は30を超え60%以下である。

(2) スランプ　スランプ試験において，コンクリートの中央部の下がり［χ cm］を測定してこれをスランプという。スランプを大きくすると，鉄筋への付着強度が低下し，乾燥収縮によるひび割れが増加する。一方，スランプが小さくなると，流動性が小さくなるためワーカビリティーは低下する。

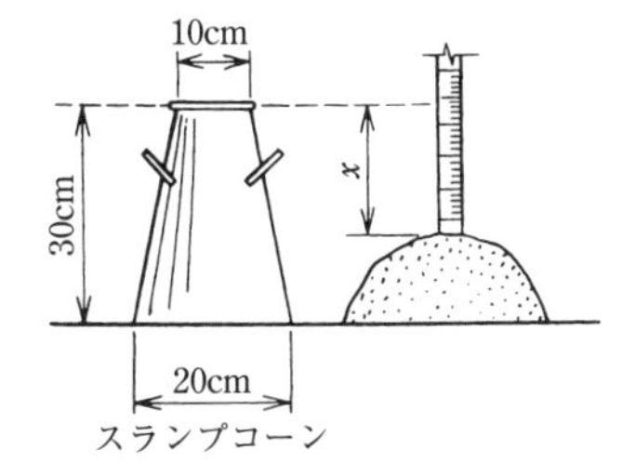

スランプ試験

(3) スラブの開口補強　スラブ開口が700

mm以下の場合は，開口によって切られる鉄筋と同量の鉄筋で周囲を補強し，隅角部に斜め筋を上下の鉄筋の内側に配筋する。

(4) 鉄筋に対するコンクリートの**かぶり厚さ**　建築基準法施行令（令第79条の1）により「耐力壁以外の壁又は床にあっては20 mm以上，耐力壁，柱又ははりにあっては30 mm以上，直接土に接する壁，柱，床，若しくは，はり又は布基礎の立上り部分にあっては40 mm以上，基礎（布基礎の立上り部分を除く。）にあっては捨コンクリートの部分を除いて60 mm以上としなければならない。」とされている。

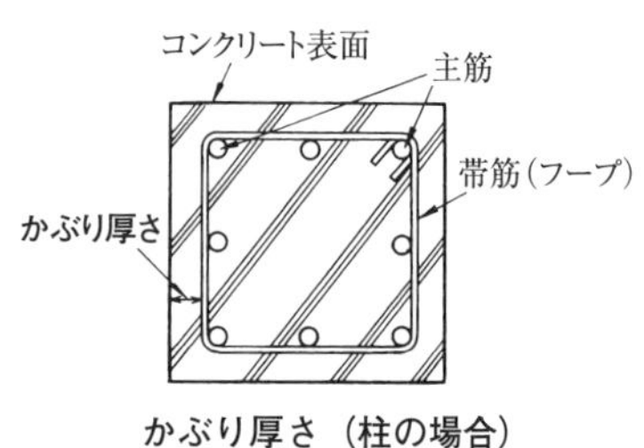

かぶり厚さ（柱の場合）

鉄筋の最小かぶり厚さ [mm]

構造部分の種類				すべてのコンクリート
土に接しない部分	床板，耐内壁以外の壁	仕上げあり		20
		仕上げなし		30
	柱 梁 耐力壁	屋内	仕上げあり	30
			仕上げなし	30
		屋外	仕上げあり	30
			仕上げなし	40
	擁壁			40
土に接する部分	柱，梁，床板，壁			*40
	基礎，擁壁，耐圧床板			*60
煙突など高熱を受ける部分				60

（注）1. ＊印のかぶり厚さは普通コンクリートに適用し，軽量コンクリートの場合は特記による。
2. 仕上げありとは，モルタル塗りなどの仕上げのあるものとし，吹付け塗装などの耐久性上有効でない仕上げのものを除く。
3. 床板，梁，基礎および擁壁で直接土に接する部分のかぶり厚さには，捨てコンクリートの厚さは含まない。
4. 鉄骨に対するコンクリートのかぶり厚さは，5 cm以上とする（令第79条の3）

3 建築工事 鉄筋コンクリートの梁貫通孔 ★★★

最新問題

3 鉄筋コンクリート造の壁の開口補強及び梁貫通孔に関する記述のうち，**適当でないもの**はどれか。

(1) 壁の開口補強には，鉄筋に代えて溶接金網を使用することができる。

(2) 小さな壁開口が密集している場合，その全体を大きな開口とみなして開口補強を行うことができる。

(3) 梁貫通孔の径の大きさは，梁せいの$\frac{1}{3}$以下とする。

(4) 2つの大きさの異なる梁貫通孔の中心間隔は，梁貫通孔の径の平均値の2倍以上とする。

(R2-A13)

解答 国土交通省大臣官房官庁営繕部監修 機械設備工事監理指針（令和元年度版）によると，「梁貫通孔が並列する場合は，その中心間隔は孔の径の平均径の3倍以上とする」とある。

したがって，(4)は**適当でない**。

正解 (4)

試験によく出る重要事項

❶ 貫通孔の決まりごとについて覚える。

孔の上下方向の位置：梁せいの中心付近とし，次の寸法による。

$500 \leqq H < 700 \quad d_1, d_2 \geqq 175$

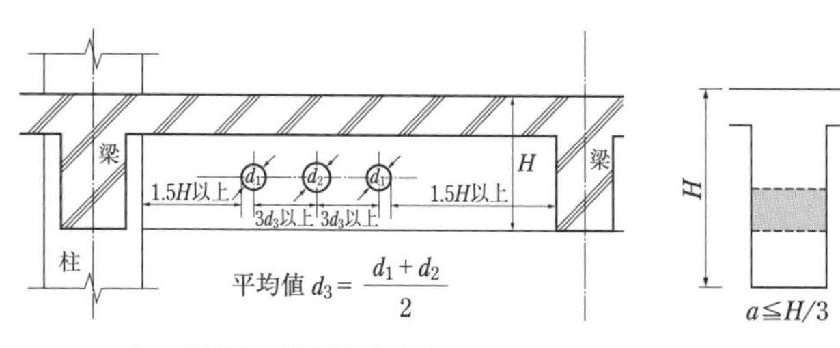

梁の貫通孔の位置と大きさ　　孔の上下方向の位置

$700 \leqq H < 900$　$d_1, d_2 \geqq 200$

$900 \leqq H$　$d_1, d_2 \geqq 250$

H：梁せい，d_1, d_2：梁下端から貫通口下端までの距離

（ただし，上端筋のかぶり厚さが確保される範囲とする）

孔の位置：前ページ❶左側の図のように，柱の面から 1.5 H 以上離す。

孔が並列する場合：その中心間隔は孔の径の平均値の 3 倍以上とする。

孔の位置：せん断力の大きくかかる梁端部を避け，スパンの 1/4 の付近からスパンの中部が好ましい。

孔の径：梁せいの 1/10 以下，かつ，150 mm 未満の場合は補強筋を必要としない。

類題　鉄筋コンクリート造の配筋等に関する記述のうち，**適当でないもの**はどれか。

(1)　スパイラル筋は，柱のせん断補強のほか，耐震補強壁のアンカー周辺の補強としても設置される。

(2)　あばら筋は梁のせん断補強のために，帯筋は柱のせん断補強と座屈防止のために設置される。

(3)　梁貫通孔補強筋は，せん断力によって発生する応力に抵抗できるように配筋する。

(4)　梁を貫通する配管用スリーブは，コンクリート打設時のずれ防止のため，最寄りの鉄筋に接して緊結する。

(H30-A13)

解 答　設問にある,「コンクリート打設時のずれ防止のため, 最寄りの鉄筋に接して緊結する」とすると, スリーブは鉄筋にベッタリくっついており, ほとんど「かぶり厚さ」が確保できていないことになる。「かぶり厚さ」不足は, 長期的にみると鉄筋の酸化を早め, 鉄筋コンクリートの強度を著しく低下させることになる。　**正解**　(4)

3 建築工事 曲げモーメント図 ★★★

最新問題

4 図に示す単純梁の２点に集中荷重Ｐが作用する場合の曲げモーメント図として，**適当なもの**はどれか。

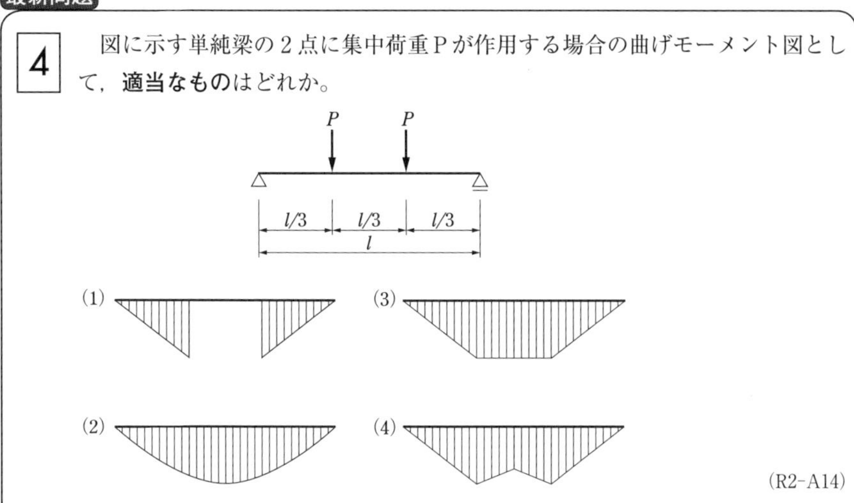

(R2-A14)

解答 ピン構造の単純梁に集中荷重が作用するときの曲げモーメント図は、2点の場合も集中荷重の位置では折れ点となり、ピン構造の支点から集中荷重のかかる箇所まで直線となる。また、3等分の位置に夫々等しい集中荷重が加わっているので折れ点では等しい曲げモーメントとなり、2点間は直線で結んだ曲げモーメント図となる。

したがって，**(3)は適当である。** **正解** (3)

試験によく出る重要事項

(1) 反力と曲げモーメント　梁の支持条件と荷重条件から，曲げモーメント図を判読し覚える。モーメント図には，次に示す約束事があるので覚える。

① 集中加重の位置は折れ点（とがる）となる。

② 分布荷重のかかる部分は，曲線となる。

③ 荷重がないところは直線となる

④ ピン・ローラーの接点は，ここに M がなければ $\Sigma M = 0$ になる。

⑤ 固定端は，M を引き上げる（加重の方向が上向きならば引き下げる)。

(2)　配筋図

曲げモーメントが生じる部分に，鉄筋を配筋する。

Type	荷重図	曲げモーメント図	配筋図
片持ち 先端荷重			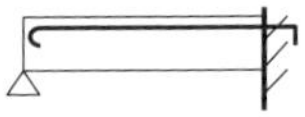
片持ち 等分布荷重	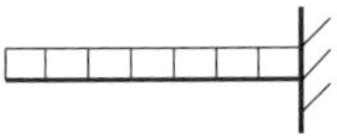		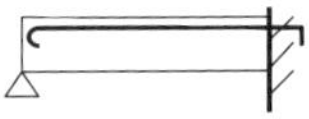
単純 中心集中荷重	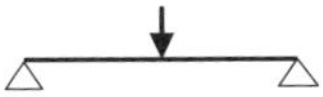	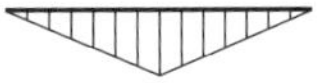	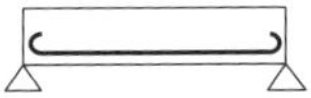
単純 等分布荷重	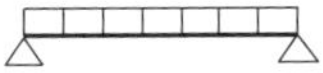	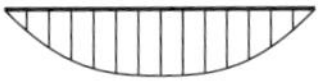	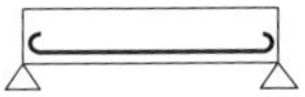
ピン－固定 中心集中荷重		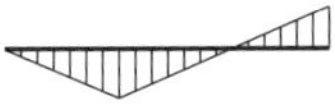	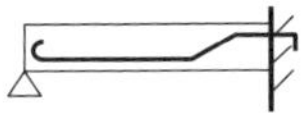
ピン－固定 等分布荷重	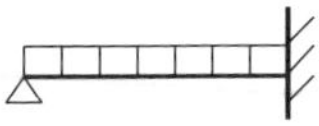	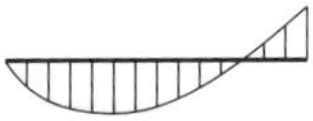	
両端固定 中心集中荷重	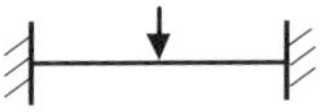	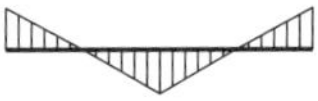	
両端固定 等分布荷重	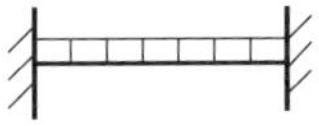	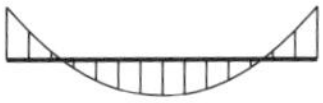	
両端固定 ラーメン構造	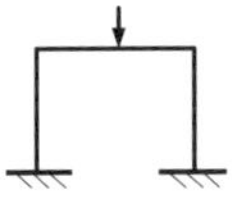	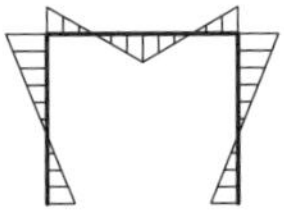	
	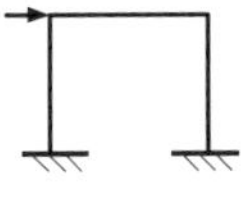	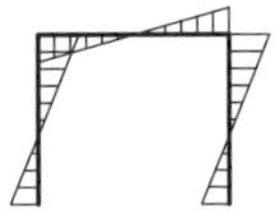	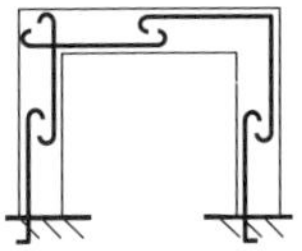

荷重図と曲げモーメント図・配筋図

第４章　空気調和設備

●出題傾向分析●

出題内容 ＼ 年度（和暦）		R2	R1	H30	H29	H28	計
(1) 空気調和設備	空調計画	1		1		2	4
	熱負荷	1	1	1	2		5
	空気線図	1	1		1	1	4
	空調方式	1	1	2	1	1	6
	自動制御	1	1	1	1	1	5
(2) 冷暖房	熱源システム	2	2	2	2	2	10
	冷凍サイクル		1				1
(3) 換気・排煙	換気設備	1	1	1	1	1	5
	換気計算	1	1	1	1	1	5
	排煙設備	2	2	2	2	2	10
	排煙計算						0
	計	11	11	11	11	11	55

[過去の出題傾向]

空気調和設備は，毎年合計11問出題されている。出題のタイプは過去問題と同じといえるため，令和３年度も過去の問題をよく理解すれば正解を導くことができる。

（内訳）

① 熱源設備に関して**毎年出題**されている。特に熱源システムについては，過去5年間で10問と最も出題されている分野であり，重点分野であると同時に，**冷凍サイクルは昨年出題されていないため注意をすること。**

② 換気・排煙に関しては，換気計算は**毎年出題**されている。しかし，排煙計算は，過去５年間は出題されていないので，**令和３年度は**，排煙設備に加え**排煙計算の出題に注意をすること**。

③ **自動制御**は，過去５年間出題されており，重要項目であるため，**出題に注意をすること**。

4-1 空気調和設備

① 空調計画　　建築計画からの視点としては，建築平面と熱負荷や省エネルギーの関係からの問題が出題傾向が強く，次のものがあげられる。
・平面プランと関係する空調室・非空調室と外皮熱負荷の関係
・外壁や開口部（窓ガラス）の方位や遮へい物と日射負荷
建物平面ゾーニングと空調負荷については，設備システムからの視点として次のものがあげられる。
・高低差と搬送動力（ポンプ動力，送風機動力）の関係
・ゾーニングと空調システム（外気冷房等）の効果

② 省エネ法　　近年，改正が多いことが原因か，過去 5 年間出題されていない。平成 28 年度から施行された改正省エネ法に伴う申請業務に注意する。

③ 負荷計算　様々な観点から出題されるため，負荷計算法の基本を一式覚えておく必要があり，次のポイントを重点的に学習する必要がある。
・設計外気温度における TAC 温度や実効温度差
・開口部・ガラス面と日射負荷，熱貫流負荷，すき間風負荷
・人体負荷における顕熱・潜熱負荷
・土間床・地中壁と冷暖房負荷

④ 湿り空気線図　基礎知識として空気の状態点（乾球温度，湿球温度，相対湿度，絶対湿度，比エンタルピー，露点温度）に関する知識を習得し，空調機内での状態変化や顕熱比に関する原理を知る必要がある。出題傾向としては，空調機における外気風量や給気風量および温度，加湿量などの算出を求められる。空気線図の問題は，平成 30 年度は出題されていないが，過去 4 年間出題されており，重要項目であるため，**出題に注意をすること**。

⑤ 空調方式　最も出題傾向が高いのは，変風量単一ダクト方式（VAV）である。また，定風量単一ダクト方式との特長の比較も出題傾向が高い。次に出題傾向が多いのは，ダクト併用ファンコイル方式，床吹出し方式である。省エネルギーと関連させエアフローウィンドウも扱われることがある。

⑥ 自動制御　最も出題傾向が高いのは，変風量単一ダクト方式（VAV）における室内温度制御，湿度制御と VAV ユニットによる風量制御である。また，冷却塔の制御の送風機制御についてもよく出題される。空調機の運転に関しては，外気導入，空調機起動時の予冷・予熱のダンパ制御や，電気集じん器と空調機の自動制御についてもよく扱われる。

年度（和暦）	No	出題内容（キーワード）
R2	15	空気調和計画：省エネルギー，窓，ひさし，高遮熱ガラス，ブラインド，日射遮へい性能，日射熱取得，建物の平面形状，屋上緑化，外壁の塗装，赤外線反射
	16	空気調和方式：定風量単一ダクト方式，送風温度，各室の負荷変動パターン，大温度差送風，床吹き出し方式，垂直温度差，天井放射冷房方式，結露防止
	17	湿り空気線図：冷房時の空気調和機のコイルの冷却負荷の値
	18	熱負荷：人体からの発熱量，顕熱，潜熱，土間床，地中壁からの通過熱負荷，日射負荷，直達日射，夜間放射，実効温度差
	19	自動制御：変風量単一ダクト方式，冷温水コイルの制御弁，空気調和機入口空気の温度，VAV ユニット，空調室内の温度，外気及び排気用電動ダンパー，還気ダクト内の二酸化炭素濃度，空気調和機のファン，VAV ユニットの風量
R1	16	空気調和方式：ペリメーター空気処理方式，コールドドラフト，変風量単一ダクト方式，定風量単一ダクト方式，搬送動力，ファンコイルユニット・ダクト併用方式，全空気方式，搬送動力，床吹出し方式，天井吹出し方式，垂直温度差
	17	湿り空気線図：空気調和機，コイル加熱負荷量，送風量，空気の密度
	18	熱負荷：サッシからの隙間風負荷，導入外気量，排気量，正圧，暖房負荷計算，土間床，地中壁熱負荷，人体負荷，室内温度，全発熱量，顕熱，潜熱量，隙間風量，換気回数法
	19	自動制御：外気取入れダンパ，空気調和機の運転開始時，外気取入れダンパ，排気ダンパ，二酸化炭素濃度，比例制御，冷却塔ファン，外気温度，二位置制御，給気温度，比例制御
H30	15	空調計画：空調システムの省エネルギーに効果がある建築的手法，建物の平面形状，建物の外周，非空調室，窓面積の比率，窓ガラス，遮へい係数
	16	空気調和方式：ダクト併用ファンコイルユニット方式，全空気方式，外気冷房，定風量単一ダクト方式，変風量単一ダクト方式，負荷特性，負荷変動対応，変風量（VAV）ユニット，試運転時の風量調整
	17	空気調和方式：空気調和機の機内に設ける加湿装，蒸気方式，パン型加湿器，気化方式，加湿後の空気の温度降下，気化方式，加湿前の空気，水噴霧方式，加湿水の中に含まれる硬度成分
	18	熱負荷：冷房負荷，人体の全発熱量，ガラス窓からの熱負荷，日射の影響，外壁の冷房負荷計算，実効温度差，アトリウムの熱負荷，日射熱負荷

年度(和暦)	No	出題内容（キーワード）
H30	19	自動制御：制御する機器と検出要素，冷温水の制御弁，空気調和機出口空気の温度，外気用電動ダンパー，還気ダクト内の二酸化炭素濃度，変風量（VAV）ユニット室内の温度，　空気調和機のファン還気ダクト内の静圧
H29	15	熱負荷：定風量単一ダクト方式，冷房の部分負荷，外気絶対湿度，室内設定絶対湿度，最大負荷時，室内湿度，吹出し温度差，コイル出口空気温度，換気量
	16	空気調和方式：大温度差送風（低温送風）方式，送風量，ダクトサイズ，床吹出し方式，冷房運転時の吹出し温度差，定風量単一ダクト方式，同一系統内の部分的な空調の運転・停止，変風量単一ダクト方式，間仕切り変更対応
	17	湿り空気線図：冷房時の湿り空気線図，空気調和機の外気取入れ量，送風量
	18	熱負荷：冷房時における人体からの発生熱量，顕熱，潜熱，暖房時におけるすきま風負荷，玄関まわり，地下エントランス部，冷房負荷の計算，南側の外壁の負荷，内外温度差，土間床，地中壁からの熱負荷
	19	自動制御：外気導入量の最適化制御,室内のCO_2濃度,CO_2濃度センサ,外気ダンパの開度制御,ダクト挿入型温度検出器,偏流,室内型温度検出器,吹出口からの冷温風,太陽からの放射熱などの影響,冷却塔のファン,外気温度による二位置制御
H28	15	空気調和計画：建築計画と省エネ，建物の平面形状，短辺に対する長辺の比率，東西面の窓面積，窓ガラスの遮へい係数，風除室
	16	空気調和方式：床吹出し方式，変風量単一ダクト方式，負荷変動，エアフローウィンドウ方式，窓の熱負荷軽減，ダクト併用ファンコイルユニット方式，全空気方式，空気搬送動力
	17	空気調和計画：系統区分，室のゾーニング，区分すべき室，空気清浄度，温湿度条件，使用時間，日射
	18	湿り空気線図：定風量単一ダクト方式，冷房プロセス，コイル入り口の状態点，外気量，装置露点温度，相対湿度，室内冷房負荷の顕熱比，室内負荷，比エンタルピー差，送風量
	19	自動制御：変風量単一ダクト方式の自動制御,制御する機器と検出要素の組合せ，外気・排気用電動ダンパー,還気ダクト内のCO_2濃度,空気調和機のファン,還気ダクト内の静圧,変風量（VAV）ユニット,室内の温度,加湿器,室内の湿度

4-1 空気調和設備 省エネルギー計画 ★★

1 空調システムの省エネルギーに効果がある建築的手法の記述のうち，**適当でないもの**はどれか。

(1) 建物の平面形状をなるべく正方形に近づける。

(2) 建物の外周の東西面に，非空調室を配置する。

(3) 外壁面積に対する窓面積の比率を小さくする。

(4) 窓ガラスは，日射熱取得に係る遮へい係数の大きいものを計画する。

(H30-A15)

解答・解説

(2) 建物の外周の東西面に，非空調室を配置する。

建築計画的には眺望の関係から外周部に空調が必要とされる部屋が配置されることが多いが，非空調室は，外周部の負荷の干渉的な空間となるため，省エネルギーの観点からは外周部のピーク熱負荷となり易い東西面に配置するとよい。

(4) 窓ガラスは，日射熱取得に係る遮へい係数の大きいものを計画する。

熱負荷計算におけるガラス窓からの熱取得は，ガラス窓標準日射取得に遮蔽係数とガラス窓面積を乗じて算出する。つまり，遮蔽係数とはガラス窓から日射が取得される割合を示すため，遮蔽係数が小さいほうが省エネルギー効果がある。

したがって，**(4)は適当でない。** **正解** (4)

試験によく出る重要事項

(1)　建築平面計画における**ダブルコア方式**は，非空調室を外周部に配置し熱の緩衝帯として利用するため，年間熱負荷係数（PAL）が小さくなる。一方，**センターコア方式**は，外周のペリメータが空調ゾーンとなるため，年間熱負荷の総量が大きくなる。

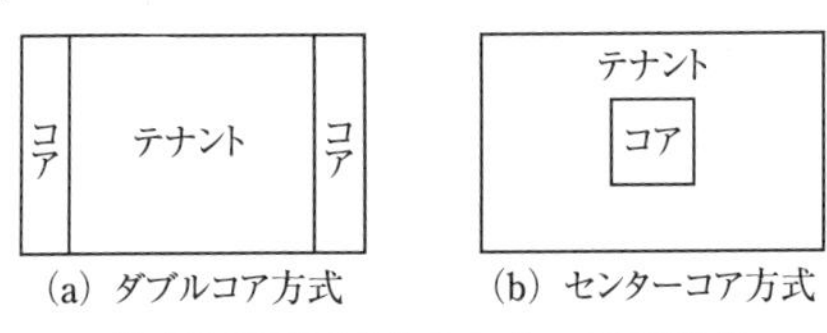

ダブルコア方式とセンターコア方式

(2)　**外気冷房**とは，冷房運転時に室内空気より低いエンタルピの外気を導入して冷房を行うことをいう。中間期から冬季にかけて日射量の大きい南ゾーンでは，日射負荷のあまり存在しない北ゾーンより，外気冷房の効果が大きい。

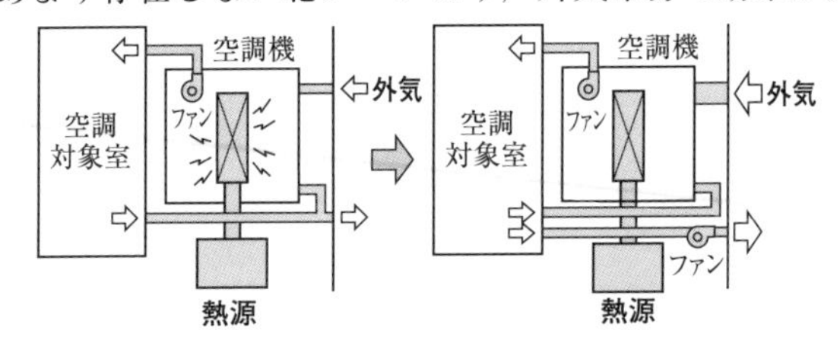

外気冷房方式

(3)　循環式の水配管系において，水の循環経路が大気に開放されていない方式（膨張タンクで水が大気に開放される場合を除く）を**密閉回路**といい，循環経路の末端が大気に開放された水槽などに連絡されている方式を**開放回路**という。開放回路方式は，冷却塔による冷却水配管や蓄熱槽を用いる冷温水配管などに採用されている。開放回路の場合，ポンプの揚程には循環の摩擦損失のほかに押上げ揚程が加わるので，ポンプの動力が大きくなる。

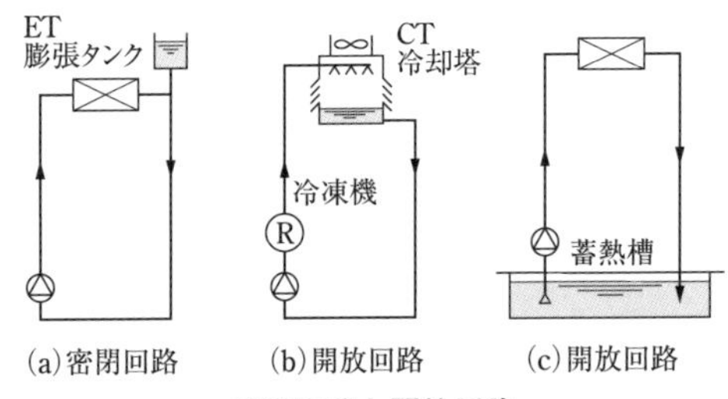

密閉回路と開放回路

開放回路は蓄熱システムであるが，熱負荷を平準化しピークシフトによる省エネルギー効果がある。

4-1　空気調和設備　省エネルギー計画　★★

最新問題

2　空調システムの省エネルギーに効果がある建築的手法の記述のうち，**適当でないもの**はどれか。

(1)　窓は，ひさし，高遮熱ガラス，ブラインド等による日射遮へい性能の高いものを採用し，日射熱取得を減らす。

(2)　建物の平面形状は，東西面を長辺とした場合，長辺の短辺に対する比率を大きくする。

(3)　屋上緑化は，植物や土壌による熱の遮断だけでなく，屋外空間の温度上昇を緩和する効果がある。

(4)　外壁の塗装には，赤外線を反射し，建物の温度上昇を抑制する効果のある塗料を採用する。

(R2-A15)

解 答　建築物の平面形状における省エネルギー性は，容積に対する表面積の大きい方が低いため。長辺の短辺に対する比率を大きくすると，空調システムの省エネルギーに効果が低い。また，東西面を長辺とした場合には，特に窓が有る場合には，太陽高度が低い朝夕に直達日射が建物内に侵入し，熱負荷が大きくなる傾向がある。

したがって，(2)**は適当でない。**　**正解**　(2)

試験によく出る重要事項

(1)　建物の屋上や外壁を緑化することにより，植栽植物による日射の遮蔽効果，用土の断熱効果，水分蒸発時の気化熱による冷却効果（蒸散作用）により，屋上負荷や外壁負荷の低減を図ることができる。

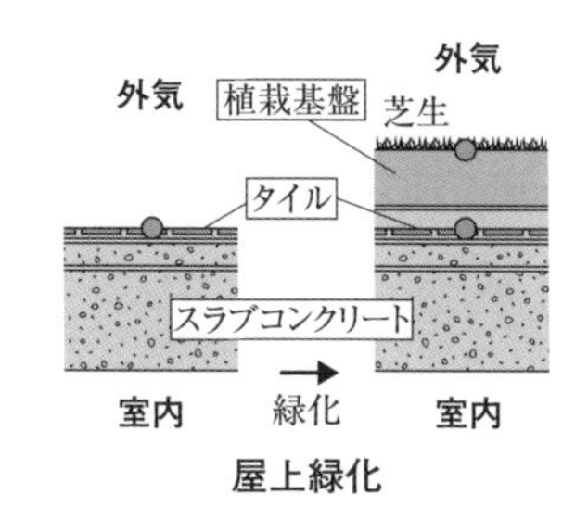

屋上緑化

(2)　非空調室を建物外周部に設置すると，空調室にとって，外気（熱貫流や隙間風）や日射による外気の熱負荷に対し緩衝空間となり，建物にとって大きな熱負荷である日射負荷や建物外壁負荷を低減することができる。

(3)　二重ガラス窓のブラインドは，室内に設けたものに比べて，二重ガラス窓の間に設けたほうが，日射の遮蔽が多くなる。ブラインドを室内側に設けると，日射が一度，室内に侵入するため，冷房負荷の増大となる。

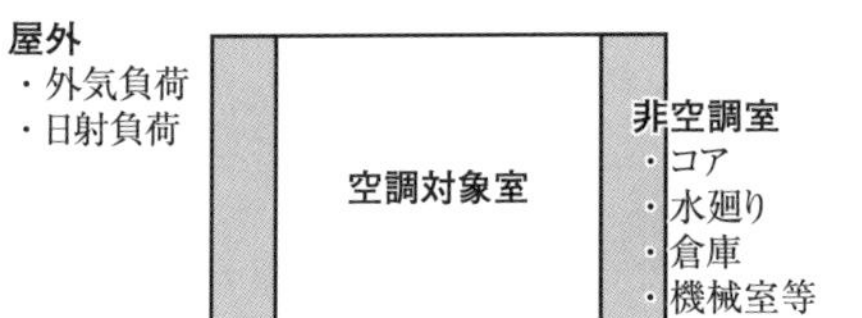

非空調室の外周部の配置

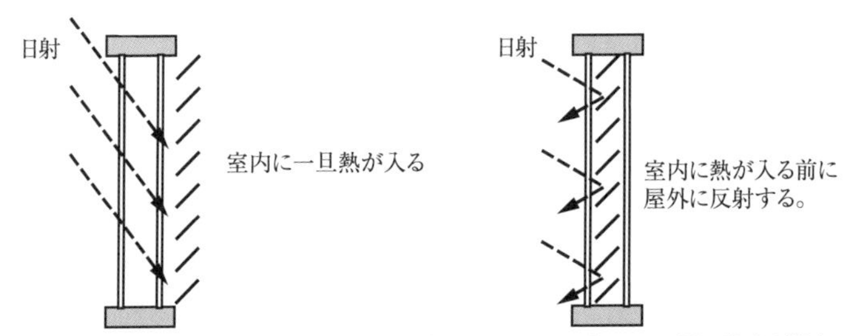

(a) ブラインドを室内に設けた場合　(b) ブラインドを二重ガラスの間に設けた場合

二重ガラス窓とブラインドの効果

類題　建築計画に関する記述のうち，省エネルギーの観点から，**適当でないもの**はどれか。

(1)　建物平面が長方形の場合，長辺が東及び西面となるように配置する。
(2)　建物の屋上，外壁を緑化する。
(3)　非空調室を建物の外周部に配置する。
(4)　二重ガラス窓のブラインドは，二重ガラスの間に設置する。　（基本問題）

解答　１日の内，昼間は太陽高度が高く，日射は，建物の南北面では，入射角度の関係で庇（ひさし）などで遮蔽も行いやすい。東西面は，日射の入射角度が垂直に近く遮蔽も行いにくく，南北面より東西面に多く当たるので，建物の長辺を東西面に配置すると日射負荷が増え，冷房熱源設備のための消費エネルギーが増大するので省エネルギーに反する。

正解　(1)

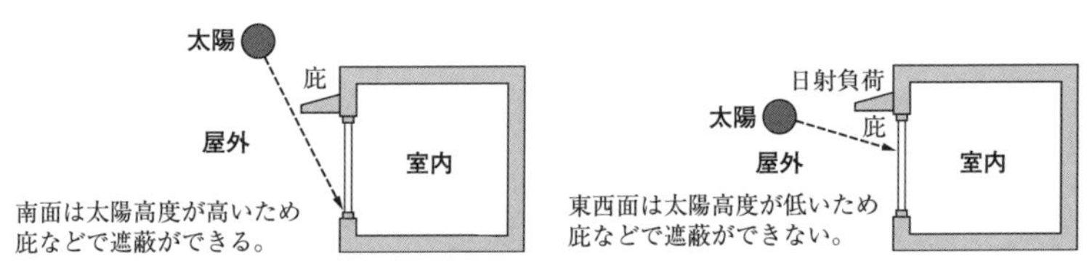

南壁面（左）と東西壁面（右）の日射と冷房負荷

4-1 空気調和設備　熱負荷　★★

3　熱負荷に関する記述のうち，**適当でないもの**はどれか。

(1)　サッシからの隙間風負荷は，導入外気量と排気量を調整し，室内を正圧に保つことが期待できる場合，見込まなくてよい。

(2)　暖房負荷計算では，一般的に，土間床，地中壁からの熱負荷は見込まなくてよい。

(3)　人体負荷は，室内温度が変わっても全発熱量はほとんど変わらないが，温度が上がるほど顕熱量が小さくなり，潜熱量が大きくなる。

(4)　外気に面したドアを有する空調対象室において，ドアからの隙間風を考慮する場合は，隙間風量を換気回数法により算定してよい。

(R1-A18)

解答　一般的に，土間床，地中壁は，室内の反対側である土中温度が暖房設計温度（18～22℃）よりも低いため，暖房負荷となる。

したがって，(2)**は適当でない**。　**正解**　(2)

試験によく出る重要事項

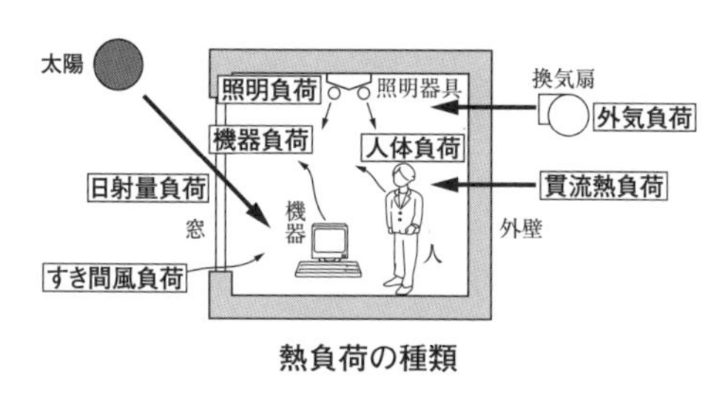

熱負荷の種類

(1)　熱負荷の種類　右図に示す熱負荷があるが，近年，OA機器やコンピュータの使用が普及し，内部発熱が増えるに伴って，事務所ビルなどでも，ゾーンによっては冬期においても冷房負荷が発生し，冷房運転をする場合が増えている。

(2)　ガラス窓からの熱負荷　太陽による日射負荷と室内外の温度差による通過熱負荷の2種類があり，それぞれを区分して計算する。ガラス窓からの日射負荷や照明負荷・機器からの発生熱量・人体負荷などの内部熱負荷は暖房に寄与するため，冷房負荷計算と異なり安全側なので通常考慮しない。

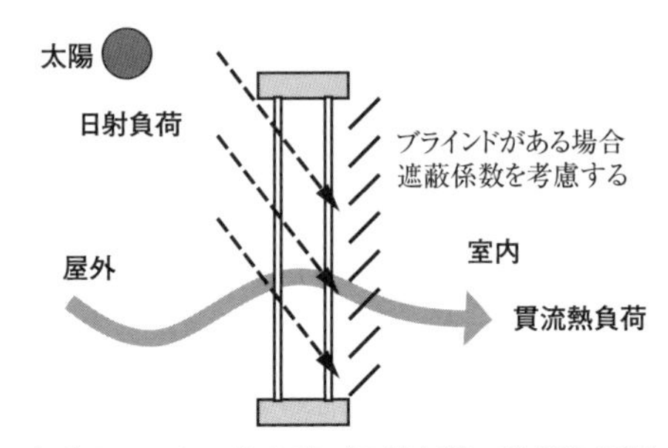

窓ガラスからの熱負荷（日射負荷，熱貫流負荷）

(3)　人体からの発熱　　顕熱と潜熱があり，それらを合計したものが全発熱量である。人体からの全発熱量は，室内温度が変わっても変化しないが，室内温度が上がるほど発汗が増え，潜熱の占める割合が大きくなる。

＊顕熱とは，温度変化を伴う熱である。
潜熱とは，状態変化（液体→気体，固体→液体）に伴う熱であり，水が蒸発するときの気化熱（蒸発潜熱）や，氷が解けるときの融解熱をいう。

(4)　実効温度差　　外壁の冷房負荷計算に使用され，日射の影響から外壁の壁体断面構成部材，外壁の方位（全日射量），外気温度，時刻などで変わる（p. 64「試験によく出る重要事項」(2)参照）。

(5)　年間空調消費エネルギー量　　空調設備が空調負荷を処理するために1年間に消費するエネルギーのことであり，搬送動力等も含まれる。算出に当たっては，パッケージ空調機とセントラル方式で異なる。また，年間仮想空調負荷には，ペリメーターゾーン年間顕熱負荷（外周部分の熱負荷でありPALより算出），インテリアゾーン顕熱負荷および建物全体の年間潜熱負荷を室用途ごとに算出し，地域補正係数を考慮して求める。

(6)　**仕様基準（ポイント法）**　　熱損失の防止およびそれぞれの設備において評価項目ごとに，措置状況に応じて一定の点数を与え，点数の合計が100以上の場合は，省エネルギー措置の性能基準レベルを達成しているとする。延べ面積が5,000 m^2以下の建築物に設ける空気調和設備（JIS B 8616に規定する空冷式パッケージエアコンディイショナおよびJIS B 8627に規定するガスヒートポンプ冷暖房機に限る。）に関しては，仕様基準（ポイント法）によることができる。

(7)　一般電気事業者からの電力供給には，昼間と夜間で発電効率と送電ロスに大きな違いがある。この違いを反映して電気の使用量を原油換算するため，区分けがされている。

空調エネルギー量の熱量換算において，電気の換算値は9,760 kJ/kW・hである。ただし，夜間買電（22時から翌日8時までの間）を行う場合においては，昼間買電（8時から22時までの間）の消費電力量については9,970 kJ/kW・h，に対し，夜間買電の消費電力量については9,280 kJ/kW・hとすることができる。

類題　熱負荷に関する記述のうち，**適当でないもの**はどれか。

(1)　冷房負荷の計算では，日射等の影響を受ける外壁からの熱負荷は，時間遅れを考慮して計算する。

(2)　冷房負荷の計算では，一般に，土間床，地中壁からの熱負荷は無視する。

(3)　人体負荷は，室内温度が下がるにつれて潜熱分が大きくなる。

(4)　壁体の構造が同じであっても，壁体表面の熱伝達率が大きくなるほど，熱通過率は大きくなる。

（基本問題）

解 答　人体負荷は，室内温度が変わっても全発熱量はほとんど変わらないが，温度が上がる場合，室温と体表面温度との差が少なくなり顕熱が小さくなるとともに，身体からの発汗量が多くなるため潜熱が大きくなる。　**正解**　(3)

解 説　一般的な定常の最大熱負荷計算法においては次のことに考慮する必要がある。

日射を受ける外壁の場合，太陽の光エネルギーが外壁部に当たり，外壁に吸収された分が熱となり，外壁部の温度を上げる。したがって，冷房負荷となるまでに時間を要するため，時間遅れを考慮して冷房負荷を計算する。

土間床や地中壁は外側の土中に接するが，一般に土中温度は設定温度よりも低く冷房負荷になる場合よりも冷房に寄与する場合もあり，冷房負荷としては無視することができる。

外壁の表面は，吹きつける風の強さによって変わり，季節や方向，立地の違いにより異なった係数を掛け合わせて計算する。

4-1　空気調和設備　冷房負荷　

4　定風量単一ダクト方式における冷房の部分負荷時の特徴に関する記述として，**適当でないもの**はどれか。

ただし，外気絶対湿度は，室内設定絶対湿度より高いものとする。

(1)　最大負荷時に比べて，室内湿度は下がる。

(2)　最大負荷時に比べて，吹出し温度差が小さくなる。

(3)　最大負荷時に比べて，コイル出口空気温度が高くなる。

(4)　最大負荷時と同じ換気量を確保できる。　(H29-A15)

解 答　定風量単一ダクト方式は，部分負荷時においても最大負荷時と吹出し風量が同じであり，外気風量も同じ風量を確保できるが，部分負荷時には処理する熱量が少ないことからコイル出口温度が高くなるように制御されるため，コイルにおける送風空気の除湿量も少なくなる。そのため，外気絶対湿度が，室内設定絶対湿度より高いことから室内湿度は上がる。このことから，吹出し温度差も小さくなる。

したがって，(1)**は適当でない。**　**正解**　(1)

試験によく出る重要事項

(1)　日射の影響　　日射が外壁面に当たり，その光エネルギーが外表面からふく射率（吸収率）に従って，壁体に吸収され，吸収された分が熱となり，壁体の温度上昇となって現れる。温度上昇は壁体の熱容量・比熱と関係があり，壁の材質や厚さなどの影響を受ける。

(2)　実効温度差（ETD）　　空気調和・衛生工学会編「空気調和・衛生用語辞典」によれば，「外壁において，室内外の気温差および外表面が受ける日射の影響と壁体での熱的遅れを考慮した貫流熱量を熱通過率で割ったもの。外表面からの夜間放射も考慮する場合もある。」とある。

(3)　設計用外気温度　　過去の外気温度を統計処理したTAC温度の5%が一般に使用される。

TAC温度とは，数年以上過去の統計的に求められた毎時外気温の累積度数を元に超過度数率が一定の％（一般に97.5％または95％）以下になるように，暖房用または冷房用の設計外気温度としたものである。したがって，超過確率を大きくとるほど，冷房計算用の設計外気温度は低くなる。

(4) すき間風負荷　外気の風圧によってサッシなどのわずかなすき間から入ってくるすき間風は，外気の風圧によって室内に侵入して起こるので，室内の圧力を正圧に保てば，すき間風はほとんど入ってこなくなる。

空調空間において室内を正圧に保つためには，外気導入量と排気量のバランスを調整する必要がある。設計時において一般的な空調設備においては，外気量と排気量はほぼ同一にしているが，試運転調整時にそのバランスをとる必要がある。また，便所排気は臭気対策衛生上 排気のみの第三種換気であるので，空調空間に繋がった廊下を通して排気され，負圧になる場合があり，特に外気が絞られた場合，注意が必要である。

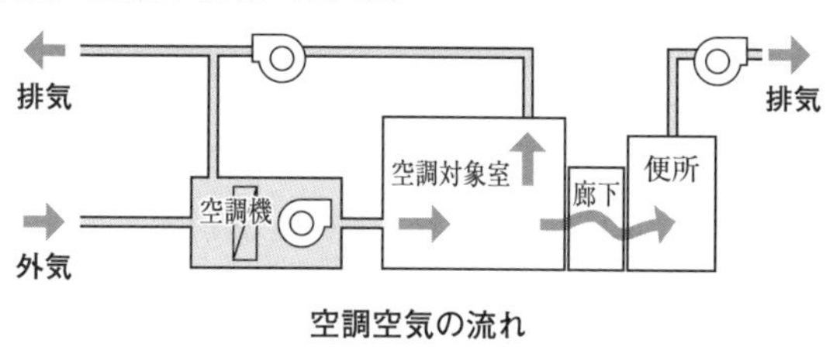

空調空気の流れ

5 冷房負荷に関する記述のうち，**適当でないもの**はどれか。

(1) 人体からの全発熱量は，室内温度が変わっても，ほぼ一定である。

(2) 北側のガラス窓からの熱負荷には，日射の影響も考慮する。

(3) 北側の外壁の冷房負荷計算には，一般的に，実効温度差は用いない。

(4) ガラス面積の大きいアトリウムの熱負荷の特徴は，日射熱負荷が大きいことである。

(H30-A18)

解答

(1) 冷房負荷の場合，顕熱負荷は，体温よりも室温が低と大きくなり，潜熱負荷は発汗の関係から小さくなるが全発熱量としては，ほぼ一定である。

(2) 北側の窓には，直達日射の影響は少ないが，天空輻射の影響はあるため，日射の影響も考慮する。

(3) 定常熱負荷計算上の外皮負荷は，全方位の実行温度差で計算する。

(4) ガラス面からの日射取得は，他の熱負荷に比べ大きな割合いを占める。

したがって，(3)**は適当でない。**

正解 (3)

4-1　空気調和設備　冷房時の湿り空気線図　★★

6　図に示す冷房時における定風量単一ダクト方式の湿り空気線図に関する記述のうち，**適当でないもの**はどれか。

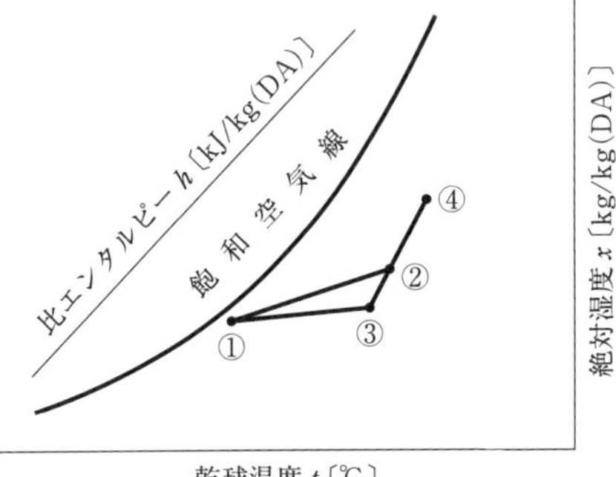

(1)　点①は，実用的には相対湿度が90%の線上にとる場合が多い。

(2)　室内負荷は，点①と点③の比エンタルピー差と送風量の積から求めることができる。

(3)　室内冷房負荷の顕熱比が小さくなるほど，直線①—③の勾(こう)配は小さくなる。

(4)　点②は，コイル入り口の状態点であり，外気量が少なくなるほど点②は点③に近づく。

（基本問題）

解答・解説　顕熱比は顕熱を全熱で除した値であるが，空気線図上の上下の変化は潜熱変化であることから，顕熱分が多いほど，勾配は水平に近づく。室内冷房負荷の顕熱比が大きくなるほど，直線①—③の勾配は小さくなるため，適当といえない。

したがって，(3)**は適当でない**。　　**正解**　(3)

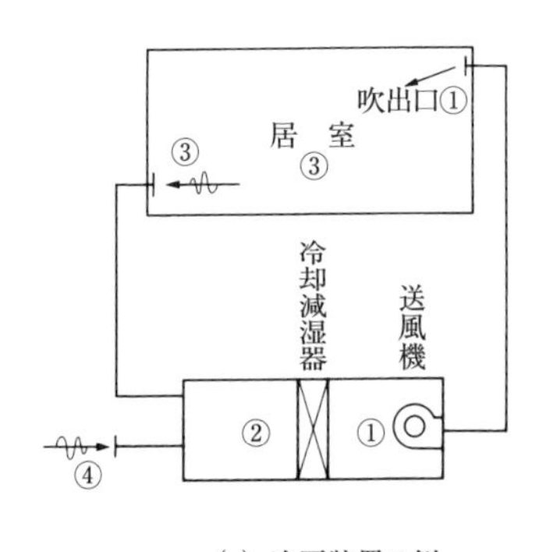

(a)　冷房装置の例

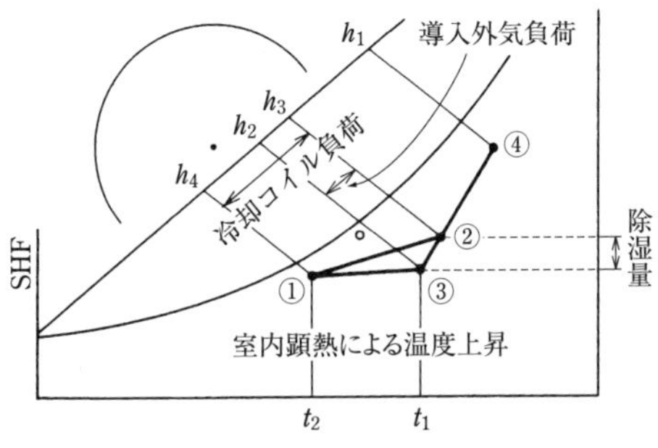

(b)　冷房時の基本パターン

冷房時の基本パターン

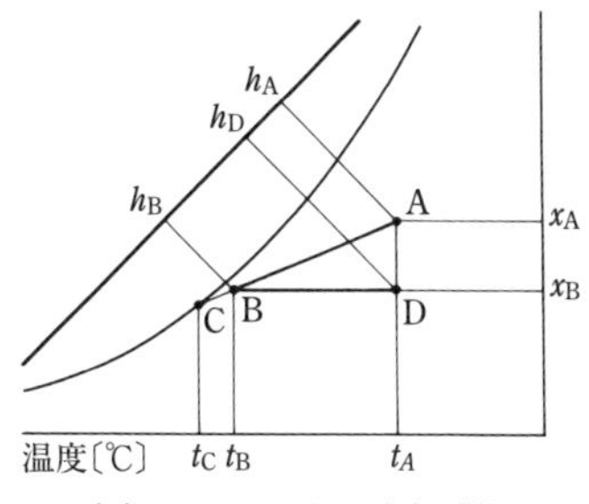

冷却コイルによる冷却減湿

(1)　①は吹出し状態点であると同時にコイル出口状態点と同じである（吹出口①は，実際は送風機やダクト搬送中の影響を受ける）。冷却コイルで冷却除湿された空気は，理論的には相対湿度100％の線上（右図の点C）にあるのだが，現実のコイルでは装置構造上で必ず冷却コイル表面に接しないバイパス空気があるので，それを考慮して相対湿度90％～95％の線上（右図の点B）として計算する。

(2)　吹出し空気は①の状態点で，室内の状態点は③なので，室内の負荷は，③と①のエンタルピー差に送風量をかけて計算される。

(4)　点②は，室内の還気③と導入外気④が混合した点なので，外気量が少なくなるほど，点③に近づく。

※暖房時気化式・水噴霧式加湿装置の基本パターン

気化式・水噴霧式の加湿は気化蒸発を利するため蒸発潜熱により熱が奪われ，加湿後の通過空気の温度低下が生じる。外気⑬と還気⑪の混合空気が⑭であり，加熱コイル出口で⑮，加湿されて⑫となり，空調対象室へ送風される。

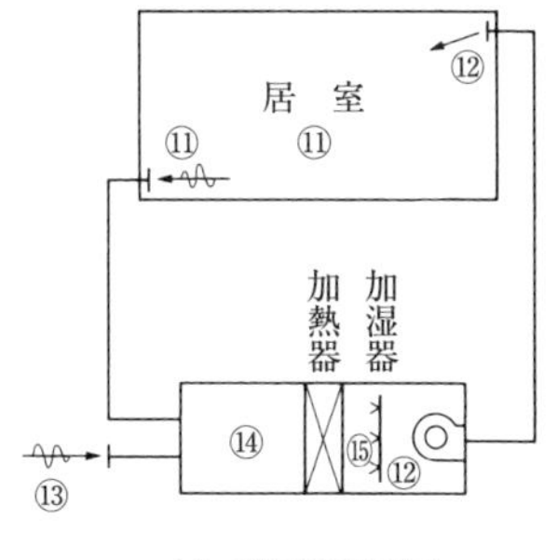

(a) 暖房装置の例

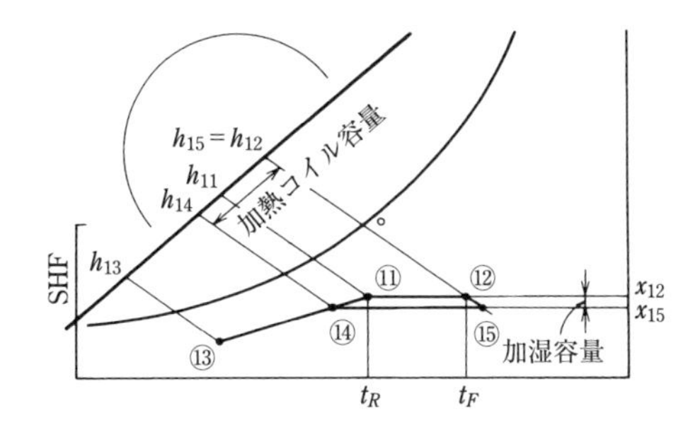

(b) 暖房時の基本パターン

暖房時の基本パターン

4-1　空気調和設備　冷房時の湿り空気線図　★★

最新問題

7　図に示す冷房時の湿り空気線図における空気調和機のコイルの冷却負荷の値として，**適当なもの**はどれか。

ただし，送風量は 6,000 m^3/h，空気の密度は 1.2 kg/m^3 とする。

(1)　28 kW

(2)　40 kW

(3)　50 kW

(4)　78 kW

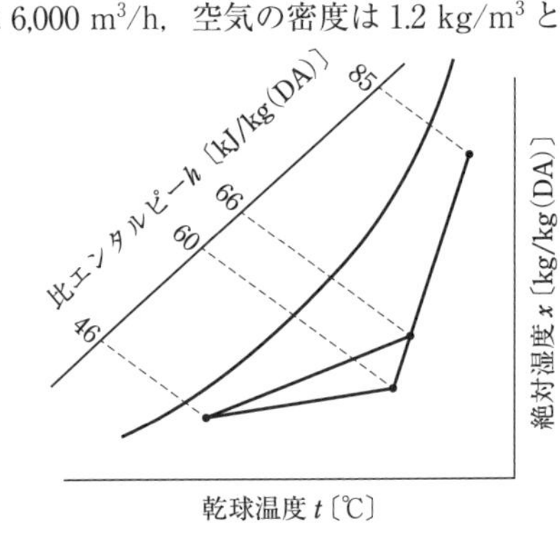

(R2-A17)

解 答　空気調和機のコイルの冷却負荷

$= (66\text{kJ/kg} - 46\ \text{kJ/kg}) \times 6{,}000\ \text{m}^3/\text{h} \times 1.2\ \text{kg/m}^3$

$= 144000\ \text{kJ/h}$

$= 40\ \text{kW}$

※ 1 kJ/h = 1 kJ/3600s = 1/3600 kw

したがって，(2)は適当である。　**正解**　(2)

解説　空調機の送風量の計算は，室内顕熱負荷を吹出し温度差（室内温度 t_2 − 吹出し温度 t_1）で割って求め，次の条件が与えられた場合，その計算式は以下となる。

《条件》

室内の全熱負荷 $q_s = 40$[kW]，顕熱比 $SHF = 0.8$，空気の密度 $\rho = 1.2$ [kg/m³]，空気の定圧比熱 $C_p = 1.0$[kJ/kg・K]とし，ダクトからの空気の漏洩は無視する。

送風量 Q [m³/h]

$$= \frac{3{,}600 \times q_s}{(t_2 - t_1) \times C_p \times \rho}$$

$$= \frac{3{,}600 \times 40 \times 0.8}{(28 - 17) \times 1.0 \times 1.2}$$

$$= \frac{115{,}200}{13.2}$$

$= 8{,}727$ [m³/h]

$=$ 約 $8{,}700$ [m³/h]

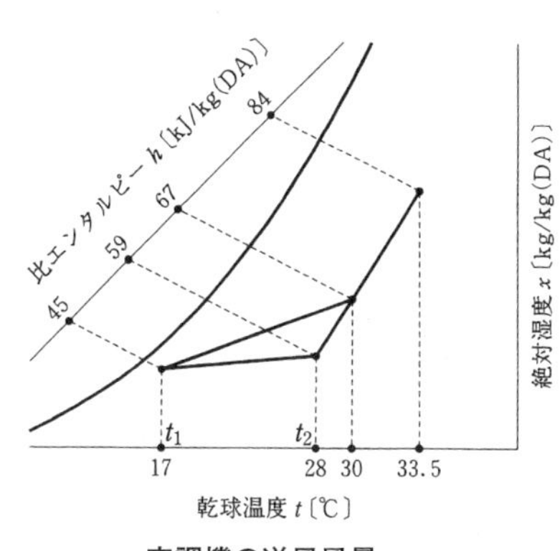

空調機の送風風量

※暖房時蒸気式加湿装置の基本パターン

蒸気式の加湿は蒸発潜熱による冷却が起きないため，加湿後の通過空気の温度低下は実用上生じない。

加湿量は空気線図の空気調和機の出口と入口の絶対湿度の差で計算し，次の条件が与えられた場合，その計算式は以下となる。

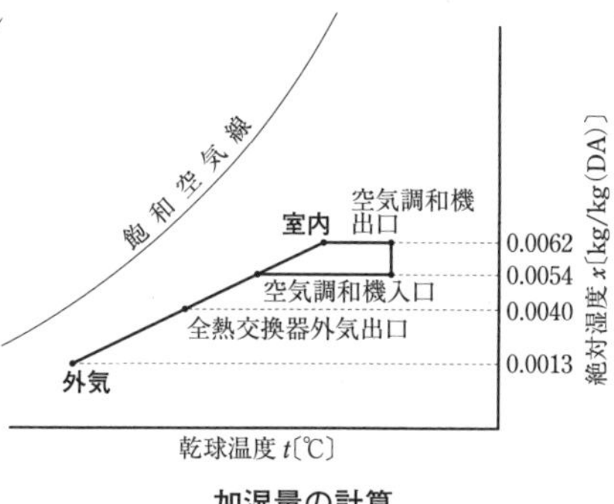

加湿量の計算

《条件》

H22-A17 の問題を例にとる。

外気導入には全熱交換器を用い，送風量は 12,500[m³/h]，空気の密度は 1.2[kg/m³]とする。

加湿量[L/H] = 空気密度 × 送風量 × 絶対湿度差

$= 1.2$[kg/m³] $\times 12{,}500$[m³/h] $\times (0.0062 - 0.0054)$ [kg/kg]

$= 12$[kg/h]

4-1　空気調和設備　各種空調方式　★★

8　床吹出し空調方式に関する記述のうち，**適当でないもの**はどれか。

(1)　冷房運転時における居住域の垂直方向の温度差が生じやすい。

(2)　OA 機器の配置替えなどへの対応がしやすい。

(3)　床吹出し空調方式には，加圧式，ファン付き床吹出し式などがある。

(4)　天井吹出し方式に比べて，吹出し温度差を大きくとることができる。

（基本問題）

解答・解説　(1)　床から冷風を吹き出す場合には，空気の比重の差から垂直方向の温度差が生じやすい。

(4)　吹出し温度差を大きくとった場合，吹き出し温度が低くなるため，さらに垂直方向の温度差が生じやすくなる。

したがって，**(4)が適当でない**。　**正解**　(4)

試験によく出る重要事項

(1)　**定風量単一ダクト方式**は，風量一定で送風温度を変化させて空調する方式なので，時刻別熱負荷変動パターンが異なる部屋の空調に採用すると各室間の温湿度のアンバランスが生じやすくなる。

(2)　**変風量単一ダクト方式**は，温度一定で送風量をVAV方式などで制御する方式なので，熱負荷が少ないときは吹出し風量が少なくなる。そのような場合には必要な外気量を保てなくなるので，VAV方式で最低外気量を確保する設定が必要である。

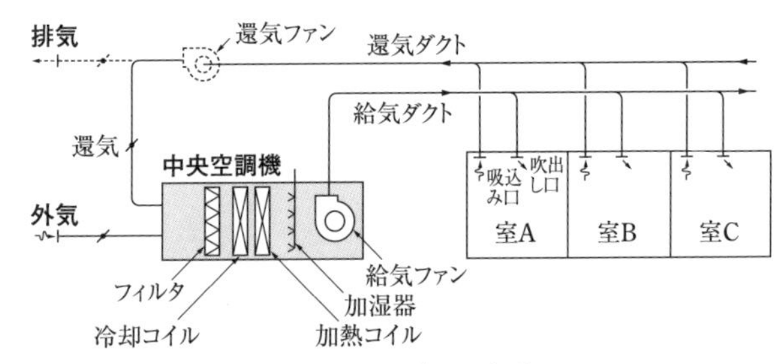

定風量単一ダクト方式

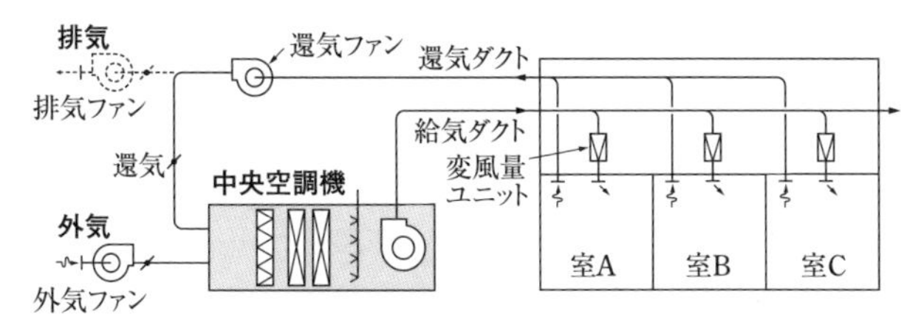

変風量単一ダクト方式

(3)　**床吹出し方式**は，部屋の二重床部分に空調空気を流し，床面に取り付けた吹出し口から吹き出す方式である。したがって，OA 機器の配置換えなどのレイアウト変更は，吹出し口の位置を換えるだけで容易に対応できる。また，床面から空気を吹き出して空調する方式なので，冷房時は冷たい空気が床面に，暖かい空気は天井面にたまり，垂直方向に温度差が生じやすい。

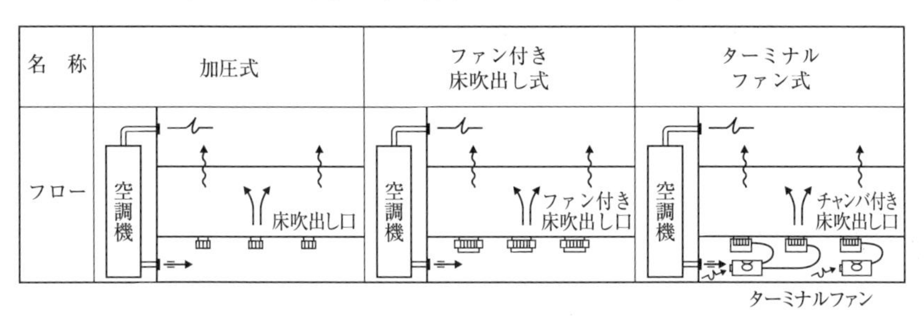

類題　空気調和方式に関する記述のうち，**適当でないもの**はどれか。

(1)　定風量単一ダクト方式は，各室間で時刻別負荷変動パターンが異なると，各室間で温湿度のアンバランスを生じやすい。

(2)　変風量単一ダクト方式は，低負荷時において吹出し風量が少なくなるため，外気量を確保するための対策が必要である。

(3)　ダクト併用ファンコイルユニット方式は，定風量単一ダクト方式に比べて，一般に，搬送動力が大きい。

(4)　床吹出し方式は，冷房運転時における居住域の垂直方向の温度差が生じやすい。

（基本問題）

解 答　**ダクト併用ファンコイルユニット方式**は，熱負荷変動の少ないインテリア側を全空気方式の定風量単一ダクト方式で空調し，熱負荷変動の大きいペリメータ部分は水を利用したファンコイルユニットで空調する方式である。したがって，定風量単一ダクト方式に比べて送風量が少なくてすむので，搬送動力が小さくなる。

正解　(3)

4-1　空気調和設備　各種空調方式 

9　空気調和計画において，系統を区分すべき室とゾーニングの主たる要因の組合せとして，**最も適当でないもの**はどれか。

（区分すべき室）　　（主たる要因）

(1)　事務室と食堂――――――空気清浄度

(2)　事務室とサーバー室―――温湿度条件

(3)　事務室と会議室―――――使用時間

(4)　東側事務室と西側事務室―日射　　(H28-A17)

解 答　(1)　食堂は，事務室に比べ空気清浄度よりも衛生環境や臭気対応を重視するようなゾーニングとする。したがって，空気清浄度が主たる要因とはならない。

(2)　人間が使用する事務室に比べ，コンピュータを対象としたサーバー室は，顕熱の割合が大きい。

(3)　随時使用する事務室に比べ，会議室は，特定の時間に使用することが多い。

(4)　事務室において東側と西側は，熱負荷の大きくなる日射の当たる時間帯が午前と午後とで異なる。

したがって，(1)**が最も適当でない。**　　**正解**　(1)

試験によく出る重要事項

(1)　ダクト併用ファンコイルユニット方式と全空気ダクト方式での外気冷房

変風量単一ダクト方式　室内の熱負荷に応じ送風量を変化させる方式なので，風量一定の定風量単一ダクト方式に比べ送風機の搬送動力を低減できる。

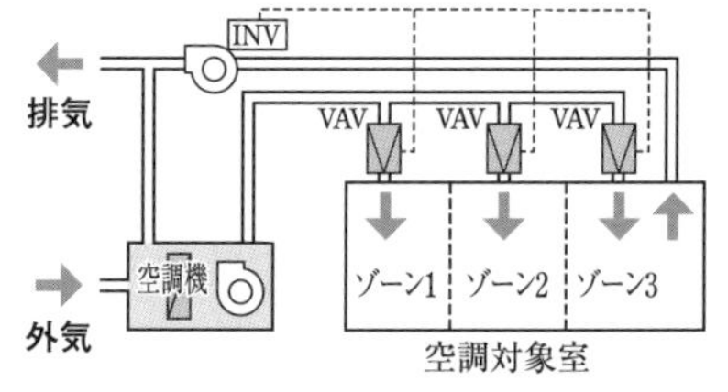

VAV方式は，各ゾーンの熱負荷に合わせて風量を調整するため，必要給気量に合わせて送風機をインバータの回転数制御などによって風量を制御し，搬送動力を削減できる。

変風量単一ダクト方式と空調ゾーン

定風量単一ダクト方式は，ゾーンごとに系統が分かれた空調機により風量一定で温度を変化させて温度制御するので，ゾーン内の部屋での個別温度制御は難しい。

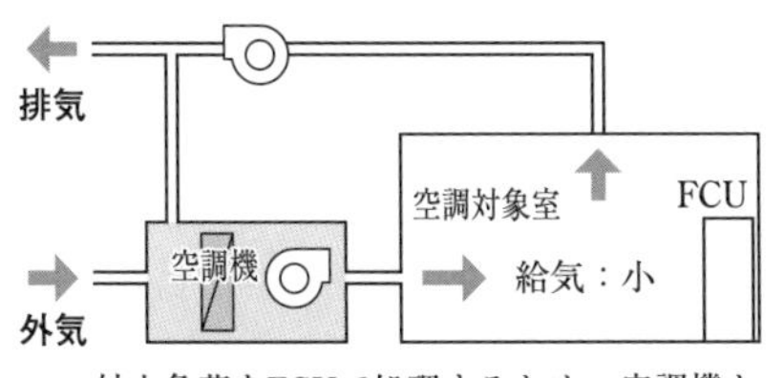

外皮負荷をFCUで処理するため，空調機からの給気量は少ない。

ダクト併用ファンコイルユニット方式

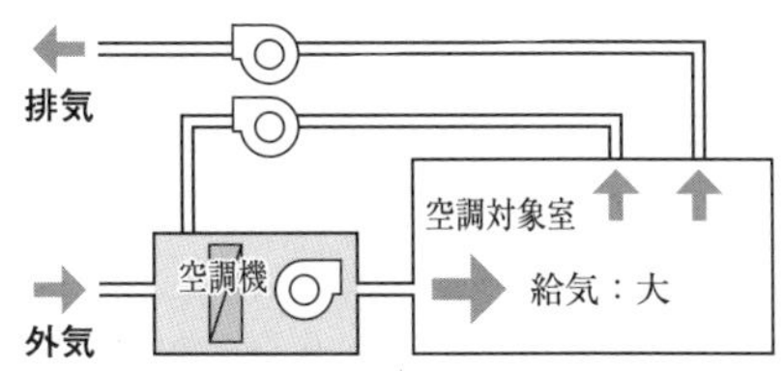

全負荷を空調機で処理するため，空調機からの給気量は多く，外気冷房の効果が大きい。

全空気ダクト方式での外気冷房

(2)　加湿方式　　加湿方式には，水を加湿材に浸透させて気化蒸発させる気化式，微細な水滴を噴霧して気化蒸発させ水噴霧方式，蒸気式がある。蒸気式には，電力を利用し装置内で加湿蒸気を発生させるパン型加湿器や，蒸気配管からの高圧蒸気をノズルから拡散させるスプレー式などがある。気化式は，加湿前の空気が低温・高湿であるほど加湿量が少なくなる。

類題　空気調和方式に関する記述のうち，**適当でないもの**はどれか。

(1)　床吹出し方式では，天井吹出し方式に比べ，一般に，室内浮遊粉じん量が多くなる。

(2)　エアフローウインド方式は，日射や外気温度による室内への熱の影響を小さくすることができる。

(3)　変風量単一ダクト方式は，一般に，間仕切りの変更や負荷の変動に対応しやすい。

(4)　定風量単一ダクト方式は，各室間で時刻別負荷変動パターンが異なると，各室間で温湿度のアンバランスが生じやすい。　（基本問題）

解答　床吹出し方式は，OA 機器の配線用に二重床を空調用の搬送スペースとして利用する。空調機からの給気をダクトまたはフリーアクセスフロアなどに設けた吹出し口から室内へ吹き出すため，床吹し出口からの粉じん巻上げはほとんどなく，返り空気は速やかに天井吸込み口から吸い込まれるため，天井吹出し方式に比べて室内浮遊粉じん量は少なくなる。また，室内のレイアウト変更も容易である。

リターン空気を利用して，外側負荷（貫流熱，放射）を軽減する**エアフローウインドウ**についても出題される傾向がある。

正解　(1)

リターンダクト
内側ガラス

エアフローウインドウ

4-1　空気調和設備　自動制御　★★

10　空気調和設備における自動制御に関する記述のうち，**適当でないもの**はどれか。

(1)　外気取入れダンパは，空気調和機の運転開始時に一定時間，閉とする。

(2)　外気取入れダンパ及び排気ダンパは，二酸化炭素濃度により比例制御とする。

(3)　冷却塔のファンは，外気温度により二位置制御とする。

(4)　外気冷房が有効な場合，外気取入れダンパ及び排気ダンパは，給気温度により比例制御とする。

(R1-A19)

解答　冷凍機を中間期・冬期に使用する場合，冷却水温度が冷凍機の冷却水限界温度（遠心冷凍機で15℃ 前後，吸収式冷凍機で22℃ 前後）以下に下がらないように，冷却塔出口の冷却水温度を検出し，冷却搭のファンをON-OFF して冷却水の温度を制御する。

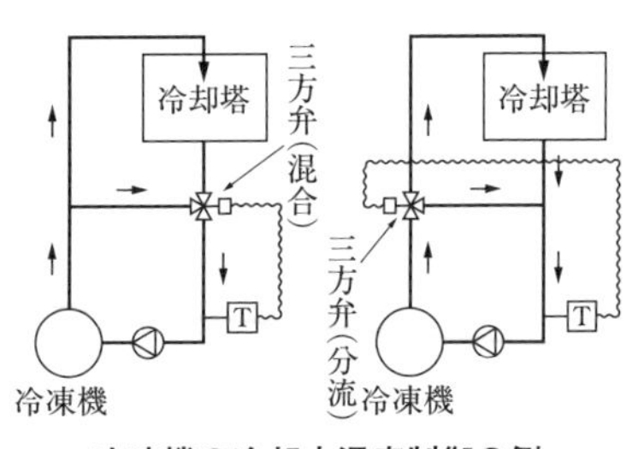

冷凍機の冷却水温度制御の例

したがって，**(3)が適当でない。**

正解　(3)

試験によく出る重要事項

(1)　冷却水温度の低下防止対策

①冷却塔送風機の **ON-OFF 制御**　②冷却水のバイパス制御

③冷却塔の台数制御　④冷却塔送風機の回転数制御

(2)　電気集じん器（ろ材併用形）は，空調機用の空気清浄機であり，タバコの煙や目に見えない微小なホコリをしっかり集じんできるため，パチンコ店・ゲームセンター等のアミューズメント施設の喫煙対策に有効であり，空調機に設置され，空調機に入る還気や外気の塵埃を除去するものであるため，空気調和機の送風機と連動運転とし，巻取完了，フィルタ目詰り等の監視を行う。

(3)　**外気取入れ電動ダンパ**は，予冷・予熱時には外気を取り入れないように，タイマーにより一定時間閉となるようにする。また，空気調和機停止時には，外気供給送風機の連動停止を行うとともに，電動ダンパを閉鎖し，建物内自然対流による外気侵入を防止し，熱損失を防ぐ。

(4)　デジタル式自動制御で，各VAV系統のVAV風量信号を，空気調和機系のデジタルコントローラー（DDC）により演算し，インバータにより空気調和機送風機を回転数制御する。

類題　空気調和設備における自動制御に関する記述のうち，**適当でないもの**はどれか。

(1)　冷却塔のファンは，外気温度による二位置制御とした。
(2)　加湿器は，代表室内の湿度調節器による二位置制御とした。
(3)　電気集じん器は，空気調和機の送風機と連動運転とした。
(4)　外気取入ダンパは，空気調和機に対して運転開始時に遅延制御とした。

（基本問題）

解答　前ページの問題⑩と同じ理由で，(1)**が適当でない**。　**正解**　(1)

解説

(2)　加湿器は，最も基本的な湿度制御として代表室内の湿度調節器による二位置制御とするが，その他にも還気湿度制御，給気露点温度制御などがある。また，要求される制御精度によって，二位置制御，比例制御などが採用される。

また，加湿を適正に行うために空調機ファンが停止しているときは加湿を行わない制御とする（ファンインターロック）。

(3)　空調機に設置される電気集じん器は，外気および空調用の循環空気の塵埃を除去するものであり，運転中に動作しない場合は正常な塵埃除去に支障をきたし，また，送風機が停止している場合に動作して，資源・電力の無駄となるため，連動運転にする必要がある。

(4)　建築の空調は，その運用時間帯に，室内環境が適切な温湿度とならなければならないため，予冷，余熱運転を行うが，その時間帯は在室人員が通常運用時間帯に比べ極めて少なく，外気の導入の必要がない場合，空調負荷の大きな要因となる外気の導入は極力抑える必要がある。したがって，一般的には外気取入れダンパは，空気調和機に対して運転開始時に遅延制御とする必要がある。

4-1　空気調和設備　自動制御と検出要素　★★

最新問題

11　変風量単一ダクト方式の自動制御において，「制御する機器」と「検出要素」の組合せのうち，**適当でないもの**はどれか。

（制御する機器）　（検出要素）

(1)　空気調和機の冷温水コイルの制御弁 ―― 空気調和機入口空気の温度
(2)　VAV ユニット ―― 空調室内の温度
(3)　外気及び排気用電動ダンパー ―― 還気ダクト内の二酸化炭素濃度
(4)　空気調和機のファン ―― VAV ユニットの風量

（R2-A19）

解 答　変風量単一ダクト方式の自動制御は，空調機からの一定の温度の空気を，室内負荷に合わせ風量を制御し空調を行うものである。

(1)　変風量単一ダクト方式では，各ゾーンの温度を VAV ユニットによる風量で制御するため，給気温度を冷温水コイルの制御弁で制御する。
(2)　VAV ユニットは室内の温度を検出し，風量の制御が行われる。
(3)　還気ダクト内の二酸化炭素濃度は室内の代表的な二酸化炭素濃度であり，外気および排気用電動ダンパーにより外気導入量を制御する。
(4)　空気調和機のファンは，VAV ユニットの風量変化に対応しサプライダクトの静圧を検出し，インバータによる回転数制御などが行われる場合が多い。

したがって，(1)**は適当ではない。**　**正解**　(1)

類題　空気調和設備の自動制御対象と検出要素に関する用語の組合せのうち，**適当でないもの**はどれか。

（自動制御対象）　（検出要素）

(1)　冷却塔ファン発停制御 ―― 外気温度
(2)　導入外気量制御 ―― 二酸化炭素濃度
(3)　空気調和機コイルの冷温水量制御 ―― 室内温度
(4)　空気調和機の加湿量制御 ―― 室内湿度

（基本問題）

解答　冷却塔は，冷却水温度が冷凍機の冷却水限界温度以下に下がらないように，以下の制御方法が採用される。

① 冷却塔送風機のオンオフ制御
② 冷却水のバイパス流量制御
③ 冷却塔の台数制御
④ 冷却塔の送風機をインバータによる回転数制御

正解　(1)

試験によく出る重要事項

(1) 室内の二酸化炭素濃度を制御するには，新鮮な外気を室内に導入して行われるので，一般に，導入外気量制御が行われる。

外気導入制御の種類

制御名称	外気冷房制御	最小外気取入れ（CO_2濃度）制御
目的	外気が冷房熱源として有効な場合に外気を積極的に取入れ冷房負荷の軽減を図る。	外気が負荷となる場合に，室内のCO_2濃度を基準に外気量をできる限り絞り空調負荷の軽減を図る。
ダクト設備	外気，排気ダクトは空調機の全給気風量を確保できるサイズが必要となる。	外気，排気ダクトは設計外気取入れ量を確保できるサイズでよい。
制御方法	外気が冷房熱源として使用できる条件のとき，室内温度または，給気温度によりMD（OA，RA，EA）の制御を行う。 ※MD：モータダンパ	室内または，還気のCO_2濃度によりMD（OA，RA，EA）の制御を行う。

(2) 室内温度の制御　　空気調和機で空調を行う方式では，空調機の冷温水コイルの水量を制御する方法が採用されている。

(3) 室内湿度の制御　　空気調和機で空調を行う方式では，空調機内での加湿器の加湿量を制御する方法が採用されている。

(4) 変風量単一ダクト方式の自動制御において，制御する機器と検出要素の組合せとして以下のものがある。

(制御する機器)	(検出要素)
冷温水の制御弁開度	空気調和機出口空気の温度
外気用電動ダンパー開度	還気ダクト内の二酸化炭素濃度
変風量（VAV）ユニット開度	室内の温度
空気調和機の給気ファン回転数	VAVコントローラからの風量設定値と開度情報

4-1　空気調和設備　変風量単一ダクト方式　★★

12　一般的な変風量単一ダクト方式に関する記述のうち，**適当でないもの**はどれか。

(1)　空気調和機への入口空気温度を検出して，冷温水コイルの冷温水量を制御する。
(2)　定風量単一ダクト方式に比べ，室の間仕切り変更や負荷変動への対応が容易である。
(3)　定風量単一ダクト方式に比べ，負荷変動に対して応答が速い。
(4)　VAV ユニットの開度信号により，空気調和機の送風機の風量を制御する。

（基本問題）

解 答　一般的な変風量単一ダクト方式は，吹出し空気の温度を一定制御して風量を変化させて空調を行うものである。

したがって，(1)**は適当でない。**　**正解**　(1)

解 説

(1)　VAV 方式とは，給気温度一定に制御して風量を変化させる方式である。
(2)　予冷・予熱時には建物に在室者が少ないため，外気導入を抑える。
(3)　送風機が動いていないときに加湿器が動作した場合，トラブルを起こす。また，暖房時に湿度を下げる要因は外気である。

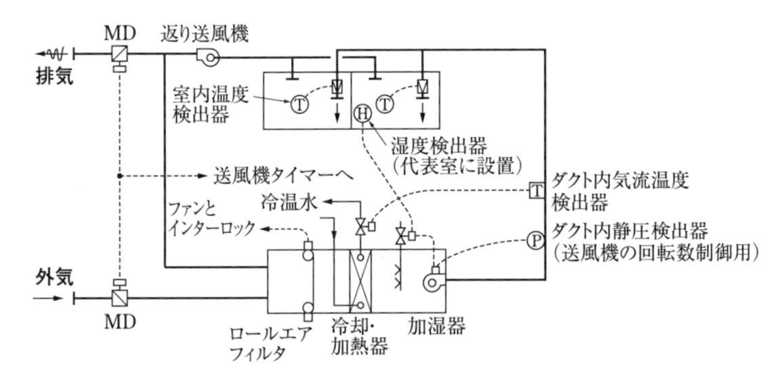

VAV 方式の自動制御の例

類題 一般的な変風量単一ダクト方式に関する記述のうち，**最も不適当なもの**はどれか。

(1) 空気調和機への入口空気温度を検出して，冷温水コイルの冷温水量を制御する。

(2) 室内空気又は還気の相対湿度を検出して，空気調和機の加湿量を制御する。

(3) 室内温度を検出して，VAV ユニットの風量を制御する。

(4) VAV ユニットの開度信号により，空気調和機の送風機の風量を制御する。

（基本問題）

解答 変風量単一ダクト方式は，送風する温度を一定にし，室の負荷に応じて風量を VAV ユニットで制御する空調方式なので，冷温水コイルの冷温水量を制御すると送風温度が変化する。 **正解** (1)

解説

(1) 一般に空気調和機の加湿制御は，室内空気または還気の相対湿度を検出して加湿量を制御する方法が採用されている。

(2) 変風量単一ダクト方式は，室内の温度変化に対応して，吹出し空気量を VAV ユニットで制御している。

(3) 各 VAV ユニットの開度信号で必要風量を演算し，空気調和機の送風機の風量をインバータなどで制御している。

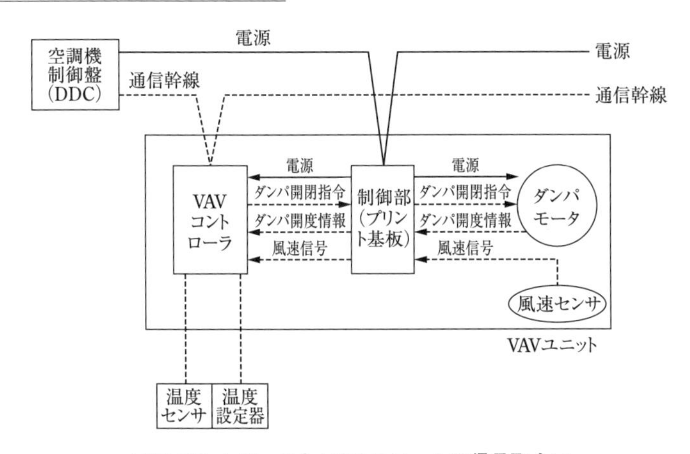

VAV コントローラと VAV ユニットの信号取合い

4-2　熱源設備

①　熱源システム

概ね，コージェネレーション，蓄熱システム，地域冷暖房システムについて扱われる。また，地域冷暖房とコージェネレーションは交互に出題される傾向にあり，令和2年度はコージェネレーションが出題されたため，**令和3年度は**地域冷暖房が**出題される可能性が高い**。

・コージェネレーションについては，発電機の種類，排ガス，効率について出題される。

・氷蓄熱槽については，方式，成績係数，氷蓄熱槽に適した空調方式が扱われる。

・地域冷暖房については，事業性，保守・管理性，方式が取り扱われる。

②　冷凍サイクル

過去5年においては，吸収式冷凍機の冷凍サイクルとヒートポンプ空調機のCOPと運用方法について多く取り扱われている。冷凍サイクルは，過去5年間で昨年1回，空気熱源ヒートポンプの解説として出題されているが，冷凍サイクルに関する出題は，**令和3年度も出題される可能性がある。**

年度（和暦）	No	出題内容（キーワード）
R2	20	コージェネレーションシステム：受電並列運転，系統連系，商用電力，燃料電池，原動機式，発電効率，騒音，振動，熱機関からの排熱，マイクロガスタービン発電機を用いたシステム
	21	蓄熱方式：ピークカット，開放回路，ポンプの揚程，ポンプの動力，氷蓄熱方式，氷の融解潜熱，水蓄熱方式，蓄熱槽容量，熱源機器，連続運転
R1	15	熱源システム：二重効用吸収冷凍機，低温再生器，高温再生器，単効用，成績係数，ロータリー冷凍機，圧縮機，往復動冷凍機，ヒートポンプ方式，空気熱源方式，水熱源方式，圧縮冷凍機，冷却塔，冷却能力
	20	地域冷暖房：熱需要者側建物，床面積利用率，地下鉄排熱，ゴミ焼却熱未利用排熱，建物ごと熱源機器設置，火災，騒音，大気汚染防止効果
	21	冷凍サイクル：空気熱源ヒートポンプ，外気温度，暖房能力の低下，ヒートポンプの成績係数，圧縮仕事の駆動エネルギー，往復動冷凍機の成績係数，除霜運転，四方弁，冷房サイクル切替，蒸発圧力，蒸発温度

年度(和暦)	No	出題内容（キーワード）
H30	20	コージェネレーションシステム：系統連系，経済性（イニシャルコスト，ランニングコスト），ガスタービンの発電効率，燃料電池
	21	氷蓄熱：蓄熱方式の装置容量，蓄熱容量，蓄熱槽容積，夜間蓄熱運転，電力の平準化，熱源機器，空調負荷変動，高効率の連続運転，二次側配管系，開回路，ポンプ揚程
H29	20	地域冷暖房：熱源機器の設置，床面積の利用率，熱源の集約化，熱効率の高い機器，エネルギーの有効利用，地域冷暖房の採算，地域の熱需要密度，熱源の集約化，燃焼機器の設置，ばい煙の管理
	21	氷蓄熱：冷凍機の冷媒蒸発温度，冷凍機成績係数（COP），氷の融解潜熱，水蓄熱方式，蓄熱槽容量，冷水温度，搬送動力，ダイナミック方式，スタティック方式
H28	20	コージェネレーションシステム（CGS）：受電並列運転（系統連系），商用電力，ガスタービン，ガスエンジン，ディーゼルエンジン，内燃機関とする発電機，発電効率，燃料電池，騒音・振動，NOx の発生量，排熱のカスケード利用
	21	ヒートポンプ：寒冷地での空気熱源ヒートポンプの使用，電気ヒーターなどの補助加熱装置，ガスエンジンヒートポンプ，エンジンの排気ガスや冷却水からの排熱回収，熱交換器，空気熱源ヒートポンプの冷房サイクルと暖房サイクルの切替え，四方弁，ヒートポンプの採熱源の適応条件

4-2　熱源設備　コージェネレーション　

13　コージェネレーションシステムに関する記述のうち，**適当でないもの**はどれか。

(1)　内燃機関としては，主にガスエンジン，ガスタービン，ディーゼルエンジンが使用される。

(2)　ガスタービンからの排ガスは温度が高いので，一般に，排熱蒸気ボイラで熱回収される。

(3)　燃料電池を用いるシステムは，総合効率が高く，騒音や振動の発生は少ないが，NOx の発生量が多い。

(4)　コージェネレーションシステムの発電機は，一般に，同期発電機が使用される。

（基本問題）

解答　**燃料電池**は，水素と酸素から直接，電気と水を電気化学的に発生させるもの（水の電気分解の逆反応）で，発電効率が高く，低負荷時の効率もよく，NO_x の発生も少ないなどの優れた特徴をもつので，誤りである。なお，コスト・小型化・耐久性などで課題がある。

したがって，(3)**は適当でない**。

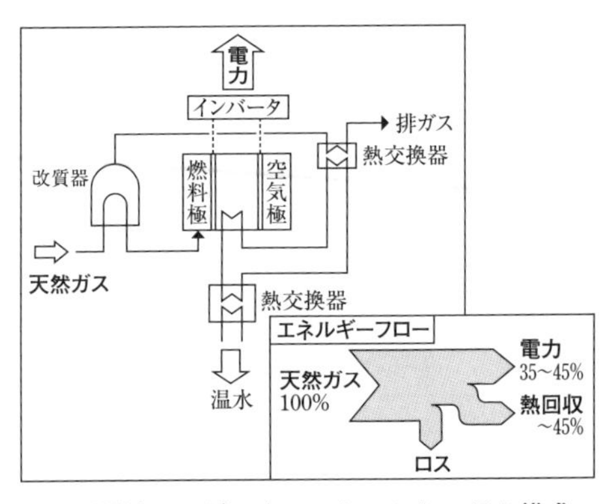

燃料電池コージェネレーションシステム構成

正解　(3)

14 コージェネレーションシステムに関する記述のうち，**適当でないもの**はどれか。

(1) 発電電力と商用電力の系統連系により，電力供給の信頼性が上がる。

(2) システムの経済性は，イニシャルコスト及びランニングコストの試算結果により評価される。

(3) ガスタービンを用いるシステムの発電効率は，ディーゼルエンジン，ガスエンジンを用いるシステムに比べて高い。

(4) 燃料電池を用いるシステムは，発電効率が高く，騒音や振動の発生が少ない。

(H30-A20)

解答 発電効率は，ガスタービンを用いるシステムの比べディーゼルエンジン，ガスエンジンを用いるシステムが高い。

したがって，(3)**は適当でない。** **正解** (3)

試験によく出る重要事項

(1) **コージェネレーションシステム**の内燃機関で使用されているのは，ガスエンジン，ガスタービン，ディーゼルエンジンであり，熱電比（回収排熱量/

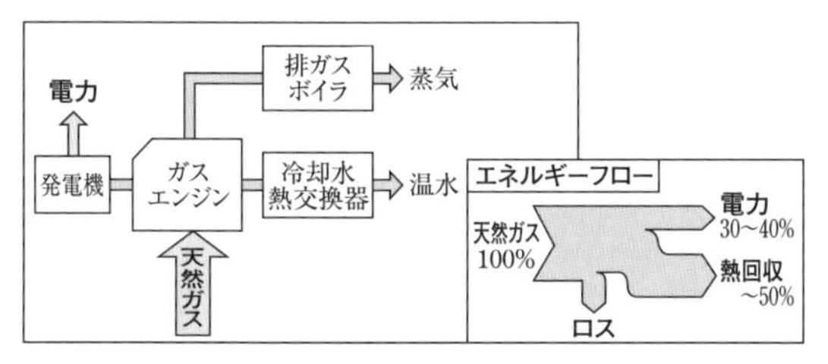

ガスエンジンコージェネレーションシステム構成

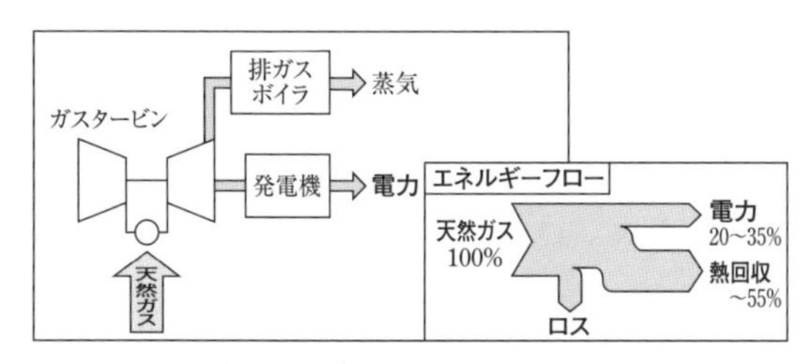

ガスタービンコージェネレーションシステム構成

発電量）が一番大きいのはガスタービンである。

⑵　**ガスタービン**は，エンジン方式に比べて排ガス温度が高いので，一般に排熱ボイラなどで熱回収が行われている。他方，エンジン方式は，排ガスとジャケット冷却水の両方から熱回収ができる。

⑶　コージェネレーションは，一般に商用電源と並列運転（系統連系）を行うので，自家発電機は同期発電機が使用される。

⑷　コージェネレーションシステムの総合効率は，発電効率と排熱利用効率の和で表される。

⑸　コージェネレーションシステムの運転方式には，電力・熱のエネルギーの供給バランスによって，電力負荷追従運転（電主運転）と熱負荷追従運転（熱主運転）がある。

⑹　ガスエンジンの場合は蒸気，温水両方で熱回収が行われるが，ガスタービンの場合は，排ガスは温度が高いので，一般に，排熱は蒸気の形で回収される。

⑺　ガスタービンエンジンシステムでは熱電比は2.0～3.0，発電効率20～35%，総合効率で75～90%程度，ガスエンジンでは熱電比は1.0～1.5，発電効率30～40%，総合効率で80～90%程度，ディーゼルエンジンでは熱電比は約1.0，発電効率35～45%，総合効率で80～90%程度である。

なお，コージェネレーションシステムの計画にあたっては，技術の進歩，メーカーの開発による効率の改善や製品群の変化など，つねに最新の情報を入手する必要がある。

4-2 熱源設備 氷蓄熱 ★★

15 蓄熱槽を利用した熱源方式に関する記述のうち，**適当でないもの**はどれか。

(1) 蓄熱槽を利用した熱源方式は，ピークカットによる熱源機器容量の低減が図れる。

(2) 氷蓄熱方式は，氷の融解潜熱を利用するため，水蓄熱方式に比べて蓄熱槽容量を小さくできる。

(3) 氷蓄熱方式は，水蓄熱方式に比べて低い冷水温度で利用できるため，ファンコイルユニットの吹出口などの結露に留意する必要がある。

(4) 氷蓄熱方式は，水蓄熱方式より冷媒の蒸発温度が低くなるため，冷凍機の成績係数（COP）が高くなる。

（基本問題）

解答 冷凍機の冷媒の凝縮温度を T_1，蒸発温度を T_2 とすると，理論的な**成績係数（COP）ε**は次式で表される。

$$(COP)\varepsilon = T_1/(T_1 - T_2)$$

この式は，蒸発温度が低いほど，また凝縮温度が高いほど理論的な成績係数(COP)εが小さくなることを示している。氷蓄熱用としては冷水を低温にする必要があるので，蒸発温度 T_2 が低くなるため，成績係数（COP)εは小さくなる。

したがって，(4)**は適当でない。** **正解** (4)

試験によく出る重要事項

(1) 氷蓄熱　水蓄熱方式に比べ，低温の冷水が供給できるため，大温度差冷水供給や各室への送風温度を下げる大温度差空調システム等の採用により，循環ポンプ，空調機ファン等の搬送動力の低減や配管，ダクトのサイズダウンが可能である。また，一般の空調方式の吹出し温度は15℃ 程度であるが，吹出し温度を10℃ 程度にして室内空気を低温化できる。

(2) 氷充填率（IPF）　(蓄熱槽内の氷質量)/(氷と水の質量）のことであり，氷充填率が大きくなるほど蓄熱槽内の氷質量が大きくなり蓄熱量が増加するので，同じ蓄熱量なら槽容量を小さくすることができる。

(3)　スタティック形（静的製氷方式）　熱交換器表面に接した水を間接的に冷却し，氷として成長させるもので同じ場所で氷の成長と融解が静的に繰り返される方式である。

(4)　ダイナミック形（動的製氷方式）　氷を間欠的または連続的に製氷用熱交換器から氷蓄熱槽に移氷するもの，あるいは流動性のある氷スラリーをつくり，氷蓄熱槽に移送する方式であり，氷充塡率（IPF）が30～60%と高い。

各種氷蓄熱方式の特徴

	スタティック製氷方式		ダイナミック製氷方式
	内融式	外融式	
特徴	（製氷）　水槽内のコイルに冷媒またはブラインを通すことでコイルの周りに製氷		（製氷）　製氷した氷を，シャーベット状などにして搬送
特徴	（解氷） 内側から解氷 ・残氷制御が不要 ・高い製氷率で蓄熱が可能	（解氷） 外側から解氷 ・急な負荷変動の対応が容易	（解氷）　搬送して解氷 ・急な負荷変動の対応が容易 ・蓄熱槽の形が自由に選択可能
イメージ	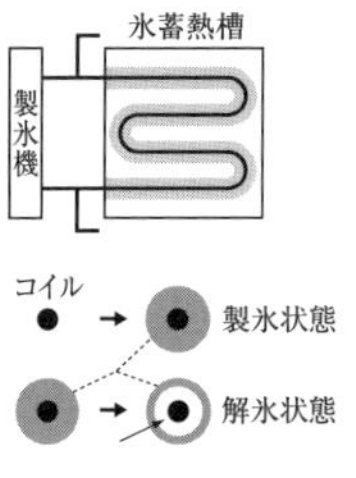 氷蓄熱槽 製氷機 コイル 製氷状態 解氷状態	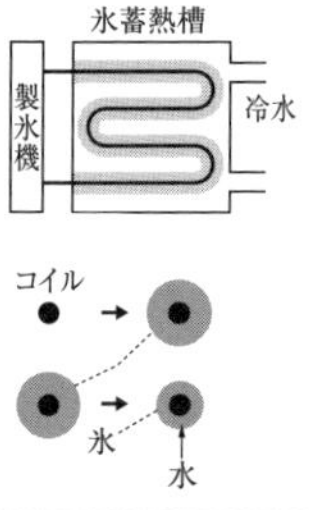 氷蓄熱槽 製氷機 冷水 コイル 氷 水	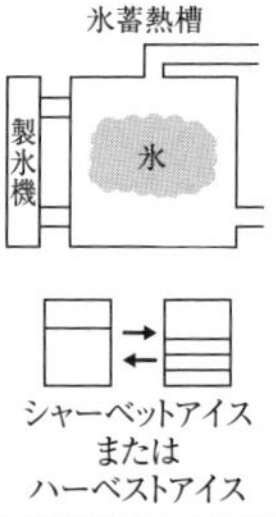 氷蓄熱槽 製氷機 氷 シャーベットアイス または ハーベストアイス

(5)　蓄熱を利用した空調方式では，ピークカットにより熱源機器の容量を低減することができる。

(6)　二次側配管系を開放回路とした場合，ポンプの揚程には循環の摩擦損失のほかに押上げ揚程が加わるため，ポンプの動力が大きくなる。

(7)　蓄熱槽を利用することで，熱源機器を低効率で連続運転することがなくなり，最適な効率で運転できる。

4-2 熱源設備 地域冷暖房

16 地域冷暖房に関する記述のうち，**適当でないもの**はどれか。

(1) 地域冷暖房の採算が成立するためには，一般に，地域の熱需要密度［MW/km²］が小さいことが必要である。

(2) 地域冷暖房とは，蒸気・温水あるいは冷水などの熱媒を，熱源プラントから配管を通じて地域内の複数の建物に供給することをいう。

(3) 地域冷暖房には，熱源の集約化により，人件費の節約が図れることや，火災や騒音に対する心配が少なくなるなどの利点がある。

(4) 熱源に燃焼機器を用いる場合，熱源の集約化により，ばい煙の管理をよりよい条件で行うことが可能となり，大気汚染防止に貢献できる。

（基本問題）

解 答 地域冷暖房の建設費は，当然，その面積が小さいほうが費用は少ない。地域の熱需要密度が小さいということは，熱を販売する場合，単位面積当たりの熱の販売量が少ないということであり，建設費に対して販売額が少ないということを示しており，その採算性は低いといえる。

したがって，**(1)は適当でない。** **正解** (1)

解 説 令和1年度A問題【No.20】として地域冷暖房に関する次の記述がある。その中の(1)に「地域冷暖房の熱需要者側の建物は，床面積の利用率が低くなる。」とあるが，熱需要側の建物は，熱源設備機械室を狭くできるため床面積の利用率を高くすることができる。その他の，

(2) 地下鉄の排熱，ゴミ焼却熱等の未利用排熱を有効に利用することが可能である。

(3) 建物ごとに熱源機器を設置する必要がないため，火災や騒音のおそれが小さくなる。

(4) 地域冷暖房の社会的な利点には，大気汚染防止効果がある。

は，適当である。

4-2　熱源設備　吸収冷凍サイクル　★★

17　下図に示す吸収冷凍機の冷凍サイクルについて，図のA～Dに該当する語句の組合せとして，**適当なもの**はどれか。

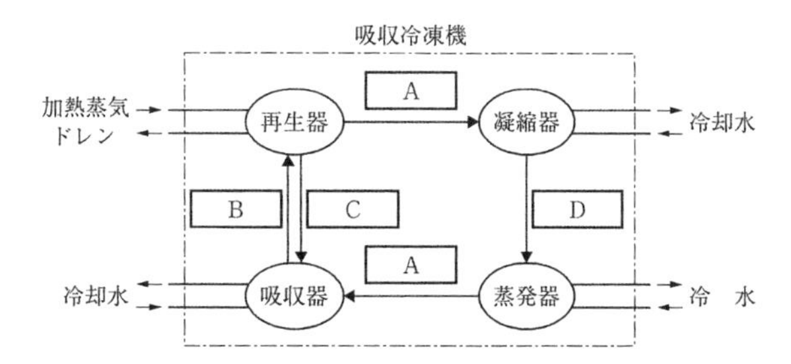

	(A)	(B)	(C)	(D)
(1)	冷媒液	濃溶液	希溶液	冷媒蒸気
(2)	冷媒液	希溶液	濃溶液	冷媒蒸気
(3)	冷媒蒸気	希溶液	濃溶液	冷媒液
(4)	冷媒蒸気	濃溶液	希溶液	冷媒液

（基本問題）

解答　吸収冷凍機は，水を冷媒として使用する冷凍機である。蒸発器で冷媒の水が蒸発（冷媒蒸気：図のA）することで冷水を取り出している。

冷媒蒸気は吸収器で吸収液（臭化リチウム）に吸収されて希溶液（図のB）の吸収液となって再生器に送られる。

再生器では加熱蒸気によって希溶液は加熱され，濃溶液（図のC）となって再度，吸収器に戻る。

再生器で発生した吸収液からの水蒸気（冷媒蒸気：図中のA）は，凝縮器で冷却水によって冷却され，水（冷媒液：図のD）となって蒸発器に入る。

したがって，(3)**は適当である。**　　**正解**　(3)

類題 図は吸収冷凍機の冷凍サイクルを示したものである。図のA～Dに該当する語句の組合せとして，**適当なもの**はどれか。

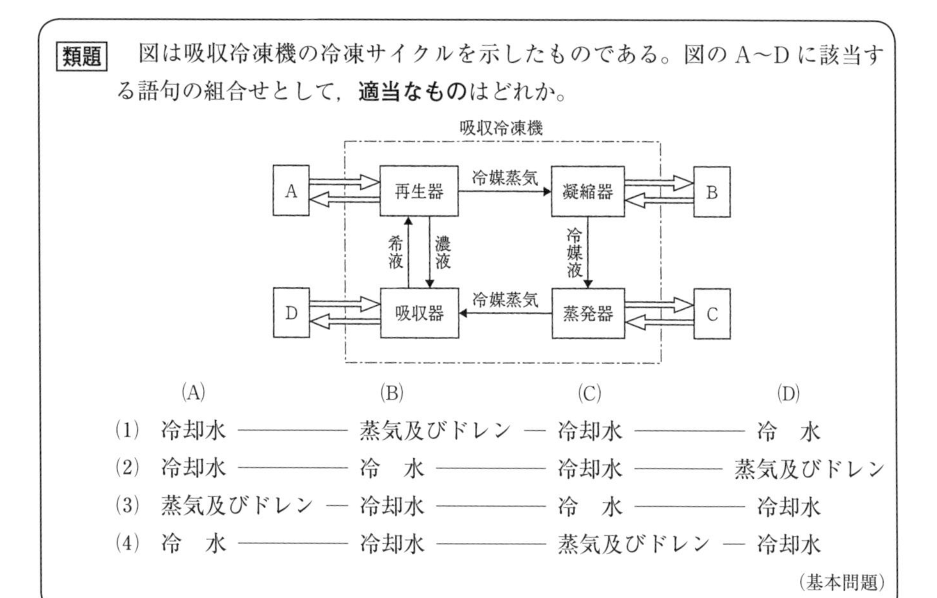

	(A)	(B)	(C)	(D)
(1)	冷却水	蒸気及びドレン	冷却水	冷　水
(2)	冷却水	冷　水	冷却水	蒸気及びドレン
(3)	蒸気及びドレン	冷却水	冷　水	冷却水
(4)	冷　水	冷却水	蒸気及びドレン	冷却水

（基本問題）

解答 原理は前ページの基本問題と同じであるが，この問題に関しては，冷凍機全般において冷水を作るところが蒸発器，冷却水を必要とするところが凝縮器と憶えておくと解答が得られやすい。

正解 (3)

解説 冷凍サイクルにおける冷媒蒸気を吸収した吸収剤を再生させる部位が再生器であり，熱を必要とする。熱源としては，蒸気のほかに高温水，ガス，油による直だきがある。一般に太陽熱による冷房を行う場合には，高温水で稼動するタイプのものが使用される。

4-2　熱源設備　空気熱源のヒートポンプ　★★

18　空気熱源ヒートポンプ方式のパッケージ形空気調和機の性能を表すCOP（成績係数）に関する記述のうち，**適当でないもの**はどれか。

(1)　COPは，投入したエネルギーを，冷却能力又は加熱能力で除したものである。

(2)　外気温度と室内温度の差が小さいほど，COPは大きくなる。

(3)　ヒートポンプの場合，JISに定める空気温湿度条件では，暖房（加熱）時のCOPは，冷房（冷却）時より大きい。

(4)　屋外熱交換器が結霜する外気条件では，相対湿度が高いほど，COPは小さくなる。

（基本問題）

解答　冷凍サイクルにおける成績係数COPは，冷却能力または加熱能力を投入エネルギーで除したものである。

したがって，(1)**は適当でない。**　　**正解**　(1)

試験によく出る重要事項

(1)　**冷凍サイクル**をモリエ線図で表した場合，以下のようになる。

冷却能力：$i_A - i_D$

加熱能力：$i_B - i_C$

投入エネルギー：$i_B - i_A$

冷却時成績係数COP：$(i_A - i_D)/(i_B - i_A)$

加熱時成績係数COP：$(i_B - i_C)/(i_B - i_A)$

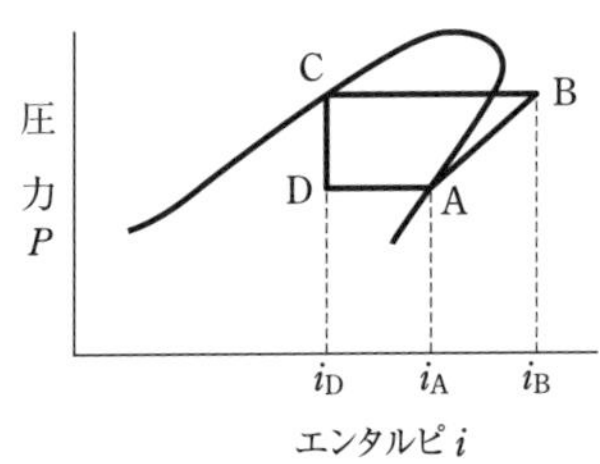

モリエ線図とCOP

(2)　**ヒートポンプ**においては，低温度の空気から熱を高温度空気へ運ぶためのものであるが，外気温度と室内温度差によってCOPは変化し，温度差が小さいほどCOPは大きくなる。

B′/C′とB′/A，B/CとB/Aから投入エネルギー量に対し，温度差が小さい場合，COPは大きくなる。(図参照)

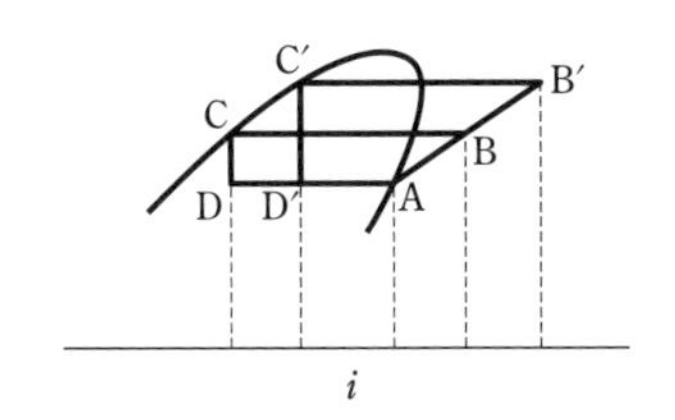

モリエ線図による投入エネルギー量と高温高圧側と低温低圧側の関係

(3) JISでは，ある決められた外気温度と室内温度でCOPを表示するようになっているので，暖房時のCOPは冷房時のCOPに比べて大きくなる。これは，投入エネルギーが暖房時に寄与することも関係している。

(4) 暖房時で結霜する外気温度では，結霜することによって熱交換の効率が悪くなるため相対湿度が高いほどCOPは小さくなる。

冷凍サイクルの仕組みを図に示す。

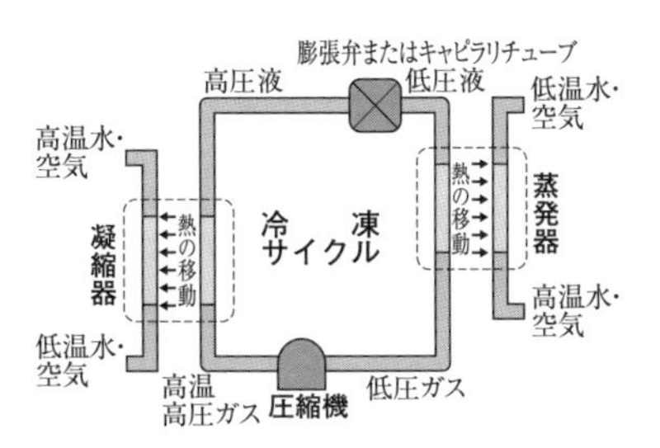

冷凍サイクルとヒートポンプ

類題 ヒートポンプに関する記述のうち，**適当でないもの**はどれか。

(1) ヒートポンプのCOP（成績係数）は，加熱能力を投入したエネルギーで除したものである。

(2) ヒートポンプの熱源は，容易に得られること，平均温度が低く温度変化の大きいことが適応条件としてあげられる。

(3) 空気熱源ヒートポンプを寒冷地において使用する場合は，補助加熱装置を用いるなどの注意が必要である。

(4) ガスエンジンヒートポンプは，一般に，エンジンの排ガスや冷却水からの排熱を回収するための熱交換器を備えている。

(基本問題)

解答 ヒートポンプとは，冷凍サイクルにおける原理を逆に活用したものである。つまり，凝縮器側（屋外機側）が加熱側となり，蒸発器側から冷凍サイクルに熱を供給することとなるため，特に空冷式では風通しがよく平均気温が高く，温度変化が少ないほうが効率がよく安定して運転できる。 **正解** (2)

解 説

⑴　ヒートポンプのCOP（成績係数）は，加熱能力を投入したエネルギーで除したものであるが，冷凍機として使用した場合のCOPよりも圧縮機に投入したエネルギーが加わるため，大きくなる。

⑶　寒冷地は，蒸発側（屋外機）周りの温度が低くなりすぎると能力の低下を招くため，補助ヒーターが必要となる場合が多い。

19　ヒートポンプに関する記述のうち，**適当でないもの**はどれか。

⑴　ヒートポンプの採熱源の適応条件としては，容易に得られること，平均温度が高く温度変化の小さいことがあげられる。

⑵　ヒートポンプのCOP（成績係数）は，加熱能力を投入したエネルギーで除したものである。

⑶　ヒートポンプの除霜運転は，一般に，四方弁を冷房サイクルに切り替えて行う。

⑷　ヒートポンプでは，室温の設定温度を上げると，冷媒の蒸発圧力が高くなる。

（基本問題）

解 答　ヒートポンプにおける凝縮圧力は，室内側で要求される加熱温度まで上昇させる必要があり，蒸発圧力は外気などの吸熱源から吸熱できる蒸発温度に相当する圧力で決まる。

したがって，**⑷が適当でない。**　**正解**　⑷

4-3 換気・排煙

① 換気設備 過去5年においては，換気設備に関して，各種換気方式と各部屋に対応した換気方式の出題傾向が高い。ただ，平成28年度には火気使用室の換気も扱われており，実務にも直結するため，学習は必要である。

② 換気計算問題 在室人員数，発熱量と換気量及び室内空気の汚染濃度に注意する。

③ 排煙設備 主に防煙区画，排煙口の設置，排煙ダクト設備について扱われる。特に防火ダンパについての出題も多い。また，排煙風量についても扱われる。

④ 排煙計算 排煙必要最小風量及び排煙ダクト系における主要箇所の風量計算が出題される。

年度(和暦)	No	出題内容（キーワード）
R2	22	換気計算：在室人員，二酸化炭素濃度，人体からの二酸化炭素発生量
	23	換気設備：開放式燃焼器具，調理室，燃焼空気，機械換気，正圧，喫煙室，有害ガス，粉じん，空気清浄機，機械換気，負圧，火気使用室の換気，自然換気方式，排気筒の有効断面積，理論廃ガス量，排気筒の高さ，エレベーター機械室の換気，熱の除去，サーモスタット，換気ファンの発停
	24	排煙設備：防火ダンパー，作動温度，同一の防煙区画，自然排煙，機械排煙，常時開放型の排煙口，2以上の防煙区画，排煙機，可動間仕切りがある場合の排煙口
	25	排煙設備：防煙区画の床面積，天井高さ，排煙口，床面からの高さ，壁の部分，排煙口の位置，避難方向，煙の流れ，高さ31mを超える建築物における排煙設備の制御及び作動状態の監視
R1	22	換気設備：特殊建築物，床面積，換気上有効な開口部，密閉式燃焼器具，火気を使用する室の換気設備，発熱量合計，6kW以下の火を使用する設備又は器具，自然換気設備の排気口，給気口，排気筒
	23	換気計算：機械換気設備，有効換気量，建築基準法，床面積，在室人員
	24	排煙設備：建築基準法，全館避難安全検証法，自然排煙口，防煙区画，排煙上有効な開口面積，排煙立てダクトの風量，防煙垂れ壁，防火戸上部及び天井チャンバー方式，不燃材料，排煙機，多翼形，軸流形，送風機，サージング，オーバーロード，排煙ダクト系
	25	排煙設備：排煙立てダクト（メインダクト），防火ダンパ，防煙区画を対象とする場合の排煙風量，最大防煙区画の床面積，予備電源，排煙設備を作動できる容量，常用電源，同一防煙区画の複数排煙口，同時開放連動機構付

年度(和暦)	No	出題内容（キーワード）
H30	22	換気設備：換気上有効な開口がない居室，駐車場法，一定規模の路外駐車場，換気に有効な開口面積，建築物における衛生的環境の確保に関する法律，二酸化炭素の含有率，機械換気設備，1人当たりの占有面積
	23	換気計算：エレベーター機械室において発生した熱，換気設備によって排除するのに必要な最小換気量，エレベーター機器の発熱量，エレベーター機械室の許容温度，外気温度，空気の定圧比熱，空気の密度
	24	排煙設備：排煙口の吸込み風速，排煙口の位置，避難方向，排煙機の設置位置，最上階の排煙口，排煙口の手動開放装置，手で操作する部分の高さ
	25	排煙設備：天井高さが3m未満の壁面に排煙口を設ける場合，防煙垂れ壁，防煙区画，廊下の横引き排煙ダクト，常時閉鎖型の排煙口，排煙機
H29	22	換気計算：室内の二酸化炭素濃度，最小換気量，外気中の二酸化炭素濃度，室内における二酸化炭素発生量
	23	換気設備：火気使用室の換気，自然換気方式，排気筒の有効断面積，理論廃ガス量，排気筒の高さ，事務室内での極軽作業時，必要換気量の目安，外気の二酸化炭素濃度，換気上有効な開口，有効換気量，窓等の開口面積
	24	排煙設備：天井チャンバー方式排煙，排煙ダンパー（排煙口），火災煙，天井内防煙区画，防煙壁，排煙ダクト，同一排煙区画内，間仕切り変更，手動開放装置，開放表示用パイロットランプ
	25	排煙設備：特別避難階段の付室，非常用エレベーター乗降ロビー，機械排煙方式，排煙風量，予備電源，パネル形排煙口，排煙口扉の回転軸，排煙気流方向，排煙気流，居室の防煙垂れ壁，防火戸上部，天井チャンバー方式
H28	22	換気設備：密閉式燃焼器具のみを設けた室，火気を使用する室としての換気設備，換気上有効な第3種換気設備，給気口，換気用小窓付きサッシがある居室，発熱量，火を使用する器具，換気上有効な開口がない居室
	23	換気計算：換気上有効な開口を有しない室の機械換気，最小有効換気量，居室の床面積と実況に応じた1人当たりの占有面積
	24	排煙設備：ダクトの排煙機室の床貫通部，防火ダンパー，手動開放装置，手で操作する部分の高さ，同一防煙区画，複数の排煙口，排煙口の同時開放，連動機構付，排煙ダクトの可燃物からの距離，不燃材料の厚さ
	25	排煙設備：自然排煙，防煙区画部分の床面積，排煙上有効な開口面積，排煙口の設置高，2以上の防煙区画，排煙風量

4-3 換気・排煙 換気方式 ★★

20 換気の方式と換気設備を設ける対象室の組合せのうち，**最も不適当なもの**はどれか。

（方式）　　　　　　（対象室）

(1) 第1種機械換気 ——— 機械室，発電機室，厨（ちゅう）房

(2) 第2種機械換気 ——— ボイラ室，喫煙室

(3) 第3種機械換気 ——— 便所，シャワー室，湯沸室

(4) 自然換気 ———— 浴場，教室

（基本問題）

解 答 **第2種機械換気**は，給気用送風機＋排気口で換気する方式で，室内は正圧に保たれるので，ボイラ室の熱や喫煙室の煙が扉などのすき間から他の部屋に漏れる。ボイラ室は燃焼用の空気を確実に供給するには**第1種機械換気**（給気用送風機＋排気用送風機）がよく，喫煙室は煙が他の部屋に漏れないように室圧を負圧にする**第3種機械換気**（排気用送風機＋給気口）がよい。

したがって，(2)**は最も不適当である。**

正解 (2)

試験によく出る重要事項

(1) 換気の留意事項

① ダクトが居室を通る場合，排気ファンの位置は居室側のダクト内部が居室側に対して負圧になるようにする。有毒ガスを含む系統と居室は別系統とする。

② 居室に設ける自然換気設備で，排気筒頂部を排気シャフトに開放する場合は，排気シャフト立上り部分が2m以上であれば，「衛生上有効な換気を確保する設備」となる。

③ 車庫や駐車場の換気は再循環してはならない。

④ 外気取入れ口は，排気口からのショートサーキットを防止し，衛生上有害なものを避ける設備を設ける。

⑤ 機械室や発電機室は，室内環境の維持や熱排気などの目的のため，第1種機械換気（給気用送風機＋排気用送風機）がよい。厨房は発生する臭気や水蒸気の除去と燃焼用空気の供給のため，第1種機械換気（給気用送風機＋排気用送風機）または第3種機械換気（排気用送風機＋給気口）がよい。

⑥ 便所やシャワー室，湯沸し室は，臭気や水蒸気を外部の部屋等に漏らさな

いために，第3種機械換気（排気用送風機＋給気口）がよい。

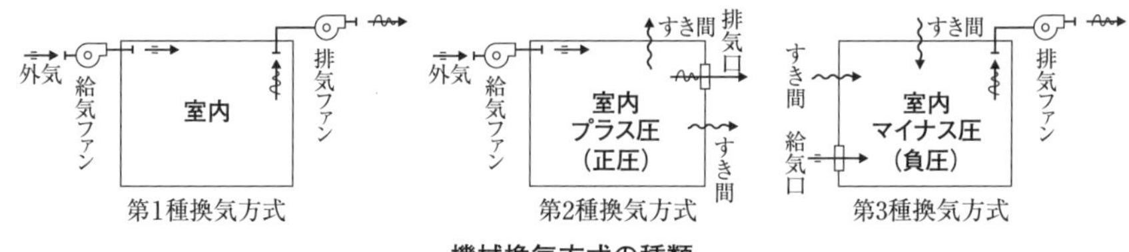

機械換気方式の種類

(2)　自然換気は，室内外の空気の温度差や風圧などを利用した換気方式なので，広い開口部（床面積の1/20以上）が必要である。したがって，適用される室は浴場や教室などに限定される。

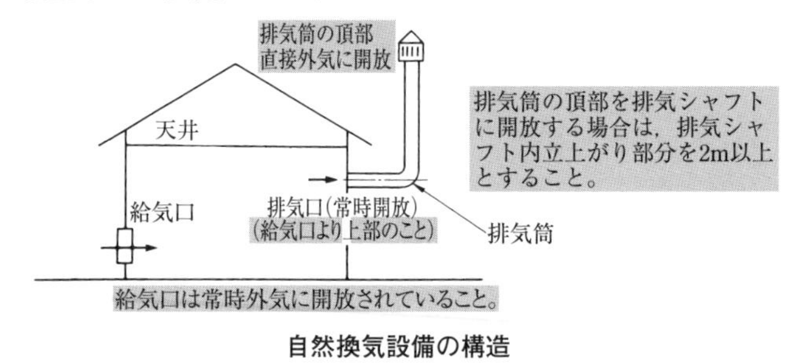

自然換気設備の構造

類題　換気設備に関する記述のうち，**適当でないもの**はどれか。

(1)　開放式燃焼器具を使用する台所は，燃焼空気を必要とするので，周囲の室より正圧となる第2種機械換気を採用した。

(2)　書庫は，書庫内の湿気・臭気を除去するため，周囲の室より負圧となる第3種機械換気を採用した。

(3)　ドラフトチャンバーを設置する室は，隣接する他の室より負圧に保つようにした。

(4)　業務用厨（ちゅう）房には，第1種機械換気を採用し，室内を負圧に保つようにした。

（基本問題）

解 答　開放式燃焼器具を使用する台所に機械換気設備を設ける場合は，火源に確実に酸素が供給されるために，排気フード法令に従って設置されるようにすることと，臭気を外部に漏えいさせないため，第1種機械換気または，給気口から外気の導入経路が確保された第3種機械換気方式により部屋が負圧になるように設計する。

正解　(1)

4-3 換気・排煙 換気設備 ★★

21 換気に関する記述のうち，**適当でないもの**はどれか。

(1) 駐車場は，排気ガスを除去するために，第2種機械換気で室内を正圧とした。

(2) 浴室・シャワー室は，湿度を除去するために，第3種機械換気で室内を負圧とした。

(3) ボイラ室は，燃焼空気の供給のため，第1種機械換気で室内を正圧とした。

(4) 喫煙室は，発生する有毒ガスや粉じんを除去するため，空気清浄装置を設置し，第1種機械換気で室内を負圧とした。

（基本問題）

解答 駐車場の換気は排気ガスを除去するものであるが，内部を正圧にすると人体に有害であり悪臭の伴なう排気ガスを周辺に拡散させるため，駐車場の計画に合わせて第1種機械換気又は第3種機械換気とする。また，排気ガスが滞留しないような位置に給排気口を設け，特に地下駐車場の場合，CO又はNO_x濃度抑制の措置を講ずる。

したがって，(1)**は適当でない。**

正解 (1)

試験によく出る重要事項

(1) 喫煙室の換気はタバコの煙が拡散する前に吸引して屋外に排気する方法とする。臭気や有毒ガスを発生する室は負圧にするために，第1種または第3種機械換気としなければならない。**空気清浄装置（分煙機）**と換気システムを組み合わせると，換気量を低減できる。しかし，空気清浄装置は，タバコ煙中の粒子状物質の除去については有効であるが，ガス状成分の除去については不十分である。

(2) 建築基準法第28条第2項において，「居室には換気のための窓その他の開口部を設け，その換気に有効部分の面積は，その居室の床面積に対して，1/20以上としなければならない。ただし，政令で定める技術基準に従って換気設備を設けた場合においてはこの限りでない。」とあり，施行令第20条の2

第一号ロにおいて，機械力を用いて居室の換気を行う方法について規定されており，機械設備の有効換気量は，1人当たり20 m^3/h以上の外気量とする必要がある。

(3)　営業用の厨房の換気は，臭気等が食堂や宴会場などへ流れ出さないように，給気機と排気機を有する第1種機械換気とし，全排気量を給気量よりやや多めにし，厨房内を負圧に保つ。第2種機械換気は，給気側にのみ送風機を設けて室内を正圧に保つ方式のため，厨房の換気には適さない。

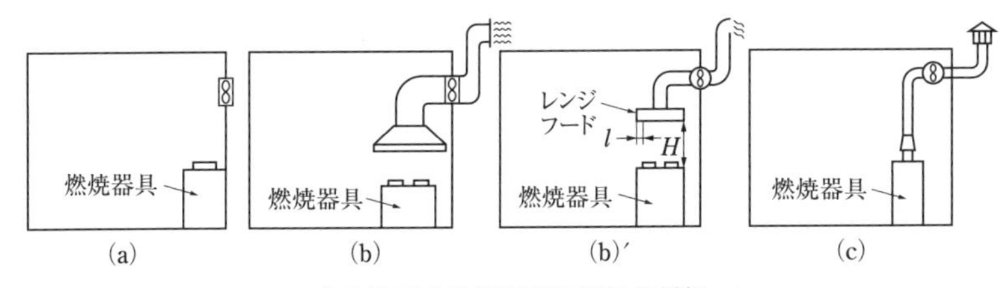

火を使用する調理室の換気の種類

(4)　浴室を機械換気とする場合，浴室使用後の結露によるカビの発生を防止するため，常時運転またはタイマー等による運転を考慮する。

(5)　「建築基準法における換気に関する規定」は付録1（p. 358）のとおりである。

類題　換気に関する記述のうち，**適当でないもの**はどれか。

(1)　自然換気設備の給気口上端は，居室の天井の高さの$\frac{1}{2}$以下に設けなければならない。

(2)　ボイラ室と電気室の換気には，機器保護のためにフィルタを設けた。

(3)　地下階の無窓の居室の換気は，第1種機械換気とした。

(4)　一般建築物の居室では，その居室の床面積の$\frac{1}{30}$以上の窓その他の開口があれば換気設備は設けなくてもよい。

（基本問題）

解答　建築基準法において，居室には換気のための窓その他の開口部を設け，その換気に有効部分の面積は，その居室の床面積に対して，$\frac{1}{20}$以上としなければならない。ただし，政令で定める技術基準に従って換気設備を設けた場合においてはこの限りでない。」とある（付録1「建築基準法における換気に関する規定」（p. 358）を参照）。

正解　(4)

4-3 | 換気・排煙 | 必要換気量 | ★★

22 エレベーター機械室において発生した熱を，換気設備によって排除するのに必要な最小換気量として，**適当なもの**はどれか。

ただし，エレベーター機器の発熱量は 8 kW，エレベーター機械室の許容温度は 40℃，外気温度は 35℃，空気の定圧比熱は 1.0 kJ/（kg・K），空気の密度は 1.2 kg/m^3 とする。

(1)　1,200 m^3/h

(2)　2,400 m^3/h

(3)　3,600 m^3/h

(4)　4,800 m^3/h

（H30-A23）

解 答　計算式の値を，次の式とする。

$$V=\frac{8\times3{,}600}{(40-35)\times1.2\times1.0}=4{,}800\,[\mathrm{m^3/h}]$$

したがって，**(4)が適当である。**　**正解** (4)

その他の換気量計算

1)　有害ガスの発生 M［m^3/h］がある場合

$$V=\frac{M}{(C-C_0)}$$

C：許容濃度［m^3/m^3］　　C_0：導入外気のガス濃度［m^3/m^3］

たとえば，外気中の二酸化炭素の濃度は 400 ppm（0.0004［m^3/m^3］），室内における二酸化炭素発生量は 0.3 m^3/h の場合，室内の二酸化炭素の濃度を 1,000 ppm（0.001［m^3/m^3］）以下に保つために必要な最小換気量を求める計算式（平成 29 年度の問題 22）は，

$$V=\frac{0.3}{0.001-0.0004}=500\ [\mathrm{m^3/h}]$$

2)　酸素を消費するもの（人間またはガスヒータや石油ヒータなど）がある場合

$$V=\frac{M}{(C-C_0)}$$

M：酸素消費量（人間の極軽作業時：0.024［m^3/h・人］）

C_o：外気酸素濃度［m^3/m^3］：0.21［m^3/m^3］

C：限界酸素濃度［m^3/m^3］：人間 0.205［m^3/m^3］，燃焼器具 0.19［m^3/m^3］

最新問題

類題　在室人員 24 人の居室の二酸化炭素濃度を 1,000 ppm 以下に保つために必要な最小の換気量として，**適当なもの**はどれか。

ただし，外気中の二酸化炭素の濃度は 400 ppm，人体からの二酸化炭素発生量は 0.03 m^3/(h・人）とする。

(1)　400 m^3/h

(2)　600 m^3/h

(3)　800 m^3/h

(4)　1,200 m^3/h

(R2-A22)

解 答　換気量を求めるには，（室内発生量＋室内に入ってくる量）と等しくなる式を導けばよい。室内発生量を M，外気濃度を C_o，室内濃度を C，換気量を V とすると

室内発生量＋室内に入ってくる量：$M+C_oV$

出ていく量：CV

$$CV=M+C_oV$$

$$V(C-C_o)=M$$

換気量 V[m^3/h]＝有毒ガス発生量 M[m^3/h]/(許容濃度 C[m^3/m^3]－導入外気ガス濃度 C_o[m^3/m^3])

許容濃度 C＝1,000 ppm＝0.001[m^3/m^3]

導入外気ガス濃度 C_o＝350 ppm＝0.00035[m^3/m^3]

$$V=\frac{M}{(C-C_o)}$$

$$=\frac{(24[人]\times0.03[m^3/(h・人)])}{(0.001[m^3/m^3]-0.0004[m^3/m^3])}$$

$$=\frac{0.72[m^3/h]}{0.0006[m^3/m^3]}$$

$$=1200[m^3/h]$$

正解　(4)

試験によく出る重要事項

(1) 法規による必要換気量　建築基準法では換気をしなければならない室，換気の方法・有効換気量などを規定している。これをまとめて付録1「建築基準法における換気に関する規定」(p. 358) に示す。劇場，映画館などは，窓があっても機械換気設備または中央管理方式の空気調和設備が必要であることに注意する。

このほか，室面積の合計が100 m^{2}以内の住戸の調理室で，12 kW以下の火を使用する器具を設けた場合，床面積の1/10以上の有効開口面積を有する窓があれば，火を使用する室としての換気設備を設けなくてもよい。発熱量6 kW以下のガスストーブなどの燃焼器具を使用する居室（厨房を除く）には，有効開口部があれば換気設備は設けなくてもよい。これらに関連した問題がよく出題される。数字などに注意して欲しい。

理論空気量とは，燃料を完全に燃焼させるために必要な理論上の最小空気量である。実際の燃焼には理論空気量より多い空気が必要で，これを過剰空気というが，完全燃焼をする範囲で少ないほどロスが少ないのでよい。

理論廃ガス量とは，燃料を完全に燃焼させたときに出る理論上の廃ガス量である。燃焼空気量が多いほど廃ガス量も多くなる。

類題　在室人員が30人の居室を外気で換気し，二酸化炭素濃度を1,000 ppmに保つために必要な換気量として，**適当なもの**はどれか。

ただし，外気の二酸化炭素濃度は300 ppm，人体からの二酸化炭素発生量は0.02 m^3/(h・人) とする。

(1) 約 460 m^3/h　　(3) 約 860 m^3/h
(2) 約 600 m^3/h　　(4) 約 2,000 m^3/h　　（基本問題）

解 答　p. 99 ～ 100 参照

$$V=\frac{M}{(C-C_0)}$$

$$=\frac{(30[\text{人}]\times 0.02[\text{m}^3/(\text{h}\cdot\text{人})])}{(0.001[\text{m}^3/\text{m}^3]-0.0003[\text{m}^3/\text{m}^3])}$$

$$=\frac{0.6[\text{m}^3/\text{h}]}{0.0007[\text{m}^3/\text{m}^3]}$$

$$=857[\text{m}^3/\text{h}]\rightarrow \text{約}\ 860[\text{m}^3/\text{h}]$$

正解 (3)

4-3　換気・排煙　室内空気の汚染濃度　★★

23　図のように空気清浄装置を介して外気で室の換気を行う場合，定常状態における換気量の計算式として，**適当なもの**はどれか。

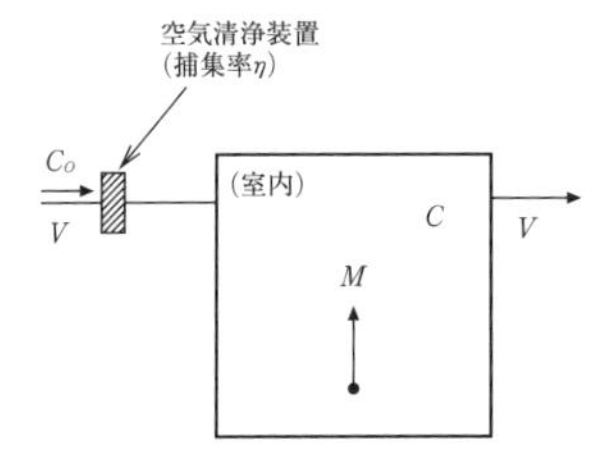

ここに，
V：換気量＝外気量〔m^3/h〕
M：室内の汚染物質発生量〔mg/h〕
C：室内の汚染物質濃度〔mg/m^3〕
C_0：外気の汚染物質濃度〔mg/m^3〕
η：空気清浄装置の汚染物質の捕集率

(1)　$V=\dfrac{M}{C-(1+\eta)C_0}$　　(2)　$V=\dfrac{M}{C+(1+\eta)C_0}$

(3)　$V=\dfrac{M}{C-(1-\eta)C_0}$　　(4)　$V=\dfrac{M}{C+(1-\eta)C_0}$

（基本問題）

解答　換気の主たる目的は，室内の汚染物質濃度を基準値以下に保つことであるが，外気をそのまま取り入れて換気する場合，換気量 V が時間と共に変化しない定常状態になった場合，室内汚染物質濃度を C，外気の汚染物質濃度 C_0，室内汚染物質の発生量 M との関係式は次式により求められる。

$$V=\frac{M}{C-C_0}$$

また，外気を空気清浄装置を介して外気で室の換気を行う場合，定常状態における換気量の計算を行う場合，外気の汚染物質濃度 C_0 から空気清浄装置によって浄化される汚染物質の量，すなわち空気清浄装置の汚染物質の捕集率 η を差し引く必要があり，次のようになる。

$$V=\frac{M}{C-(1-\eta)C_0}$$

したがって，**(3)は適当である。**　　**正解**　(3)

4-3	換気・排煙	最小有効換気量	★★

24 換気上有効な開口部を有しない居室 a と居室 b の換気を 1 の機械換気設備で行う場合に必要な最小の有効換気量 V ［m^3/h］として,「建築基準法」上, **正しいもの**はどれか。

居室 a の床面積は 150 m^2, 在室人員 15 人とする。

居室 b の床面積は 200 m^2, 在室人員 15 人とする。

ただし, 居室 a, b は特殊建築物の居室ではないものとする。

(1) 600 ［m^3/h］　(2) 700 ［m^3/h］

(3) 900 ［m^3/h］　(4) 1,050 ［m^3/h］

(R1-A23)

解 答 居室の必要最小換気量は, 次の式で計算すると決められている。

$$V = 20\frac{A_f}{N}$$

V：必要最小換気量［m^3/h］　A_f：居室の床面積［m^2］

N：1 人当たりの占有面積（10 を超えるときは 10 とする）［m^2］

居室 a の床面積：$A_f = 150$［m^2］, 1 人あたりの専有面積：$N = 150/15 = 10$［m^2］

居室 b の床面積：$A_f = 200$［m^2］, 1 人あたりの専有面積；$N = 200/15 = 13.3$［m^2］

10 を超える場合：$N = 10$［m^2］であるため, 200 m^2 室の N を 10 m^2 とする。

したがって, 必要最小換気量 V は,

$$V = 20\times\left(\frac{150}{10}+\frac{200}{10}\right) = 20\times(15+20) = 700[m^3/h]$$

である。

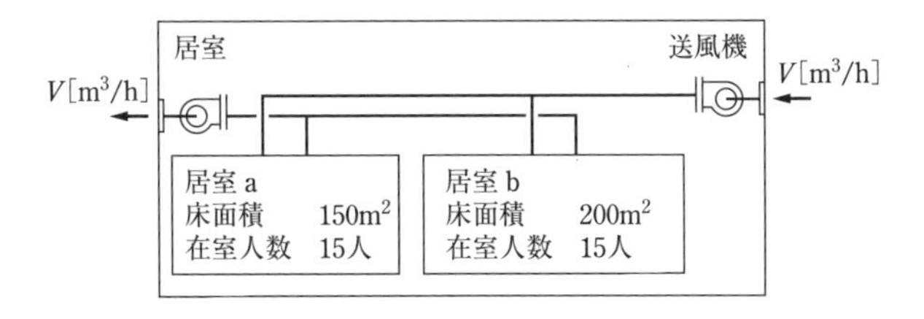

したがって, **(2)が正しい。**　　**正解** (2)

4-3 換気・排煙 機械排煙設備 ★★

25 機械排煙設備に関する記述のうち，**最も不適当なもの**はどれか。

ただし，本設備は「建築基準法」上の「階及び全館避難安全検証法」及び「特殊な構造」によらないものとする。

(1) 排煙ダクトで，居室と廊下の横引きダクトは，たてダクトまで別系統にする。

(2) 垂直に各階を貫通して立ち上げるたてダクトは，耐火構造のシャフトに納める。

(3) 排煙機に接続されるたてダクトの排煙機室の床貫通部には，防火ダンパを設置する。

(4) 同一防煙区画に複数の排煙口を設ける場合は，排煙口の1つを開放することで他の排煙口を同時に開放する連動機構付とする。

（基本問題）

解答 立てダクト（主ダクト）には，原則として防火ダンパは設けない。また，排煙機に接続されている立てダクトの排煙機室の床貫通部にも防火ダンパは設けない（付録2「排煙設備設置基準」（p. 359）参照）。

したがって，**(3)が最も不適当である。** **正解** (3)

解説 **排煙ダクト・排煙口** 排煙口，風道その他煙に接する部分は不燃材料で作らなければならない。また，排煙風道で小屋裏，天井裏などにある部分は，金属以外の不燃材料で覆わなければならない。この場合，準不燃材料の使用は認められていない。

排煙口の吸込み風速は10 m/s以下，ダクトサイズはダクト内風速を20 m/s以下にする。その他，排煙ダクトで居室と廊下の横引きダクトは，立てダクトまで別系統にすること。床貫通部に防火ダンパを設けないようにするため，立てダクトは耐火構造のシャフト内に納め，このシャフト壁を貫通する横ダクトの部分に防煙用防火ダンパ（温度280℃）を設置する。

排煙ダクトは，居室と廊下・厨房の横引きダクトは立てダクト（主ダクト）まで別系統とする。立てダクトには原則として防火ダンパは設けない。

4-3 換気・排煙 機械排煙設備 ★★

26 排煙設備に関する記述のうち，**適当でないもの**はどれか。
ただし，本設備は建築基準法上の階及び全館避難安全検証法及び特殊な構造によらないものとする。
(1) 排煙口の吸込み風速は 10 m/s 以下とし，ダクト内風速は 20 m/s 以下とする。
(2) 排煙口の位置は，避難方向と煙の流れが反対になるように配置する。
(3) 垂直に各階を貫通して立ち上げるたてダクトは，耐火構造のシャフトに納める。
(4) 防煙垂れ壁は，防火戸上部及び天井チャンバー方式を除き，天井面より 30 cm 以上下方に突出したものとする。 (基本問題)

解 答 防煙区画は床面積 500 m^2 以下で区画し，防火戸および天井チャンバー方式を除き，天井から 50 cm 以上下方に突き出た排煙垂れ壁，またはこれと同等以上の効果のある不燃材での防煙壁で区画する。

したがって，**(4)が適当でない。** **正解** (4)

試験によく出る重要事項

(1) 排煙設備

排煙設備は自然排煙設備と機械排煙設備がある。自然排煙設備は床面積の 1/50 以上の排煙に有効な開口部（天井または天井から 80 cm 以内に直接外気に面した開口部）が必要である。垂れ壁の下端より上であるので誤りである。

ちなみに，天井高さが 3 m 以上の防煙区画の排煙口の高さは，床面から 2.1 m 以上かつ天井高さの 1/2 以上である。

予備電源は，30 分以上電力を供給できる蓄電池または自家発電設備が必要である。

排煙口の平面的位置は，防煙区画の各部から水平距離で 30 m 以内である。排煙口には手動開放装置を設ける必要があり，その取付け位置は，壁に取り付ける場合は床面から 80～150 cm の位置に，天井に取り付ける場合は床から約 180 cm である。同一防煙区画に複数の排煙口がある場合は，いずれかの排煙口が開放されたら，他の排煙口も同時に開放するような連動機能付とする。

排煙口は，開放と同時に，排煙機を起動させる連動機構を備えていること。また，同一防煙区画内に可動式の間仕切りがある場合は，それぞれに排煙口を設けて連動させる。

類題　排煙設備に関する記述のうち，**最も適当でないもの**はどれか。

ただし，本設備は「建築基準法」上の「階及び全館避難安全検証法」及び「特殊な構造」によらないものとする。

(1)　同一の防煙区画において，自然排煙と機械排煙を併用してはならない。

(2)　2以上の防煙区画部分に係る排煙機にあっては，1分間に，120 m^3 以上で，かつ，当該防煙区画部分のうち床面積の最大のものの床面積1 m^2 につき2 m^3 以上の空気を排出する能力を有するものとする。

(3)　排煙口が防煙区画部分の床面積の $\frac{1}{50}$ 以上の有効開口面積を有し，かつ，直接外気に接する場合は，排煙機は不要である。

(4)　排煙たてダクトの風量は，各階の風量にかかわらず，排煙機から最遠の階における風量とする。

（基本問題）

解答　排煙たてダクトの風量は，最遠の階から順次比較し，各階ごとの排煙風量の大きいほうの風量とする。

正解　(4)

解説　排煙口の平面的な位置としては，防煙区画の各部からの水平距離が30 m以内でなければならない。したがって，図(a)のACが30 m以上あればよいのではなく，AB＋BCが30 m以内でなければならない。30 m以内にならない場合は，1防煙区画に2つ以上の排煙口を設け連動して作動するようにする。排煙口の形状としては，廊下のように煙の流れが限られる部分では，火災の初期の煙は天井面に層流となって流れる。この場合，図(b)では排煙口の脇を煙が通過してしまうので，図(c)のように廊下の幅いっぱいのスリット状のもののほうが効果が高い。また，図(d)のように，防煙垂れ壁を設けるのはさらに効果を高めることになる。

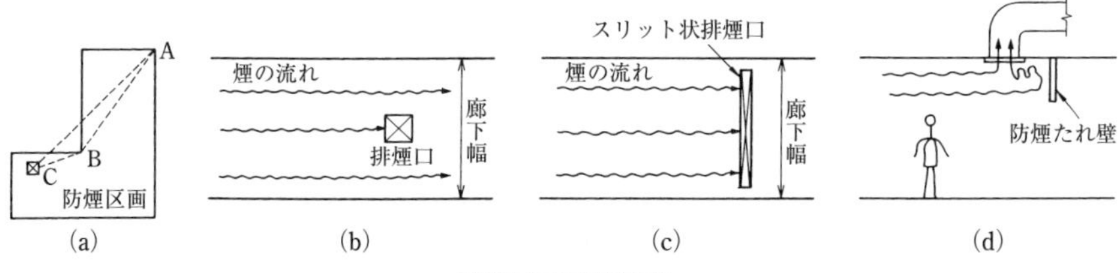

排煙口の設置基準

4-3 換気・排煙 天井チャンバー方式 ★★

天井チャンバー方式の排煙（排煙ダンパー（排煙口）を天井内に設け，火災煙を天井面に配置された吸込口から天井チャンバーを経て排煙口に導く方式の排煙）の設備に関する記述のうち，**適当でないもの**はどれか。

ただし，本設備は「建築基準法」上の「階及び全館避難安全検証法」及び「特殊な構造」によらないものとする。

(1) 天井内防煙区画部分の直下の天井面には，防煙壁を設ける必要がある。

(2) 天井内の小梁，ダクト等により排煙が不均等になるおそれがある場合は，均等に排煙できるように排煙ダクトを延長する必要がある。

(3) 同一排煙区画内であっても，間仕切りを変更する場合には排煙ダクト工事を行う必要がある。

(4) 排煙口の開放が目視できないので，手動開放装置には開放表示用のパイロットランプを設ける必要がある。

(H29-A24)

解答 天井チャンバー方式の排煙は機械排煙設備の一種であり，システム天井の天井裏を排煙用のチャンバーとして使用し，システム天井の吸込口を利用し天井面全体を均一に排煙することができ，チャンバー容積分の畜煙量が期待できる。

設計・施工に当たっては，排煙能力に影響することからチャンバー内の建築的な気密性確保，下地材，仕上げ材の不燃材料の採用，チャンバー内の均一な圧力，吸込口での等風量を確保するための天井内形状に合わせた排煙ダクトや排煙口の計画，天井内の配線の耐熱性の確保，天井内部に煙感知器の設置が必要である。また，排煙口の開放が目視できないので，手動開放装置には開放表示用のパイロットランプを設ける必要がある。

天井チャンバー方式においても500 m² 以下で天井内を完全区画すると同時に，それと連続した位置の天井下面に防煙垂壁を設置する必要がある。その場合は，25 cm で可とされる場合が多い。

同一排煙区画内であれば，間仕切り変更に対して排煙ダクトの工事は不要である。

したがって，**(3)が適当でない。**

正解 (3)

4-3　換気・排煙　必要最小風量　★★

28　図に示す防煙区画からなる機械排煙設備において，各部が受けもつ必要最小風量として，「建築基準法」上，**適当でないもの**はどれか。

(1)　ダクトA部：18,000 m³/h

(2)　ダクトB部：24,000 m³/h

(3)　ダクトC部：48,000 m³/h

(4)　排　煙　機：48,000 m³/h

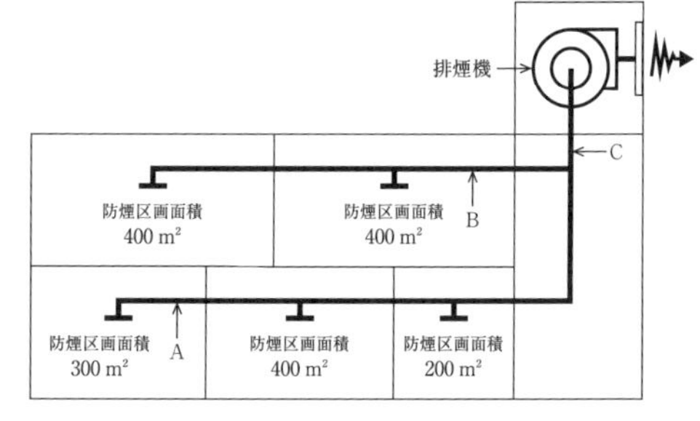

（基本問題）

解 答　排煙ダクト風量は，次式で計算する。

Q [m³/min] = 1 [m³/(min·m²)] × 防煙区画面積 [m²]

(1)　ダクトA部は，Q_a = 1 [m³/(min·m²)] × 300 = 300 [m³/min]

= 18000 [m³/h]

(2)　ダクトB部は，同時開放される2の防煙区画を受け持つ排煙ダクトであり，それぞれの排煙風量の合計の風量となるので，Q_b は

Q_b = 1 [m³/(min·m²)] × 防煙区画面積 (400 + 400) = 800 [m³/min]

= 48,000 [m³/h]

(3)　ダクトC部である排煙たてダクトの風量は，最遠の階から順次比較し，各階ごとの排煙風量の大きいほうの風量とするため，図中2階B部と同じなるので，48,000 [m³/h]

(4)　排煙機の風量は，次式で計算する。

Q [m³/min] = 2 [m³/(min·m²)] × 最大防煙区画面積 400 [m²]

= 800 [m³/min] = 48,000 [m³/h]

したがって，**(2)は適当でない。**　　**正解**　(2)

なお，過去の類似問題において風量の単位が [m³/min] の場合もあるため，単位に注意をして計算する必要がある。

第５章　給排水衛生設備

●出題傾向分析●

出題内容 ＼ 年度（和暦）	R2	R1	H30	H29	H28	計
(1)　上水道	1	1	1	1	1	5
(2)　下水道	1	1	1	1	1	5
(3)　給水設備	2	2	2	2	2	10
(4)　給湯設備	1	1	1	1	1	5
(5)　排水・通気設備	3	3	3	3	3	15
(6)　消火設備	1	1	1	1	1	5
(7)　ガス設備	1	1	1	1	1	5
(8)　浄化槽	2	2	2	2	2	10
計	12	12	12	12	12	60

［過去の出題傾向］

給排水衛生設備に関する設問が 12 問，空調設備に関する設問が 11 問出題され，合計 23 問より 12 問を選択する（余分に解答すると減点される）。

例年，各設問はある程度 限られた範囲（項目）から繰り返しの出題となっているので，過去問題から傾向を把握しておくこと。

令和２年度も大きな出題傾向の変化はなかったので，令和３年度に出題が予想される項目について重点的に学習していくとよい。

（内訳）

① 上水道では，配水管の施工や上水道施設などに関して，**毎年１問出題**される。

② 下水道では，管きょの勾(こう)配や管径・接合方法，処理施設の処理フローなどに関して，**毎年１問出題**されている。

③ 給水設備では，吐水口空間や間接排水などの飲料水の汚染防止，給水器具の必要圧力，給水方式，給水量，受水タンクや揚水ポンプの容量，ウォーターハ

ンマー防止などに関して，**毎年2問出題**されている。

④　給湯設備では，中央式給湯設備や給湯機器，安全装置や返湯管径，レジオネラ属菌対策，配管方式や管内流速などに関して，**毎年1問出題**されている。

⑤　排水・通気設備では，排水トラップや間接排水，器具排水負荷単位，排水管の勾配やオフセット，排水槽および排水ポンプ，通気管の管径や末端の開放位置，掃除口，排水ますなどに関する問題が**毎年3問出題**されている。

⑥　消火設備に関する問題は**毎年1問出題**されている。水系・ガス系消火設備の消火の原理および不活性ガス消火設備の設置基準が比較的多く出題されている。屋内消火栓に関する問題が平成29年度に久しぶりに出題された。

⑦　ガス設備に関する問題は**毎年1問出題**されている。都市ガスや液化石油ガス（LPG）の種類や特徴，ガス漏れ警報器の設置位置に関する出題が多い。

⑧　浄化槽に関する問題は**毎年2問出題**されている。処理対象人員の算定方法や小型合併処理浄化槽の処理方式のフロー・特徴，放流水のBOD除去率の計算に関する出題が多い。令和2年度は，約10年ぶりにFRP製浄化槽の設置に関する出題があった。

5-1 上 水 道

① 上水道施設と配水管に関する設問が隔年で出題される。**令和3年度は，上水道施設に関する出題が予想**される。

② 上水道施設（取水・導水・浄水・送水・配水）のフロー，各施設の役割について理解しておく。浄水施設については過去に出題が多い。

③ 配水施設の配水管，いわゆる水道本管の施工については，平成29，令和1，2年度に出題されている。配水管と他の地下埋設物との距離（30 cm 以上），配水管からの給水管の分岐位置（他の給水装置の取付け口から30 cm 以上離す）などの配水管の施工について理解しておく。

④ 配水管の継手部分である異形管の防護（コンクリートブロックによる防護または離脱防止継手の使用）について理解しておく。

⑤ 配水管の施工については，上記以外では，最小動水圧（0.15 MPa 以上），耐圧試験，伸縮継手の必要な個所，不断水分岐工法，伸縮可とう継手による不同沈下対策などについて理解しておく。

年度（和暦）	No	出題内容（キーワード）
R2	26	配水管：最小動水圧（0.15 MPa 以上），露出配管部の伸縮継手（20～30 m 間隔），土被り（1.2 m），埋設表示テープ
R1	26	配水管：最小動水圧（0.15 MPa 以上），分水栓又はサドル付分水栓による給水管の分岐位置（30 cm 以上離す），他の地下埋設物との距離（30 cm 以上），軟弱地盤の配管の基礎
H30	26	上水道施設：導水施設（導水方式），浄水施設（遊離残留塩素濃度），送水施設（計画送水量），浄水施設（ろ過方式）
H29	26	配水管：最大静水圧（0.75MPa 以下），他の水道施設との接続，最小動水圧（0.15MPa 以上）
H28	26	上水道施設：浄水施設，送水施設，取水施設，配水施設

5-1　上水道　上水道施設　★★

1　上水道に関する記述のうち，**適当でないもの**はどれか。

(1)　導水施設は，取水施設から浄水施設までの施設をいい，導水方式には自然流下式，ポンプ加圧式及び併用式がある。

(2)　浄水施設には消毒設備を設け，需要家の給水栓における水の遊離残留塩素濃度を0.1mg/L以上に保持できるようにする。

(3)　送水施設の計画送水量は，計画1日最大給水量（1年を通じて，1日の給水量のうち最も多い量）を基準として定める。

(4)　浄水施設における緩速ろ過方式は，急速ろ過方式では対応できない原水水質の場合や，敷地面積に制約がある場合に採用される。

(H30-A26)

解答　緩速ろ過方式は，井戸水などの比較的低濁度の水の処理に適しており，ろ過速度は3～5m／日である。急速濾過方式のろ過速度は120～150m／日でろ過池容量を小さくすることができる。

したがって，**(4)は適当でない**。　**正解**　(4)

類題　上水道施設に関する記述のうち，**適当でないもの**はどれか。

(1)　導水施設は，取水施設から浄水施設までの施設をいい，自然流下式，ポンプ加圧式及び併用式がある。

(2)　凝集池は，凝集剤と原水を混和させる混和池と，混和池で生成した微小フロックを大きく成長させるフロック形成池から構成される。

(3)　緩速ろ過方式は，急速ろ過方式に比べて，濁度と色度の高い水を処理する場合に適している。

(4)　送水施設は，浄水場から配水池までの施設をいい，送水するためのポンプ，送水管などで構成される。

(基本問題)

解答　浄水施設における緩速ろ過方式は，砂層と砂利層により構成され，井戸水などの低濁度の原水を処理する場合に適する。急速ろ過方式は，河川などの濁度の高い原水の処理に適するが，高度の維持管理技術を要する。　**正解**　(3)

試験によく出る重要事項

(1) 水道水の水質　厚生労働省令で水質基準が51項目定められており，大腸菌は検出されてはならない。

(2) 水道施設　取水施設，貯水施設，導水施設，浄水施設，送水施設，配水施設および給水装置で構成される。

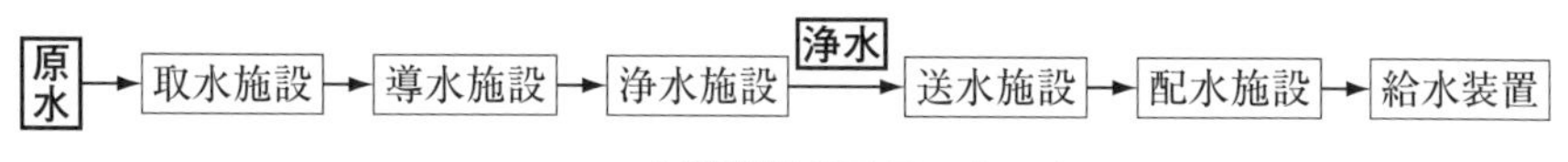

水道施設のフローシート

(3) 浄水施設のろ過方式

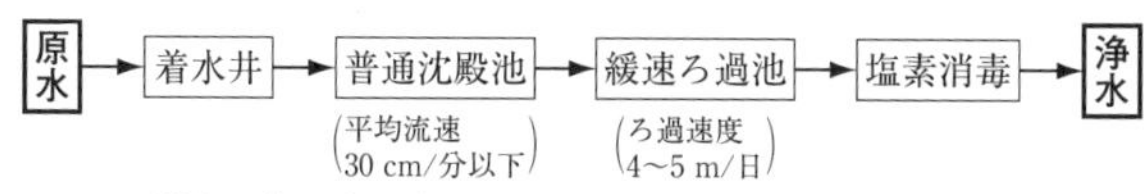

（注）普通沈殿池は，原水の水質により不要な場合あるいは薬品処理可能とする場合もある。

(a) 緩速ろ過方式（原水の濁度の低い場合）

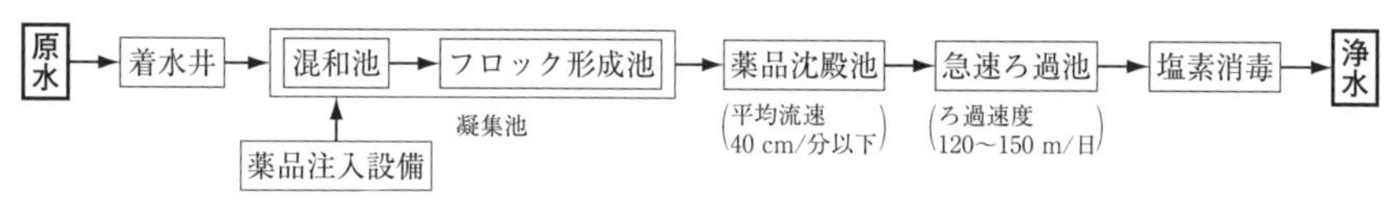

(b) 急速ろ過方式（原水の濁度の高い場合）

浄水施設のフローシート

(4) **簡易専用水道**　水道事業の用に供する水道及び専用水道以外の水道であり，水道事業の用に供する水道から供給を受ける水のみを水源とするもの（水槽の有効容量の合計が，10 m^3 以下のものを除く）をいう。一般の建物で，水道本管から給水を受けるものはこれに該当する。

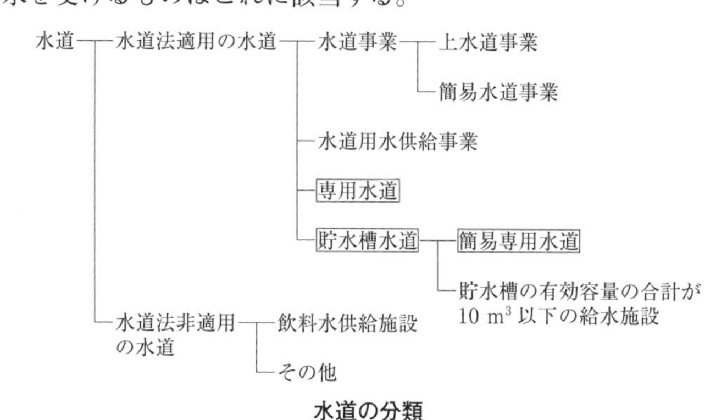

水道の分類

5-1 上水道 配水管 ★★

2 上水道の配水管に関する記述のうち，**適当でないもの**はどれか。

(1) 給水管を分岐する箇所での配水管内の動水圧は，0.1 MPa を標準とする。

(2) 配水管より分水栓又はサドル付分水栓によって給水管を取り出す場合は，他の給水装置の取付口から 30 cm 以上離す。

(3) 配水管を他の地下埋設物と交差又は近接して敷設する場合は，少なくとも 30 cm 以上の間隔を保つ。

(4) 配水管を敷設する場合の配管の基礎は，軟弱層が深い場合，管径の $\frac{1}{3}$～$\frac{1}{1}$程度（最小 50 cm）を砂又は良質土に置き換える。

(R1-A26)

解 答 給水管を分岐する箇所での配水管内の動水圧は 0.15 MPa を標準とする。

したがって，(1)**は適当でない。** **正解** (1)

試験によく出る重要事項

配水管の施工

(1) 地盤沈下などの不同沈下のおそれのある個所には，たわみ性の大きい伸縮可とう継手や，はしご胴木基礎を用いる。

(2) 給水管分岐箇所における配水管内の最小動水圧は 0.15 MPa，最大静水圧は 0.74 MPa とする。

(3) **不断水工法**により配水管からの分岐を行う場合は，既設管に割 T 字管を取り付け，穿孔作業を行う。

(4) 他の地下埋設物と交差又は近接して敷設するときは，30 cm 以上離す。

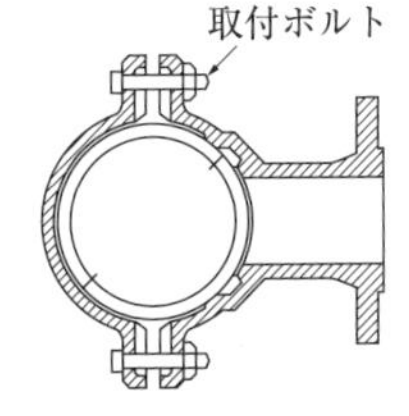

割 T 字管

(5) 配水管より分水栓又はサドル付分水栓によって給水管を取り出す場合は，他の給水装置の取付口から 30 cm 以上離す。

(6) 配水管は，水道事業体の水道以外の施設と接続してはならない。

(7) 配水管の頂部と道路面との距離（土被り）は 1.2 m（工事上やむを得ない場合は 0.6 m）以上とする。

5-1 上水道 配水管 ★★

最新問題

3 上水道の配水管路に関する記述のうち，**適当でないもの**はどれか。

(1) 2階建て建物への直結の給水を確保するためには，配水管の最小動水圧は0.15～0.2 MPaを標準とする。

(2) 伸縮自在でない継手を用いた管路の露出配管部には，40～50 mの間隔で伸縮継手を設ける。

(3) 公道に埋設する配水管の土被りは，1.2 mを標準とする。

(4) 公道に埋設する外径80 mm以上の配水管には，原則として，占用物件の名称，管理者名，埋設した年等を明示するテープを取り付ける。

(R2-A26)

解 答 溶接用の継手などを用いた管路の露出配管部には，20～30 mの間隔で伸縮継手を設ける。

したがって，(2)**は適当でない**。 **正解** (2)

試験によく出る重要事項

(1) **明示シート**は，外径80 mm以上の配水管の上部30 cm程度の位置に埋設する。

(2) 溶接継手を用いた水道橋などの露出配管部分には，20～30 m間隔で**伸縮継手**を設ける。

(3) 配水管の異形管継手部の離脱防止を検討する場合の管内圧力は，最大静水圧に水撃圧を加えたものとする。

(4) ダクタイル鋳鉄管および硬質ポリ塩化ビニル管の異形管防護には，原則としてコンクリートブロックによる防護または離脱防止継手を用いる。ただし，小口径管路で管外周面の拘束力を十分期待できる場合は，離脱防止金具を用いることができる。

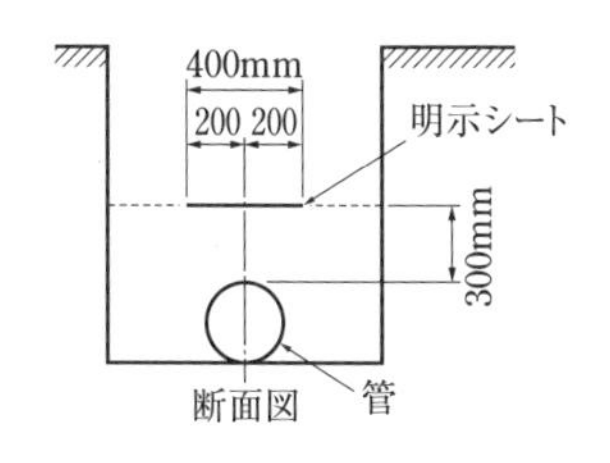

明示シートの例

5-2 下　水　道

① 下水道管きょ及び取付け管の勾配に関する問題は平成28，29年度に出題され，流速に関しては平成30，令和1，2年度に出題されている。勾配に関する問題は，**令和3年度に出題される可能性が高い**。

② 管きょの最小管径については，平成28，29，令和1年度に出題されている。

③ 管きょの基礎に関する問題は，令和2年度に5年ぶりに出題された。

④ 上記以外では，管きょへの取付け管の接続，管きょの接合方法，排水ますの構造，軟弱地盤（液状化）の対策，処理区域（水洗化）について理解しておく。

年度(和暦)	No	出題内容（キーワード）
R2	27	合流下水道，接合方法（段差接合，階段接合），可とう性管きょの基礎（砂または砕石基礎），分流式下水道（雨水管きょと汚水管きょの最小流速）
R1	27	管きょの流速（0.6～3.0 m/s），管きょの最小口径（雨水250 mm，汚水200 mm），接合方法（水面接合，管頂接合），取付管の下水道本管への接続位置（本管の中心部より上方）
30	27	管きょの最小流速，管きょの接合方法（段差接合，階段接合），伏越し管きょの流速，取付管の最小管径（150mm）
29	27	合流式管きょ，分流式汚水管きょの管径，取付管の下水道本管への接続位置，管きょの段差接合
28	27	雨水管きょの最小管径（250 mm），取付管の勾配（1/100以上），取付管の下水道本管への接続位置，管きょの接合方法（水面接合，管頂接合）

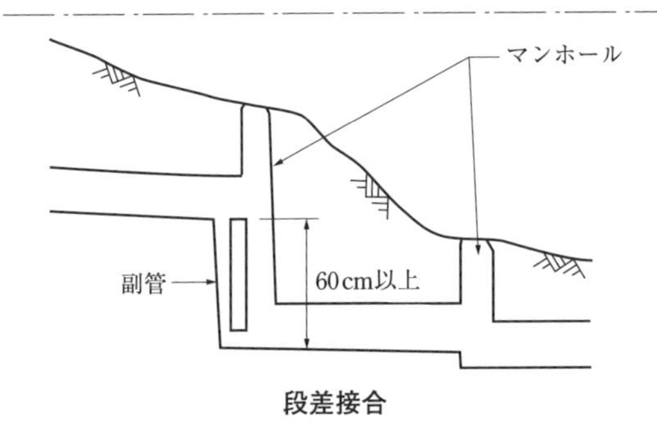

段差接合

5-2 下水道 下水道 ★★

4 下水道管きょに関する記述のうち，**適当でないもの**はどれか。

(1) 合流式の下水道管きょでは，降雨規模により，処理施設を経ない未処理の下水が公共用水域に放流されることがある。

(2) 分流式の汚水管きょは，合流式に比べれば小口径のため，管きょの勾配が急になり埋設が深くなる場合がある。

(3) 取付管は，管きょ内の背水の影響を受けるため，本管の管頂から左右 90 度の位置に水平に設置する。

(4) 汚水管きょの段差接合において，段差が 0.6 m 以上ある場合は，原則として，副管を使用する。

(H29-A27)

解 答 取付け管は，下図のように管頂から 60° 以内の上側から本管の中心線より上方に接続する（(4)の段差接合については，p.116 の図を参照のこと）。

したがって，(3)**は適当でない。** **正解** (3)

試験によく出る重要事項

(1) 取付け管は本管に対して直角とし，取付け部は本管の流れを阻害しないように本管に対して 60° または 90° とする。勾配は $\frac{1}{100}$ 以上とする。

(2) 取付け管は，本管の中心線より下方に接続すると流れを阻害し閉塞の原因となるので，上方に取り付ける。

(3) 取付け管の間隔は，施工性や本管の強度・維持管理上，1 m 以上離す。下水道施設については，付録 3「下水道」(p. 360) を参照。

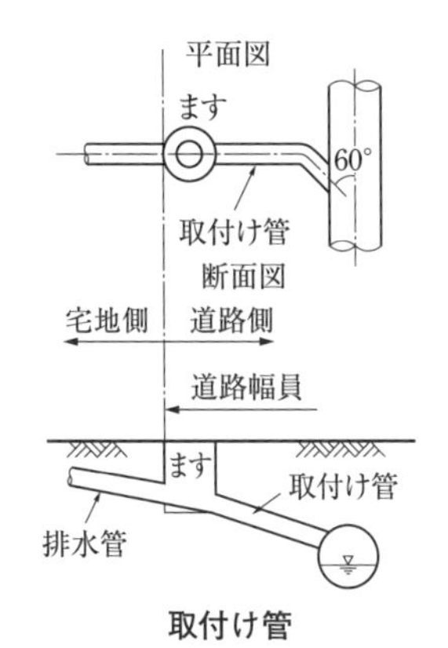

取付け管

(4) 公道に埋設する下水道管の土被りは，下水道管の頂部と路面との距離を 3 m（工事実施上やむを得ない場合は 1 m）以上とする。

(5) 処理区域内においては，公示された下水を処理すべき日から，3 年以内に水洗便所に改造しなければならない。

(6) 終末処理場は，一般に，最初沈殿池，反応タンク，最終沈殿池などで構成される。

5-2　下水道　下水道の管きょ　★★

5　下水道に関する記述のうち，**適当でないもの**はどれか。

(1)　管きょ内で必要とする最小流速は，雨水管きょに比べて，汚水管きょの方が大きい。

(2)　地表勾配が急な場合の管きょの接続は，地表勾配に応じて段差接合又は階段接合とする。

(3)　伏越し管きょ内の流速は，上流管きょ内の流速よりも速くする。

(4)　下水本管への取付管の最小管径は，150mmを標準とする。

(H30-A27)

解答　汚水管きょの最小流速は，沈殿物が堆積しないように0.6m/sとする。雨水管きょ及び合流管きょでは，砂などが堆積しないように0.8m/sとする。

したがって，**(1)は適当でない。**　**正解**　(1)

試験によく出る重要事項

(1)　管きょの接合：管径が変化する場合または2本の管きょが合流する場合の接合方法は4種類あるが，原則として**水面接合**または**管頂接合**とする(下左側の図参照)。

地表勾配が急な場合は，段差接合または階段接合とする。

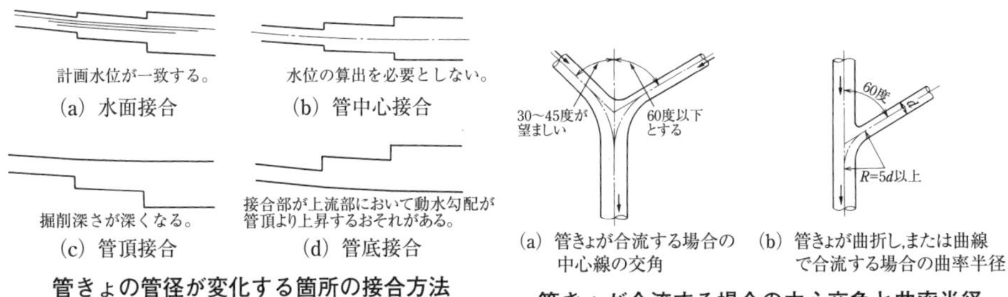

管きょの管径が変化する箇所の接合方法

管きょが合流する場合の中心交角と曲率半径

(2)　管きょの最小管径：汚水管で200 mm（小規模下水道では100 mm），雨水管および合流管きょで250 mmを標準とする。なお，管径が小さいほど，最小勾配は大きくする。

5-2 下水道 下水道 ★★

最新問題

6 下水道に関する記述のうち，**適当でないもの**はどれか。

(1) 合流式の下水道では，降雨の規模によっては，処理施設を経ない下水が公共用水域に放流されることがある。

(2) 地表勾配が急な場合の管きょの接合は，原則として，地表勾配に応じて段差接合又は階段接合とする。

(3) 硬質塩化ビニル管，強化プラスチック複合管等の可とう性のある管きょの基礎は，原則として，自由支承の砂又は砕石基礎とする。

(4) 分流式の下水道において，管きょ内の必要最小流速は，雨水管きょに比べて，汚水管きょの方が大きい。 (R2-A27)

解 答 分流式の下水道の必要最小流速は，汚水管きょでは 0.6 m/s とし，雨水管きょは土砂などの流入があるので 0.8 m/s とする。

したがって，(4)**は適当でない。** **正解** (4)

試験によく出る重要事項

(1) 管きょの流速・勾配　一般に流速は下流にいくに従い漸増させる。勾配は，下流にいくに従い緩やかになるようにする。

(2) 汚水管きょの流速は，原則として最小 0.6 m/s，最大 3.0 m/s とする。雨水管きょ及び合流管の流速は，土砂などの流入があるので，最小 0.8 m/s，最大 3.0 m/s とする。

(3) 管きょに，可とう性のある硬質ポリ塩化ビニル管などを用いる場合の基礎は，原則として，自由支承の砂基礎または砕石基礎とする。軟弱地盤の場合は，状況によりベッドシート基礎・布基礎等とする。

類題 下水道の管きょに関する記述のうち，**適当でないもの**はどれか。

(1) 汚水管きょの流速は，計画下水量に対し 0.6 ～ 3.0 m/s とする。

(2) 管きょの最小口径は，雨水管きょでは 150 mm，汚水管きょでは 250 mm を標準とする。

(3) 管きょ径が変化する場合の接続方法は，原則として水面接合又は管頂接合とする。

(4) 管きょに取付管を接続する場合，取付管の管底が本管の中心部より上方になるように取り付ける。 (R1-A27)

解 答 管きょの最小管径は，雨水管および合流管では 250 mm，汚水管で 200 mm（小規模下水道では 100 mm）を標準とする。 **正解** (2)

5-3 給 水 設 備

① 給水圧力（最大・最小値，ゾーニング）に関する問題が，毎年1問出題されている。

② 飲料水の汚染防止（受水タンクの構造，吐水口空間，逆サイホン作用，間接排水，バキュームブレーカ，クロスコネクション）に関する問題も，毎年1問出題されている。**令和3年度も要注意**である。

③ 給水管内の流速（ウォーターハンマーの防止）に関しては，平成28，30年度に出題されている。**令和3年度は要注意**である。

④ 給水量，受水タンクおよび高置タンクの容量，揚水ポンプの水量および揚程のいずれかに関する問題が，毎年1問出題されている。予想給水量や給水設備機器の容量算出の方法について理解する。

⑤ 水道直結増圧方式などの給水方式の種類と特徴，高置タンクの設置高さについて理解しておく。

年度(和暦)	No	出題内容（キーワード）
R2	28	単位給水量，緊急遮断弁，揚水ポンプの揚水量（時間最大予想給水量），受水タンクの容量（1/2日分）
	29	高層建築物の給水圧力の上限（400～500 kPa），揚水ポンプの逆止め弁，クロスコネクションの防止（減圧式逆流防止装置），大気圧式バキュームブレーカ
R1	28	高置タンクの容量，給水管径の算定（ヘーゼン・ウィリアムスの式），水道直結増圧ポンプの給水量，受水タンクの吸込みピット
	29	衛生器具の同時使用率，水栓の必要圧力（30 kPa），受水タンクの間接排水，揚水管の横引配管
H30	28	直結増圧方式の引込み管径，飲料用受水タンクの汚染防止，設計給水量（共同住宅），揚水ポンプの揚水量
	29	受水タンクの水質劣化防止，吸排気弁，給水管内流速（2.0m/s，ウォーターハンマーの防止），高層建築物の給水圧力ゾーニング（0.4MPa以下）
H29	28	水道直結増圧ポンプの給水量，受水タンクの容量，保守点検スペース
	29	大便器洗浄弁の必要最小圧力（70 kPa），吐水口空間，揚水ポンプの逆止め弁，大気圧式バキュームブレーカ
H28	28	受水タンクの容量（1/2日分），吐水口空間，水道直結増圧ポンプの給水量，逆サイホン作用
	29	高層建築物の給水圧力の上限（400～500 kpa），給水管内流速（2.0 m/s，ウォーターハンマーの防止），大便器の器具給水負荷単位，揚水管の横引配管

5-3 給水設備 給水設備(1) ★★

7 給水設備に関する記述のうち，**適当でないもの**はどれか。

(1) 共同住宅の設計に用いる1人当たり使用水量は，100 L/日とする。

(2) シャワーの必要最小圧力は，70 kPa程度である。

(3) ポンプ直送方式における給水ポンプの揚程は，受水槽の水位と給水器具の高低差，その必要最小圧力，配管での圧力損失から算出する。

(4) 水栓の給水圧力の上限は，事務所ビルでは400～500 kPaとする。

（基本問題）

解答 受水槽や高置タンクなどの容量は，一般に，1日予想給水量より算出する。1日予想給水量は，人員による算出や水使用器具数による算出方法などがある。共同住宅の使用水量は，200～250 L/日・人程度である。

したがって，**(1)は適当でない。** **正解** (1)

試験によく出る重要事項

(1) 給水ポンプ水量や給水配管径などを算出するのに用いる，時間平均予想給水量，時間最大予想給水量および瞬時最大予想給水量は，下記により求められる。

- **時間平均予想給水量**＝1日予想給水量÷1日給水時間
- **時間最大予想給水量**＝時間平均予想給水量×(1.5～2)
- **瞬時最大予想給水量**＝時間平均予想給水量×(2～3)

(2) 一般建物における**最大給水圧力**は，400～500 kPaとする。給水圧力が大きいと配管内の流速が大きくなり，水の急閉時に発生するウォーターハンマーなどの原因となる。高層建築物では，中間水槽やブロックごとに減圧弁を設けるなどして，給水圧力が過大にならないようにする（**ゾーニング**という）。

(3) 給水方式　水道直結給水方式（直結直圧方式，直結増圧方式）と，受水槽方式（高置タンク方式，圧力タンク方式，ポンプ直送方式）とに大別される。**水道直結直圧方式**は小規模な3階程度の住宅などに多く採用される。水道直結増圧方式は，受水タンクを設けず，増圧ポンプにより水を直接高所の必要個所に給水することができるが，給水引込管径は受水槽方式より大きくなる。

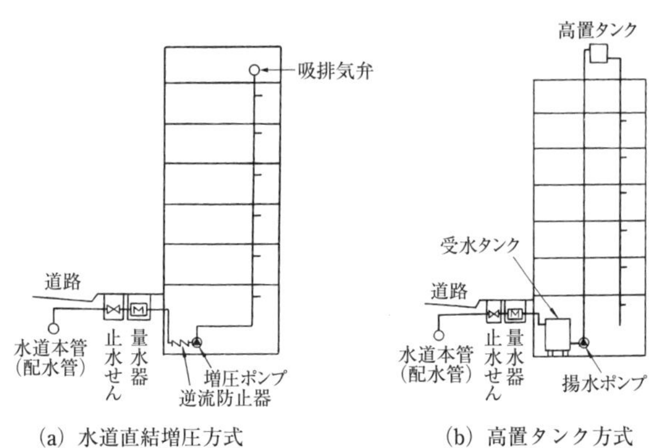

(a) 水道直結増圧方式　(b) 高置タンク方式　(c) ポンプ直送方式

主な給水方式

給水方式の比較

方式	水道直結方式		受水槽方式		
	水道直結直圧方式	水道直結増圧方式	高置タンク方式	ポンプ直送方式	圧力タンク方式
水質汚染の可能性	A	A	C	B	B
給水圧力の変化	水道本管の圧力変化による	ほとんど一定	一定	ほとんど一定	多少変化がある
水道管断水時	給水停止	給水停止	貯水分のみ給水可能	同左	同左
停電時の影響	影響なし	給水停止	貯水分のみ給水可能	給水停止	同左
設備費	A	B	C	D	B

注：A が最も優れている。

※　高置タンク方式では，水柱分離によるウォーターハンマーを防止するため，揚水管は低層階で横引くこと。

※　受水槽方式の方が，引込み管径は小さくすることができる。また，一般揚水ポンプよりも増圧ポンプやポンプ直送方式の給水ポンプの方が，送水量が大きくなる。

※　水道直結増圧方式では，断水時に配管内が負圧とならないように，立て管の最上部に吸排気弁を設ける。

※　受水タンクには，地震時の対応として緊急遮断弁を設ける。

5-3 給水設備 給水設備(2) ★★

8 給水設備に関する記述のうち，**適当でないもの**はどれか。

(1) 高置タンクの設置高さは，高置タンクから水栓・器具までの弁・継手・直管などによる圧力損失と，水栓・器具の最低必要吐出圧力を考慮して決定する。

(2) 受水タンクを設置する場合の高置タンクの容量は，時間最大予想給水量に2.0から2.5を乗じた容量とする。

(3) 受水タンクの保守点検スペースは，周囲及び下部は0.6 m以上とし，上部は1 m以上とする。

(4) 高置タンク方式は，直結増圧方式に比べて給水引込管径が小さくなる。

（基本問題）

解答 高置タンクの容量は，一般に，時間最大予想給水量×(0.5〜1) とする。
したがって，(2)**は適当でない。** **正解** (2)

解説 受水タンクや高置タンク，揚水ポンプなどの給水設備機器の容量は，事務所や共同住宅などでは1日予想給水量をもとに算出する。受水タンクの容量は，一般に，1日予想給水量の1/2程度とするが，水道事業者の基準による。事務所の使用水量は，60 〜 100L/日・人程度，集合住宅では200 〜 250L/日・人程度である。

(算定例) 一般事務所ビルにおいて，1日予想給水量を100 m^3/日，給水時間を10 h/日，時間最大予想給水量＝時間平均予想給水量×2とすると，

- 受水タンク容量＝100 m^3/日×1/2日＝50 m^3
- 時間最大予想給水量＝(100 m^3/日÷10 h/日)×2＝20 m^3/h
- 高置タンク容量＝20 m^3/h×(0.5〜1)h＝10〜20 m^3

5-3　給水設備　給水設備(3)　★★

9　給水設備に関する記述のうち，**適当でないもの**はどれか。

(1)　受水タンクの容量は，一般に，1日予想給水量の$\frac{1}{2}$程度である。

(2)　受水タンクにおける吐水口空間とは，給水口端からオーバーフロー管のあふれ縁までの垂直距離をいう。

(3)　水道直結増圧方式のポンプは，高置タンク方式に比べて，一般に，吐出量は小さくできる。

(4)　逆サイホン作用とは，水受け容器中に吐き出された水などが，給水管内に生じた負圧により管内に逆流することである。　(H28-A28)

解 答　高置タンク方式の揚水ポンプ水量は，高置タンクに貯水されているので小さくできるが，水道直結増圧方式の増圧ポンプは瞬時に水を給水しなくてはならないので，比較するとポンプ水量は大きくなる。

したがって，**(3)は適当でない。**　**正解**　(3)

類題　給水設備に関する記述のうち，**適当でないもの**はどれか。

(1)　大便器の器具給水負荷単位は，洗浄弁方式よりロータンク方式の方が大きい。

(2)　横引きが長い揚水管は，ウォーターハンマー防止のため，低い位置で横引きしてから立ち上げた。

(3)　洗面器の吐水口空間とは，給水栓の吐水口端とあふれ縁との垂直距離をいう。

(4)　水道直結増圧方式の給水立て管には，断水時に配管内が負圧にならないように，最上部に吸排気弁を設置した。　(基本問題)

解 答　大便器の洗浄弁（フラッシュ弁）の接続管径は25 mm，ロータンクは13 mmであり，洗浄弁の方が瞬時に多量の給水量を必要とする。大便器の器具給水負荷単位は，公衆用の場合，洗浄弁方式が10，ロータンク方式が5である。

正解　(1)

試験によく出る重要事項

(1) 揚水ポンプの水量　高置タンク方式の場合は，高置タンクの容量が大きければポンプの揚水量は小さくすることができるが，一般に，揚水ポンプの揚水量は時間最大予想給水量とする。

ポンプ直送方式および直結増圧方式のポンプの給水量は，瞬時最大予想給水量とする。

(2) ポンプの揚程　ポンプ直送方式の場合は，配管や弁等の摩擦損失＋受水タンクの水位と最高位の給水器具の高低差＋器具最小必要圧力により算出する。

高置タンク方式の場合は，配管や弁等の摩擦損失＋受水タンクの水位と高置タンクの高低差＋揚水管吐出し口における速度水頭により算出する。

(3) **ウォーターハンマー**　弁などで管内の流れを急閉止すると，閉じた点より上流側の圧力が急激に上昇し圧力波が配管系内を一定の速度で伝わる現象のことである。大きな騒音が発生し，配管や機器類を振動させ破損の原因となる。防止策には，流速を2.0 m/s以下にする，対策処置のとられた器具を使用する，ウォーターハンマー防止器を設置するなどがある。p. 14も参照のこと。

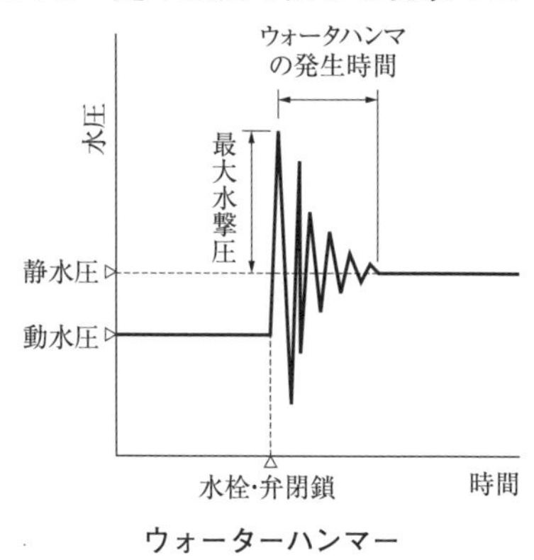

ウォーターハンマー

(4) 水使用器具の必要最小圧力　大便器洗浄弁や一般のシャワーなどで70 kPa，一般の給水栓で30 kPa程度である。

器具の流水時必要圧力

器　具	流水時の必要圧力〔kPa〕
一般水栓	30
自動水栓	50
大小便器洗浄弁	70
シャワー	40～160（形式により異なる）
ガス給湯器	40～80（号数による）

5-3　給水設備　給水設備(4)　★★

10　給水設備に関する記述のうち，**適当でないもの**はどれか。

(1)　受水タンクを設ける場合の高置タンクの容量は，一般的に，時間最大予想給水量に 0.5 ～ 1.0 を乗じた量とする。

(2)　給水管の管径は，ヘーゼン・ウィリアムスの式を用いて算定することができる。

(3)　水道直結増圧ポンプの給水量は，時間平均予想給水量とする。

(4)　受水タンクには吸込みピットを設け，タンクの底面は，ピットに向かって $\frac{1}{100}$ 程度の勾配をとる。

(R1-A28)

解 答　水道直結増圧方式の増圧ポンプの送水量は，瞬時に水を給水しなくてはならないので，瞬時最大（ピーク時）予想給水量以上とする。また，受水槽方式と比べて，水道直結方式では，引込み管径も大きくなる。

したがって，(3)**は適当でない。**　　**正解**　(3)

試験によく出る重要事項

(1)　飲料水の汚染の原因　　逆流，開放水槽への異物の混入，水に接する材料からの有害物質の溶出等がある。逆流の原因には，クロスコネクションと逆サイホン作用とがあり，対策としては**吐水口空間**を設けることが有効である。

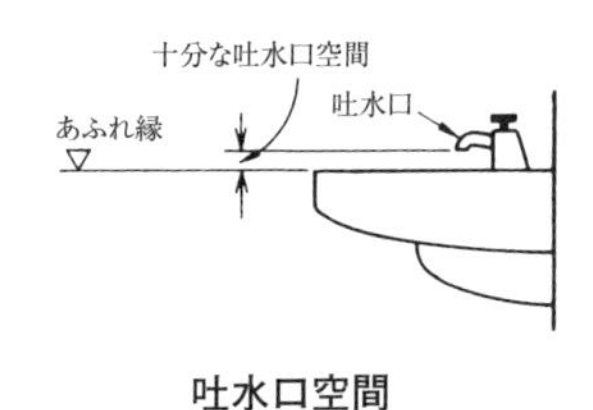

吐水口空間

(2)　**クロスコネクション**　　飲料水とその他の用途（例として，消火や空調配管等）の配管を直接接続することをいい，禁止されている。配管途中に弁を設けても同様である。

(3)　**バキュームブレーカ**　　吐水口空間を確保できない場合は**バキュームブレーカ**を設置する。大便器洗浄弁などに設ける大気圧式と常時水圧がかかる位置に設ける圧力式とがある。配管接続形は器具のあふれ縁より 150 mm 以上に設ける。なお，逆サイホン作用は防止できるが，逆圧による逆流は防止できない。

5-3 給水設備 給水設備(5) ★★

11 給水設備に関する記述のうち，**適当でないもの**はどれか。

(1) 高揚程の揚水ポンプ吐出し側の逆止め弁は，衝撃吸収式とする。

(2) 直結増圧方式のポンプの給水量は，瞬時最大（ピーク時）予想給水量以上とする。

(3) 緊急飲料用の井水系統と飲料水系統の配管は，常時閉の切替弁を介して接続する。

(4) 飲料用給水タンクの吐水口空間とは，給水管の吐水口端とオーバフロー口のあふれ縁との鉛直距離をいう。

（基本問題）

解答 飲料水と消火配管等のその他の用途の配管を直接接続することを，クロスコネクションといい，禁止されている。飲料水系統の配管に井水系統の給水管を接続すると，飲料水が汚染される危険性があるため，弁を設けて接続した場合でも同様である。

したがって，**(3)は適当でない。** **正解** (3)

試験によく出る重要事項

(1) 飲料水の汚染防止　飲料用のタンクは，建築基準法により6面点検が可能なように設置するなどの基準が定められている（次ページの図参照）。また，オーバフロー管と水抜き管には，150 mm 以上の排水口空間を設ける。

(2) 給水管の管径　瞬時最大予想給水量に基づいて流速または許容配管摩擦損失から決定する。

(3) **逆止め弁** 揚程が30 m を超える揚水ポンプの吐出し側に設ける逆止め弁は，緩閉形または急閉形逆止め弁などの衝撃吸収式とし，スイング形逆止め弁は使用しない。

(4) 揚水管の横引きが長い場合は，ウォーターハンマー防止のため屋上部分での横引きを避け，水圧の高い低層部分で横引きを行う。

(5) 高置タンクの設置高さは，高置タンクから水栓・器具までの配管摩擦損失と最低必要圧力により決定する。

(6)　**給水装置**　　需要者に水を供給するために水道事業者の施設した配水管から分岐して設けられた給水管およびこれに直結する給水用器具をいう。いわゆる水道本管と直結している部分のことであり，水道直結給水方式では末端の給水栓までを，受水槽方式では受水タンク給水用の定水位弁などの流入口端までをいう。

なお，耐圧性能試験の圧力は，1.75 MPaで1分間である。

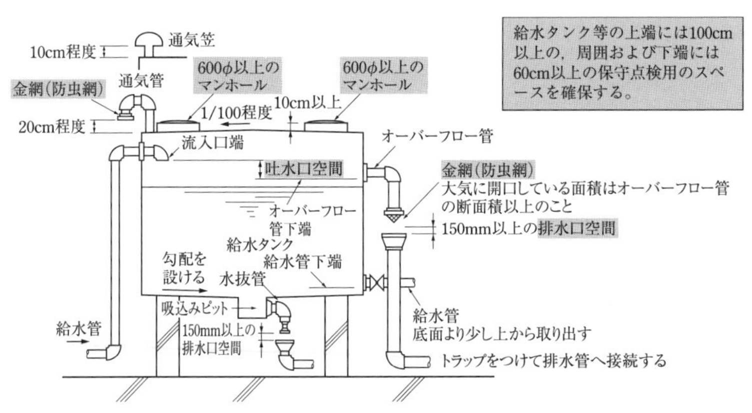

飲料用受水タンク，高置タンクの設置要領

最新問題

類題　給水設備に関する記述のうち，**適当でないもの**はどれか。

(1)　高層建築物では，高層部，低層部等の給水系統のゾーニング等により，給水圧力が400～500 kPaを超えないようにする。

(2)　揚水ポンプの吐出側の逆止め弁は，揚程が30 mを超える場合，ウォーターハンマーの発生を防止するため衝撃吸収式とする。

(3)　クロスコネクションの防止対策には，飲料用とその他の配管との区分表示のほか，減圧式逆流防止装置の使用等がある。

(4)　大気圧式のバキュームブレーカーは，常時水圧のかかる配管部分に設ける。

(R2-A29)

解 答　吐水口空間を確保できない大便器洗浄弁などに用いる大気圧式バキュームブレーカは常時水圧がかからない位置に設ける。

正解　(4)

5-4 給湯設備

① 中央式給湯設備のレジオネラ属菌対策（給湯温度）に関しては，出題頻度の高い問題といえる。平成 29，令和 1 年度の隔年に出題されている。**令和 3 年度は要注意**である。

② 給湯循環ポンプの水量・揚程および設置位置の問題と，給湯配管に関する問題が，毎年出題されている。

③ 上記以外に，加熱装置の種類や特徴，安全装置（逃し管，逃し弁など），瞬間湯沸し器の号数，膨張タンク，貯湯タンクの防食などについて理解しておく。

④ 瞬間湯沸器や真空式温水発生機については，令和 1 年度に予想通り出題された。

⑤ 給湯配管方式，銅管の管内流速については，**令和 3 年度は要注意**である。

年度（和暦）	No	出題内容（キーワード）
R2	30	返湯管の管径（給湯管の 1/2 程度），貯湯タンクの安全装置（逃し管，安全弁（逃し弁）），住宅の瞬間湯沸器の号数（24 号程度），小型貫流ボイラーの特徴
R1	30	真空式温水発生機の運転資格，循環ポンプの揚程，レジオネラ症防止対策（循環式浴槽設備），瞬間湯沸器の号数（1.74kW/ 号）
H30	30	下向き給湯方式の空気抜き，給湯循環ポンプの循環水量，給湯管の管径，給湯循環ポンプの設置位置（入口側）
H29	30	給湯循環ポンプの揚程，密閉式膨張タンクの容量，中央式給湯設備のレジオネラ属菌対策（給湯温度），返湯管の管径
H28	30	給湯循環ポンプの設置位置，給湯栓の吐出圧力，銅管の管内流速（1.5m/s 以下），給湯循環ポンプの循環水量

5-4 給湯設備 給湯設備(1) ★★

12 給湯設備に関する記述のうち，**適当でないもの**はどれか。

(1) 瞬間湯沸器を複数台ユニット化し，大能力を出せるようにしたマルチタイプのものがある。

(2) 密閉式膨張タンクを設けた場合は，配管系の異常圧力上昇を防止するための安全装置は不要である。

(3) 中央式給湯管の循環湯量は，一般に，給湯温度と返湯温度の差並びに循環経路の配管及び機器からの熱損失より求める。

(4) 給湯管は，配管内のエアを排除してから循環させる下向き供給方式とした。

（基本問題）

解 答 水は加熱すると膨張するため，配管には，逃し管（膨張管）や逃し弁，及び膨張タンクなどの安全装置を設ける。密閉式膨張タンクは，法による安全装置とは認められないので，逃し弁を設置する必要がある。

したがって，(2)**は適当でない**。 **正解** (2)

試験によく出る重要事項

(1) 給湯方式　給湯栓を開くとすぐに適温の湯が出る中央式と，給湯箇所ごとに加熱装置を設置する局所式に大別される。中央式には，厨房などを除き返湯管を設ける。

(2) 給湯温度　60℃ 程度とする。飲料用は95℃ 程度とし局所式とする。中央式給湯設備では**レジオネラ属菌対策**として，貯湯タンク内で60℃ 以上とし，ピーク使用時においても 55℃ 以上となるようにする。

(3) 中央式給湯設備で上向き循環式配管方式の場合は，配管中の空気抜きのため，給湯管を先上がり，返湯管を先下がりとなるようにする（次ページの図 参照)。

(4) 循環式浴槽設備では，レジオネラ属菌対策のため，循環している浴槽水をシャワーや打たせ湯には使用しない。

5-4 給湯設備 | 給湯設備(2) ★★

13 給湯設備に関する記述のうち，**適当でないもの**はどれか

(1) 中央給湯方式の循環ポンプは，貯湯タンクの入口側に設置する。

(2) 給湯栓の吐出圧力は，循環ポンプの揚程により定められる。

(3) 給湯管に銅管を用いる場合，管内流速が 1.5 m/s 程度以下になるように管径を決定する。

(4) 中央給湯方式の循環ポンプの循環量は，循環配管路の熱損失と許容温度降下により求められる。

(H28-A30)

解答 給湯栓における吐出圧は，補給水の圧力，給湯栓の設置位置(高さ)，配管摩擦損失によって定まる。

給湯栓の吐出し圧力＝加熱装置（貯湯タンクなど）での補給水の圧力
－（給湯栓の高さ＋配管や弁などの摩擦損失）

したがって，**(2)は適当でない。** **正解** (2)

試験によく出る重要事項

(1) 給湯管の管径　瞬時最大給湯量に基づいて流速または許容摩擦損失から決定する。返湯管の管径は，給湯管の 1/2 程度とする。

(2) 配管内の流速　一般に 2.0 m/s 以下とするが，銅管を用いる場合は**エロージョン（潰食（かい））**の発生を防止するため，1.5 m/s 程度以下とする。

(3) 給湯用循環ポンプは，給湯管よりも配管径が小さい返湯管側に設ける。

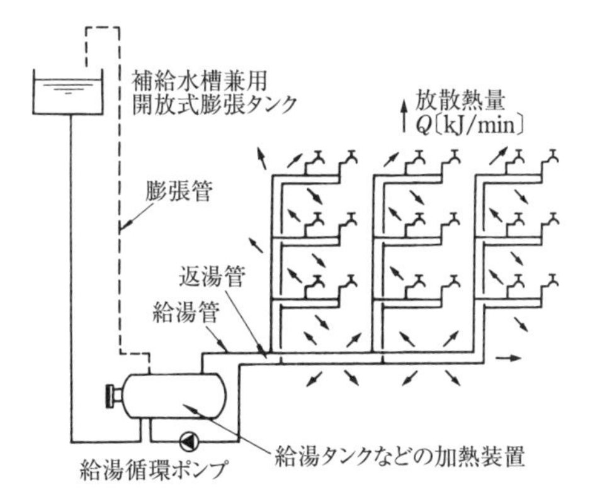

中央式給湯設備（上向き供給方式）

5-4 給湯設備 給湯設備(3) ★★

最新問題

14 給湯設備に関する記述のうち，**適当でないもの**はどれか。

(1) 中央式給湯設備の返湯管の管径は，一般的に，給湯管の$\frac{1}{2}$程度とし，循環流量から管内流速を確認して決定する。

(2) 貯湯タンクには，加熱による水の膨張で装置全体の圧力を異常に上昇させないため，逃し管又は安全弁（逃し弁）を設ける。

(3) 住宅のセントラル給湯に使用する瞬間式ガス湯沸器は，冬期におけるシャワーと台所の湯の同時使用，及び，浴槽の湯張り時間を考慮して，一般的に，12号程度の能力が必要である。

(4) 小型貫流ボイラーは，保有水量が少ないため負荷変動の追随性が良く，伝熱面積が30 m^{2}以下の場合，取扱いにボイラー技士を必要としない。

(R2-A30)

解 答 冬期におけるシャワーと台所の同時使用に対応するためには，24号程度の加熱能力が必要である。

したがって，**(3)は適当でない。** **正解** (3)

試験によく出る重要事項

(1) 貯湯タンクの容量　ホテルや事務所などでは1日給湯使用量の1/5程度とする。1日給湯使用量は，使用人員や給湯器具数より求める。

(2) 安全装置　水は加熱すると膨張するため，安全装置を設ける。安全装置には，**逃し管（膨張管），逃し弁，膨張タンク（開放式，密閉式）**などがある。逃し管は，常時湯がふき出さない高さまで立ち上げる。密閉式膨張タンクには逃し弁を設ける必要があり，水圧の低い位置に設置する方が，タンク容量を小さくできる。

(3) 加熱装置　加熱コイル付き貯湯タンク，ボイラ，真空式または無圧式温水発生機，瞬間式湯沸し器，ヒートポンプ給湯機，電気温水器など多様化している。真空式および無圧式温水発生機はボイラに該当しないため，運転に有資格者を必要としない。

潜熱回収型ガス給湯器はエコ・ジョーズとよばれ，燃焼ガスの顕熱と潜熱を利用して，効率を約15% 向上させている。瞬間式湯沸し器の加熱能力は，号数で表示され，1 L/min の水を25℃ 上昇させる能力（1.74 kW）を**1号**という。

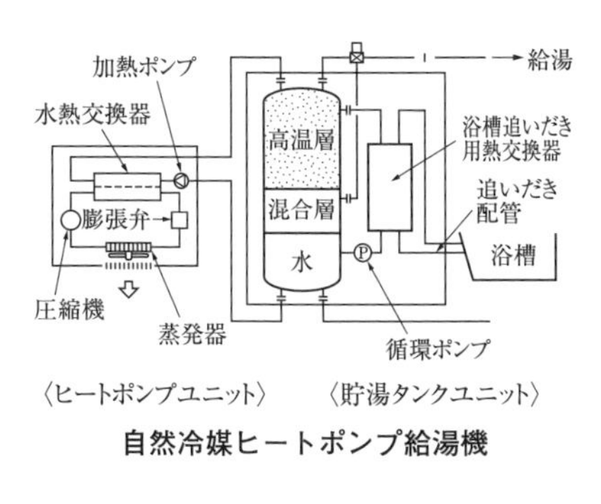

自然冷媒ヒートポンプ給湯機

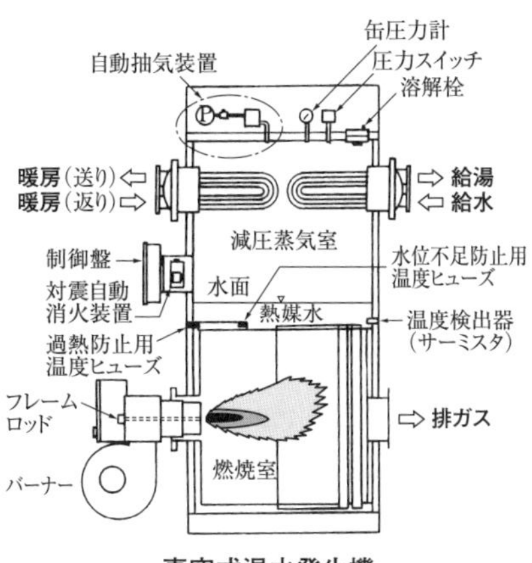

真空式温水発生機

(4) 給湯用循環ポンプの循環水量 Q

循環経路の配管および機器等からの熱損失(放熱)を，加熱装置の出入口温度差(一般に，5℃)で除して求める。また，ポンプの揚程は，最も摩擦損失の大きい循環経路における損失水頭により決定される。

(算定例) 配管および機器等からの熱損失が 5.2 kW の場合の循環水量 Q は，

$$Q=\frac{3{,}600\times H}{4{,}186\times 60\varDelta t}=\frac{3{,}600\times 5{,}200}{4{,}186\times 60\times 5}\fallingdotseq 15\ \text{〔L/min〕}$$

H：配管および機器等からの熱損失［W］，$\varDelta t$：許容降下温度(一般に，5℃)

類題 給湯設備に関する記述のうち，**適当でないもの**はどれか。

(1) 給湯配管に銅管を用いる場合は，管内流速が 1.5 m/s 程度以下になるように管径を決定する。

(2) 中央式給湯方式に設ける給湯用循環ポンプは，強制循環させるため貯湯タンクの出口側に設置する。

(3) 中央式給湯設備の上向き循環式配管方式の場合は，配管中の空気抜きを考慮して給湯管を先上がり，返湯管を先下がりとする。

(4) 循環式浴槽でレジオネラ属菌対策として塩素系薬剤による消毒を行う場合は，遊離残留塩素濃度を通常 0.2～0.4 mg/L 程度に保ち，かつ，1.0 mg/L を超えないようにする。

(基本問題)

解答 給湯循環ポンプは，湯を循環させて配管内の温度を一定に保っている。循環水量は熱損失を補う分だけでよいので，ポンプは返湯管側に設置する(p.131 の図を参照)。

正解 (2)

5-5 排水・通気設備

① 排水トラップの役割および種類，自己サイホン作用などの封水損失の原因については平成29，30年度に出題され，**令和3年度は要注意**である。排水槽の構造，排水用水中ポンプの設置については，ほぼ毎年出題されている。

② 排水立て管のオフセット，排水管の勾配や最小管径，排水口空間と排水口開放，掃除口，最下階の排水管，ブランチ間隔について理解しておく。

③ 通気管の種類（ループ通気管や逃し通気管，伸頂通気管など）や管径，末端の開放位置などに関する問題が，毎年1～2問出題されている。

④ 排水ます，特殊継手排水システム，通気弁についても理解しておく。

年度(和暦)	No	出題内容（キーワード）
R2	31	ブランチ間隔，排水口空間，器具排水負荷単位，グリス阻集器容量
	32	伸頂通気管，通気管末端の開放位置，各個通気管，排水横枝管の通気管
	33	排水槽の容量，通気弁，排水ポンプのタイマー制御，汚水排水ポンプ
R1	31	通気管径の算定，結合通気管径，最下階の排水（単独排水），排水立管のオフセット
	32	通気管の大気開放，トラップ桝の封水深（50～100 mm），掃除口の設置間隔，特殊継手排水システム
	33	汚水ポンプの構造，排水ポンプの容量，結合通気管，飲料用タンクの排水口空間（150 mm以上）
H30	31	誘導サイホン作用，自己サイホン作用（脚断面積比），通気弁，ブランチ間隔
	32	グリス阻集器，伸頂通気方式，通気管径（定常流量法），排水ポンプ容量
	33	排水立て管のオフセット，雑排水ポンプの口径（50mm以上），排水槽底部の勾配（1/15～1/10），排水口空間
H29	31	誘導サイホン作用，排水立て管のオフセット，通気管径の算定，通気管の接続位置
	32	排水槽の構造（排水槽の分離，マンホール，通気管径）
	33	特殊継手排水システム
H28	31	ループ通気管径，通気管末端の開放位置，通気立て管の取り出し位置
	32	排水ますの設置間隔（管径の120倍以内），トラップの封水深（50～100mm），排水立て管のオフセット，排水立て管の管径
	33	排水用水中モーターポンプの構造

5-5　排水・通気　排水・通気設備(1)　★★

15　排水・通気設備に関する記述のうち，**適当でないもの**はどれか。

(1)　トラップの誘導サイホン作用の対策のうち，管内圧力を緩和させる方法としては，一般的に，ループ通気方式より伸頂通気方式のほうが有効である。

(2)　排水立て管の垂直に対して45度を超えるオフセットの管径は，排水横主管として決定する。

(3)　器具排水負荷単位法によって通気管径を求める場合の通気管長さは，通気管の実長とし，局部損失相当管長を加算しない。

(4)　通気管どうしを接続する場合は，その階における最高位の器具のあふれ縁より150 mm以上立ち上げて接続する。

(H29-A31)

解答　誘導サイホン作用およびはね出し作用を防止するには，通気管がない伸頂通気方式よりも，通気立て管とループ通気管を設けたループ通気方式のほうが有効である（p.141の通気方式の図参照）。

したがって，(1)**は適当でない。**　　**正解**　(1)

試験によく出る重要事項

(1)　排水トラップの目的　下水管からの臭気や衛生害虫が建物内に侵入しないようにするために排水トラップを設ける。

(2)　**排水トラップ**　**サイホン式トラップ**（P，S，Uトラップ）と，**非サイホン式トラップ**（わん，ドラムトラップ）に大別される。トラップの有効深さ（ディップからウェアまでの高さ。**封水深**という）は，右図のように，50 mm以上100 mm以下（ただし，阻集器を兼ねるトラップにおいては50 mm以上）とする。

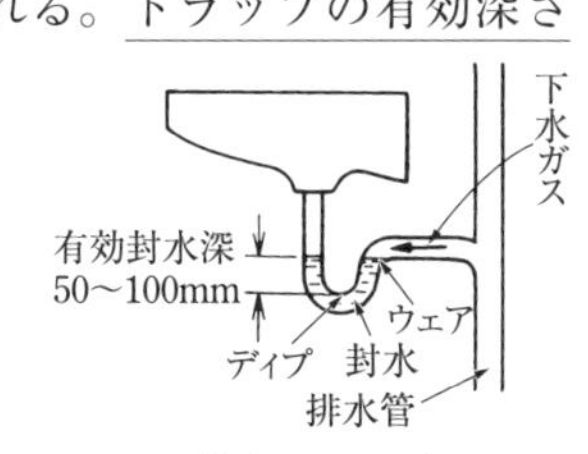

排水トラップ

(3)　ドラムトラップは，**脚面積比**が大きいので，破封しにくい。

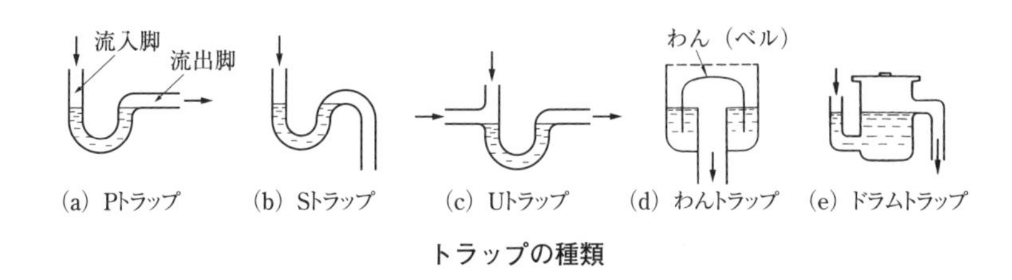

トラップの種類

(3) トラップ封水損失の原因　**自己サイホン作用・誘導サイホン作用・はね出し作用・毛管現象・蒸発**などがある。自己サイホン作用は，器具排水管が満水状態で流れるときに生じやすく，Sトラップを有する洗面器などに多い。

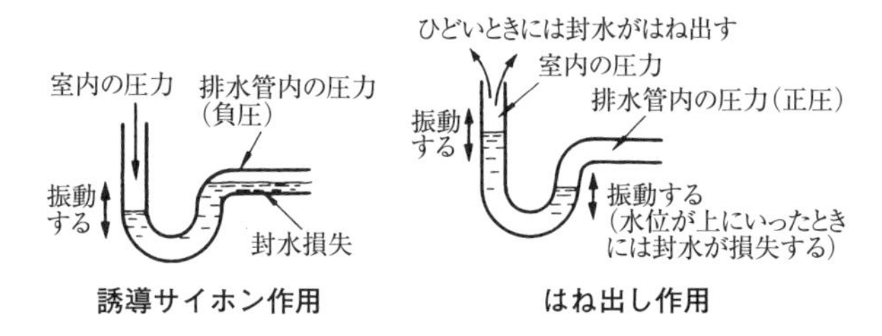

誘導サイホン作用　　**はね出し作用**

(4) 自己サイホン作用の防止　トラップごとに各個通気管を設置するか，器具排水口からトラップウェアまでの垂直距離を600 mm以下とする。

(5) 誘導サイホン作用とはね出し作用の防止　排水管に通気管を設けて排水管内の圧力をできるだけ大気圧に保つ。

(6) 排水トラップは器具ごとに設ける。雨水排水管を汚水管に接続する場合には，排水トラップを設ける。なお，トラップ機能をもった排水管どうしを接続する**二重トラップ**は，設けてはならない。

(7) 阻集器の種類　厨房の油脂類を阻集するグリース阻集器，ガソリン等を回収するオイル阻集器，毛髪阻集器，プラスタ阻集器などがある。

(8) 飲料タンクや厨房器具などの排水は，**間接排水**とする。間接排水の方法には，**排水口空間**（p. 128の図参照）と**排水口開放**とがある。

飲料用水槽の間接排水管の排水口空間は，最小150 mmとする。

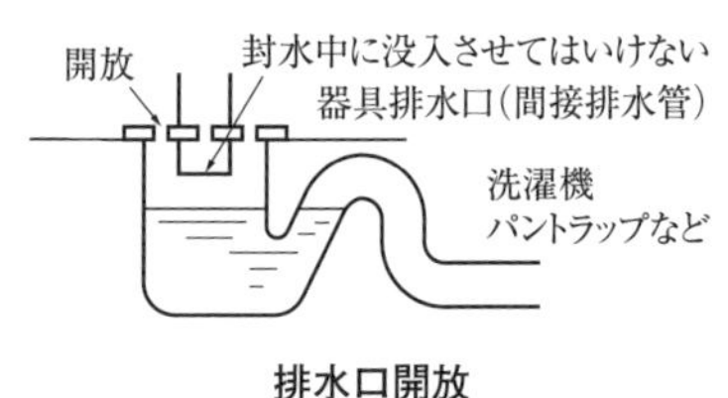

排水口開放

5-5　排水･通気　排水・通気設備(2)　

最新問題

16　排水設備に関する記述のうち，**適当でないもの**はどれか。

(1)　ブランチ間隔とは，汚水又は雑排水立て管に接続する排水横枝管の垂直距離の間隔のことであり，2.5 m を超える場合を 1 ブランチ間隔という。

(2)　管径 65 mm 以上の間接排水管の末端と，間接排水口のあふれ縁との排水口空間は，最小 150 mm とする。

(3)　器具排水負荷単位は，大便器の排水流量を標準に，器具の同時使用率等を考慮して定められたものである。

(4)　グリース阻集器の容量算定には，阻集グリースの質量，たい積残さの質量及び阻集グリースの掃除周期を考慮する。　(R2-A31)

解 答　排水立て管や横主管の管径を算定する場合に用いられる器具排水負荷単位（FUD）は，トラップ口径 30 mm を有する洗面器の排水流量を標準として，各器具ごとに定められている。公衆用と私室用で単位数が異なる。

したがって，**(3)は適当でない。**　**正解**　(3)

試験によく出る重要事項

(1)　排水　　器具からの排水は，器具排水管→排水横枝管→排水立て管→排水横主管→敷地排水管→公共下水道など，の順に流れる。排水管の管径は，下流に向かって縮小してはならない。

(2)　最下階の排水横枝管　　単独で屋外の排水ますまで配管するか，十分距離を確保してから排水横主管に接続する。

(3)　器具排水管の管径　　最小 30 mm とし，かつ器具のトラップ口径より小さくしない。器具のトラップ口径は，大便器 75 mm，洗面器 30 mm である。

(4)　排水立て管の管径　　どの階においても，最下部の管径と同径（上階で管径を小さくしない）とする。

(5)　地中埋設管の管径　　50 mm 以上とする。

(6)　**オフセット**　　排水立て管をエルボなどによって平行に位置を移動（曲がり）することを，**オフセット**という。オフセットの上部および下部の 600 mm 以内の部分には，排水横枝管を接続してはならない。45° 以下のオフセットは垂直な立て管として扱ってよいが，45°を越える場合は，排水横主管として扱う。

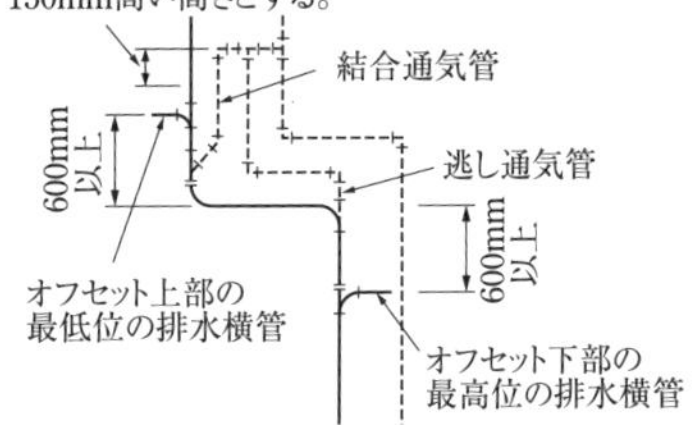

オフセット部の配管例

(7)　**ブランチ間隔**　　排水立て管に接続されている各階の排水管どおしの垂直高さ，あるいは最下階の排水横枝管と排水横主管の垂直高さが2.5 m を超えている間隔をいう。1ブランチ間隔に満たない上下の排水横枝管からの排水は，排水立て管へ1箇所で同時に流入したものとして配管径を決定する。

(8)　排水管径を決定する方法
　器具排水負荷単位法と定常流量法がある。

(9)　排水横管の勾配　　排水横管内の流速が，最小 0.6 m/s，最大 1.5 m/s となるような勾配とする。

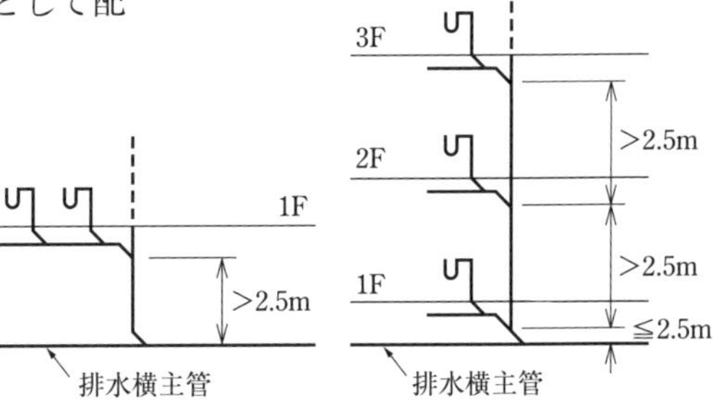

(a) ブランチ間隔数 1　　(b) ブランチ間隔数 2

ブランチ間隔の数え方

排水横管の勾配

管径［mm］	65 以下	75，100	125	150 以上
勾配（最小）	$\frac{1}{50}$	$\frac{1}{100}$	$\frac{1}{150}$	$\frac{1}{200}$

※ 第7章 施工管理 p.277 も参照のこと。

(10)　**排水ます**　　排水ますには，汚水ます（インバートます）と雨水ますとがある。合流する箇所や流れの方向が変化する箇所，管径の 120 倍以内に設ける。インバートますには 20 mm 程度の落差（ステップ）を，トラップますには 50 ～ 100 mm の封水深を設ける。付録 3「下水道」（p.360）も参照。

5-5　排水・通気　排水設備　★★

17　排水設備に関する記述のうち，**適当でないもの**はどれか。

(1)　飲料用水槽に設ける間接排水管の排水口空間は，最小 150 mm とする。

(2)　排水槽の通気管は，最小管径を 50 mm とし，直接単独で大気に衛生上有効に開放する。

(3)　排水横走り管内の排水流速は，最大 3.0 m/s，最小 0.3 m/s 程度とすることが望ましい。

(4)　横走り排水管の掃除口は，排水管の管径が 100 mm を超える場合は 30 m 以内に設ける。

（基本問題）

解答　排水横走り管内の流速は，最大 1.5 m/s，最小 0.6 m/s 程度とすることが望ましい。

したがって，(3)**は適当でない**。　**正解**　(3)

解説　排水管は，洗い流し作用を起こさせるために一定の流速が必要である。あまり緩やかにすると管内の固形物を流下させることができない。また，流速が速いと水だけが流れ固形物がとり残されてしまうので，0.6～1.5 m/s の流速となるように勾配を決定する。

試験によく出る重要事項

(1)　排水管の掃除口　　排水管が 45° を超える角度で方向を変える個所，排水立て管の最下部，またはその付近に設ける。

(2)　排水横管の掃除口の取付け間隔　　管径が 100 mm 以下の場合は 15 m 以内，100 mm を超える場合は 30 m 以内とする。

大きさは，管径が 100 mm 以下の場合は同口径とし，100 mm を超える場合は 100 mm より小さくしてはならない。

5-5　排水・通気　通気設備 

最新問題

通気設備に関する記述のうち，**適当でないもの**はどれか。

(1)　通気立て管の上部は，管径を縮小せずに延長し，上端は単独で大気に開放するか，最高位の衛生器具のあふれ縁より150 mm以上立ち上げて伸頂通気管に接続する。

(2)　通気管の開口部が，建物の出入り口，窓，換気口等の付近にある場合は，水平距離で600 mm以上離す。

(3)　各個通気管の取り出し位置は，器具トラップのウェアから管径の2倍以上離れた位置とする。

(4)　排水横枝管に分岐がある場合は，それぞれの排水横枝管に通気管を設ける。

(R2-A32)

解 答　通気管の末端を窓などの開口部から600 mm以上立上げて開放できない場合には，水平に3 m以上離して開放する（p.142の図参照）。

したがって，**(2)は適当でない。**

正解　(2)

試験によく出る重要事項

(1)　通気管の目的　　排水管内の圧力をできるだけ大気圧に保持し，排水トラップの封水損失を防止する。

(2)　通気方式　　**各個通気方式**，**ループ通気方式**，**伸頂通気方式**に大別される。

(3)　各個通気管の取出し　　トラップウェアから管径の2倍以上離れた位置とする。

(4)　**ループ通気管**　　最上流の器具排水管が排水横枝管に接続した箇所の直後部分から，管頂部から45°以内の角度で取り出し，その階の最高位の器具のあふれ縁より150 mm以上の高さで，先上がり勾配で通気立て管に接続する。

(5)　**結合通気管**　　高層建物の排水立て管内の圧力変動を緩和するために，ブランチ間隔10以内ごとに設ける。

(6)　通気管の管径　　30 mm以上とする。

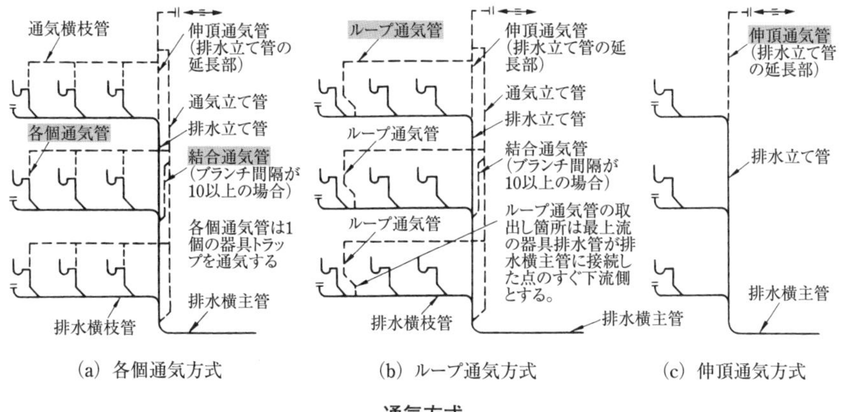

(a) 各個通気方式　(b) ループ通気方式　(c) 伸頂通気方式

通気方式

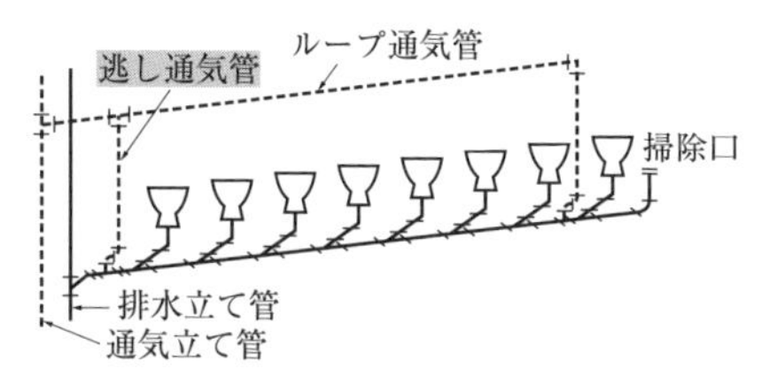

※通気管どうしを接続する場合は，器具のあふれ縁より150 mm以上立ち上げてから接続する。

ループ通気管の逃し通気のとり方の例

伸頂通気管	排水立て管の管径より小さくしてはならない。
各個通気管	その接続される排水管の管径の1/2以上とする。
ループ通気管	排水横枝管と通気立て管のうち，いずれか小さいほうの管径の1/2以上とする。
逃し通気管	それを接続する排水横枝管の管径の1/2以上とする。
結合通気管	排水立て管と通気立て管のうち，いずれか小さいほうの管径以上とする。

(7)　**通気弁**　　凍結のおそれのある寒冷地などの伸長通気管の頂部に設ける。正圧の緩和の効果はない。

(8)　**排水用特殊継手**（特殊継手排水システム）　　一般に排水集合管とよばれ，排水横枝管からの排水を排水立て管内に円滑に流入させることができ，立管内の排水の流速を小さくする効果がある。伸頂通気方式と同様，通気立て管を必要としない。集合住宅での採用が多い。

5-5　排水・通気　通気管　★★

19　排水・通気設備に関する記述のうち，**適当でないもの**はどれか。

(1)　ループ通気管の取出し管径は，排水横枝管の管径と，接続する通気立て管の管径のいずれか小さい方の$\frac{1}{2}$以上とした。

(2)　通気管の管径は，通気管の長さと接続される器具排水負荷単位の合計から決定した。

(3)　通気管の末端を窓などの開口部から 600 mm 以上立ち上げて開放できないので，その開口部から水平に 2 m 離して開放した。

(4)　通気立て管の下部は，最低位の排水横枝管より低い位置で排水立て管に接続した。

(H28-A31)

解答　通気管の末端は，窓等の開口部から600mm以上立ち上げることができない場合は，その開口部から水平に3m以上離して開放すればよい。なお，屋上が運動場・物干し場などに使用されている場合は，屋上面から2m以上立ち上げる。

したがって，(3)**は適当でない。**

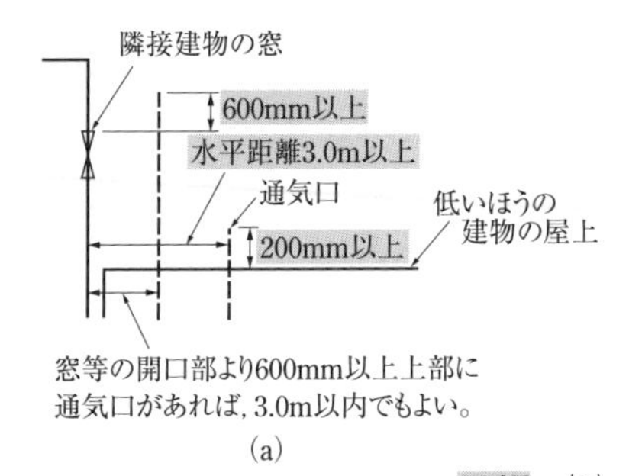

(a)

正解　(3)

解説

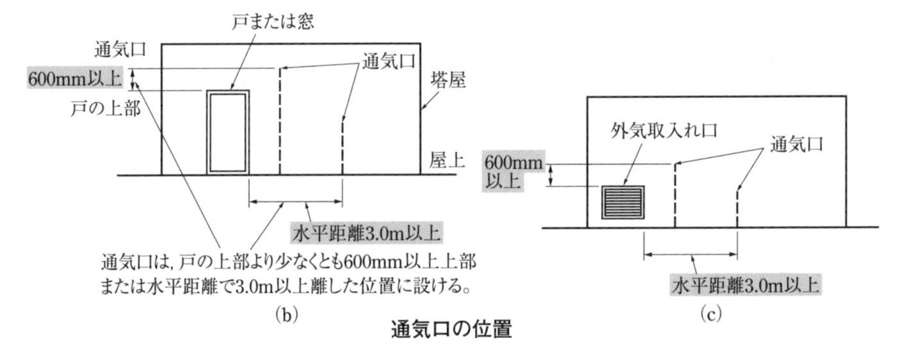

(b)　(c)

通気口の位置

5-5 排水・通気 排水槽の構造および排水ポンプ ★★

20 排水設備の排水槽に関する記述のうち，**適当でないもの**はどれか。

(1) 排水槽の通気管を単独で立ち上げ，最上階で他の排水系統の伸頂通気管に接続して大気に開放した。

(2) 排水槽の吸込みピットは，水中ポンプの吸込み部の周囲に 200 mm の間隔をあけた大きさとした。

(3) 排水槽の底部には，吸込みピットに向かって$\frac{1}{10}$の勾配をつけた。

(4) 排水槽の容量は，最大排水量又は排水ポンプの能力を考慮して決定する。

（基本問題）

解 答 排水槽の通気管は，他の通気管と接続すると排水ポンプの運転時に影響を与えるので，他の通気管などとは接続せずに単独に立ち上げ，大気に直接開放しなければならない。なお，管径は 50 mm 以上とする。

したがって，(1)**は適当でない**。 **正解** (1)

試験によく出る重要事項

(1) 排水槽は，貯留する排水の種別によって**汚水槽・雑排水槽・雨水槽・湧水槽**などに分類される。

(2) 排水槽の構造（昭和 50 年建設省告示）

- ポンプ周囲には 200 mm 以上のクリアランスを設ける。
- 底部は吸込みピットに向かって 1/15 ～ 1/10 の勾配を設ける。
- 通気管（50 mm 以上）は単独で外気に開放する。
- マンホールの内径は 600 mm 以上とする。

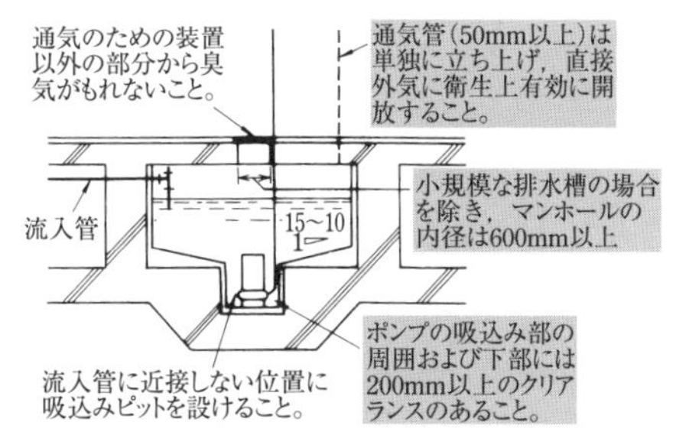

排水槽の構造

⑶　排水槽の容量

・流入量がほぼ一定の場合：平均流入量×15～30分間程度の容量とする。

・流入量の変動が大きい場合：最大排水時流量×15～60分間程度の容量とする。

⑷　一般に排水ポンプは，**汚物ポンプ**，**雑排水ポンプ**および**汚水ポンプ**に分類され，水中形が多く用いられている。

排水ポンプの種類と用途など

汚物ポンプ	汚水，厨房排水など固形物（直径53 mm以内）を含む排水を揚水するもので，ポンプの口径は80 mm以上とする。大便器の排水などには，ブレードレス形ポンプ，ノンクロッグ形ポンプなどを用いる。
雑排水ポンプ	雑排水など小さな固形物（直径20 mm以内）が混入した排水を揚水するもので，ポンプの口径は50 mm以上とする。配管径は65 mm以上が望ましい。
汚水ポンプ	浄化槽の処理水，雨水および湧水など，固形物をほとんど含まない排水を揚水するもので，ポンプの口径は40 mm以上とする。

⑸　排水ポンプの容量

・流入量がほぼ一定の場合：平均流入量の1.2～1.5倍程度の流量とする。

・流入量の変動が大きく排水槽が小さい場合：最大排水時流量とする。

21　排水・通気設備に関する記述のうち，**適当でないもの**はどれか。

⑴　工場製造のグリース阻集器は，許容流量及び標準阻集グリース量を確認した上で選定する。

⑵　伸頂通気方式では，高さ30mを超える排水立て管の許容流量は，低減率を乗じて算出する。

⑶　定常流量法により通気管径を決定する際には，通気管の実管長に局部損失を加えた相当管長から許容圧力損失を求める。

⑷　排水ポンプの容量は，排水槽への流入量の変動が著しい場合，毎時平均排水量とする。

（H30-A32）

解答　排水ポンプの容量は，流入量がほぼ一定の場合は平均流量の1.2～1.5倍程度とする。流入量の変動が大きく排水槽の容量が小さい場合は，最大排水時流量（時間最大排水量）とする。

したがって，**⑷は適当でない。**　　**正解**　⑷

5-6 消火設備

① 消火の原理に関する問題は，出題頻度が高い。消火設備の基本的な事項であるので，理解しておく。令和2年度は予想通り出題された。

② 特殊消火設備とよばれる水系消火設備（泡消火，水噴霧消火など）およびガス系消火設備（不活性ガス消火，ハロゲン化物消火，粉末消火）の，特徴や設置される対象物（室用途）などについて理解する。**令和3年度は出題の可能性が高い**。

③ 消火設備は，消防法により設置対象や設置基準が規定されている設備である。第8章「関連法規」の消防法関連事項も，あわせて確認しておく。

④ 連結散水設備，スプリンクラー設備に関する問題は，最近は出題されていないが，消防法による設置基準やヘッドの設置間隔などについて理解する（巻末の付録4，5参照：p.361 ～ 363）。

⑤ 平成29年度は,屋内消火栓設備について平成14年度以来久しぶりに出題された。消火設備については,第8章の法規（問題B-25, 26）においても出題されるので,あわせて確認しておく。

年度（和暦）	No	出題内容（キーワード）
R2	34	消火の原理：水噴霧消火（冷却，窒息効果），粉末消火（窒息，冷却効果），不活性ガス消火（窒息効果），泡消火（窒息，冷却効果）
R1	34	不活性ガス消火設備：局所放出方式，排気装置の設置，選択弁，非常電源の容量（1時間以上）
H30	34	消火の原理：泡消火（窒息，冷却効果），粉末消火（窒息，冷却効果），不活性ガス消火（窒息効果），水噴霧消火（冷却，窒息効果）
H29	34	屋内消火栓（1号消火栓，易操作性1号消火栓）
H28	34	不活性ガス消火設備：排気装置の設置，選択弁，ボイラー室などの場合の消火剤，全域放出方式

5-6　消火設備　消火の原理　★★

最新問題

22　消火設備の消火原理に関する記述のうち，**適当でないもの**はどれか。

(1)　水噴霧消火設備は，霧状の水の放射による冷却効果及び発生する水蒸気による窒息効果により消火するものである。

(2)　粉末消火設備は，粉末状の消火剤を放射し，消火剤の熱分解で発生した二酸化炭素や水蒸気による窒息効果，冷却効果等により消火するものである。

(3)　不活性ガス消火設備は，不活性ガスを放射し，ガス成分の化学反応による負触媒効果により消火するものである。

(4)　泡消火設備は，泡状の消火剤を放射し，燃焼物を泡の層で覆い，窒息効果と冷却効果により消火するものである。

(R2-A34)

解 答　消火するには，冷却・窒息・負触媒効果・希釈・除去による方法およびその組合せによる方法がある。不活性ガス消火設備は，二酸化炭素や窒素ガスなどを放出し，酸素の容積比を低下させ，窒息効果により消火を行う（付録4（p.361）も参照のこと。）。

したがって，(3)**は適当でない。**　**正解**　(3)

水噴霧消火設備などの消火の原理

水噴霧消火設備	水を霧状に噴霧し，酸素の遮断と水滴の熱吸収による冷却効果で消火を行うもので，駐車場などの消火に適用されている。
泡消火設備	泡を放射して可燃性液体の表面を覆い，窒息効果と冷却効果で消火を行うもので，駐車場などの消火に適用されている。
不活性ガス消火設備	二酸化炭素などの不活性ガスを放射して酸素の容積比を低下させ，窒息効果により消火を行うもので，駐車場・電気室・ボイラ室などの消火に適用されている。
ハロゲン化物消火設備	ハロゲン化合物を放射して加熱により生じる重い気体による窒息効果と消火剤の負触媒効果により消火を行うもので，不活性ガス消火設備と同様な防火対象物の消火に適用されている。
粉末消火設備	噴射ヘッドから放射される粉末消火剤が熱分解により二酸化炭素を発生し，可燃物と空気を遮断する窒息作用と，熱分解のときの熱吸収による冷却作用により消火を行うもので，駐車場・変電室などの消火に適用されている。

5-6 消火設備 消火の原理 ★★

類題 消火設備の消火原理に関する記述のうち，**適当でないもの**はどれか。

(1) 泡消火設備は，燃焼物を泡の層で覆い，窒息効果と冷却効果により消火するものである。

(2) 粉末消火設備は，粉末状の消火剤を放射し，熱分解で発生した炭酸ガスや水蒸気による窒息効果と冷却効果により消火するものである。

(3) 不活性ガス消火設備は，不活性ガスを放出し，ガス成分の化学反応により消火するものである。

(4) 水噴霧消火設備は，水を霧状に噴射し，噴霧水による冷却効果と噴霧水が火炎に触れて発生する水蒸気による窒息効果により消火するものである。

(H30-A34)

解 答 窒素や二酸化炭素などの不活性ガス消火設備は，酸素の容積比を低下させ窒息効果により消火するものである。また，ハロゲン化物消火設備は，窒息効果と消火剤（臭素化合物）の化学反応（負触媒効果）により消火を行うものである。 **正解** (3)

類題 消火設備の消火原理に関する記述のうち，**適当でないもの**はどれか。

(1) 粉末消火設備は，消火剤の主成分である臭素化合物の化学反応による冷却効果により消火するものである。

(2) 泡消火設備は，燃焼物を泡の層で覆い，窒息と冷却の効果により消火するものである。

(3) 水噴霧消火設備は，水を霧状に噴霧し，燃焼面を覆い，酸素を遮断するとともに，霧状の水滴により熱を吸収する冷却効果により，消火するものである。

(4) 不活性ガス消火設備は，不活性ガスを放出し，主として酸素の容積比を低下させ，窒息効果により消火するものである。 (基本問題)

解 答 粉末消火設備は，炭酸水素ナトリウムなどの消火剤が熱分解により二酸化炭素と水蒸気を発生し，窒息作用と熱分解のときの熱吸収による冷却作用により消火を行う。なお，臭素化合物はハロゲン化物消火剤に用いられる。 **正解** (1)

5-6　消火設備　ガス消火，屋内消火栓設備　★★

23　不活性ガス消火設備に関する記述のうち，**適当でないもの**はどれか。

(1)　局所放出方式の不活性ガス消火設備は，常時人がいるおそれのある部分に設けることができる。

(2)　不活性ガス消火設備を設置する防護区画には，その放出された消火剤及び燃焼ガスを安全な場所に排出するための措置を講ずる。

(3)　不活性ガス消火設備を設置する防護区画が2以上あり，貯蔵容器を共用する場合は，防護区画ごとに選択弁を設けなければならない。

(4)　全域放出方式又は局所放出方式に附置する非常電源は，当該設備を有効に1時間作動できる容量以上とする。

(R1-A34)

解答　常時人がいない部分以外の部分には，全域放出方式又は局所放出方式の不活性ガス消火設備を設けてはならない（消防法施行規則第19条第5項）。

したがって，(1)**は適当でない**。　**正解**　(1)

類題　不活性ガス消火設備に関する記述のうち，**適当でないもの**はどれか。

(1)　貯蔵容器は，防護区画以外の場所で，温度40℃以下で温度変化が少く，直射日光及び雨水のかかるおそれの少い場所に設ける。

(2)　不活性ガス消火設備を設置した場所には，その放出された消火剤及び燃焼ガスを安全な場所に排出するための措置を講じる。

(3)　常時人がいない部分以外の部分は，全域放出方式としてはならない。

(4)　窒素を放出するものは，放出時の防護区画内の圧力上昇を防止するための避圧口を設けなくてもよい。

(基本問題)

解答　窒素などのイナートガスを消火剤とするものは，放出時の区画内の圧力上昇を防止するために避圧口を設ける必要がある。　**正解**　(4)

類題 不活性ガス消火設備に関する記述のうち，「消防法」上，**誤っているもの**はどれか。

(1) 不活性ガス消火設備を設置する防護区画には，その放出された消火剤及び燃焼ガスを安全な場所に排出するための措置を講じる。

(2) 不活性ガス消火設備を設置する防護区画が2以上あり，貯蔵容器を共用するときは，防護区画ごとに選択弁を設けなければならない。

(3) ボイラー室その他多量の火気を使用する室に不活性ガス消火設備を設置する場合の消火剤は，二酸化炭素とする。

(4) 常時人がいない部分に不活性ガス消火設備を設置する場合は，全域放出方式としてはならない。

(H28-A34)

解答 不活性ガス消火設備の消火剤には，イナートガス（窒素，窒素・アルゴンの混合物，窒素・アルゴン・二酸化炭素の混合物の3種類）と，二酸化炭素とがある。不活性ガス消火設備を，通信機器室および駐車場で常時人がいない部分に設置する場合は，全域放出方式としなくてはならない。 **正解** (4)

類題 屋内消火栓設備における1号消火栓及び易操作性1号消火栓に関する記述のうち，**適当でないもの**はどれか。

(1) 1号消火栓は，通常2人により操作を行う。

(2) 1号消火栓は，開閉弁の開放と連動して消火ポンプが起動できる。

(3) 易操作性1号消火栓のノズルは，棒状放水と噴霧放水の切換えができる。

(4) 易操作性1号消火栓は，防火対象物の階ごとに，その階の各部からの水平距離が25 m以下となるように設ける。

(H29-A34)

解答 1号消火栓の消火ポンプは，起動ボタンを押すことにより遠隔起動させる。易操作性1号消火栓や2号消火栓は，開閉弁の開放，消防用ホースの延長操作等と連動して起動することができるので，1人で操作が可能である。 **正解** (2)

・付録4「消防用設備」(p.361) も参照のこと。

5-7 ガス設備

① 都市ガス（LNG）の成分・特徴・種類・供給圧力については，**ほぼ毎年出題**されるので理解しておく。**令和3年度は要注意**である。

② 液化石油ガス（LPG）の特徴・区分に関する問題も**出題頻度が高い**。

③ ガス漏れ警報器の設置に関する問題は，**平成28，令和1，2年度に出題**された。都市ガスと液化石油ガスでの設置位置の違いをよく理解しておく。

④ 上記以外に，ガスの発熱量，LPGボンベの設置，ガスメータの種類，給湯器などのガス機器の種類や特徴について理解しておく。

年度（和暦）	No	出題内容（キーワード）
R2	35	液化石油ガス（LPG）容器の設置位置（火気とのはなれ），都市ガスのガス漏れ警報器の設置位置，液化石油ガス（LPG）の成分，プロパンガス（LPG）の密度（標準状態で2 kg/m^3）
R1	35	都市ガスの燃焼速度，液化天然ガスの特徴（一酸化炭素が含まれていない），都市ガスのガス漏れ警報器の設置位置，液化石油ガス設備士（配管の気密試験）
H30	35	都市ガスの種類（13A），発熱量（高発熱量），供給方式（中圧），供給圧力（低圧，中圧，高圧）
H29	35	都市ガス（LNG）の比重，液化石油ガス（LPG）の成分，液化天然ガス（LNG）の特徴
H28	35	発熱量，都市ガスの供給圧力（中圧），燃焼速度の種別，液化石油ガス（LPG）のガス漏れ警報器検知部の設置位置（水平距離4 m以内で床面から0.3m以内）

5-7 ガス設備 ガス設備(1) 

24 ガス設備に関する記述のうち，**適当でないもの**はどれか。

(1) 常温，常圧で気化した状態の液化天然ガス（LNG）の比重は，同じ状態の液化石油ガス（LPG）の比重より小さい。

(2) 液化石油ガス（LPG）は，「液化石油ガスの保安の確保及び取引の適正化に関する法律」で，「い号」，「ろ号」，「は号」に区別され，「い号」が最もプロパン，プロピレンの含有率が低い。

(3) 液化天然ガス（LNG）は，無色・無臭の液体であり，硫黄分やその他の不純物を含んでいない。

(4) 「ガス事業法」では，ガスによる圧力が 0.1 MPa 以上 1 MPa 未満を中圧としている。

(H29-A35)

解 答 液化石油ガス（LPG）は，「い」号が最もプロパンおよびプロピレンの含有率が高く，最も一般に使用されている。

したがって，(2)**は適当でない**。 **正解** (2)

試験によく出る重要事項

(1) 液化天然ガス（LNG）は，一酸化炭素や硫黄分を含まず，二酸化炭素の発生量が少ない。主成分はメタンである。

(2) ガスの発熱量 低発熱量に蒸発熱を含めた高発熱量で表される。

(3) 都市ガスの比重 空気よりも小さい（軽い）。

(4) 都市ガスは**燃焼速度**および**ウォッベ指数**により 7 グループ・13 種類に分類され，燃焼速度の種別は，A，B，C に分類されており，A が最も遅い。

(5) 都市ガスの圧力 ガス事業法により，**低圧・中圧・高圧**に分類される。

	低 圧	中 圧	高 圧
ガス圧力	0.1 MPa 未満	0.1 MPa 以上 1 MPa 未満	1 MPa 以上

(6) ガス機器の分類 開放式，半密閉式，密閉式（BF 形・FF 形）がある。

(7) ガスメーター 膜式・回転式・タービン式などがあり，家庭用では膜式が使用され，地震動や過大なガスの流出などを感知して遮断する機能をもつ。

5-7 ガス設備 ガス設備(2) ★★

最新問題

25 ガス設備に関する記述のうち，**適当でないもの**はどれか。

(1) 内容積が20L以上の液化石油ガスの容器を設置する場合は，容器の設置位置から2m以内にある火気を遮る措置を行う。

(2) 特定地下室等に都市ガスのガス漏れ警報器を設置する場合，導管の外壁貫通部より10m以内に設置する。

(3) 一般消費者等に供給される液化石油ガスは，「い号」，「ろ号」，「は号」に区分され，「い号」が最もプロパン及びプロピレンの合計量の含有率が高い。

(4) 液化プロパンが気化した場合のプロパンの密度は，標準状態で約2kg/m^{3}である。

(R2-A35)

解答 特定地下室等に設ける都市ガスのガス漏れ警報器は，ガス管の外壁貫通部より水平距離で8m以内に設置するように規定されている。

したがって，(2)**は適当でない。** **正解** (2)

試験によく出る重要事項

(1) LPG（液化石油ガス）はプロパンおよびプロピレンの含有量により，**い号，ろ号，は号**に分類され，空気より重い（比重が大きい）。

(2) **ガス漏れ警報器**

燃焼器からの水平距離は，右図のように設置する。都市ガスで，天井面が0.6m以上の梁などで区画されている場合は，ガス機器側に設置する。

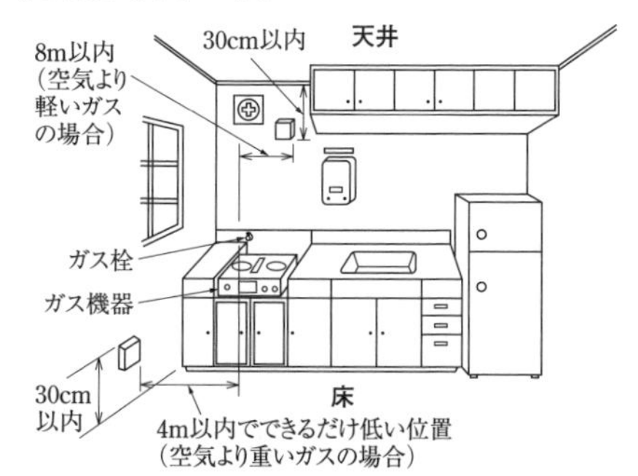

ガス漏れ警報器の検知部の設置位置

(3) LPGの供給方式には，ボンベ・バルク・導管供給方式がある。

(4) LPGボンベ（充填容器）は，常に40℃以下の場所に設置する。内容積が20L以上の容器は，原則として屋外に設置し，設置位置から2m以内では火気使用および引火性，発火性の物の設置は禁止とする。ただし，火気を遮る措置を講じてあればよい。

(5) ガス機器の排気筒には，防火ダンパを設けてはならない。

(6) LPG の硬質管のねじ切り作業や気密試験などは，**液化石油ガス整備士**が行う。

類題 ガス設備に関する記述のうち，**適当でないもの**はどれか。

(1) 都市ガスの種類で，13A は LNG 主体の製造ガスである。

(2) LPG のガス漏れ警報器の検知部は，ガス機器から水平距離が 4 m 以内で，かつ，検知部の下端が天井面より 30 cm 以内に設置しなければならない。

(3) 3 階以上の共同住宅にガス漏れ警報器を設置する場合，LNG を主体とする都市ガスの検知部は，周囲温度又は輻(ふく)射温度が 50℃ 以上になるおそれのある場所には設けてはならない。

(4) LNG とは，メタンを主成分とする天然ガスを冷却して液化したものである。

(基本問題)

解答 LPG のガス漏れ警報器の検知部は，上端が床面よりできるだけ低い位置（30 cm 以内）になるよう設置しなければならない。

正解 (2)

類題 ガス設備に関する記述のうち，**適当でないもの**はどれか。

(1) 低圧，小容量のガスメータには，一般に，膜式が使用される。

(2) 液化石油ガスに対するガス漏れ警報器の検知部は，ガス機器から水平距離が 4 m 以内で，かつ，床面からの高さが 40 cm 以内の位置に設置しなければならない。

(3) 潜熱回収型給湯器は，二次熱交換器に水を通し，燃焼ガスの顕熱及び潜熱を活用することにより，水の予備加熱を行うものである。

(4) LNG は，無色・無臭の液体であり，硫黄分やその他の不純物を含んでいない。

(基本問題)

解答 液化石油ガス用のガス漏れ警報器の検知器は，ガス機器から水平距離が 4 m 以内で，かつ，床面からの高さが 30 cm 以内の位置に設置しなければならない。

正解 (2)

5-8 浄　化　槽

① 小型合併処理浄化槽の処理フローに関する問題と，処理対象人員に関する問題の出題が多い。基本的な事項であるので理解しておく。**令和3年度は要注意**である。

② BOD除去及び濃度に関する問題は，平成28，令和1年度に出題されている。計算問題であるので，事前に問題をよく理解しておく必要がある。

③ 浄化の原理，浄化槽の処理方法（生物膜法，活性汚泥法）についての問題は，それぞれの特徴と違いについて確認しておく。令和2年度に予想通り出題された。

④ 浄化槽設置の土工事，FRP製浄化槽の設置に関する問題は，平成21年度以降出題がなかったが，平成26，令和2年度に出題された。

⑤ 第8章「設備関連法規」の浄化槽関連事項も，あわせて確認しておく。

年度(和暦)	No	出題内容（キーワード）
R2	36	FRP製浄化槽の設置：浮上防止対策，水平設置の確認，据付け高さの調整，浄化槽設備士
	37	接触ばっ気方式（生物膜法）と長時間ばっ気方式（活性汚泥法）の特徴
R1	36	浄化槽の処理対象人員の算定
	37	放流水のBOD濃度の計算
H30	36	小型合併処理浄化槽（嫌気ろ床接触ばっ気方式）の処理フロー
	37	浄化槽の処理対象人員の算定
H29	36	生物処理法（好気性処理），特殊排水の流入禁止，油脂分離装置の設置，塩素消毒薬剤
	37	浄化槽の処理対象人員の算定
H28	36	小型合併処理浄化槽（脱窒ろ床接触ばっ気方式）の処理フロー
	37	放流水のBOD濃度の計算

5-8 浄化槽 接触ばっ気方式 ★★

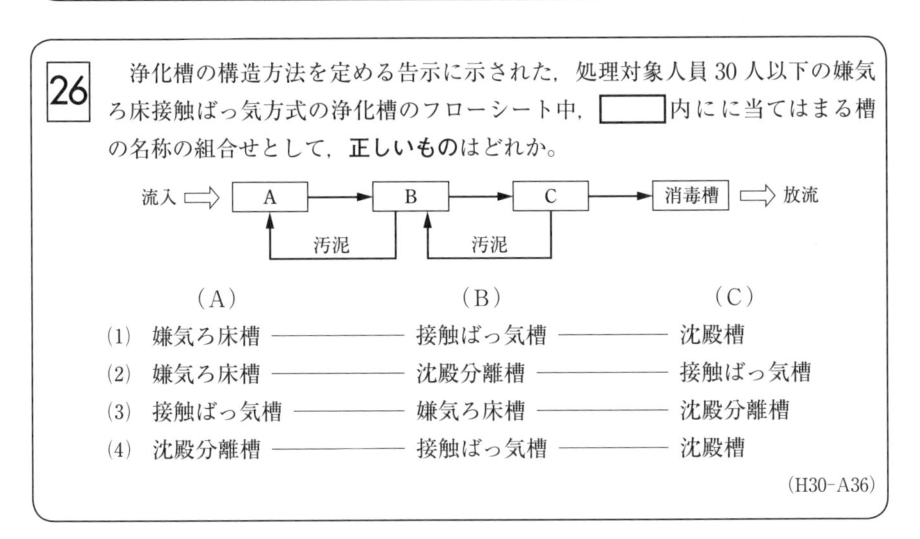

26 浄化槽の構造方法を定める告示に示された，処理対象人員 30 人以下の嫌気ろ床接触ばっ気方式の浄化槽のフローシート中，□内にに当てはまる槽の名称の組合せとして，**正しいもの**はどれか。

	(A)	(B)	(C)
(1)	嫌気ろ床槽	接触ばっ気槽	沈殿槽
(2)	嫌気ろ床槽	沈殿分離槽	接触ばっ気槽
(3)	接触ばっ気槽	嫌気ろ床槽	沈殿分離槽
(4)	沈殿分離槽	接触ばっ気槽	沈殿槽

(H30-A36)

解答 処理対象人員が 30 人以下の嫌気ろ床接触ばっ気方式の処理フローは，以下の通り。

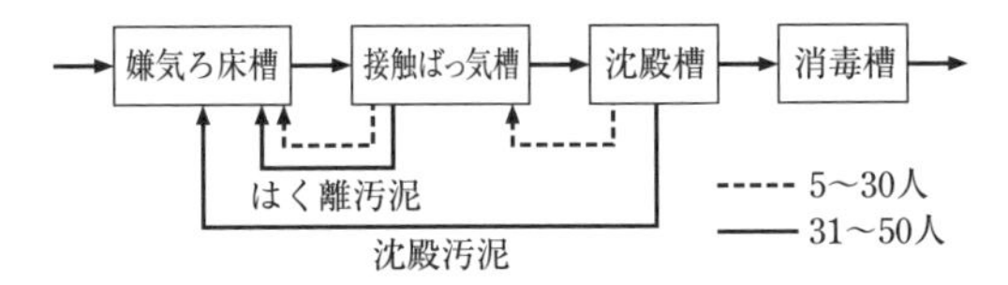

したがって，(1)**が正しい。** **正解** (1)

解説 浄化槽は，汚水と雑排水をまとめて処理する合併処理浄化槽でなければならない。昭和 50 年建設省告示により，処理対象人員 50 人以下の合併処理浄化槽の処理方式として，**分離接触ばっ気方式・嫌気ろ床接触ばっ気方式・脱窒ろ床接触ばっ気方式**が示されている。上図のように，処理対象人員が 30 人以下と 31 人以上とで処理のフローに違いがある。

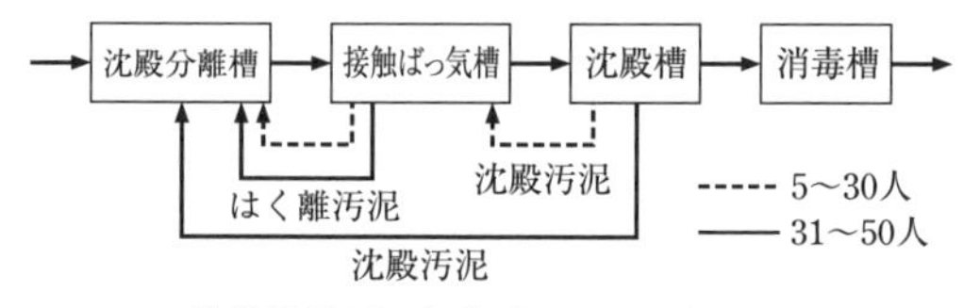

分離接触ばっ気方式のフローシート

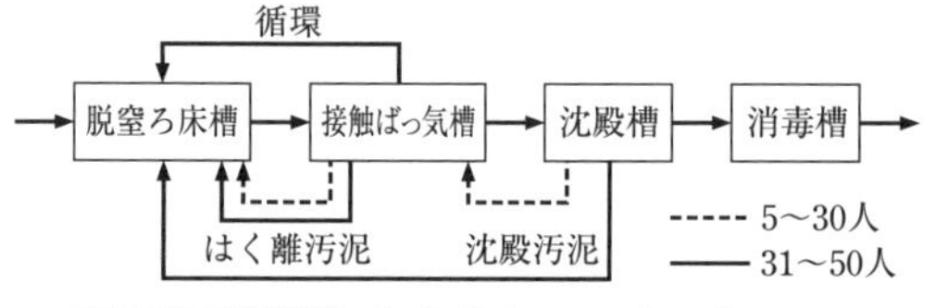

脱窒ろ床接触ばっ気方式のフローシート

試験によく出る重要事項

(1)　浄化の原理

①　汚水の浄化方法　　生物による汚濁物質の分解，化学的処理による凝集，物理的処理による沈殿がある。

②　汚水中の有機物質は，有酸素呼吸をしている好気性細菌，無酸素状態で生育する偏性嫌気性細菌，いずれの条件でも生育できる通性嫌気性細菌により分解される。好気性処理では有機物は水と二酸化炭素に分解され，嫌気性処理においてはメタンガスおよび二酸化炭素に分解される。

③　亜硝酸や硝酸を窒素に分解する脱窒能力は，嫌気性処理のほうが高い。

④　汚水中の窒素の除去は生物学的方法による。リンの除去は凝集剤を加えて凝集沈殿させる。SSの除去は硫酸アルミニウムなどの凝集剤を加え凝集沈殿を行う。

(2)　浄化槽の放流水は塩素消毒して放流する。消毒には，次亜塩素酸カルシウム錠，次亜塩素酸ナトリウム錠・塩素化イソシアヌール酸錠などが使用される。

(3)　浄化槽は生物処理を利用しているので，実験排水や検査排水，放射線排水などは，浄化槽に直接流入させてはならない。

5-8 浄化槽 放流水の BOD 値の計算 ★★

27 流入水及び放流水の水量，BOD 濃度が下表の場合，合併処理浄化槽の BOD 除去率として，**適当なもの**はどれか。

排水の種類		水量（m^3/日）	BOD 濃度（mg/L）
流入水	便所の汚水	50	200
	雑排水	200	150
放流水		250	8

(1) 80%　(2) 85%　(3) 90%　(4) 95%

（基本問題）

解 答 **BOD 除去率は，次式により算出する。**

$$\text{BOD 除去率} = \frac{\text{流入水のBOD} - \text{放流水のBOD}}{\text{流入水の BOD}} \times 100 \ [\%]$$

流入水の BOD 濃度を求めると，

$$\text{流入水の BOD 濃度} = \frac{50 \times 200 + 200 \times 150}{50 + 200} = 160 \ [\text{mg/L}]$$

放流水の BOD 濃度は，設問の表から 8［mg/L］であるので，

$$\text{BOD の除去率} = \frac{160 - 8}{160} = 95 \ [\%]$$

したがって，(4)**は適当である。** **正解** (4)

（類似計算例）

（R1-A37）

流入水が右表の場合で，除去率が 95% の合併処理浄化槽の放流水の BOD 濃度を求める。

排水の種類	流入水量	BOD 濃度
汚　水	50 m^3/日	260 mg/L
雑排水	200 m^3/日	180 mg/L

流入水の BOD 濃度は

$$\text{流入水の BOD 濃度} = \frac{50 \times 260 + 200 \times 180}{50 + 200} = 196 \ [\text{mg/L}]$$

BOD 除去率の式に BOD 除去率 95% を代入すると，

放流水の BOD 濃度＝流入水の BOD 濃度×0.05

よって，放流水の BOD 濃度＝196×0.05＝9.8［mg/L］

5-8 浄化槽 浄化槽の処理対象人員 

28 JIS に規定する「建築物の用途別による屎尿浄化槽の処理対象人員算定基準」に示されている処理対象人員の算定式に関する記述のうち，**適当でないものは**どれか。

(1) ホテルの処理対象人員は，延べ面積に結婚式場又は宴会場の有無により異なる定数を乗じて算定する。

(2) 喫茶店の処理対象人員は，席数に定数を乗じて算定する。

(3) 高速道路のサービスエリアの処理対象人員は，駐車ます数にサービスエリアの機能別に異なる定数を乗じて算定する。

(4) 駅・バスターミナルの処理対象人員は，乗降客数に定数を乗じて算定する。

(H30-A37)

解答 喫茶店の処理対象人員は，延べ面積に定数を乗じて算定する。

したがって，(2)**は適当でない**。 **正解** (2)

主な建築用途における処理対象人員の算定法

建築用途		処理対象人員	
		算定式	算定単位
公会堂・集会場・劇場・映画館・演芸場		$n=0.08\ A$	n：人員（人） A：延べ面積［m²］
住　宅	A≦130*の場合	$n=5$	n：人員（人） A：延べ面積［m²］
	A＞130*の場合	$n=7$	
共同住宅		$n=0.05\ A$	n：人員（人） A：延べ面積［m²］
診療所・医院		$n=0.19\ A$	n：人員（人） A：延べ面積［m²］
保育所・幼稚園・小学校・中学校		$n=0.20\ P$	n：人員（人） P：定員（人）
事務所	業務用厨房設備あり	$n=0.075\ A$	n：人員（人） A：延べ面積［m²］
	業務用厨房設備なし	$n=0.06\ A$	
店舗・マーケット		$n=0.075\ A$	n：人員（人） A：延べ面積［m²］
百貨店		$n=0.15\ A$	n：人員（人） A：延べ面積［m²］
喫茶店		$n=0.80\ A$	n：人員（人） A：延べ面積［m²］

＊ この値は，当該地域における住宅の1戸当たりの平均的な延べ面積に応じて，増減できるものとする。

解説 ① **浄化槽の性能**　設置する区域と**処理対象人員**とによりBOD除去率と放流水のBODとが決まる。処理対象人員は，対象建築物から排出されるし尿の量を人員に換算した間接的な数値である。

② **処理対象人員の算定**　前ページの表から求める。このとき，延べ面積から求めるものと定員から求めるものがあるので注意する。事務所では，業務用厨房設備の有無で定数が異なるので注意する。

（算定例）延べ面積が1,000m^{2}の劇場の処理対象人員は，

1,000m^2 × 0.08 = 80人　である。

③ 同一建築物が，2以上の異なった用途に供される場合は，それらの用途部分の処理対象人員を合算して求める。

類題 浄化槽の処理対象人員の算定に関する記述のうち，**適当でないもの**はどれか。

(1) 小学校・中学校の処理対象人員は，定員に定数を乗じて算定する。
(2) 事務所の処理対象人員は，業務用厨房の有無により，算定基準が異なる。
(3) 公衆便所の処理対象人員は，利用想定数に定数を乗じて算定する。
(4) 飲食店の処理対象人員は，延べ面積に定数を乗じて算定する。（H29-A37）

解答 公衆便所の処理対象人員は，総便器数に定数を乗じて算定する。　**正解** (3)

類題 JISに規定する「建築物の用途別による屎尿浄化槽の処理対象人員算定基準」に示されている，処理対象人員の算定式に関する記述のうち，**適当でないもの**はどれか。

(1) 事務所の処理対象人員は，延べ面積に，業務用厨房設備の有無により異なる定数を乗じて算定する。
(2) 病院の処理対象人員は，ベッド数を用いて算定する。
(3) 飲食店の処理対象人員は，延べ面積に定数を乗じて算定する。
(4) 戸建て住宅の処理対象人員は，住宅の延べ面積により3人又は6人に区分される。（R1-A36）

解答 住宅の処理対象人員は，延べ面積が130 m^{2}以下の場合は5人，それを越える場合は7人とする。　**正解** (4)

5-8　浄化槽　生物膜法，活性汚泥法　★★

29 浄化槽に関する記述のうち，**適当でないもの**はどれか。

(1) 好気性処理法は生物処理法の一つであり，最終的には，有機物質のかなりの部分がメタンガスなどのガス体に分解される。

(2) 病院の臨床検査室，放射線検査室，手術室などからの特殊排水は，浄化槽に流入させてはならない。

(3) 流入排水に油脂類濃度の高い厨房系統の割合が多い場合，厨房系統の排水は油脂分離装置で前処理した後に浄化槽に流入させる。

(4) 処理水の塩素消毒に用いられる薬剤には，次亜塩素酸カルシウム，次亜塩素酸イソシアヌールなどがある。　(H29-A36)

解答 生物処理法において，好気性処理では有機物は水と二酸化炭素に分解される。嫌気性処理では，メタンガスおよび二酸化炭素に分解される。

したがって，(1)**は適当でない**。　**正解** (1)

試験によく出る重要事項

(1) **活性汚泥法**　水中に空気を送り込み好気性微生物により有機物を分解する。小規模な浄化槽に用いられる**長時間ばっ気法**と，大規模な浄化槽に用いられる**標準活性汚泥法**とがある。返送汚泥量やばっ気量の調節が必要で，余剰汚泥も多いので維持管理には技術を要する。

(2) **生物膜法**　接触材の表面に生物膜を繁殖させて有機物を分解する。水量変動や負荷変動のある場合に適し，低濃度の汚水処理に有効である。**接触ばっ気法**，**回転板接触法**，**散水ろ床法**がある。

(3) 処理対象人員50人以下の小型浄化槽の処理方式には，**分離接触ばっ気方式**，**嫌気ろ床接触ばっ気方式**，**脱窒ろ床接触ばっ気方式**がある。

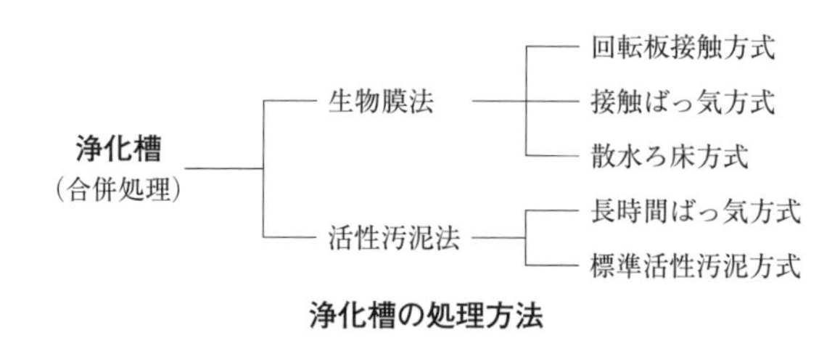

浄化槽の処理方法

生物膜法と活性汚泥法との比較

項　目	生物膜法	活性汚泥法
適 応 性	生物分解速度の遅い物質の除去に有利	生物分解速度の速い物質の除去に有利
流量変動対応性	微生物が担体に付着しているので，あまり影響を受けない。	流入流量が増加すると，微生物が放流され，放流水質の低下を招く。
維持管理性	汚泥のはく離と移送が主であるので，比較的維持管理しやすい。	返送汚泥量とばっ気量の調節が必要で，比較的維持管理しにくい。

類題　浄化槽の「除去対象物質又は使用目的」と「一般的に利用する薬剤又は生物」の組合せのうち，**関係の少ないもの**はどれか。

（除去対象物質又は使用目的）　（一般的に利用する薬剤又は生物）

(1)　消毒 ―――― 次亜塩素酸ナトリウム
(2)　凝集沈殿 ―――― 硫酸アルミニウム
(3)　脱窒 ―――― 嫌気性微生物
(4)　リン ―――― 好気性微生物　（基本問題）

解 答　リンの除去は，三次処理において鉄・アルミニウムなどの凝集剤を加えて，不溶性の沈殿物を形成して分離することが一般的である。

正解　(4)

類題　浄化槽に関する記述のうち，**適当でないもの**はどれか。

(1)　好気性生物は，嫌気性生物に比べ，亜硝酸や硝酸を窒素に分解する脱窒能力が高い。
(2)　BOD負荷が少なく汚水量が多い場合には，活性汚泥法より生物膜法の方が管理しやすい。
(3)　病院の臨床検査室，放射線検査室，手術室の排水は，浄化槽に流入させてはならない。
(4)　用途が事務所の処理対象人員は，「延べ面積」に，業務用厨(ちゅう)房設備の有無により異なる値を乗じて算定する。　（基本問題）

解 答　排水中の有機性窒素やアンモニア性窒素は，生物学的処理により除去する。好気的条件下で硝化菌の酸化作用（硝化）により亜硝酸性窒素や硝酸性窒素に変え，次いで嫌気性条件下で脱窒菌の還元作用（脱窒）で窒素ガスにして，除去する。

正解　(1)

5-8　浄化槽　設置工事　★★

30　FRP製浄化槽の設置に関する記述のうち，**適当でないもの**はどれか。

(1)　地下水位が高い場所に設置する場合は，浄化槽本体の浮上防止対策を講ずる。

(2)　浄化槽の水平は，水準器，槽内に示されている水準目安線等で確認する。

(3)　浄化槽本体の設置にあたって，据付け高さの調整は，山砂を用いて行う。

(4)　浄化槽の設置工事を行う場合は，浄化槽設備士が実地に監督する。

(R2-A36)

解 答　据付け高さの調整は，砂を充てんして行うと流出して不等沈下のおそれがあるので，砂利又はコンクリート地業で調整し，ライナなどにより微調整してすき間をモルタルで充てんする。

したがって，(3)**は適当でない。**　**正解**　(3)

試験によく出る重要事項

(1)　**ヒービング**　深く掘り進み掘削背面の土砂の重量が大きくなると，土砂が回り込み，掘削底面が押し上げられて盛り上がる現象をいう。軟弱な粘性土質地盤で山留め工事を行う場合に，発生しやすい。対策としては，山留め壁の根入れを長くするか地盤改良を実施する。

(2)　土工事における地下水の排水工法　**重力排水工法**（釜場工法，ディープウエル工法）と，**強制排水工法**（ウエルポイント工法など）に大別される。

(3)　FRP製浄化槽の設置　積雪寒冷地を除き，車庫，物置など建築物内への設置は避ける。

(4)　FRP製浄化槽設置時の水平確認　水準器を用いるか，槽内の水準目安線などにより確認する。本体と底版コンクリートにすき間がある場合は，ライナなどにより調整しモルタルを充てんする。

(5)　掘削面の勾配　山留めを設けないで手掘りにより地山の掘削作業を行う場合の掘削面の勾配は，労働安全衛生規則で地山の種類と掘削面の高さにより，規定されている（第8章　設備関連法規　p. 311参照）。

第６章　建築設備一般

●出題傾向分析●

出題内容＼年度(和暦)	R2	R1	H30	H29	H28	計
(1)　共通機材	2	3	3	3	3	14
(2)　配管・ダクト	3	2	2	2	2	11
(3)　設計図書	2	2	2	2	2	10
計	7	7	7	7	7	35

［過去の出題傾向］

建築設備一般からは，必須問題が７問出題されている。

(内訳)

共通機材，配管・ダクトが２～３問，設計図書に関しては２問の出題である。

① 共通機材は，平成28年，令和２年度を除き，冷凍機・冷温水機に関しては直だき吸収冷温水機を主体に**毎年１問出題**されている。

ポンプ又は送風機に関しては**毎年１問出題**されており，令和２年度は送風機の出題があった。**令和３年度はポンプが要注意**である。

その他の機材では，冷却塔関連が平成28年，令和１年度に，ボイラー関連が平成29，30，令和２年度に出題されている。空気清浄装置は，平成28，30年度に出題されている。ユニット形空気調和機が，令和１年度に初めて出題された。

② 配管・ダクトは，配管・配管付属品（各種のバルブ，継手など）およびダクト・ダクト付属品（吹出し口，吸込み口，ダンパなど）の特性，工法などについて**毎年各１問**出題されている。

③ 設計図書は，公共工事標準請負契約約款，機器・材料（主に配管材）および設計仕様から毎年各２問出題されている。

6-1　共通機材

① 冷凍機・冷温水機は，平成28，令和2年度を除き**毎年出題**されている。特に，直だき吸収冷温水機の機器構成・仕組みや特性については，ほぼ毎年何らかの形で出題されており，十分に理解しておく必要がある。他の冷凍機では，遠心，往復動，スクリュー，吸収，スクロールなど各種の冷凍機の特性などである。**令和3年度も要注意**である。

② ポンプは，遠心（渦巻）ポンプの特性（回転数と吐出し量，揚程と軸動力・回転数，単独・並列・直列運転の吐出し量や揚程の関係）などが平成29，令和1年度の奇数年度に出題されている。**令和3年度は要注意**である。

③ 送風機は，各種の送風機（軸流，遠心，多翼，斜流，後向き羽根など）の特性が，平成28，令和2年度に出題されている。

④ 冷却塔（開放形，直交流形，向流形など）は，平成28，令和1年度に出題されている。形式ごとの特徴及びスケール・スライム除去，ブローダウン，キャリーオーバー，レンジ，アプローチなどの用語とその内容を十分理解しておく必要がある。

⑤ 空気清浄装置（電気集じん器など）・フィルター（自動巻取形，粗じん用，高性能，HEPA，活性炭，静電式の空気清浄装置など）の捕集原理が平成28，30年度に出題されている。**令和3年度は要注意**である。

⑥ ボイラーは，鋳鉄製（温水）ボイラー，小型貫流ボイラーの特性・安全弁・逃し弁の機能・水処理などについて，平成29，令和2年度に出題されている。

⑦ ユニット形空気調和機が，令和1年度に初めて出題された。

年度(和暦)	No	出題内容（キーワード）
R2	38	ボイラーの種類と構造：ボイラーの構成，鋳鉄製ボイラー，真空式温水発生機，炉筒煙管ボイラー
	40	送風機の特徴：多翼送風機，横流送風機，斜流送風機，軸流送風機
R1	38	遠心ポンプの特性：キャビテーション，直列運転，並列運転，軸動力
	39	冷却塔：密閉式冷却塔の抵抗，送風機，キャリーオーバー，レンジ
	40	ユニット形空気調和機：スクロールダンパ方式，冷却コイル，デシカント除湿ローター，加熱コイル
H30	38	冷凍機の特徴：吸収冷温水機，スクリュー冷凍機，往復動冷凍機，吸収冷凍機
	39	ボイラーの種類と特性：鋳鉄製ボイラー，小型貫流ボイラー，炉筒煙管ボイラー，真空式温水発生機
	40	空気清浄装置の原理：自動巻取形フィルタ，静電式の空気清浄装置，活性炭フィルタ，HEPA フィルタ
H29	38	吸収冷凍機の特性：冷凍サイクル，冷却搭容量，容量制御，起動時間
	39	遠心ポンプの性能：揚程，並列運転，全揚程，サージング
	40	温熱源機の特徴：真空式温水発生機，炉筒煙管ボイラー，鋳鉄製ボイラー，小型貫流ボイラー
H28	38	送風機の特徴：軸流送風機，斜流送風機，後向き羽根送風機，多翼送風機
	39	冷却塔の特性：冷却水のスケール，レンジ，開放型冷却塔，密閉型冷却塔
	40	空気清浄装置の原理：自動巻取形フィルタ，静電式の空気清浄装置，活性炭フィルタ，HEPA フィルタ

6-1　共通機材　遠心ポンプの特性　★★★

1　遠心ポンプに関する記述のうち，**適当でないもの**はどれか。

(1)　キャビテーションは，ポンプの羽根車入口部等で局部的に生じる場合があり，騒音や振動の原因となる。

(2)　同一配管系で，同じ特性の2台のポンプを直列運転して得られる揚程は，ポンプを単独運転した場合の揚程の2倍より小さくなる。

(3)　同一配管系で，同じ特性の2台のポンプを並列運転して得られる吐出量は，ポンプを単独運転した場合の吐出量の2倍になる。

(4)　ポンプの軸動力は回転速度の3乗に比例し，揚程は回転速度の2乗に比例する。

(R1-A38)

解答　同一配管系で，同じ特性のポンプを2台並列運転して得られる吐出し量は，ポンプを単独運転した場合の吐出し量の2倍よりも小さくなる。

したがって，**(3)は適当でない。**　**正解**　(3)

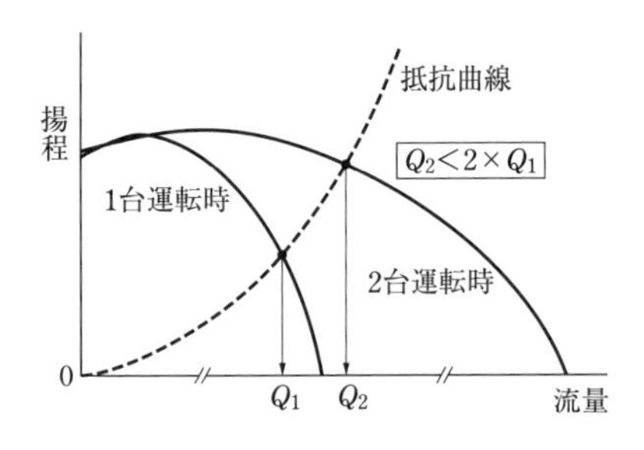

試験によく出る重要事項

❶　ポンプの種類および特性・用途などを理解する。

(1)　ポンプは，羽根車の回転で液体に運動エネルギーを与え，ケーシングで圧力エネルギーに変換するものであり，主なものに，遠心式（渦巻ポンプ，タービンポンプなど），斜流ポンプ，軸流ポンプがある。

①　**遠心式ポンプ**　　建築設備分野では，一般的に多く使用されている。

低中の揚程で揚水量が多い場合は渦巻ポンプ，高揚程で揚水量が少ない場合は案内羽根（ガイドベーン）のあるタービンポンプを使う。

② **斜流ポンプ・軸流ポンプ**　上水道などのように大量の揚水を必要とする用途などに使用される。

❷ ポンプの主な特性を理解する。

(1) ポンプの主な特性　ポンプの性能は，吐水量（揚水量，吐出し量），全揚程（圧力），軸動力，効率などで，図のように示される。

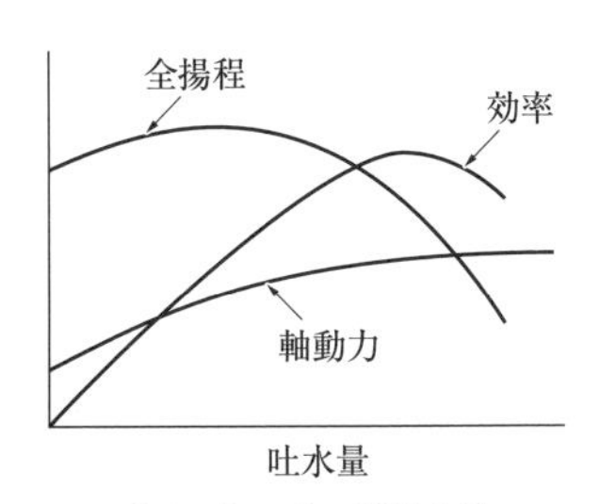

遠心ポンプの特性曲線

(2) ポンプの並列・直列運転　並列・直列運転のいずれも単独運転の場合よりも水量・揚程とも増加するが，並列運転の場合の水量は運転台数の和より小さく，直列運転の場合の揚程は運転台数の和より小さい。

(3) ポンプは，羽根車の回転数により，吐出し量，揚程が変化する。回転数が N_1 から N_2 に変化すると，吐出し量（水量）は Q_1 から Q_2 へ，揚程（圧力）は P_1 から P_2 へ，軸動力は L_1 から L_2 へ変化し，それぞれ次式で求められる。

$$Q_2=(N_2/N_1)\cdot Q_1,\quad P_2=(N_2/N_1)^2\cdot P_1,\quad L_2=(N_2/N_1)^3\cdot L_1$$

(4) ポンプにおけるキャビテーション　羽根車入口部などの静圧が，液体温度に相当する飽和蒸気圧以下になると，その部分の液体が局部的に蒸発して気泡を発生し，飽和蒸気圧以上の部分に移動したときに再び液体に戻る現象をいい，騒音・振動の発生や気泡消滅近辺の材料侵食の原因にもなる。

吸込み側の圧力を下げない，流速を遅くするなどの対応が必要である。

(5) ポンプの有効吸込みヘッドは，吸込み水温が高くなると小さくなる。

(6) サージングは，管路の流量と圧力が周期的に変動する現象で，ポンプの揚程曲線が山形特性を有し，こう配が右上がりの揚程曲線部分で運転する場合に起こりやすい。

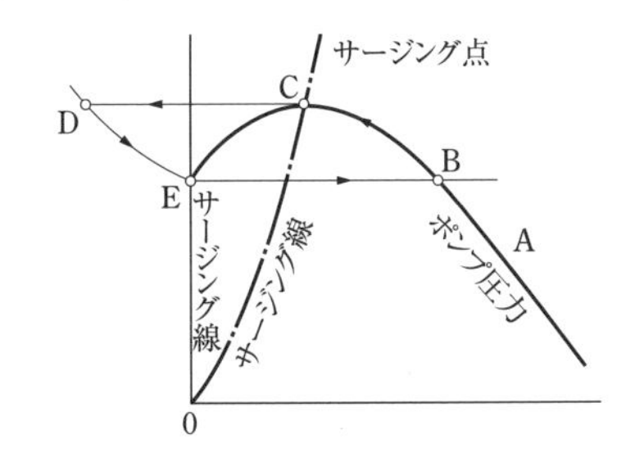

ポンプのサージング

6-1　共通機材　吸収冷凍機　★★★

2　吸収冷凍機に関する記述のうち，**適当でないもの**はどれか。

(1)　二重効用型の冷凍サイクルは，再生器及び溶液熱交換器が高温と低温にそれぞれ分かれている。

(2)　同じ冷凍能力の圧縮式の冷凍機と比べて，冷却塔の必要能力が大きくなる。

(3)　二重効用型の容量制御は，加熱源が蒸気の場合，蒸気調節弁で高温再生器への加熱量を制御する方式が一般的である。

(4)　遠心冷凍機に比べて，運転開始から定格能力に達するまでの時間が短い。

(H29-A38)

解 答　吸収冷凍機は，遠心冷凍機に比べて次の特徴がある。長所として，① 大きな電力を必要としない。② 振動騒音が小さい，③ 低負荷時の効率がよく，10% 程度まで制御できる。一方，短所として，① 内部の熱容量が大きいので始動時間が長い。② 排熱量が多いので冷却塔の容量が大きい。③ 冷水温度がやや高い。などである。

したがって，(4)**は適当でない。**　　**正解**　(4)

試験によく出る重要事項

❶　冷凍機の型式の種類・特性などを理解する。

(1)　圧縮式冷凍機　　蒸発器内で蒸発した冷媒ガスを圧縮機で圧縮する方式で，往復動冷凍機，遠心冷凍機，スクロール冷凍機などがある。凝縮器の冷却方式では，水冷式（冷却水・井水などを利用）と空冷式がある。

①**冷凍サイクル**　　圧縮機（圧縮）→凝縮器（凝縮）→膨張弁（膨張）→蒸発器（蒸発）で構成される。

②**成績係数**　　圧縮機での仕事に対する冷凍に使用される熱量の比であり，蒸発圧力（蒸発温度）を高くすると，また，凝縮圧力（凝縮温度）を低くすると成績係数は大きくなる。

(2)　吸収式冷凍機　　圧縮機という機械的なエネルギーを使わずに，化学反応による冷却作用を利用する冷凍機である。

❷ 冷凍機の主な種類・特性・用途を理解する。

(1) 往復動冷凍機　100 冷凍トン程度までの小・中規模建物に適しており，コンデンシングユニット，チリングユニットの形として用いられるほか，室内空調機，パッケージ形空調機として用いられている。

(2) 遠心冷凍機　大容量（100 冷凍トン以上）の中・大規模建物に使用される。極低負荷の運転ではサージング現象がおき，運転が不安定になりやすい。

(3) スクロール冷凍機　ルームエアコンなどの小容量のものに用いられる。

(4) スクリュー冷凍機　回転冷凍機の一種で，体積効率がよく，中大容量のヒートポンプに適している。

(5) **ヒートポンプ**（HP）

①特性　凝縮器における発熱作用を暖房や給湯に利用する。実際は，四方弁で冷媒の流れを切り替え，冷房時の蒸発器を暖房時には凝縮器に利用する。

②成績係数　冷凍機の成績係数に 1 を加えたものになる。

(6) **ガス（エンジン）ヒートポンプ**（GHP）　冷暖房機（GHP）は，ガスエンジンにより発電した電気を圧縮機の動力として利用するもので，ガスエンジンの発生熱（排熱）も有効利用できるため，冷房能力に比べて暖房能力が大きい。

(7) 吸収冷凍機

① 加熱源　高温水や蒸気を使用し，一重効用（単効用）と**成績係数の大きい二重効用**がある。

② 抽気装置　機内を真空に保つため真空ポンプまたは溶液エゼクタを用いる。

③ 冷却水　冷却水は，吸収器を冷却したのち凝縮器を冷却する。

④ 圧力　蒸発器及び吸収器の圧力は，再生器及び凝縮器の圧力より低い。圧縮式冷凍機のように高圧力とならないので，運転資格者が不要である。

⑤ 特性　大きな電力は不要で低負荷時の効率もよいが，始動時間が長い。

(8) **直だき吸収冷温水機**　特徴は吸収冷凍機と同じであるが，加熱源としてガスや油を直接燃焼させ，冷水と温水を別々あるいは同時に取り出し，冷房・暖房両方に利用する。

6-1　共通機材　ユニット形空気調和機　★★★

3　ユニット形空気調和機に関する記述のうち，**適当でないもの**はどれか。

(1)　スクロールダンパ方式では，回転操作ハンドルにより送風機ケーシングのスクロールの形状を変えて送風特性を変化させる。

(2)　冷却コイルは，供給冷水温度は通常5～7 ℃，コイル面通過風速は2.5 m/s前後で選定される。

(3)　デシカント除湿ローターは，高温の排気と外気とを熱交換する際に外気の湿度を除去する。

(4)　加熱コイルには温水コイルと蒸気コイルがあり，温水コイル，蒸気コイルとも冷却コイルと兼用することができる。

(R1-A40)

解答　温水コイルは，通常40～80℃の温水が供給され，空気を加熱する装置で，制御弁を含め冷却コイルと同じ構造であり兼用することができる。一方，蒸気コイルは，低圧蒸気（0.2 MPa以下）が供給され，列数は1～2列が一般的で，蒸気の熱膨張によるチューブの破損防止のため，伸縮ベンド付きや凝縮ドレンの排水をスムーズにするため片こう配コイルとなっている。したがって，列数の多い冷却コイルとは兼用できない。

(4)は適当でない。　　**正解**　(4)

試験によく出る重要事項

❶　空気清浄装置に用いられるエアフィルタを理解する。

(1)　エアフィルタの種類　　乾式エアフィルタにはパネル形・自動巻取形・袋形・折込み形（中・高性能）・HEPA（高性能）などがあり，静電式集じん器には電気集じん器などがある。活性炭フィルタは有害ガス・臭気の除去などに用いられる。

(2)　粉じん除去性能の試験方法・試験項目および主な適用範囲

①形式1：粒子捕集率（0.3 μm）：低濃度・微小粒子用の準HEPAフィルタ

②形式2：粒子捕集率（粒径別）：中濃度：中粒径用の中高性能フィルタ

③形式3：粒子捕集率（質量法）：高濃度：大粒径用の粗じん用フィルタ

④形式4：粒子捕集率（0.5～1.0 μm）：電気集じん器

6-1 共通機材 送風機の特徴 

4 送風機に関する記述のうち，**適当でないもの**はどれか。

(1) 軸流送風機は，構造的に高圧力を必要とする場合に適している。

(2) 斜流送風機は，羽根車の形状や風量・静圧特性が遠心式と軸流式のほぼ中間に位置している。

(3) 後向き羽根送風機は，羽根形状などから多翼送風機に比べ高速回転が可能な特性を有している。

(4) 多翼送風機の軸動力は，風量の増加とともに増加する。

(H28-A38)

解 答 軸流送風機は，軸方向から吸い込み軸方向に送風する構造なので，ダクト途中の少ない空間に設置でき，風量を多くすることが可能で，可変翼の場合部分負荷でも効率が良い。ただし，騒音値は大きく，高圧力を必要とする場合に適していない。

したがって，**(1)は適当でない。** **正解** (1)

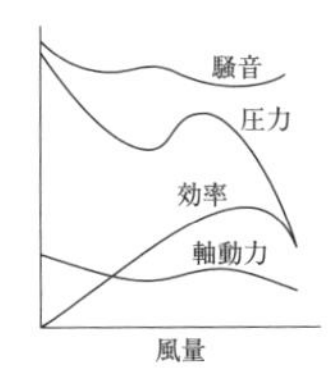

(1) 軸流送風機

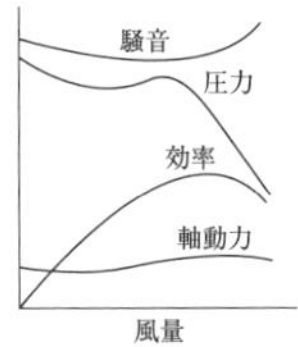

(2) 斜流送風機

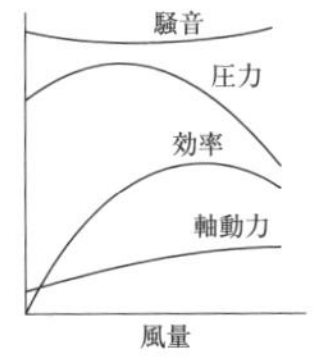

(3) 後向き羽根送風機

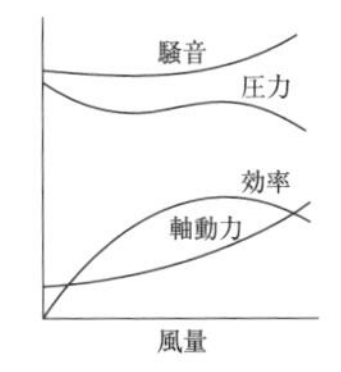

(4) 多翼送風機

送風機の特性曲線図

送風機の分類と性能

種類 / 性能	(1) 軸流送風機	(2) 斜流送風機	(3) 後向き羽根送風機	(4) 多翼送風機
風量［m^3/min］	40 ～ 2,000	10 ～ 300	30 ～ 2,500	10 ～ 2,000
静圧［Pa］	100 ～ 790	100 ～ 590	1,230 ～ 2,450	100 ～ 1,230
効率［%］	75 ～ 85	65 ～ 80	65 ～ 80	35 ～ 70
比騒音［dB］	45	35	40	40

試験によく出る重要事項

❶ 送風機の種類とその特性・用途を理解する。

(1) **軸流送風機（プロペラファン）**　構造的に高速回転が可能で，遠心送風機に比べ，同じ風量に対しては小形であるが，同じ静圧では羽根車の周速を大きくする必要があるため，騒音が大きい。低圧力・大風量を扱うのに適しており，換気扇などに用いられる。

(2) **斜流送風機**　全体の特性は軸流送風機に類似している。羽根車形状，風量・静圧特性が遠心形と軸流形の中間であり，局所通風などに用いられる。

(3) **後向き羽根送風機**　多翼送風機に比べて高速回転が可能であり，高い静圧が得られる遠心送風機で，軸動力にリミットロード特性がある。風圧の変化による風力と動力の変化も比較的大きく，高い静圧が得られる。高速ダクト，排煙機などに用いられる。

(4) **多翼送風機（シロッコファン）**　遠心形の中では小型であり，空調用として一般的に用いられる。風圧の変化による風力と動力の変化は比較的大きく，羽根車が多いため，高速運転（回転）で騒音が大きくなりやすい。

❷ 送風機の特性を理解する。

(1) 送風量の調整　送風機の吐出し側に設けた風量調整ダンパ，電動機の回転数調整（インバータ方式・プーリ方式）などが用いられる。

(2) 送風量・圧力・軸動力と回転数の関係　送風量は，回転数に比例するが，送風機圧力は回転数の2乗に，軸動力は回転数の3乗に比例する。

(3) 送風機の並列運転　同一ダクト系で，同じ特性の送風機を並列運転すると，単独運転より風量は増加するが，2倍より小さい。

6-1 共通機材 冷却塔 ★★★

5 冷却塔に関する記述のうち**適当でないもの**はどれか。

(1) 密閉式冷却塔は，熱交換器などの空気抵抗が大きく，開放式冷却塔に比べて送風機動力が大きくなる。

(2) 開放式冷却塔で使用される送風機には，風量が大きく静圧が小さい軸流送風機が使用される。

(3) 冷却塔の微小水滴が，気流によって塔外へ飛散することをキャリーオーバーという。

(4) 冷却塔の冷却水入口温度と出口温度の差をアプローチという。

(R1-A39)

解答 冷却塔の入口水温と出口水温の差を「レンジ」と呼び，一般に5℃前後としている。設問の「アプローチ」は，冷却塔出口水温と入口空気湿球温度の差をいう。蛇足ではあるが，一般にアプローチは5℃前後であり，冷却塔出口水温を32℃にするには，少なくとも入口空気湿球温度は27℃以下でなくてはならない。

したがって，**(4)は適当でない。** **正解** (4)

試験によく出る重要事項

❶ 冷却塔の形式・特徴を理解する。

(1) 向流形　空気を塔の下部から吸い込み，冷却水と向き合う状態で接触させ，上部へ排出する構造のため，塔は高くなるが据付け面積は小さい。

(2) 直交流形　空気を塔の側部から吸い込み，上部からの冷却水と直交する状態で接触させ上部に排出するため，据付け面積は向流形より大きくなる。

❷ 冷却塔の水質管理を理解する。

(1) 水質管理　冷却水の水質汚染，レジオネラ属菌対策，スケール防止などのため，薬注処理やブローダウンなど，水質管理に十分注意する。

(2) 補給水　キャリオーバによる損失分水量およびスケール・スライム等発生抑制のため，ブロー量を補給する必要がある。

6-1　共通機材　ボイラーの種類と構造　★★★

最新問題

ボイラー等に関する記述のうち，**適当でないもの**はどれか。

(1)　ボイラー本体は，ガスや油の燃焼を行わせる燃焼室と，燃焼ガスとの接触伝熱によって熱を吸収する対流伝熱面で構成される。

(2)　鋳鉄製ボイラーは，鋼製ボイラーに比べて急激な温度変化に弱いが，高温，高圧，大容量のものの製作が可能である。

(3)　真空式温水発生機は，運転中の内部圧力が大気圧より低いため，「労働安全衛生法」におけるボイラーに該当せず，取扱いにボイラー技士を必要としない。

(4)　炉筒煙管ボイラーは，胴内部に炉筒（燃焼室）と多数の煙管を配置したもので，胴内のボイラー水は煙管内を通過する燃焼ガスで加熱される。

(R2-A38)

解答　鋳鉄製ボイラーは，鋳鉄製のセクションを何枚か前後方向に組み合わせ，その上部および下部に設けた穴にテーパ付きニップルを圧入して一体化し，外部からボルトで締め付けた構造である。鋳鉄という材料の制約上，高温・高圧・大容量ものは製作不可能である。

したがって，**(2)は適当でない。**　　　**正解**　(2)

6-2 配管・ダクト

① 配管材料及び配管付属品は，各種の管・管継手・バルブ類などの特性や用途が，いろいろな組合せで**毎年出題**されている。**令和３年度も要注意**である。

② 管については使用温度，使用圧力，用途及び亜鉛めっき付着量などで，管継手（フレキシブル継手，伸縮継手，絶縁フランジなど）については，特性と用途など，バルブ類（仕切弁，玉形弁，バタフライ弁，水位調整弁など）については，特性と用途などが**毎年出題**されている。

③ ダクト及びダクト付属品は，各種のダクト，吹出し口・吸込み口，防火ダンパなどの特性や工法・用途などが，いろいろな組合せで**毎年出題**されている。**令和３年度も要注意**である。

④ ダクトの圧力損失は，平成28，令和1年度に出題されている。

⑤ ダクトの種類は，平成30年度に出題されている。

⑥ 消音・吸音（内張りダクト）は，平成25年度以降出題されていない。

⑦ 防火ダンパは，温度ヒューズ可溶温度に関して平成28，29年度に出題されている。**令和３年度は要注意**である。

⑧ 吹出し口・吸込み口は，誘引比・誘引作用などについて平成28，29，令和2年度に出題されている。

⑨ 保温材の種類と特徴は，令和2年度に久しぶりに出題された。

年度（和暦）	No	出題内容（キーワード）
R2	39	保温材の種類と特性：ロックウール保温材，ポリエチレンフォーム保温材，保冷，ロックウール保温材ブランケット
	41	配管材料及び配管付属品の特性：排水用硬質塩化ビニルライニング鋼管の接合，異種金属管の接合，架橋ポリエチレン管，スケジュール番号
	42	ダクト及びダクト付属品：吸込口，スパイラルダクト，たわみ継手，等摩擦法（定圧法）
R1	41	配管材料及び配管付属品の特性：圧力配管用炭素鋼鋼管，配管用炭素鋼鋼管，硬質ポリ塩化ビニル管，水道用硬質塩化ビニルライニング鋼管
	42	ダクト及び付属品の特性：低圧ダクト・高圧ダクト，定風量ユニット（CAV），変風量ユニット（VAV），単位摩擦抵抗

年度(和暦)	No	出題内容（キーワード）
H30	41	配管付属品の特性：圧力調整弁，温度調整弁，フロート分離型の定水位調節弁，定流量弁
	42	ダクト及び付属品：フレキシブルダクト，低圧ダクト，補強リブ，アングルフランジ工法ダクトの締め付け力
H29	41	配管材料及び配管付属品の特性：圧力配管用炭素鋼鋼管，フレキシブルジョイント，排水用硬質塩化ビニルライニング鋼管，異種金属管の接合
	42	ダクト及び付属品の特性：シーリングディフューザー形吹出口，排煙ダクトに設ける防火ダンパー，防火ダンパーの温度ヒューズの作動温度，線状吹出口
H28	41	配管材料及び配管付属品の特性：架橋ポリエチレン管，バタフライ弁，配管用炭素鋼鋼管（白管）・水配管用亜鉛めっき鋼管の亜鉛付着量，衝撃吸収式逆止め弁
	42	ダクト及び付属品：ダクトの常用圧力，防火ダンパ，単位摩擦抵抗，ノズル形吹出口

6-2 建築設備 配管材料及び配管付属品の特性 ★★★

最新問題

7 配管材料に関する記述のうち，**適当でないもの**はどれか。

(1) 排水用硬質塩化ビニルライニング鋼管の接合には，排水鋼管用可とう継手のほか，ねじ込み式排水管継手が用いられる。

(2) 鋼管とステンレス鋼管等，イオン化傾向が大きく異なる異種金属管の接合には，絶縁フランジを使用する。

(3) 架橋ポリエチレン管は，中密度・高密度ポリエチレンを架橋反応させることで，耐熱性，耐クリープ性を向上させた配管である。

(4) 圧力配管用炭素鋼鋼管（黒管）は，蒸気，高温水等の圧力の高い配管に使用され，スケジュール番号により管の厚さが区分されている。

(R2-A41)

解 答 排水用硬質塩化ビニルライニング鋼管は，鋼管の肉厚が軽量化のため硬質塩化ビニルライニング鋼管に使用されている配管用炭素鋼鋼管（SGP）に比べ薄くなっており，切削ねじ加工ができない。すなわち，ねじ込み式排水管継手は使用できず，専用の排水鋼管用可とう継手（MD 継手）を使用して接合する。

したがって，(1)**は適当でない**。 **正解** (1)

排水鋼管用可とう継手（MD 継手）の例

試験によく出る重要事項

❶ 配管および配管付属品の種類・名称・特性・用途などを理解する。

(1) 配管類　規格および記号については，「6-3 設計図書」(p. 183) 参照。

① 配管用炭素鋼鋼管　蒸気・飲料水を除く水・油・ガス・空気などに使用される。黒管と白管（亜鉛めっき）があり，使用圧力は 1.0 MPa 以下。

② 水配管用亜鉛めっき鋼管　水道用・給水用以外の水配管などに使用される。亜鉛めっきの付着量は，白管より多い。

③ 圧力配管用炭素鋼鋼管　蒸気，高温水，冷温水，消火用等の 350℃ 程度以下で使用する圧力配管に用いる。スケジュール番号で圧力区分される。

④　水道用硬質塩化ビニルライニング鋼管　　使用圧力 1.0 MPa 以下，40 ℃ 以下の水道用に使用される。ねじ込み接合には，管端防食形継手を使用する。

⑤　排水用硬質塩化ビニルライニング鋼管　　排水用に使用される。薄肉の鋼管を使用しているため，ねじ接合は使えず，MD ジョイントを使う。

⑥　水道用硬質ポリ塩化ビニル管　　使用圧力 0.75 MPa 以下の水道用に使用される。VP，HIVP（耐衝撃性タイプ）がある。一般流体輸送用途として，硬質ポリ塩化ビニル管（VP・HIVP・VM・VU）がある。接合は，主に接着接合であるが，ゴム輪接合，フランジ接合，メカニカル接合もある。

⑦　水道用架橋ポリエチレン管・水道用ポリブテン管　　使用圧力 0.75 MPa 以下の水道または飲料水配管（主に屋内用）のさや管ヘッダー工法などに多く用いられている。架橋により，耐熱性，耐クリープ性が向上する。

❷　バルブ類・特殊継手類の種類・名称・特性・用途などを理解する。

①　仕切弁　　流量調整用には不向きであり，開・閉用として使用する

②　玉形弁　　流量調節はできるが，流れの方向が変るため圧力損失は大きい。

③　逆止め弁　　流体の逆流防止のための弁で，スイング式（水平配管・上向き配管用）・リフト式（形体が垂直に作動できる方向用）・スモレンスキ逆止め弁（スプリング内蔵の急閉鎖型のリフト式逆止め弁）などがある。

④　ボール弁　　弁座はソフトシートであるが，弁棒が 90° 回転し，パッキンとのしゅう動が少なく，機密性もよく，小型である。

⑤　蒸気トラップ　　放熱器・配管の末端に設け，蒸気の流れを阻止し，凝縮水や空気を排除する。

⑥　水位調整弁　　水槽内の水位が所定の位置に低下したときに給水する。

⑦　自動空気抜き弁　　本体中の空気が一定量になると空気を放出する。

⑧　伸縮管継手　　温度変化による管の熱伸縮を吸収する継手で，ベローズ形とスリーブ形がある。スリーブ形は，ベローズ形に比べ伸縮の吸収量が大きい。

⑨　フレキシブル継手　　管軸に直角方向の変位や機器の振動を吸収する継手である。

6-2 配管・ダクト ダクト及びダクト付属品 ★★★

8 ダクト及びダクト付属品に関する記述のうち，**適当でないもの**はどれか。

(1) シーリングディフューザー形吹出口は，中コーンを上げると拡散半径が大きくなる。

(2) 排煙ダクトに設ける防火ダンパーには，作動温度が280℃ の温度ヒューズを使用する。

(3) 防火ダンパーの温度ヒューズの作動温度は，一般系統は72℃，厨房排気系統は120℃ とする。

(4) 線状吹出口は，風向調整ベーンを動かすことにより吹出し気流方向を変えることができる。

(H29-A42)

解 答 シーリングディフューザー形吹出口は，中コーンを下げると夏季の冷房モードとなり，ほぼ水平に拡散する気流となり，拡散半径は大きくなる。

また，逆に中コーンを上げると冬季の暖房モードになり，ほぼ垂直に吹き出す気流となり，拡散半径が小さくなる。

したがって，(1)**は適当でない。** **正解** (1)

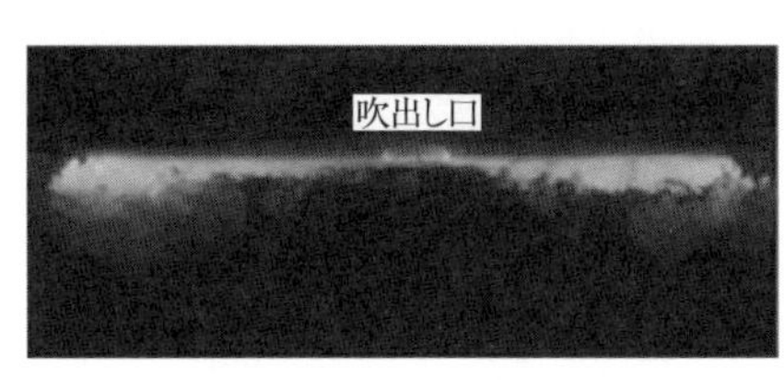

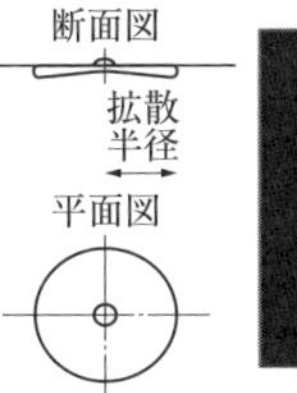

(a) 夏季冷房 水平吹出し（コーン下げる）

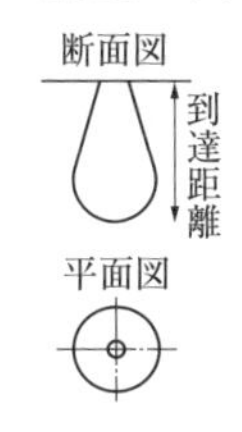

(b) 冬季暖房 垂直吹出し（コーン上げる）

シーリングディフューザー形吹出口の気流特性

試験によく出る重要事項

❶ ダクト・継手・ダンパなどの種類・材料・工法などを理解する。

(1) 矩形ダクト　亜鉛鉄板，ステンレス鋼板など板材加工のダクトで，コーナーボルト工法ダクト，アングルフランジ工法ダクトをいう。

(2) スパイラルダクト　亜鉛鉄板などをスパイラル状に甲はぜ機械かけしたもので，板厚が薄いにもかかわらず，甲はぜが補強となり強度が大きい。

(3) フレキシブルダクト　グラスウール製，金属製があり，吹出し口接続部や可とう性・防振性が必要な部位に使用される。

(4) たわみ継手　空調機・送風機など機器からの振動の伝播を防止するために使用される。

(5) 防火ダンパ　温度ヒューズ，煙感知器，熱感知器と連動させて使用する。温度ヒューズ形ダンパの温度ヒューズは，通常，**溶融温度72℃程度**であるが，排煙ダクトや厨房フードなどの**防火ダンパは280℃程度**のものを使う。

	アングルフランジダクト（AFダクト）	コーナボルト工法ダクト	
		共板フランジ工法（TFダクト）	スライドオンフランジダクト（SFダクト）
構成図	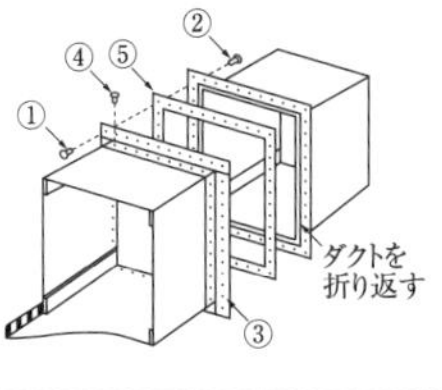 ①②③④⑤ ダクトを折り返す	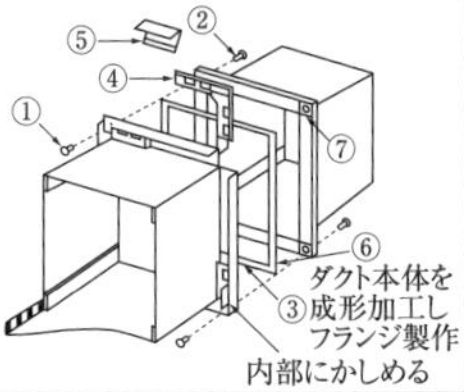 ①②③④⑤⑥⑦ ダクト本体を成形加工しフランジ製作 内部にかしめる	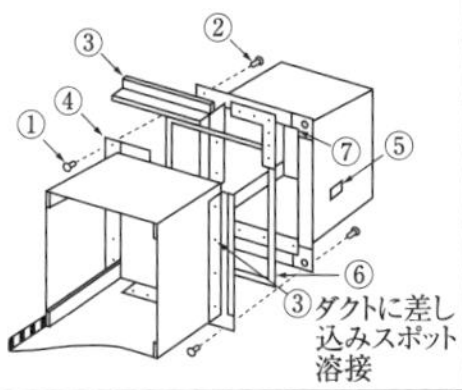 ①②③④⑤⑥⑦ ダクトに差し込みスポット溶接

❷ 吹出し口・吸込み口類の種類・特性を理解する。

(1) 軸流吹出し口（吹出し気流の方向が一定の軸方向になる吹出し口）

①格子形吹出し口　VHSタイプが一般的である。VHSタイプは，縦方向の羽根（V），水平方向の羽根（H），風量調節用シャッタ（S）を付けた格子形吹出し口（HVSともいう）である。

②ノズル形吹出し口　発生騒音が小さく吹出し口風速を大きくできる。到達距離が長いので講堂・大会議室など大空間用にも適している。

③線状吹出し口　シンプルで目立たず，吹出し口気流の調節が可能である。

(2) ふく流吹出し口　吹出し口の全周から放射状に気流を吹き出す。

①パン形吹出し口　天井が低い場合などでも，ドラフトが生じにくい。

②アネモ形吹出し口（シーリングディフューザ）　吸引作用が非常に大きく空気分布も優れている。中央のコーンの上下で気流を変化できる。

(3) 吹出し気流の性質

①吹出し口の誘引比　大きいほど，吹出し温度差を大きくできる。

$$誘引比 = \frac{一次空気量 + 二次空気量}{一次空気量}$$

②到達距離　吹出し気流の中心速度が，一般に0.25 m/sになるまでの吹出し口からの距離をいう。

6-2 配管・ダクト ダクト及びダクト付属品 ★★★

最新問題

9 ダクト及びダクト付属品に関する記述のうち，**適当でないもの**はどれか。

(1) 吸込口へ向かう気流は，吹出口からの気流のような指向性はなく，前面から一様に吸込口へ向かう気流となるため，可動羽根や風向調節ベーン等は不要である。

(2) スパイラルダクトは，亜鉛鉄板をスパイラル状に甲はぜ機械がけしたもので，甲はぜが補強の役目を果たすため補強は不要である。

(3) たわみ継手は，たわみ部が負圧になる場合，正圧部が全圧 300 Pa を超える場合等には，補強用のピアノ線が挿入されたものを使用する。

(4) 等摩擦法（定圧法）で寸法を決定したダクトでは，各吹出口に至るダクトの長さが著しく異なる場合でも，各吹出口での圧力差は生じにくい。

(R2-A42)

解 答 等摩擦法（定圧法）は，ダクトの単位長さ当たりの摩擦損失が一定になるようにダクトのサイズを決定する方法である。

この方法では，ダクトの長さに比例して抵抗が増加するため，各吹出口に至るダクトの長さがほぼ等しければこのままの寸法で決定してよいが，各吹出口に至るダクトの長さが著しく異なる場合や風量が大きく異なる場合は，各吹出口での圧力差が生じてしまい，規定の風量が出なくなるので，摩擦抵抗のバランスを取るようにダクト寸法を変えるなどの対応が必要となる。

したがって，**(4)は適当でない。** **正解** (4)

試験によく出る重要事項

❶ ダクトの種類

ダクト内圧による種類と常用圧力，制限圧力

ダクト内圧による種類	常用圧力［Pa］		制限圧力［Pa］	
	正圧	負圧	正圧	負圧
低圧ダクト	+500 以下	-500 以内	+1000	-750
高圧 1 ダクト	+500 を超え +1000 以下	-500 を超え -1000 以内	+1500	-1500
高圧 2 ダクト	+1000 を超え +2500 以下	-1000 を超え -2500 以内	+3000	-2500

6-2　建築設備　保温材の種類と特性　★★★

最新問題

10　保温及び保冷に関する記述のうち，**適当でないもの**はどれか。

(1)　ロックウール保温材は，グラスウール保温材より使用温度の上限が低い。

(2)　ポリエチレンフォーム保温材には，板状又は筒状に発泡成形したものや，板又はシート状に発泡した後に筒状に加工したものがある。

(3)　保冷とは，常温以下の物体を被覆し侵入熱量を小さくすること，又は，被覆後の表面温度を露点温度以上とし表面に結露を生じさせないことである。

(4)　ロックウール保温材のブランケットは，密度により1号と2号に区分される。

(R2-A39)

解答　ロックウール保温材の使用温度上限は600℃で，グラスウール保温材の使用温度上限は350℃であるので，ロックウール保温材は，グラスウール保温材より使用温度の上限が高い。

したがって，(1)**は適当でない**。

正解　(1)

試験によく出る重要事項

(1)　グラスウール保温材　国土交通省告示「平12建告第1400号」で不燃材料として示され，避難上有害な煙・ガスを発生させないことが特徴である。耐火性能は融点の違いから，ロックウールに劣るために，350℃以上の断熱にはロックウールやセラミックファイバーを混合した製品が使用される。

(2)　ロックウール保温材　ロックウール（岩綿）とは，玄武岩，鉄炉スラグなどに石灰などを混合し，高温で溶解し生成される人造鉱物繊維である。耐火性にも優れていることから，防火区画貫通箇所に広く使われている。600℃まで形状を維持できるだけの耐熱性能がある。

(3)　ポリスチレンフォーム保温材　発泡スチロールの別名で，気泡を含ませたポリスチレンである。軽量かつ断熱性に優れ，また極めて成型や切削しやすく，安価で弾力性があり衝撃吸収性にも優れるので，断熱性を利用して保温・保冷が必要な物の断熱に用いられる。ポリスチレンは耐熱温度が約80～90℃なので高温用には使用できない。また，ポリスチレンは炭化水素なので，燃やすと水と二酸化炭素になり，不完全燃焼で大量の煤を発生する。

6-3 設計図書

① 設計図書は，配管材とその記号（規格）及び公共工事標準請負契約約款について，**毎年各1問出題**されている。

② 配管材とその記号（規格）は，水道用硬質ポリ塩化ビニル管・水配管用亜鉛めっき鋼管が毎年，ステンレス鋼鋼管，各種ライニング鋼管が平成29年度に，銅管が平成30年度に出題されている。業界などで一般に通用している名称・記号が特定企業の商標などの場合もあるので，公的規格（JIS，JWWA，その他協会・工業会規格など）で規定している名称・記号で覚えておく必要がある。

③ 公共工事標準請負契約約款は，広い範囲から出題されているが，過去の繰返しの出題となっている。（総則）第一条，（請負代金内訳書及び工程表）第三条，（監督員）第九条，（現場代理人及び主任技術者等）第十条，（工事材料の品質及び検査等）第十三条，（発注者の請求による工期の短縮等）第二十二条，（条件変更等）第十八条，（検査及び引渡し）第三十一条，（請負代金の支払）第三十二条，（瑕疵担保）品確法に該当する場合　第四十四条（A），（発注者の解除権）第四十七条，（火災保険等）第五十一条などからの出題が多いので，重点的にその内容を把握しておく。付録6（p. 364）を参照のこと。**令和3年度も要注意**である。

④ 設計図書に記載する機器の仕様項目は，平成28，令和1年度に出題されている。**令和3年度も要注意**である。

年度（和暦）	No	出題内容（キーワード）
R2	43	公共工事標準請負契約約款：契約の解除（請負金，工事着手），請負代金の支払い，請負代金内訳書
	44	配管材料とその記号（規格）：配管用ステンレス鋼鋼管，一般配管用ステンレス鋼鋼管，硬質ポリ塩化ビニル管，水道用硬質ポリ塩化ビニル管
R1	43	公共工事標準請負契約約款：材料搬出，火災保険・建設工事保険等，設計図書の表示が明確でない場合，仮設・施工方法等
	44	設計図書に記載する機器の仕様項目

年度(和暦)	No	出題内容（キーワード）
H30	43	公共工事標準請負契約約款：火災保険等，監督員，設計図書の変更，完成検査（破壊）
	44	配管材料とその記号（規格）：硬質ポリ塩化ビニル管，水配管用亜鉛めっき鋼管，銅管，圧力配管用炭素鋼鋼管
H29	43	公共工事標準請負契約約款：工事材料，現場代理人・主任技術者・専門技術者，契約の解除，完成検査
	44	配管材料とその記号（規格）：リサイクル硬質ポリ塩化ビニル三層管，一般配管用ステンレス鋼鋼管，水道用硬質塩化ビニルライニング鋼管（黒管），排水用硬質塩化ビニルライニング鋼管
H28	43	公共工事標準請負契約約款：総則，保険，工事材料の搬出，契約の解除
	44	設計図書に記載する機器の仕様項目

6-3 設計図書 公共工事標準請負契約約款 ★★★

11 「公共工事標準請負契約約款」に関する記述のうち，**適当でないもの**はどれか。

(1) 受注者は，工事現場内に搬入した材料を監督員の承諾を受けないで工事現場外に搬出してはならない。

(2) 受注者は，工事目的物及び工事材料等を設計図書に定めるところにより，火災保険，建設工事保険等に付さなければならない。

(3) 設計図書の表示が明確でない場合は，工事現場の状況を勘案し，受注者の判断で施工する。

(4) 約款及び設計図書に特別な定めがない仮設，施工方法等は，受注者がその責任において定める。

(R1-A43)

解 答 公共工事標準請負契約約款　第十八条（条件変更等）によると，受注者は，工事の施工に当たり，次の各号のいずれかに該当する事実を発見したときは，その旨を直ちに監督員に通知し，その確認を請求しなければならないと規定されている。

一　図面，仕様書，現場説明書及び現場説明に対する質問回答書が一致しないこと（これらの優先順位が定められている場合を除く。）。

二　設計図書に誤謬又は脱漏があること。

三　設計図書の表示が明確でないこと。

したがって，**(3)は適当でない。** **正解** (3)

公共工事標準請負契約約款に関して，過去に出題された箇所を十分理解し，覚えておくこと（付録6　p. 364 ～ 365 参照）。

6-3　設計図書　配管材料とその記号（規格）

最新問題

12　JISに規定する配管に関する記述のうち，**適当でないもの**はどれか。

(1)　配管用ステンレス鋼鋼管は，一般配管用ステンレス鋼鋼管に比べて，管の肉厚が厚く，ねじ加工が可能である。

(2)　一般配管用ステンレス鋼鋼管は，給水，給湯，冷温水，蒸気還水等の配管に用いる。

(3)　硬質ポリ塩化ビニル管には，VP，VM，VUの3種類があり，設計圧力の上限が最も低いものはVMである。

(4)　水道用硬質ポリ塩化ビニル管のVP及びHIVPの最高使用圧力は，同じである。

（R2-A44）

解答　JIS K6741：2007　硬質ポリ塩化ビニル管によると，設計圧力の上限値はVPが1.0 MPa，VMが0.8 MPa，VUが0.6 MPaとある。すなわち，設計圧力の上限が最も低いものはVUである。

したがって，**(3)は適当でない。**　**正解**　(3)

類題　JISに規定する配管に関する記述のうち，**適当でないもの**はどれか。

(1)　硬質ポリ塩化ビニル管のVPは，VUより管の肉厚が厚い。

(2)　水配管用亜鉛めっき鋼管は，配管用炭素鋼鋼管（白管）に比べて，亜鉛の付着量が多い。

(3)　鋼管のLタイプは，Mタイプより管の肉厚が薄い。

(4)　圧力配管用炭素鋼鋼管は，スケジュール番号の大きい方が管の肉厚が厚い。

（H30-A44）

解答 JIS H3300　銅及び銅合金の継目無管によると，銅管の代表寸法は次のようになっている。

配管用管及び水道用銅管の代表寸法（抜粋）　［単位：mm］

呼び径（A）	基準外形	肉厚	外径	厚さ
		Kタイプ	Lタイプ	Mタイプ
20	22.22	1.65	1.14	0.81
50	53.98	2.11	1.78	1.47

注：Kタイプは主として医療配管用，Mタイプは主として水道・給水・給湯・冷温水及び都市ガス用であり，Lタイプはその両方の用途に用いる。

正解　(3)

試験によく出る重要事項

❶　管の名称，規格，記号を理解する。

管の名称	規　格	記　号
配管用炭素鋼鋼管	JIS G 3452	SGP(黒)，(白)
水配管用亜鉛めっき鋼管	JIS G 3442	SGPW
圧力配管用炭素鋼鋼管	JIS G 3454	STPG
水道用硬質塩化ビニルライニング鋼管	JWWA K 116	SGP-VA, VB, VD
水道用ポリエチレン粉体ライニング鋼管	JWWA K 132	SGP-PA, PB, PD
水道用耐熱性硬質塩化ビニルライニング鋼管	JWWA K 140	SGP-HVA
排水用硬質塩化ビニルライニング鋼管	WSP 042	D-VA
排水用ノンタールエポキシ塗装鋼管	WSP 032	SGP-NTA
一般配管用ステンレス鋼鋼管	JIS G 3448	SUS-TPD
配管用ステンレス鋼鋼管	JIS G 3459	SUS-TP
ダクタイル鋳鉄管	JIS G 5526	D
排水用鋳鉄管（直管）	JIS G 5525	CIP
銅及び銅合金の継目無管	JIS H 3300	C1220(K, L, M)
水道用銅管	JWWA H 101	C1220
硬質ポリ塩化ビニル管	JIS K 6741	VP, HIVP, VM, VU
水道用硬質ポリ塩化ビニル管	JIS K 6742	VP, HIVP
耐熱性硬質ポリ塩化ビニル管	JIS K 6776	HTVP
架橋ポリエチレン管	JIS K 6769	PEX
水道用架橋ポリエチレン管	JIS K 6787	PEX
ポリブテン管	JIS K 6778	PB
水道用ポリブテン管	JIS K 6792	PB

6-3　設計図書　設計図書に記載する機器の仕様項目　★★★

13　設計図書に記載する「ユニット形空気調和機」の仕様に関する文中，［　　］内に当てはまる用語の組合せとして，**適当なもの**はどれか。

設計図書には，ユニット形空気調和機の形式，冷却能力，加熱能力，風量，［ A ］，コイル通過風速，コイル列数，水量，冷水入口温度，温水入口温度，コイル出入口空気温度，加湿器形式，有効加湿量，電動機の電源種別，［ B ］，基礎形式等を記載する。

（A）　　　　（B）

(1)　機外静圧 ――― 電動機出力
(2)　機外静圧 ――― 電流値
(3)　全静圧 ――― 電動機出力
(4)　全静圧 ――― 電流値

(R1-A44)

解答　送風機の全静圧から，空気調和機内のフィルタ，コイル，チャンバなどの機内抵抗分（機内静圧）を差し引いたものが機外静圧となる。一般に，空気調和機に接続するダクト系の必要静圧を設計図書の機器仕様に記載する必要があるので，A は機外静圧が適当である。また，電気設計で，空気調和機の動力盤の電源容量を記載する必要があるので，B は電動機出力が適当である。

したがって，(1)**の組合せは適当である。**　**正解**　(1)

試験によく出る重要事項

❶　設計図書へ記載する機器の仕様項目を理解する。

仕様項目の記載例

ユニット形空気調和機		冷却塔
・形式	・損失水頭（冷水・温水）[Pa]	・形式
・冷却・加熱能力 [W]	・水量（冷水・温水）[L/min]	・冷却能力 [W]
・風量 [m³/h]	・コイル出入口空気温度 [℃]	・冷却水量 [m³/h]
・機外静圧 [Pa]	・有効加湿量 [kg/h]	・冷却水出入口温度 [℃]
・コイル通過風速 [m/s]	・電動機の電源種別 [ϕ，V]	・電源種別 [ϕ，V]
・コイル列数 [列]	・電動機出力 [kW]	・電動機出力 [kW]
・加湿器形式	・基礎形式（基礎の種別）	・騒音値 [dB]
・冷水・温水入口温度[℃]	・台数	・基礎形式（基礎の種別）
		・台数

第７章　施工管理

●出題傾向分析●

出題内容 ＼ 年度（和暦）	R2	R1	H30	H29	H28	計
⑴　施工計画	2	2	2	2	2	10
⑵　工程管理	2	2	2	2	2	10
⑶　品質管理	2	2	2	2	2	10
⑷　安全管理	2	2	2	2	2	10
⑸　設備施工（機器の据付け）	2	2	2	2	2	10
（配管・ダクト）	4	4	4	4	4	20
（保温・保冷・塗装）	1	1	1	1	1	5
（その他の施工）	2	2	2	2	2	10
計	17	17	17	17	17	85

［過去の出題傾向］

施工管理に関しては，毎年17問出題されている。

（内訳）

① この章では，問題Ｂ No. 1～17までの**必須問題**を扱っている。それぞれの出題区分ごとに広範囲の知識が要求される。

② 施工管理のうち，配管・ダクトは**毎年４題出題**され，専門的な知識が要求される。

③ **保温・保冷は必ず１題の出題**があるので，確実に理解しておく必要がある。

④ その他では，**腐食（防食）と防振が交互に出題**されている（令和２年度は防振）。

⑤ 試運転調整は，**毎年出題**されているので，過去の出題を研究しておく。

施工管理は，幅広い内容を採り上げているので，「出題傾向分析」に示された表の出題内容の区分にしたがって，それぞれ該当する部分で詳しく扱い，いっそう理解が深められるようにした。

7-1 施工計画

●出題傾向分析●

出題内容 ＼ 年度（和暦）	R2	R1	H30	H29	H28	計
(1) 工事の申請・提出書類と提出先	1	1	1	1		4
(2) 着工前・施工中および完成時の業務	1	1	1	1	1	5
(3) 産業廃棄物処分					1	1
計	2	2	2	2	2	10

[過去の出題傾向]

施工計画は，毎年度2題出題されているが，産業廃棄物に関する出題は4年間ない。

[届出書類と提出先]

① 令和2年度は，第一種圧力容器，危険物貯蔵所，道路占有許可，建設リサイクル法における特定作業の届け先が出題された。

② 毎年1問は出題されているので，よく研究しておくとよい。

[着工前・施工中，完成時の業務]

① 平成28年度から4年続けて出題された。総合問題なので**令和3年度も出題される可能性が高い**。

② 令和2年度は，公共工事における施工計画と設計図書等の関係性を問う，今までとは傾向の異なる出題があった。

[産業廃棄物処分]

① 産業廃棄物処分は，平成28年度以来必須問題では出題されていない。

② 令和2年度は問題B［選択問題］でも出題がなかった。

年度(和暦)	No	出題内容（キーワード）
R2	1	公共工事における施工計画：受注者による施工方法の決定，想定外大規模埋設物の撤去費用，設計図書等の特記仕様書記載事項と監理者の承認，請負代金内訳書と実行予算書の提出時期
	2	届出書類と提出先：第一種圧力容器の届出先，危険物貯蔵所の設置許可，道路占用許可，建設リサイクル法における工事の届出先
R1	1	施工計画：現場代理人の職務，工事材料の品質，施工計画書に含まれる文書，総合工程表
	2	届出書類と提出先：特定建設作業実施届出書（振動），ばい煙発生施設設置届書，浄化槽設置届，工事整備対象設備等着工届出書（消防）
H30	1	施工計画全般：工事原価の構成要素，仮設計画の実施者，施工計画書における設計図書特記事項の取扱い，施工中の設計変更・追加工事の取扱い
	2	届出書類と提出先：指定数量以上の危険物貯蔵所設置許可申請書，高圧ガス製造届，道路占用許可申請書，ボイラー設置届
H29	1	施工計画全般：労務計画，施工方法，搬入計画，仮設計画
	2	届出書類と提出先：ボイラ設置，ばい煙発生施設設置届書，工事整備対象設備等着工届出書（消防），特定建設作業実施届出書（振動）
H28	1	施工計画：総合工程表，実行予算書，仮設計画，工事原価の構成
	2	廃棄物の処理計画：特別管理産業廃棄物，家電リサイクル法，エアコンのフロン回収，マニフェストの保管期間

設計図書の優先順位 （P.196の関連事項）

	書類名称	説明
高 ↑ 優先度 ↓ 低	① 現場説明に対する質問回答書	変更指示を含む場合もあり，非常に重要である。
	② 現場説明事項	発注者又は設計者等による図面説明の形で実施される。
	③ 特記仕様書	共通仕様書と異なる仕様とする場合に特記する。
	④ 共通仕様書	施工基準，使用資材の規格・試験方法を定めたもの。管工事では公共建築工事標準仕様書（機械設備工事編），空衛学会標準仕様書が一般的である。
	⑤ 設計図書	設計図，設計計算書など

7-1　施工計画　工事の申請・提出書類と提出先　★★★

最新問題

1　工事の「申請書等」,「提出時期」及び「提出先」の組合せとして**適当でないもの**はどれか。

	(申請書等)	(提出時期)	(提出先)
(1)	労働安全衛生法における第一種圧力容器設置届	工事開始の30日前まで	労働基準監督署長
(2)	消防法における指定数量以上の危険物貯蔵所設置許可申請書	着工前	消防長又は消防署長
(3)	道路法における道路の占用許可申請書	着工前	道路管理者
(4)	建設工事に係る資材の再資源化等に関する法律における対象建設工事の届出	工事着手の7日前まで	都道府県知事

(R2-B2)

解答　危険物貯蔵所設置許可申請書の届出先は都道府県知事又は市町村長である。

したがって,(2)は**適当でない**。　**正解**　(2)

解説　「試験によく出る重要事項」を参照のこと。

試験によく出る重要事項

(1)　申請・届出と提出先および提出期限

諸官庁への届出・申請書一覧表

諸届・申請書類名称	提出時期	提　出　先	出題年度
床面積の合計が1,000 m^{2}以上である事務所の液化石油ガス設備工事設置届出書	完了時	都道府県知事	
高さが8 mを超える高架水槽設置届出	着工前	建築主事 指定確認検査機関	
貯蔵量1,000リットルの灯油用(第2石油類)オイルタンク設置届出		都道府県知事	
危険物(指定数量以上)貯蔵所設置許可申請	着工前	都道府県知事または市町村長	H28, 30, R2

諸届・申請書類名称	提出時期	提　出　先	出題年度
少量危険物取扱届出書		消防署長	R2
ボイラー設置届	当該工事の計画の開始の日の30日前まで	労働基準監督署長	H29，30
小型ボイラー設置報告書	完了時	労働基準監督署長	
第一種圧力容器設置届	着工の30日前まで	労働基準監督署長	H28，R1
クレーン設置届出書		労働基準監督署長	
高圧ガス製造許可申請書	製造開始前まで	都道府県知事	H28，30
ばい煙発生施設設置届	着工の60日前まで	都道府県知事	H29，R1
消防用設備等着工届出書	着工の10日前まで	消防長または消防署長	
騒音・振動の特定施設設置届出書	着工の30日前まで	市町村長	H28，29，R1
道路占用許可申請	着工前	道路管理者	H30，R2
道路使用許可申請	着工前	警察署長	
工事整備対象設備等着工届出書	着工の10日前まで	消防長または消防署長	H29，R1

(2)　工事整備対象設備等着工届出　　消防設備士が消防法施行令第36条の2に定める消防用設備等または特殊消防用設備等の着工時の届出である。消防用設備等または特殊消防用設備等の工事に着手しようとする日の10日前までに消防署長に届け出る。

(3)　特定建設作業　　建設工事として行われる作業のうち，著しい騒音・振動を発生する作業であって騒音規制法および振動規制法に定めるものを特定建設作業という。ただし，特定建設作業がその作業を開始した日に終了する場合（1日で作業が終了する場合），届出は不要である。

(4)　ボイラおよび圧力容器　　ボイラおよび第一種圧力容器を設置する事業者が労働安全衛生法第88条第1項の規定による届出をしようとするとき，設置場所の周囲の状況および配管の状況を記載した書面を添えて，所轄労働基準監督署長に提出しなければならない。

(5)　ばい煙発生施設の設置の届出　　大気汚染防止法第6条第1項に基づき，ばい煙を大気中に排出する者は，当該施設を設置しようとする日の60日前までに，都道府県または同法施行令で定める市に届出書を提出する。

(6)　出題は“道路の占用”と“道路の使用”の違いを問うものが多く，使用及び占用の届出先の組合せで出題される。“道路の使用許可”は道路交通法第77条第1項に基づき所轄警察署長に申請しなければならない。

工事における道路の使用に該当するのは，クレーンによる搬入などがある。道路の占用・使用については，次ページの重要事項(4)を参照されたい。

7-1 施工計画 工事の申請・提出書類と提出先 ★★★

2 工事の申請・届出書類と提出先の組合せとして，**適当でないもの**はどれか。

(申請・届出書類)	(提　出　先)
(1) 振動の特定建設作業実施届	市町村長
(2) ばい煙発生施設設置届	労働基準監督署長
(3) ボイラー設置届	労働基準監督署長
(4) 浄化槽設置届	都道府県知事 (保健所を設置する市又は特別区にあっては，市長又は区長)
(5) 工事整備対象設備等着工届	消防長又は消防署長

(R1-B2 及び H29-B2 より作成)

解 答 ばい煙発生施設の設置届の提出先は，都道府県知事である。

したがって，(2)**は適当でない。**

正解 (2)

試験によく出る重要事項

(1) 申請・届出と提出先および提出期限　p. 192〜193 の表を参照。

(2) 工事整備対象設備等着工届出　消防設備士が消防法施行令第 36 条の 2 に定める消防用設備等または特殊消防用設備等の工事に着手しようとするときの届出である。したがって，消防用設備等または特殊消防用設備等の工事に着手しようとする日の 10 日前までに消防署長に届け出る。

(3) 道路の占用　道路上や上空，地下に一定の施設を設置し，継続して道路を使用することを「道路の占用」という。

該当例
- 電気・電話・ガス・上下水道などの管路を道路の地下に埋設する等
- 道路の上空の看板，家屋・店舗の日除け等

(4) 道路使用許可　その行為を行う場所を管轄する警察署長（高速道路の場合は高速道路交通警察隊長）に申請し，審査を経て許可される。

なお，道路占用及び使用の双方の許可が必要な場合，道路法第 32 条第 4 項及び道路交通法第 78 条第 2 項の規定により，双方の申請書のいずれか一方（道路管理者又は所轄警察署長）を提出する。

(5) 第一種圧力容器　第一種圧力容器を設置しようとする事業者は，あらかじめ所轄労働基準監督署長に届け出なければならない。

第一種圧力容器とは，労働安全衛生法では労働安全衛生法施行令第1条第5号で規定している，容器（ゲージ圧力 0.1 MPa 以下で使用する容器で，内容積が 0.04 m^3 以下のものまたは胴の内径が 200 mm 以下で，かつ，その長さが 1,000 mm 以下のものおよびその使用する最高のゲージ圧力を MPa で表した数値と内容積を m^3 で表した数値との積が 0.004 以下の容器を除く。）をいう。

類題 工事の申請・届出書類の名称，提出時期及び提出先の組合せ(イ)～(チ)のうち，**適当でないもの**はどれか。

（申請・届出書類の名称）（提出時期）（提出先）

(イ) 高圧ガス製造許可申請――製造開始前まで――労働基準監督署長
(ロ) 消防用設備等着工届出書――着工10日前まで――消防長又は消防署長
(ハ) 危険物（指定数量以上）貯蔵所設置許可申請書――着工前――都道府県知事又は市町村長
(ニ) 道路使用許可申請――着工前――警察署長
(ホ) 振動の特定建設作業実施届出書――着工30日前まで――市町村長
(ヘ) ばい煙発生施設設置届――着工60日前まで――都道府県知事
(ト) 工事整備対象設備等着工届出書――着工10日前まで――消防長又は消防署長
(チ) ボイラー設置届――工事の計画の開始日の30日前まで――労働基準監督署長

（基本問題）

解答 (イ) 1日に20冷凍トン以上の高圧ガスを製造する者は，高圧ガス保安法の規定により，製造計画書を添付した計画書を提出して，製造開始前までに，都道府県知事の許可を受ける。

(ホ) 振動の特定建設作業実施届けは，環境省令の定めるところにより，その特定施設の設置工事の開始日の7日前までに市町村長に届けなければならない。(イ)，(ホ)以外は，記述の通りである。

正解 (イ)，(ホ)

7-1 施工計画 施工計画で作成する書類・文書の説明 ★★★

3 施工計画に関する記述のうち，**最も適当でないもの**はどれか。

(1) 総合工程表は，仮設工事から完成時までの全工程の大要を表すものであり，他工事業者との調整を要する。

(2) 実行予算書は，工事原価の検討と確認を行うもので，発注者に提出しなければならない書類である。

(3) 仮設計画では，現場事務所，作業場，足場などの設置を計画するとともに，火災予防，作業騒音対策などにも配慮を要する。

(4) 資材計画の目的は，仕様に適合した資材を，必要な時期に，必要な数量を供給することである。

（基本問題）

解答 実行予算書は工事原価を反映させた施工者の原価管理書類で，施工者の社内書類であり，発注者に提示するものではない。

したがって，(2)**が最も適当でない**。

正解 (2)

試験によく出る重要事項

❶ 施工計画の順序

(1) 着工時の業務　①契約書，設計図書の検討，確認，②工事組織の編成，③実行予算書の作成，④施工計画書(総合仮設計画，工種別施工計画書)の作成，⑤総合工程表の作成，⑥仮設計画，⑦資材，労務計画，⑧着工に伴う諸届出，申請（施主への諸届出，官庁への届出・申請）など

(2) 施工中の業務　①細部工程表の作成，②施工図・製作図等の作成，③機器材料の発注・搬入計画，④関係者との打合せ，⑤諸官庁への申請・届出，⑥作業の確認と記録など（施工上の技術的確認，施工の立会，工事記録・報告・写真）など

(3) 完成時の業務　①完成検査など（完成に伴う自主検査，官庁検査，完成検査)，②引渡し業務（装置の概要説明，取扱説明，取扱説明書・完成図・機器の保証書・引渡し書など各種引渡し図書の提出)，③撤収業務（仮設物の撤去，他業者・下請との精算）など

(「設計図書の優先順位」…p.191 を参照のこと。)

7-1 施工計画 着工前，施工中および完成時の業務 ★★★

4 公共工事における施工管理に関する記述のうち，**適当でないもの**はどれか。

(1) 工事原価とは直接工事費と共通仮設費とを合わせた費用のことであり，現場従業員の給与等の現場経費は含まない。

(2) 仮設計画は，現場事務所，足場など施工に必要な諸設備を整えることであり，主としてその工事の受注者がその責任において計画する。

(3) 総合施工計画書は受注者の責任において作成されるが，設計図書に特記された事項については監督員の承諾を受ける。

(4) 工事中に設計変更や追加工事が必要となった場合は，工期及び請負代金額の変更について，発注者と受注者で協議する。 (H30-B1)

解 答 工事原価は，①純工事費と②現場管理費”で構成される。現場従業員の人件費は一般に②に含まれる。下図「工事費の構成」を参照のこと。

したがって，(1)は**適当でない**。 **正解** (1)

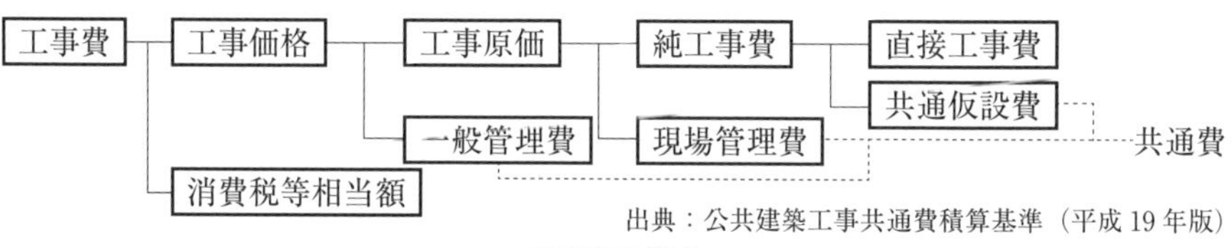

出典：公共建築工事共通費積算基準（平成 19 年版）

工事費の構成

工事原価の詳細（参考：公共建築工事共通費積算基準 平成 28 年 12 月版）

工事原価の内訳		説　　明
純工事費	直接工事費	工事そのものに直接かかわる費用。純工事費から共通仮設費と諸経費を除いたもの。
	共通仮設費	準備費，仮設建物費，工事施設費，環境安全費，動力用水光熱費，屋外整理清掃費，機械器具費，その他
現場管理費		労務管理費，租税公課，保険料，従業員給料手当，施工図等作成費，退職金，法定福利費，福利厚生費，事務用品費，通信交際費，補償費，その他
一般管理費		役員報酬等，従業員給料手当，退職金，法定福利費，福利厚生費，維持修繕費，事務用品費，通信交通費，動力用水光熱費，調査研究費，広告宣伝費，交際費，寄付金，地代家賃，減価償却費，試験研究償却費，開発償却費，租税公課，保険料，契約保証費，雑費

7-1 施工計画 公共工事における施工計画と設計図書等 ★★★

最新問題

5 公共工事における施工計画等に関する記述のうち，**適当でないもの**はどれか。

(1) 工事目的物を完成させるための施工方法は，設計図書等に特別の定めがない限り，受注者の責任において定めなければならない。

(2) 予測できなかった大規模地下埋設物の撤去に要する費用は，設計図書等に特別の定めがない限り，受注者の負担としなくてもよい。

(3) 総合施工計画書は受注者の責任において作成されるが，設計図書等に特記された事項については監督員の承諾を受けなければならない。

(4) 受注者は，設計図書等に基づく請負代金内訳書及び実行予算書を，工事契約の締結後遅滞なく発注者に提出しなければならない。

(R2-B1)

解 答 実行予算書は，契約締結後に作成される受注者の内部書類であり，発注者に対して通常は公開されない書類である。

したがって，**(4)は適当でない。** **正解** (4)

解 説 (1) 施工方法は，設計図書等の記載の仕様書の範囲内であれば，受注者（工事請負者）の裁量に任される。

(2) 民法上建築主（発注者）の責任であって，受注者が追加費用を支払う義務はない。掘削によって廃棄物が出てきて，通常の残土処理費用を上回る場合でも，受注者はその費用を請求できる。

(3) 建築工事監理業務委託共通仕様書（国交省）には「設計図書に基づき監督（職）員が請負（受注）者に指示した書面及び請負（受注）者が提出し監督（職）員が承諾した書面は，特記仕様書に含まれる。」とある。

7-1 施工計画 産業廃棄物処分 ★★★

6 建設工事で発生する建設副産物に関する記述のうち，**適当でないもの**はどれか。

(1) オイルタンクに残っていた古い軽油は，特別管理一般廃棄物として処分した。
(2) 撤去するダクトのフランジ用ガスケットが，非飛散性アスベスト廃棄物だったため，安定型産業廃棄物として処分した。
(3) 建設発生土でそのまま原材料となるものは，再生資源として利用した。
(4) 便所の排水管に使われていた再利用できないビニル管は，安定型産業廃棄物として処分した。

（基本問題）

解答 廃油は“特別管理一般廃棄物”ではなく“特別管理産業廃棄物”である。したがって，(1)**は適当でない**。 **正解** (1)

類題 建設副産物の記述のうち，**適当でないもの**はどれか。

(1) 損傷した衛生陶器で再利用できないものは特別管理産業廃棄物として処分する。
(2) 便所の排水管に使われていた再利用できないビニル管は，安定型産業廃棄物として処分する。
(3) 撤去する冷凍機の冷媒に使用していたフロンは，回収して破壊又は再利用する。
(4) ステンレス製受水槽の溶接部の酸洗いに使用した弱酸性の廃液は，産業廃棄物として処分しなければならない。
(5) オイルタンクに残っていた古い重油は，特別管理産業廃棄物として処分しなければならない。
(6) 建設発生土でそのまま原材料となるものは，再生資源として利用する。

（基本問題）

解答 下表参照。 **正解** (1)と(5)

試験によく出る重要事項

産業廃棄物	安定型産業廃棄物	①建設廃材（コンクリート破片，アスファルト・コンクリート破片，レンガ破片），②廃プラスチック類（廃発泡スチロール等梱包材，硬質塩化ビニル管，ポリスチレンフォーム）③ガラス及び陶器くず，④金属くず（鉄骨，鉄筋くず），⑤ゴムくず
	特別管理産業廃棄物	揮発性，毒性，感染性，その他人体に危険・有害であり，その管理には十分な注意が求められるもの。①揮発油類（引火70℃未満の揮発油類，灯油類，軽油類），②石綿除事業で生じた飛散性アスベスト
	重油類	安定型処分場で処理できないが，特別管理産業廃棄物ではない。
再利用	再利用可能な建設残土，フロン・ハロンガス（冷凍機器，消火ガス）など	

※環境省ホームページ参照 http://www.env.go.jp/recycle/waste/sp_contr/

7-2 工程管理

●出題傾向分析●

出題内容＼年度(和暦)	R2	R1	H30	H29	H28	計
(1) ネットワーク工程表	1	1	1	1	1	5
(2) 各種工程表			1	1	1	3
(3) 工程計画・管理に関する図表名称と語句の組合せ	1	1				2
計	2	2	2	2	2	10

[過去の出題傾向]

工程管理については，毎年度2問出題されている。

令和2年度の出題は，定番のネットワーク工程表の日数計算が1問（No. 4）とネットワーク工程表のかき方・操作に関する問題が1問（No. 3）だった。

[ネットワーク工程表]

① ネットワーク工程表は，**毎年出題**されており，重要な位置付けである。

② ネットワーク工程表に用いる**用語とその意味**を覚えておく。

過去5年で出題された用語は，**クリティカルパス4回，トータルフロート5回，フリーフロート5回，最早開始時刻5回，最遅完了時刻4回である。**

③ 令和2年度は，日数短縮についての出題があった。

④ ネットワーク工程表の工程日数の読み方をしっかり覚える。

[各種工程表全般・種類と特徴]

① 令和1，2年度は各種工程表の種類と特徴は出題がなかった。**令和3年度は出題される可能性が高い**。

② 各種工程表に関する特徴を覚える。（ガントチャート，バーチャート，ネットワーク）過去に出題された工程表の名称は，**ガントチャート3回，バーチャート4回，ネットワーク5回**である。

③ 関連用語として**曲線式工程表（バナナ曲線），S予定進度曲線（S字カーブ）**，配員計画（＝マンパワースケジューリング）などを覚える。

[工程管理に関する用語]

① 令和2年度は，工程表の管理についての出題があった。

② 令和元年度は，聞き慣れないネットワーク工程表関連用語が出題された。

③ 次ページの表「試験によく出るネットワーク用語」を参照すること。

年度(和暦)	No	出題内容（キーワード）
R2	3	工程表管理：手持資源，スケジューリングの意味，ネットワーク工程表の表現（アロー形と丸），ネットワーク工程表による日程短縮（トータルフロート，直列作業，並行作業）
	4	ネットワーク工程表：トータルフロート・フリーフロート・最早開始時刻・最遅完了時刻
R1	3	工程管理に関する用語：フォローアップ，特急作業時間（クラッシュタイム）， 配員計画，インターフェアリングフロート
	4	ネットワーク工程表：クリティカルパス・最早開始時刻・最遅完了時刻・トータルフロート・フリーフロートなどの算出
H30	3	工程管理に関する用語：マンパワースケジューリング・経済速度と最適工期・ネットワーク工程表の用語（クリティカルイベント / ダミーの意味）
	4	ネットワーク工程表：クリティカルパス・最早開始時刻・最遅完了時刻・トータルフロート・フリーフロートなどの算出
H29	3	工程管理：総合工程表，ネットワーク工程表，ネットワーク工程表上の全体工程の短縮を検討，バーチャート工程表
	4	ネットワーク工程表：クリティカルパス・フリーフロート・トータルフロート・最早開始時刻・最遅完了時刻・工程の短縮
H28	3	各種工程表：ネットワーク・バーチャート・ガントチャートで表現できるものの差異，施工速度・臨界速度・最小工期，デュレイション
	4	ネットワーク工程表：クリティカルパス・トータルフロート・フリーフロート・最早開始時刻・最遅完了時刻

★試験によく出る工程管理に関する用語

用語	説明
フォローアップ	全体のスケジューリングを行うときに設計変更・天候・その他予期できない要因で工事の進捗が遅延する。進行過程で計画と実績を比較し，その都度計画を修正して遅延に即応できる手続きをとることをいう
特急作業時間（クラッシュタイム）	費用をかけても作業時間の短縮には限度があり，その限界の作業時間を示す，ネットワーク工程管理手法の用語で，技術者・労務者を経済的・合理的に各作業の作業時刻・人数などで割振ることをいう
配員計画	具体的には人員，資材，機材などを平準化すること，マンパワースケジューリングともいう
山積み（図）	配員計画で各作業に必要な人員・資機材などを合計し，柱状に図示したもの
山崩し	山積み図の凹凸をならし，毎日の作業を平均化すること。工期全体を調整する
インターフェアリングフロート	トータルフロートのうちフリーフロート以外の部分をいう。使わずにとっておけば後続する他の工程でその分を使用することのできるフロートを意味する。

出典　https://wikitech.info/1152　http://www.ads3d.com/sekokan/kote_01.html

7-2　工程管理　ネットワーク工程表　★★★

最新問題

7　下図に示すネットワーク工程表に関する記述のうち，**適当でないもの**はどれか。ただし，図中のイベント間のＡ～Ｊは作業内容，日数は作業日数を表す。

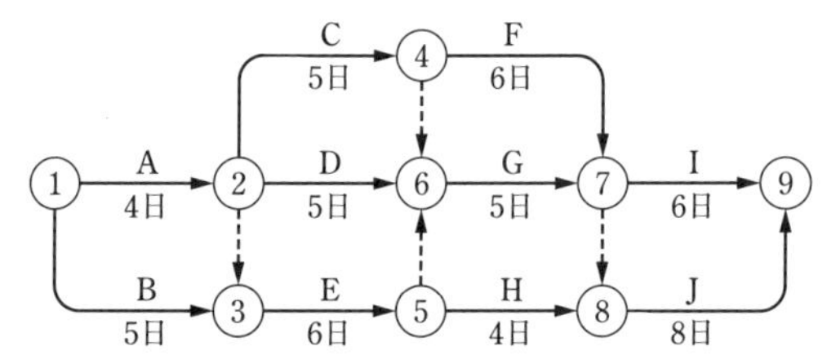

⑴　作業Ｇのトータルフロートは，作業Ｊよりも１日多い。

⑵　作業Ａ及び作業Ｃのフリーフロートは，０である。

⑶　イベント⑤の最早開始時刻と最遅完了時刻は同じである。

⑷　イベント⑦の最遅完了時刻は，16日である。

（R2-B4）

解答　作業Ｇ，作業Ｊともにクリティカルパス（①→③→⑤⇢⑥→⑦⇢⑧→⑨，24日）上のイベントなので，トータルフロートはいずれも０日となる。

したがって，**⑴は適当でない。**　**正解**　⑴

解説　⑵　フリーフロートは，作業Ａは１日（①→②⇢③と①→③差），作業Ｃも１日（②→④⇢⑥と②⇢③→⑤⇢⑥の差）なので正しい。

⑶　イベント①から⑤に至るルートは①→③→⑤（５日＋６日＝11日）と①→②⇢③→⑤（４日＋０日＋１日（待ち時間）＋６日＝11日）の２ルートであり，最早開始時刻と最遅完了時刻は同じ11日である。

⑷　イベント⑦の最遅完了時刻は作業Ｉと作業Ｊが同時に終わる時刻となるので，クリティカルパス（24日：解答参照）から作業Ｊの日数（８日）を引けばよい。24日－８日＝16日

7-2 工程管理 ネットワーク工程表 ★★★

8 図に示すネットワーク工程表に関する記述のうち，**適当でないもの**はどれか。ただし，図中のイベント間のA～Iは作業内容，日数は作業日数を表す。

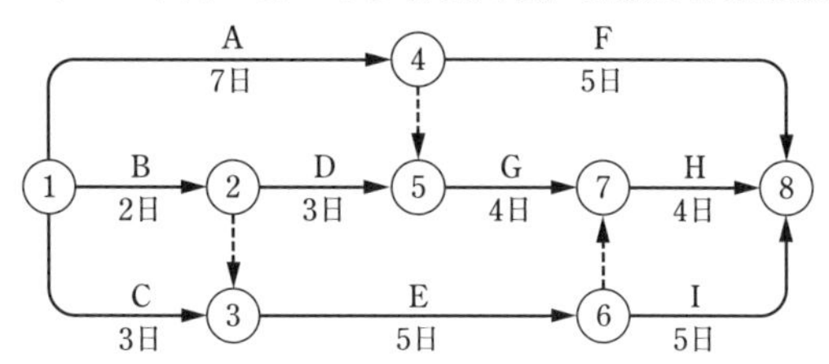

(1) クリティカルパスは，①→④⇢⑤→⑦→⑧で所要日数は15日である。

(2) 作業Cのトータルフロートは，2日である。

(3) 作業Dのフリーフロートは，3日である。

(4) イベント④と⑤の最遅完了時刻と最早開始時刻は同じで，7日である。

(R1-B4)

解答 作業Dのトータルフロートは，作業A（7日）と作業B（2日）+D（3日）の差，2日である。

したがって，(3)**は適当でない**。 **正解** (3)

解説 (1) クリティカルパスは①→④⇢⑤→⑦→⑧なので，作業A+G+H=15日である。

(2) 作業Cのトータルフロートは，他イベントの縛りがないので，クリティカルパス15日から作業C+E+I=13日を差引いた2日である。

(4) イベント④⑤はいずれもクリティカルパス上にあるので，最遅完了時刻・最早開始時刻とも ①→④⇢⑤の7日である。

(G+H)−F=3日

7-2 工程管理 ネットワーク工程表 ★★★

9 下図のネットワーク工程表に関する記述のうち，**適当でないもの**はどれか。ただし，図中のイベント間のA～Iは作業内容，日数は作業日数を表す。

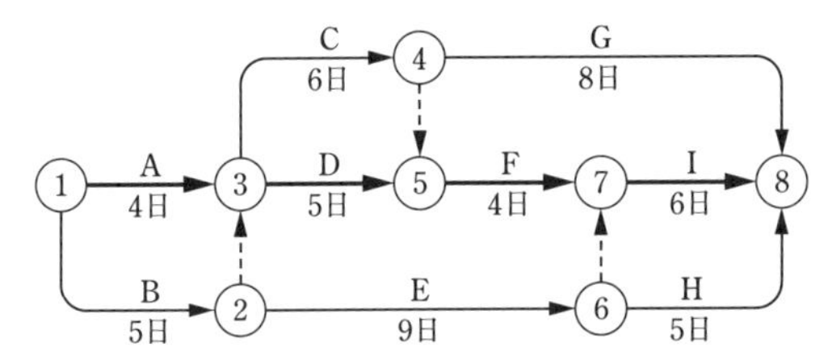

(1) クリティカルパスは，①→②⇢③→④⇢⑤→⑦→⑧で，所要日数は21日である。

(2) イベント⑥の最早開始時刻と最遅完了時刻は同じで，15日である。

(3) 作業Eのトータルフロートは1日，フリーフロートは0日である。

(4) 作業Eの所要時間を1日短縮しても，工期は1日短縮されない。

(H30-B4)

解答 イベント⑥の最早開始時刻は，5日+9日=14日。最遅完了時刻は21日－5日=16日である。

したがって，(2)**は適当ではない。** **正解** (2)

解説 (1) クリティカルパスはB+C+F+I=21日である。

(3) イベント⑥の最早開始時刻は⑥→⑦→⑧が6日，⑥→⑧が5日なので，トータルフロートは1日。クリティカルパスのルートB+C+F=14日，B+E=14日なのでフリーフロートは0日である。

(4) クリティカルパス上にない作業Eは，いくら短縮しても全体工程に寄与しない。

試験によく出る重要事項

最遅完了時刻（LT）：そのイベントを終点とする各アクティビティが，遅くとも完了していなくてはならない時刻を表すものである。図をみて表で確認する。

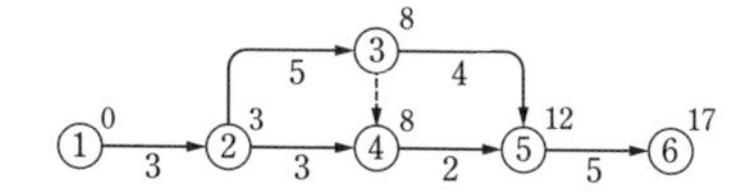

イベント	アクティビティ	計　算		LT
⑥		17		17
⑤	⑤→⑥	17－5＝12		12
④	④→⑤	12－2＝10		10
③	③→⑤ ③→④	12－4＝ 8 10－0＝10	10＞8	8
②	②→④ ②→③	10－3＝7 8－5＝3	7＞3	3
①	①→②	3－3＝0		0

類題　各種工程表に関する特徴を示した下表中，［　　］内に当てはまる用語の組合せとして，**適当なもの**はどれか。

比較事項＼工程表	ネットワーク	バーチャート	ガントチャート
作業の手順	判明できる	漠然としている	不明である
作業の日程・日数	A	判明できる	不明である
各作業の進行度合	漠然としている	漠然としている	判明できる
全体進行度	判明できる	判明できる	C
工期上の問題点	判明できる	B	不明である

	(A)	(B)	(C)
(1)	判明できる	漠然としている	判明できる
(2)	漠然としている	不明である	判明できる
(3)	判明できる	漠然としている	不明である
(4)	漠然としている	不明である	不明である

（基本問題）

解答

(A)　ネットワーク工程表：「作業日程・日数」が判明できる。

(B)　バーチャート工程表：「工期上の問題点」は漠然としている。

(C)　ガントチャート工程表：「全体進行度」が不明である。

正解　(3)

7-2　工程管理　ネットワーク工程表　★★★

10　ネットワーク工程表に関する記述のうち，**適当でないもの**はどれか。

(1)　デュレイションとは，アクティビティに付された数字で，作業に必要な時間のことである。

(2)　隣合う同一イベント間には，2つ以上の作業を表示しない。

(3)　最遅完了時刻は，後続作業の所要時間を順次加えて算出する。

(4)　クリティカルパスは，各作業のトータルフロートが0となるルートのことである。

（基本問題）

解 答　最遅完了時刻（LT）は，そのイベントを終点とする各アクティビティが，遅くとも完了していなくてはならない時刻を表すものである。

したがって，(3)**は適当でない。**　　**正解**　(3)

解 説

(1)　アクティビティの基本ルールに関して，矢線は作業，時間の経過などを表し，必要な時間を矢線の下に記入する。この時間をデュレイションという。また，矢線は時間の経過で，常に左から右へ流れ，作業内容は矢線の上に表示する。

(2)　イベントには正数の番号をつけ，これをイベント番号といい，作業を番号で表示する。また，イベント番号は同じ番号が2つ以上あってはならないし，隣り合うイベント間には2つ以上の作業を表示してはならない。

(3)　クリティカルパスは，フロートのないアクティビティの経路のことで，ネットワーク上では太い矢線または色線で表示する。クリティカルパスは必ずしも1本とは限らない。また，開始イベントから最終イベントへ至るルートの中で，最も時間を要するルートで，最早開始時刻と最遅完了時刻が同じ数字，かつ，トータルフロートが0のルートになる。

(4)　フリーフロートの計算例　　次ページに示す図のアクティビティ②→④の最早完了時刻は3+3=6であるが，イベント④の最早開始時刻は8日であるため，8−6=2日間の余裕時間はこの作業内で使っても使わなくても後続するアクティビティ④→⑤の最早開始時刻に影響を与えない。

図中の（　）内の数字がフリーフロートを表す。

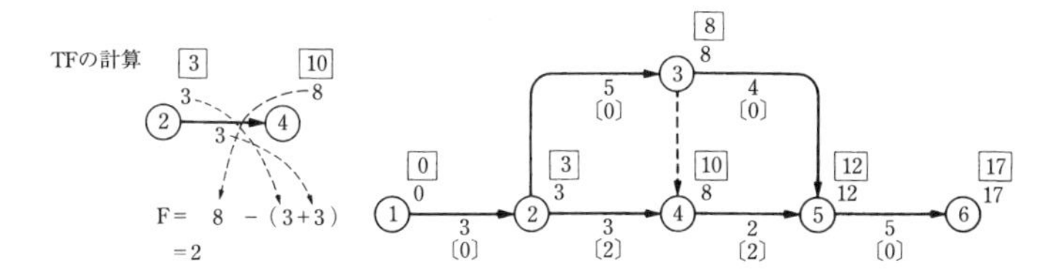

類題　図に示すネットワーク工程表に関する記述のうち，**適当でないもの**はどれか。

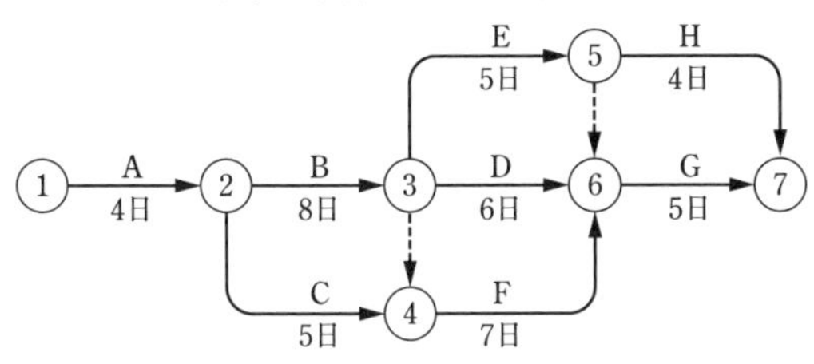

(1)　クリティカルパスは，①→②→③⇢④→⑥→⑦である。

(2)　作業Ｂの最遅完了時刻は，12日である。

(3)　作業Ｅのトータルフロートは２日，フリーフロートは０日である。

(4)　作業Ｆの所要時間を２日短縮すると，工期も２日短縮できる。

（基本問題）

解 答　作業Fが2日間短縮され5日になると，クリティカルパスは，①→②→③→⑥→⑦(23日)となる。元のクリティカルパスは①→②→③→④→⑥→⑦(24日)なので，工期は1日しか短縮できない。　　**正解**　(4)

解 説　設問のネットワーク工程表に(　)付でフリーフロートを記した。フリーフロートはクリティカルパス上①→②→③⇢④→⑥→⑦では0日であることに注目すると理解しやすい。

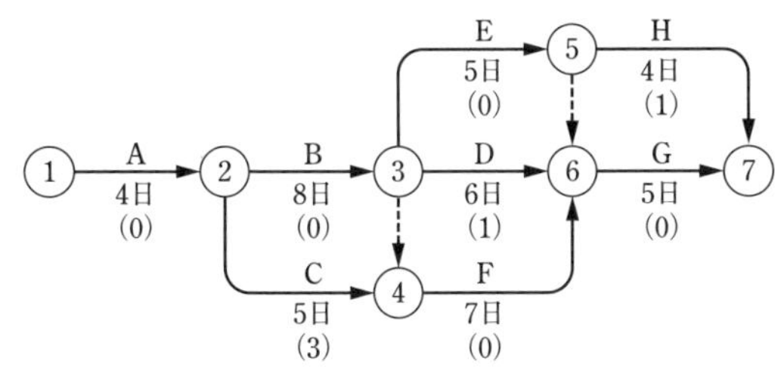

類題　図のネットワーク工程表に関する記述のうち，**適当でないもの**はどれか。

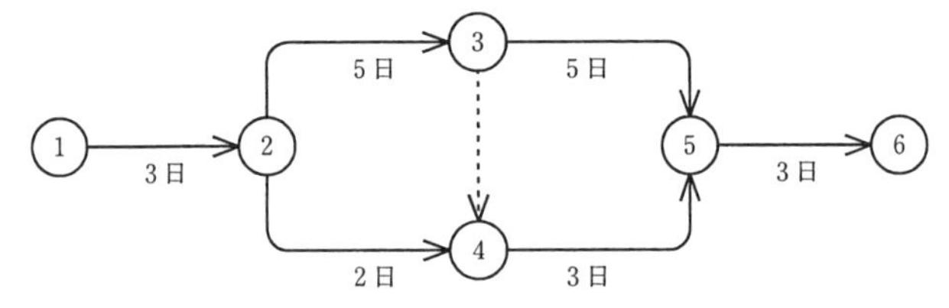

(1)　クリティカルパスは，①→②→③→⑤→⑥である。

(2)　作業②→④のフリーフロートは，3日である。

(3)　作業④→⑤の最早完了時刻は，13日である。

(4)　作業④→⑤のトータルフロートは，2日である。　（基本問題）

解 答　最早完了時刻とは，その作業を終了することができる最も早い時刻のことで，最早開始時刻にその作業の所要時間を加えたものである。したがって，作業④→⑤の最早完了時刻は，8＋3＝11日となる。　**正解**　(3)

○：最早開始時刻
□：最遅完了時刻

類題　図のネットワーク工程表に関する記述のうち，**適当でないもの**はどれか。

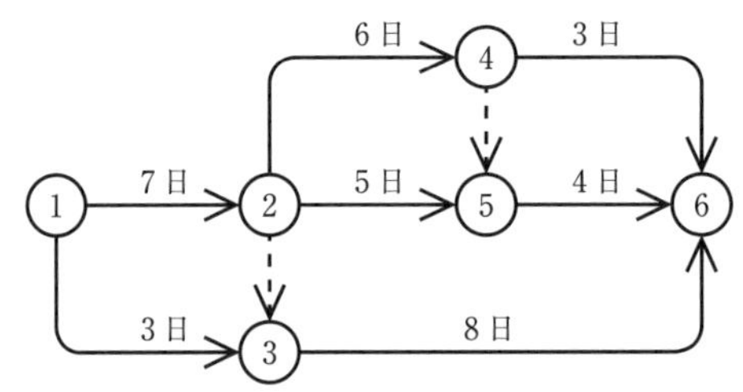

(1)　クリティカルパスは，①→②→④⇢⑤→⑥である。

(2)　作業②→⑤の最遅開始時刻は，8日である。

(3)　作業①→③のトータルフロートは，5日である。

(4)　作業④→⑥のフリーフロートは，1日である。　（基本問題）

解 答　トータルフロートは，後続するイベントの最遅終了時刻から先行するイベントの最早開始時刻とそのアクティビティの作業時間の和を差し引いたものとなり，作業①→③のトータルフロートは，9－3＝6日である。　**正解**　(3)

7-2 工程管理 工程管理 ★★★

11 工程管理に関する記述のうち，**適当でないもの**はどれか。

(1) ネットワーク工程表において，デュレイションとは所要時間のことで，アクティビティ（作業）に付された数字のことである。

(2) ガントチャート工程表は，各作業の完了時点を100％としたもので，作成は容易だが，各作業の開始日，所要日数が不明という欠点がある。

(3) 労務費，材料費，仮設費などの直接費が最小となる経済的な施工速度を臨界速度といい，このときの工期を最小工期という。

(4) バーチャート工程表で作成する予定進度曲線（Sカーブ）を実施進度曲線と比較し大幅に差がある場合は，原因を追究して工程を調整する必要がある。

（H28-B3）

解答 直接費が最小となる施工速度は「経済速度」といい，このときの工期を「最適工期」という（右図参照）。

したがって，(3)は**適当でない**。

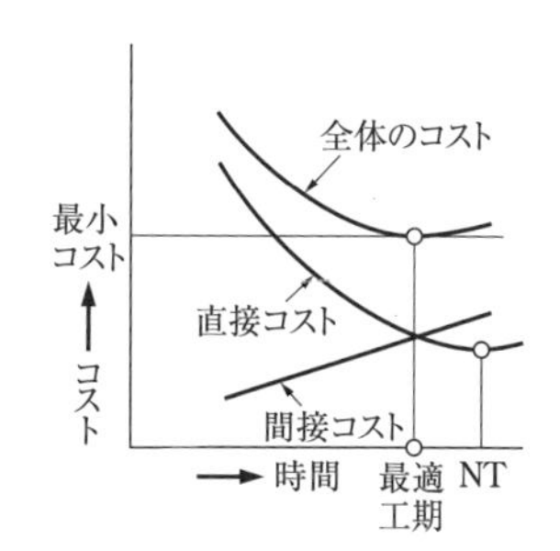

正解 (3)

試験によく出る重要事項

ネットワーク工程表は毎年計算問題が出題される。バーチャート，ガントチャートはその特徴が出題されている。

次ページ表に各工程表の特徴を整理したので，しっかり記憶すること。

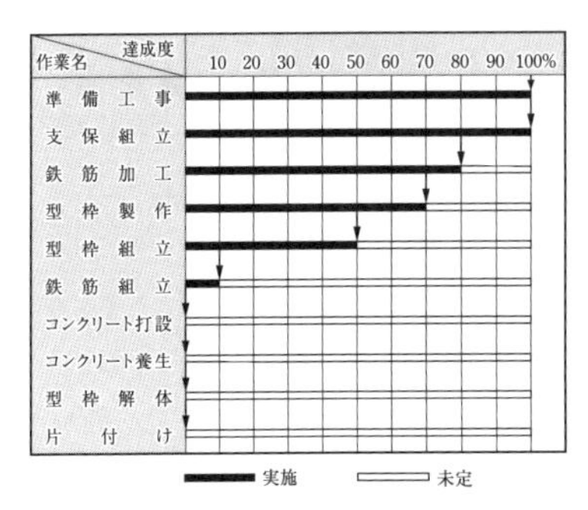

ガントチャート工程表

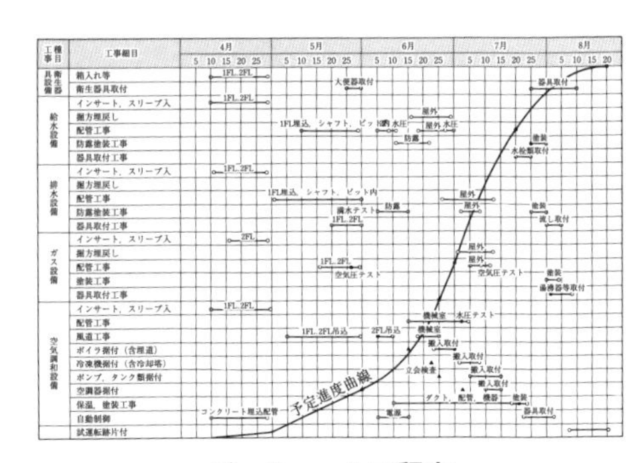

バーチャート工程表

各種工程表の特徴

名　称	概　　要	メリット	デメリット
ネットワーク工程表	大規模な工事に向いており，各作業の相互関係を図式化して表現	➢各作業の数値的把握が可能 ➢重点作業の管理ができる ➢変更による全体への影響を把握しやすい ➢フォローアップにより信頼度向上	➢作成が難しく熟練を要する ➢工程全体に精通している必要がある
バーチャート	縦軸に工種・作業名・施工手順，横軸に工期を記入	➢各作業の時期・所要日数が明快 ➢単純工事の管理に最適 ➢出来高予測累計から工事予定進度曲線（S字カーブ）が描ける	➢全体進捗の把握困難 ➢重点管理作業が不明確 ➢大規模工事に不向き
ガントチャート	縦軸に作業名，横軸に達成度を記入	➢作成が簡単 ➢現時点の各作業達成度が明確	➢変更に弱い ➢問題点の明確化が困難 ➢各作業の相互関係・重点管理作業が不明確 ➢工事総所要時間の明示が困難
タクト工程表	縦軸に建物階数，横軸に工期（暦日）を記入し，各階作業をバーチャートで示す	➢高層ビルなどの積層工法において全体工程の把握がしやすい ➢ネットワーク工程表より作成が容易 ➢バーチャートより他作業との関連が把握しやすい	➢低層建物への適用は困難 ➢作業項目ごとの工程管理ができない

7-2 工程管理 工程管理 ★★★

最新問題

12 工程管理に関する記述のうち，**適当でないもの**はどれか。

(1) 手持資源等の制約のもとで工期を計画全体の所定の期間に合わせるために調整することをスケジューリングという。

(2) ネットワーク工程表は，作業内容を矢線で表示するアロー形と丸で表示するイベント形に大別することができる。

(3) ネットワーク工程表において日程短縮を検討する際は，日程短縮によりトータルフロートが負となる作業について作業日数の短縮を検討する。

(4) ネットワーク工程表において日程短縮を検討する際は，直列作業を並行作業に変更したり，作業の順序を変更したりしてはならない。

(R2-B3)

解 答 工程表において，作業の順序を入れ換えることは基本的に不可である。また「直列作業を並行作業に変更」はできるものとできないものがある。日程短縮は(3)の記述に基づき ①投入人員を増やす，③作業時間を延長する，などを考える。

したがって，**(4)は適当でない。** **正解** (4)

解 説 (1)～(3)は適当である。ネットワーク工程表の表現の記号については下表参照のこと。

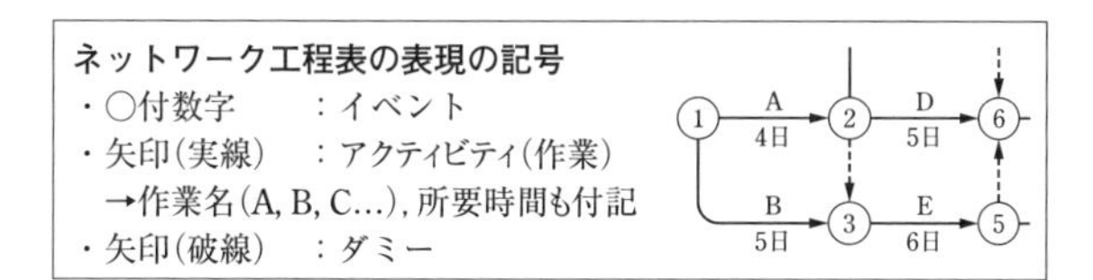

類題 工程管理に関する記述のうち，**適当でないもの**はどれか。

(1) 工期の途中で工程計画をチェックし，現実の推移を入れて調整することをフォローアップという。

(2) 通常考えられる標準作業時間を限界まで短縮したときの作業時間を特急作業時間（クラッシュタイム）という。

(3) 配員計画において，割り付けた人員等の不均衡の平滑化を図っていくことを山崩しという。

(4) クリティカルパスに次ぐ重要な経路で，工事の日程を短縮した場合，クリティカルパスになりやすい経路をインターフェアリングフロートという。

(R1-B3)

解答 インターフェアリングフロート（IF，干渉余裕）のことで，後続作業のトータルフロート（TF）に影響を及ぼすようなフロートのことをいう。IF = TF−FF（フリーフロート）で算出する。

出題は“セミクリティカルパス”の説明である。 **正解** (4)

7-2 工程管理 工程の計画・管理に関する図表の名称 ★★★

13 工程の計画及び管理に関する図表の名称と関連する語句の組合せのうち，**適当でないもの**はどれか。

	（図表の名称）		（関連する語句）
(1)	利益図表	――	損益分岐点
(2)	工期・建設費曲線	――	最適工期
(3)	予定進度曲線	――	バスタブカーブ
(4)	工程管理曲線	――	バナナ曲線

（基本問題）

解答 バスタブ曲線とは，故障率を示す図で，右図のように表され，縦軸は故障の発生する確率（故障率），横軸は機器の使用年数（時間）となっている。

したがって，**(3)は適当でない。**

正解 (3)

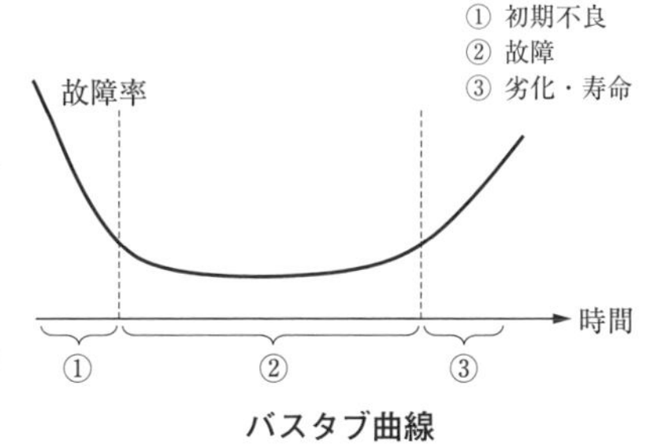

バスタブ曲線

解説 (1) 工事総原価 y は，固定原価 F と変動原価 vx（v は変動費率）との和であり，変動原価 vx は施工出来高 x に比例し，増加する。総原価 y は $y=F+vx$ の直線で表すことができ，これを図示したものを利益図表という。

工事総原価 y と施工出来高 x とが等しくなる点の $y=x$ の直線上において，工事の経費は収入と支出が等しくなり黒字にも赤字にもならない。原価曲線 $y=F+vx$ と $y=x$ との交点がこの点にあたり，これを損益分岐点という。

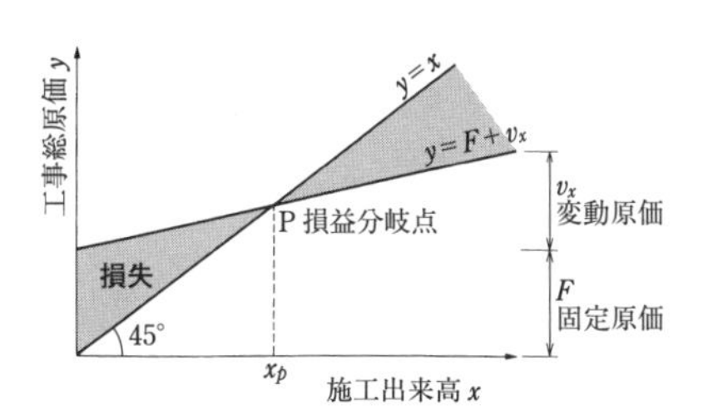

施工出来高と工事総原価

(2) 工事費を直接費と間接費に分けて考えると，労務費，材料費，仮設費などの直接費は，施工速度を速めると超過勤務，割高な材料の使用などのため増加するが，管理費，共通仮設費，減価償却費，金利等の間接費は逆に減少する。この直接費，間接費およびその和の総工事費と施工速度の関係を図にしたものを費用曲線という。直接費と間接費を合わせた総工事費が最小となる最も経済的な施工速度を経済速度，このときの工期を最適工期という。

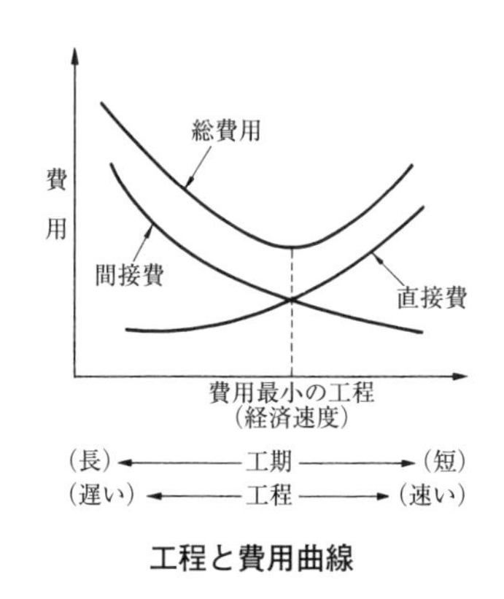

工程と費用曲線

(3) バーチャート工程表（P.210の図参照）では，横軸に日程を，縦軸に工事出来高（%）をとって描くとSカーブとよばれる予定進度曲線が得られる。この場合，最も早く施工が完了するとしたときのSカーブと，最も遅く施工が完了するとしたときのSカーブを描くと2つの曲線で囲まれた形はバナナの形状に似たものとなる。実際の工程はこの2つのカーブに囲まれた内側に納まるよう管理を行う必要があり，この工程管理曲線をその形状からバナナ曲線進度管理曲線と呼ぶ。

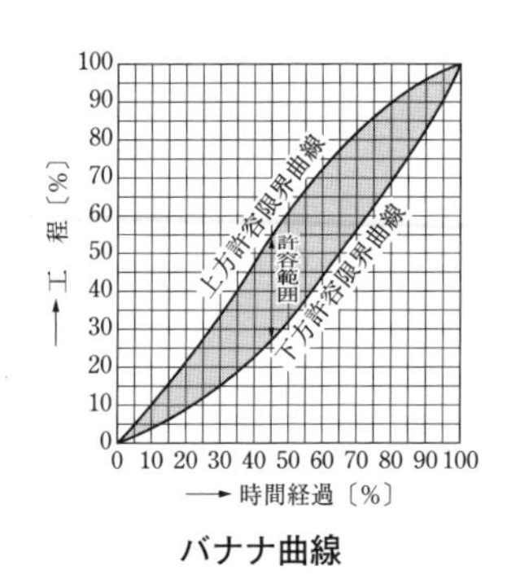

バナナ曲線

関連の「工程と原価・品質との関係」については，付録9（p. 368）を参照。

7-3 品質管理

●出題傾向分析●

出題内容 ＼ 年度(和暦)	R2	R1	H30	H29	H28	計
(1) 品質管理の統計的手法	1		1	1	1	4
(2) 管理図の読み方		1				1
(3) 建設工事における品質管理	1	1	1	1	1	5
計	2	2	2	2	2	10

[過去の出題傾向]

令和2年度は，品質管理に用いる図の名称を問うものと，建設工事における品質管理用語が出題された。

[品質管理の統計的手法]

① 令和2年度特性要因図とヒストグラムが出題された。

② 過去，③に示す用語が出題されるが，用語だけではなく，中身の理解も必要である。

③ キーワード：ヒストグラム，特性要因図，パレート図，散布図，抜取検査，全数検査，管理図など。

[管理図の読み方]

① 令和1年度は，管理図の読み方が平成26年度以来5年ぶりに出題された。

② 令和1年度は，パレート図と特性要因図に絞った出題だった。

③ 関連する用語をしっかり理解しておく必要がある。

[建設工事における品質管理]

① 建設工事における品質管理は**毎年出題**されている。

② キーワード：品質計画，品質保証，施工不良，クレーム，再発防止など。

年度(和暦)	No	出題内容（キーワード）
R2	5	品質管理の統計的手法名称：特性要因図，パレート図，ヒストグラム，管理図
	6	建設工事における品質管理：品質管理と原価低減の関係，PDCAサイクル，全数検査，抜取検査
R1	5	管理図の読み方：パレート図，特性要因図の特徴
	6	建設工事における品質管理：品質計画に基づく施工，統計的手法，施工品質，再発防止
H30	5	品質管理に関する用語：　QC工程図の管理項目，PDCAサイクル，工程内検査，品質管理のメリット・デメリット
	6	品質管理の統計的手法：特性要因図，ヒストグラム，散布図，管理図
H29	5	品質管理に用いられる図の名称：パレート図，ヒストグラム，散布図，特性要因図
	6	品質管理：品質管理の要件，施工図の検討，機器の工場検査，装置の試運転調整全数検査，抜取検査
H28	5	品質管理：デミングサークル（PDCAサークル），設備施工における品質管理（記録），機器材が品質に与える影響，品質管理の目的
	6	抜取検査：検査の内容により抜取検査の適用の可否及び妥当性

7-3 品質管理 品質管理の統計的手法 ★★★

最新問題

14 品質管理に用いられる下図（図 A，図 B）の名称の組合せのうち，**適当なものはどれか。**

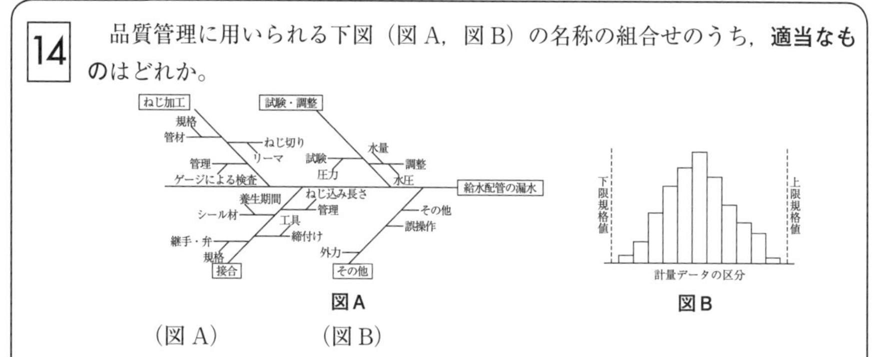

図A　　図B

（図 A）　（図 B）

(1) 特性要因図 ——— パレート図
(2) 管理図 ——— ヒストグラム
(3) 特性要因図 ——— ヒストグラム
(4) 管理図 ——— パレート図

（R2-B5）

解 答 図 A は特性要因図，図 B はヒストグラムである。

したがって，**(3)が適当である。** **正解** (3)

解 説 「試験によく出る重要事項」を参照のこと。

試験によく出る重要事項

散布図・・・2 つの特性を各々 x 軸 y 軸とするグラフにプロットされた点により，2 つの特性の関係を把握できる。データが右上がりであれば正の相関関係にあり，右下がりであれば負の相関関係にある。大きくばらついていれば，相関関係はほとんどないということが判明する。大きく 2～3 のグループに分かれることもある。

パレート図・・・①大きな不良項目　②不良項目の順位　③不良項目の各々が全体に占める割合④全体の不良をある率まで減らす対策の対象となる重点不良項目がわかる。通常不良項目の上位 3 点を集中的に削減できれば，全不良件数の 80～85% は削減できるとされている。

ヒストグラム・・・縦軸に度数，横軸にその計量数をある幅ごとに区分し，その幅を底辺とした柱状図で表す。通常，上限・下限の規格値の線を入れ，規格や標準値からはずれている度合，データの全体分布，大体の平均やばらつき，工程の異常がわかる。

「ヒストグラム測定値の読み方」については，付録10（p. 369）を参照。

管理図・・・管理限界を示す一対の線を引き，これに品質または工程の条件などを表す点を打って，工程が安定な状態にあるかを調べる図である。データをプロットした点を結び，折れ線グラフで表す。この管理限界線を越えた場合は異常値となり，見逃せない何らかの原因があることが判明する。

特性要因図・・・魚の骨ともいわれ，不良原因を整理し，その原因を追究し改善の手段を決定するために使用する。

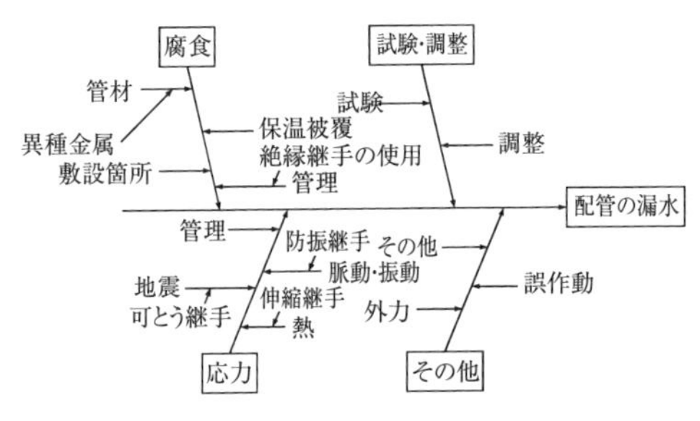

特性要因図（配管の漏水原因の例）

類題 品質管理で用いられる統計的手法に関する記述のうち，**適当でないもの**はどれか。

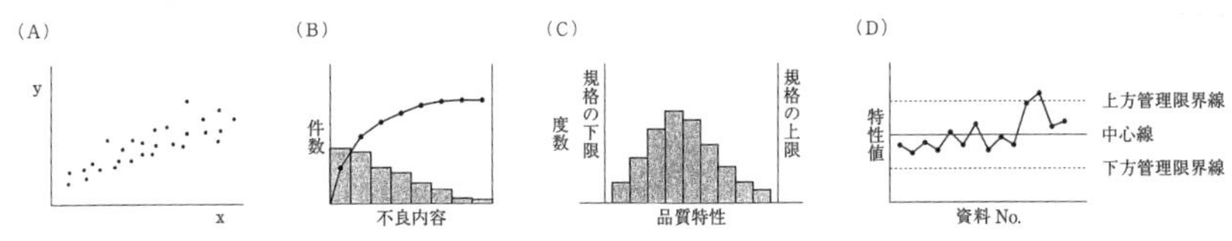

(1) 図(A)は散布図で，分布の状態により，品質特性とこれに影響を与える原因等の2変数の相関関係がわかる。

(2) 図(B)は特性要因図で，大きな不良項目やおのおのの不良項目が全体に占める割合がわかる。

(3) 図(C)はヒストグラムで，概略の平均値，ばらつきの状況や規格値を満足しているかがわかる。

(4) 図(D)は管理図で，品質のばらつきが不可避な原因によるものか異常原因によるものか判断できる。

（基本問題）

解答 図(B)はパレート図である。 **正解** (2)

7-3 品質管理 建設工事における品質管理 ★★★

15 品質管理で用いられる統計的手法（パレート図と特性要因図）に関する記述のうち，**適当でないもの**はどれか。

(1) パレート図とは，関係のある2つの対になったデータの1つを縦軸に，他の1つを横軸にとり両者の対応する点をグラフにプロットした図である。

(2) パレート図では，大きな不良項目，不良項目の順位，各不良項目が全体に占める割合等を読み取ることができる。

(3) 特性要因図とは，問題としている特性とそれに影響を与えると想定される要因の関係を魚の骨のような図に体系的に整理したものである。

(4) 4特性要因図は，不良の原因と考えられる事項が整理されるため，関係者の意見を引き出したり，改善の手段を決めたりすることに有用である。

（R1-B5）

解答 (1)の説明は，散布図の説明であり，パレート図の説明ではない。
したがって，**(1)は適当でない。** **正解** (1)

解説 パレート図は原因となる要因の頻度を明確に図示して，要因に対する対策の優先順位を決めるための手法である。特性要因図は前ページを参照のこと。

類題 抜取検査に関する記述のうち，**適当でないもの**はどれか。

(1) 品質基準が明確であり，再現性が確保されている製品には，抜取検査を適用する。

(2) 品物を破壊しなければ検査の目的を達し得ない場合には，抜取検査を適用する。

(3) 計量抜取検査を適用する場合，特性値が正規分布をしていることが前提条件である。

(4) 不良品の混入が許されない場合でも，安価に検査するには，抜取検査を適用する。

（基本問題）

解答 「不良品の混入が許されない場合」は，抜取検査ではなく全数検査を行うことが必須条件となる。JIS Z 8115 を参照。 **正解** (4)

7-3　品質管理　建設工事における品質管理　★★★

最新問題

16　品質管理に関する記述のうち，**適当でないもの**はどれか。

(1)　品質管理において，品質の向上と工事原価の低減は，常にトレードオフの関係にある。

(2)　PDCA サイクルは，計画→実施→確認→処理→計画のサイクルを繰り返すことであり，品質の改善に有効である。

(3)　全数検査は，特注機器の検査，配管の水圧試験，空気調和機の試運転調整等に適用する。

(4)　抜取検査は，合格ロットの中に，ある程度の不良品の混入が許される場合に適用する。

(R2-B6)

解 答　「トレードオフ」とは“あちらを立てれば，こちらは立たず”ということであるが，品質管理の徹底は，品質の向上，手戻り工事の削減につながり，原価低減の道具になる。

したがって，**(1)が適当である。**　**正解**　(1)

解 説　(2)　p.222「解説」の(2)参照。(3)と(4)は p.220 の（R1-B6）を参照。

類題　建設工事における品質管理に関する記述のうち，**適当でないもの**はどれか。

(1)　建設工事における品質管理とは，品質計画に基づき施工を実施し，品質を保証することである。

(2)　建設工事は現場ごとの一品生産であることから，統計的な手法による品質管理は有効とならない。

(3)　建設工事における品質管理の効果には，施工品質の向上，施工不良やクレームの減少等がある。

(4)　建設工事における日常の品質管理には，異常が出たときの処置や，問題解決と再発防止も含まれる。

(R1-B6)

解 答　(2)　一品生産でないからこそ，データの切出し方，採取方法を考えるなどして，統計的手法を適用すべきである。　**正解**　(2)

試験によく出る重要事項

(1) 品質管理を行うことにより得られる効果のうち主なものは，次のとおりである。

①品質が向上し不良品の発生やクレームが減少

②品質の信頼性向上

③工事原価が低減

④無駄な作業がなくなり手直しが減少

⑤品質が均一化

⑥新しい問題点や改善の方法が発見される

(2) 全数検査が望ましいものは，機器類では，大型機器，防災機器，汎用品でない新製品，設置後取り外して工場に持ち帰り再検査ができない機器，また，施工関連では，水圧・満水試験等の圧力試験，試運転調整，防火区画の穴埋め，防火関連の作動試験，埋設および隠蔽(べい)配管の勾(こう)配，保温・保冷施工の状況など確実性が要求されるものである。

(3) 抜取検査については，JIS Z 8115で「検査ロットから，あらかじめ定められた抜取検査方式にしたがって，サンプルを抜き取って試験し，その結果をロット判定基準と比較して，そのロットの合格・不合格を判定する検査」としている。

抜取検査を実施する条件

①製品がロットとして処理できること	③試料の抜き取りがランダムにできること
②合格ロットの中にも，ある程度の不良品の混入を許せること	④品質基準が明確であること

(4) 散布図については，p.217の「解説」を参照。

7-3 品質管理 建設工事における品質管理 ★★★

17 品質管理に関する記述のうち，**適当でないもの**はどれか。

(1) 品質管理のためのQC工程図には，工事の作業フローに沿って，管理項目，管理水準，管理方法等を記載する。

(2) PDCAサイクルは，計画→実施→チェック→処理→計画のサイクルを繰り返すことであり，品質の改善に有効である。

(3) 品質管理として行う行為には，搬入材料の検査，配管の水圧試験，風量調整の確認等がある。

(4) 品質管理のメリットは品質の向上や均一化であり，デメリットは工事費の増加である。 (H30-B5)

解答 品質管理のメリットは，品質向上，均質化，手戻りの減少などにより，工事費の低減につながる。

したがって，**(4)は適当でない。** **正解** (4)

解説 (1) QC工程図は，資機材の購入から竣工引き渡しまでの工程の各段階における，管理特性や管理方法を時間軸に沿って記載した表のことである。工程ごとに，「管理項目」「管理方法」「管理基準（合否の基準値）」「異常処置方法（連絡先）」「関連文書」「検査者名」などを一覧で記述したものである。

参考：https://www.sk-quality.com/qckoutei/qckou01_what.html

(2) PDCAサイクルは，デミングサークルのことであり，各種マネジメント・システムに使われる。

Plan（計画）→ Do（実施）→ Check（検査・結果の見直し）→ Action（Cで問題があれば改善）の順に回し，品質向上（スパイラル・アップ）していく手法である。

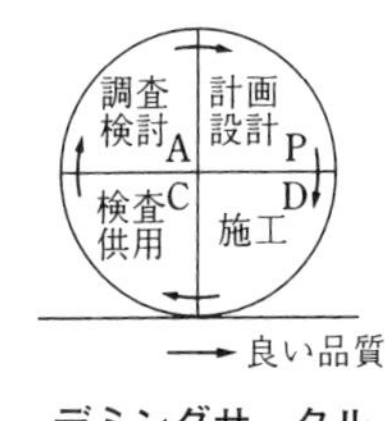

デミングサークル（PDCAサイクル）

(3) 施工現場における品質管理の項目は多々あるが，出題の3項目は品質記録として重要であり，ISO-9000の要求事項になっている。

7-4 安全管理

●出題傾向分析●

出題内容 ＼ 年度(和暦)	R2	R1	H30	H29	H28	計
(1) 工事現場における危険防止		1		2	1	4
(2) 建設工事における安全管理	2	1	2		1	6
計	2	2	2	2	2	10

[過去の出題傾向]

安全管理は，毎年2問出題されている。

(1)の工事現場における安全管理と(2)の建設業における安全管理は，関連性があるので，しっかりと覚える。多くの問題を解いて，不明快な部分は面倒がらず，こまめに法規を調べることが肝要である。

[工事現場における危険防止]

① 令和2年度は出題がなかったので，**令和3年度は出題される可能性が高い**。

② 過去の出題をこのテキストで研究しておくこと。

[建設工事における安全管理]

① 令和2年度は2問出題された。

② 胴ベルト型の墜落制止用器具の基準のほか，TBM（ツールボックスミーティング），WBGT（暑さ指数），不安全行動，4S活動，ヒヤリハット活動，ZD（ゼロ・ディフェクト），安全施工サイクルなどの用語が出題されている。

③ 令和1年度は，建設工事の災害で発生件数が多い災害として，「重大災害」「度数率」「強度率」の意味が問われた。記憶しておくと良い。

年 度(和暦)	No	出題内容（キーワード）
R2	7	建設工事における安全管理：胴ベルト型の墜落制止用器具，ヒヤリハット活動，ZD 運動（ゼロ・ディフェクト），安全施工サイクル
	8	工事現場における危険防止：TBM（ツールボックスミーティング），WBGT（暑さ指数），不安全行動，4S 活動
R1	7	建設工事における安全管理：重大災害の定義，建設工事に多い災害の種類，度数率，強度率
	8	工事現場における危険防止：アーク溶接時の換気措置，交流アーク溶接機用電撃防止装置，リスクアセスメント，危険作業，有害作業
H30	7	建設工事における安全管理：ZD（ゼロ・ディフェクト）運動，不安全行動，指差呼称，4S 活動
	8	建設工事における安全管理：度数率・強度率・年千人率，休業 4 日に満たない場合の労働者死傷病報告書提出期日，ツールボックスミーティング（TBM），ヒヤリハット活動
H29	7	建設工事現場における危険防止：高所作業車の運転資格，暑さ指数（WBGT）の要素，解体工事時の石綿調査，リスクアセスメント
	8	建設工事現場における安全管理：アーク溶接時の呼吸要保護具，枠組足場の手すり，酸素欠乏作業，安全帯とその取付け場所の点検
H28	7	建設業における安全管理：安全衛生責任者の職務，100 kg 以上のものを貨物自動車に積み込む作業，安全施工サイクル，事業者による安全教育
	8	建設工事現場における危険防止：アーク溶接時の自動電撃防止装置，架設通路の登りさん橋の踊り場設置間隔，小型移動式クレーン運転技能講習資格による従事作業範囲，はしごの転位防止

7-4 安全管理 安全管理 ★★★

最新問題

18 建設工事現場における安全管理に関する記述のうち，**適当でないもの**はどれか。

(1) 高さが2m以上，6.75m以下の作業床がない箇所での作業において，胴ベルト型の墜落制止用器具を使用する場合，当該器具は一本つり胴ベルト型とする。

(2) ヒヤリハット活動とは，作業中に怪我をする危険を感じてヒヤリとしたこと等を報告させることにより，危険有害要因を把握し改善を図っていく活動である。

(3) ZD（ゼロ・ディフェクト）運動とは，作業方法のマニュアル化と作業員に対する監視を徹底することにより，労働災害ゼロを目指す運動である。

(4) 安全施工サイクルとは，安全朝礼から始まり，安全ミーティング，安全巡回，安全工程打合せ，後片付け，終業時確認までの作業日ごとの安全活動サイクルのことである。

(R2-B7)

解答 ZD運動（Zero Defective Movement）とは，従業員や作業者の自発性・熱意を喚起させて，創意工夫により仕事の欠陥をなくし，コスト低減，製品・サービスの向上を目的とする運動である。

したがって，**(3)は適当でない。** **正解** (3)

解説 (1) 平成30年の規則改正により同31年告示第11号により安全帯基準が変更され，胴ベルト型は高さ2m～6.75m，これを超える高さではフルハーネス型が義務化された（令和4年からは胴ベルト型は使用不可となる）。

(2) 記述通り，経験を報告させることで意識の共有を図ることができる。

(4) 安全施工サイクルは「試験によく出る重要事項」p.226 ③参照。

試験によく出る重要事項

❶ 誘導の配置（**労働安全衛生法施工規則第365条**）

(1) 明かり掘削作業を行う場合，運搬機械，掘削機械および積込み機械などが，作業箇所に後進接近するとき，または転落危険があるときは，誘導者を配置し，その者に機械を誘導させる。

(2) (1)の運搬機械などの運転者は，誘導者が行う誘導に従う。

❷ **鋼管足場**（次ページの図参照）

規則第570条 事業者は，鋼管足場については，次の定めに適合したものを使用する。

一 足場の脚部には，足場の滑動又は沈下を防止するため，ベース金具を用い，かつ，敷板，敷角等を用い，根がらみを設ける等の措置を講ずる。

二 脚輪を取り付けた移動式足場は，不意の移動を防止するため，ブレーキ，歯止め等で脚輪を確実に固定させ，その一部を堅固な建設物に固定させる。

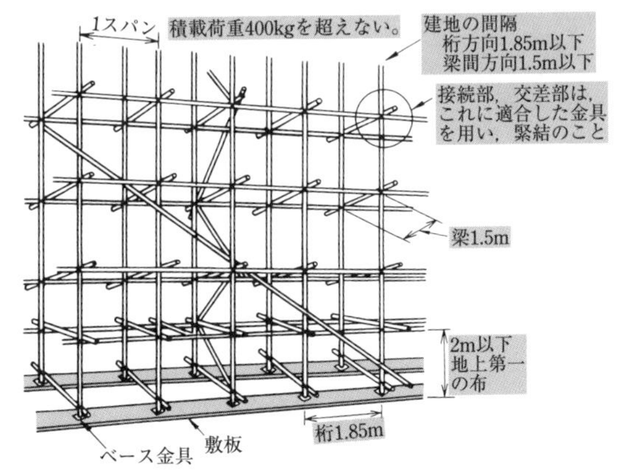

鋼管足場

三 鋼管の接続部又は交さ部は，これに適合した付属金具を用いて，確実に接続し又は緊結する。

四 筋かいで補強する。

「安全管理（足場・鋼管足場）」については，付録12（p. 371）を参照。

❸ 安全施工サイクル　安全朝礼に始まり，TBM，安全巡回，工程打合せ，片付けまでの日常活動のサイクルのことである。

❹ 安全衛生教育　法第59条において「事業者は，労働者を雇い入れたとき，労働者の作業内容を変更したときに，遅滞なく，その従事する業務に関する安全又は衛生のための教育を行なわなければならない」等とある。

類題 建設工事現場における危険防止に関する記述のうち，**適当でないもの**はどれか。

(1) 屋外で金属をアーク溶接する作業者に使用させるため，呼吸用保護具等の適切な保護具を備える。

(2) 枠組足場以外の高さ2mの作業床には，墜落のおそれがある箇所に，高さ65cmの手すりと中さんを取り付ける。

(3) 作業場所の空気中の酸素濃度が18%以上に保たれるように換気を行う。

(4) 墜落防止のために労働者に安全帯を使用させるときは，安全帯及びその取付け設備等の異常の有無について，随時点検する。 (H29-B8)

解 答 労働安全衛生規則の第563条では，型枠足場以外の足場では，手すりの高さは85cmである。建災防HPを参照されたい（https://www.kensaibou.or.jp/data/pdf/leaflet/houkaisei_ashiba_kaisei.pdf）。

正解 (2)

7-4 安全管理 安全管理 ★★★

19 建設工事現場における危険防止に関する記述のうち，**適当でないもの**はどれか。

(1) 交流アーク溶接機の自動電撃防止装置は，その日の使用を開始する前に，作動状態を点検しなければならない。

(2) 架設通路の高さ 8m 以上の登りさん橋には，高さ 8m ごとに踊場を設けた。

(3) 吊り上げ荷重 1 トンの移動式クレーンの運転業務には，小型移動式クレーン運転技能講習を修了した者を就かせた。

(4) はしご道は，はしごの転位防止のための措置を行い，はしごの上端を床から 60 cm 以上突出させなければならない。 (H28-B8)

解 答 労働安全衛生規則第552条には，架設通路についての規定が書かれており，第六項に，「建設工事に使用する高さ8m以上の登り桟橋には，7m以内ごとに踊場を設けること」とある(P.230「試験によく出る重要事項」(2)参照)。

したがって，(2)**は適当でない**。 **正解** (2)

試験によく出る重要事項

❶ 昇降するための設備の設置等

労働安全衛生規則第 526 条 事業者は，高さ又は深さが 1.5 m を超える箇所で作業を行うときは，当該作業に従事する労働者が安全に昇降するための設備等を設けなければならない。ただし，安全に昇降するための設備等を設けることが作業の性質上著しく困難なときは，この限りでない。

2 前項の作業に従事する労働者は，同項本文の規定により安全に昇降するための設備等が設けられたときは，当該設備等を使用しなければならない。

❷ 酸素欠乏症等防止規則（作業環境測定等）

第 3 条 事業者は，令第 21 条第 9 号に掲げる作業場について，その日の作業を開始する前に，当該作業場における空気中の酸素（第二種酸素欠乏危険作業に係る作業場にあっては，酸素および硫化水素）の濃度を測定しなければならない。「酸素欠乏等に対する安全基準」については，付録 11（p. 370）を参照。

❸ 労働安全衛生規則第194条の18　高所作業車（作業床が接地面に対し垂直のみ上昇し，または下降する構造のものを除く。）を用いて作業を行うときは，当該高所作業車の作業床上の労働者に安全帯を使用させなければならない。

類題 建設工事現場における安全管理に関する記述のうち，**適当でないもの**はどれか。

(1) 作業床の高さが10 m以上の高所作業車の運転（道路上を走行させる運転を除く）業務は，事業者が行う当該業務に関わる特別の教育を修了した者に行わせなければならない。

(2) 暑さ指数（WBGT）は，気温，湿度及び輻射熱に関係する値により算出される指数で，熱中症予防のための指標である。

(3) 事業者は，建築物の解体を行う場合，石綿等による労働者の健康障害を防止するために，石綿等の使用の有無を目視，設計図書などにより調査し，記録しなければならない。

(4) リスクアセスメントとは，建設現場に潜在する危険性又は有害性を洗い出し，それによるリスクを見積もり，その大きいものから優先してリスクを除去，低減する手法である。

(H29-B7)

解答 作業床の高さが10 m以上の高所作業車の運転業務は，“特別の教育”ではなく“技能講習”を受講しなければならない。　**正解** (1)

解説 法規はwebサイトで簡単に検索できるので，必要に応じて法文をチェックしておくとよい。

類題 次の文中，［　　］内に当てはまる語句の組合せとして，「労働安全衛生法」上，**適当でないもの**はどれか。

［ A ］からなる地山を手掘りにより掘削する作業において，掘削面の高さが［ B ］mの場合，掘削面の勾配が［ C ］度となるように作業を行った。

	(A)	(B)	(C)
(1)	堅い粘土	4	75
(2)	堅い粘土	5	60
(3)	砂	6	45
(4)	岩盤	6	60

(基本問題)

解答 砂からなる地山にあっては，掘削面の勾配を35度以下とし，または掘削面の高さを5 m未満とすること，と規定されている（p.311も参照のこと）。　**正解** (3)

7-4 安全管理 安全管理 ★★★

20 建設業における安全管理に関する記述のうち，**適当でないもの**はどれか。

(1) 安全衛生責任者は，関係請負人が行う労働者の安全のための教育に対する指導及び援助を行う措置を講じなければならない。

(2) 一つの荷物で重量が 100 kg 以上のものを貨物自動車に積む作業を行うときは，当該作業を指揮する者を定めなければならない。

(3) 安全施工サイクルとは，安全朝礼から始まり，安全ミーティング，安全巡回，工程打合せ，片付けまでの日常活動サイクルのことである。

(4) 事業者は，労働者を雇い入れたときは，当該労働者に対して，その従事する業務に関する安全又は衛生のため必要な事項の教育を行わなければならない。

(H28-B7)

解答 安全衛生責任者は，統括安全責任者との連絡調整や労働者の作業実施に関する計画の作成が職務であり，直接教育に対する指導及び援助を行う措置は行わない。(1)でいう職務は，統括安全衛生責任者の職務である(p.235の表にまとめているので参照のこと)。

したがって，**(1)は適当でない。** **正解** (1)

試験によく出る重要事項

(1) **安全衛生規則第 151 条**の 70（積卸し） 事業者は，一の荷でその重量が 100 kg 以上のものを貨物自動車に積む作業（ロープ掛けの作業およびシート掛けの作業を含む。）または貨物自動車から卸す作業（ロープ解きの作業およびシート外しの作業を含む。）を行うときは，当該作業を指揮する者を定め，その者に行わせなければならない。

一 作業手順及び作業手順ごとの作業の方法を決定し，作業を直接指揮すること。

二 器具及び工具を点検し，不良品を取り除くこと。

三 当該作業を行う箇所には，関係労働者以外の労働者を立ち入らせないこと。

四　ロープ解きの作業及びシート外しの作業を行うときは，荷台上の荷の落下の危険がないことを確認した後に当該作業の着手を指示すること。

五　労働安全衛生規則第151条の67第1項の昇降するための設備及び保護帽の使用状況を監視すること。

(2)　労働安全衛生規則（架設通路）　第552条六　事業者は，架設通路について，建設工事に使用する高さ8 m以上の登りさん橋には，7 m以内ごとに踊場を設けることと規定されている。

(3)　労働安全衛生規則　第519条　　事業者は，高さが2 m以上の作業床の端，開口部等で墜落により労働者に危険を及ぼすおそれのある箇所には，囲い，手すり，覆い等（以下この条において「囲い等」という。）を設けなければならないと規定されている。

類題　建設工事における安全管理に関する記述のうち，**適当でないもの**はどれか。

(1)　重大災害とは，一時に3人以上の労働者が業務上死亡した災害をいい，労働者が負傷又はり病した災害は含まない。

(2)　建設工事において発生件数の多い労働災害には，墜落・転落災害，建設機械・クレーン災害，土砂崩壊・倒壊災害がある。

(3)　災害の発生頻度を示す度数率とは，延べ実労働時間100万時間当たりの労働災害による死傷者数である。

(4)　災害の規模及び程度を示す強度率とは，延べ実労働時間1,000時間当たりの労働災害による。

(R1-B7)

解答　重大災害とは，不休も含む一度に3名以上の労働者が業務上で死傷または罹（り）病した災害をいう。

正解　(1)

解説　(2)　は記述の通りで，重篤災害につながる災害である。

(3)(4)の「度数率」，「強度率」のほか，災害統計の表現は下表の通りである

度数率	100万延べ労働時間当たり労働災害の死傷者数で，労働災害の頻度を表す
強度率	1000延労働時間当たりの労働損失日数で，災害の重さを表す
年千人率	1年間の労働者1 000人当りに発生した死傷者数の割合を表す

7-4　安全管理　安全管理　★★★

21　建設工事現場における安全衛生管理体制に関する記述のうち，「労働安全衛生法」上，**誤っているもの**はどれか。

(1)　元方安全衛生管理者を選任する場合は，その事業場に専属の者を選任しなければならない。

(2)　特定元方事業者は，下請けも含めた作業場の労働者が常時50人以上となる場合には，統括安全衛生責任者を選任しなければならない。

(3)　事業者は，事業場の労働者が常時100人以上となる場合には，総括安全衛生管理者を選任しなければならない。

(4)　元方安全衛生管理者は，毎週少なくとも1回，作業場所の巡視を行なわなければならない。　（基本問題）

解答　元方安全衛生管理者は，建設業では労働者数が常時50人以上の事業所に，専任として統括安全衛生責任者が選任するもので，その職務には作業場所の巡視が含まれているが，その頻度は1日1回以上である。

したがって，(4)**は誤っている。**　**正解**　(4)

解説　(1)　元方安全衛生管理者は，法第18条の3で，その選任はその事業場に専属の者を選任しなければならない。

(2)　特定元方事業者は，元方事業者のうち建設業と造船業を行うものを指し，統括安全衛生責任者を選任しなければならないが，その条件は下請けも含めた作業場の労働者が常時50人以上である。

(3)　総括安全衛生管理者は，事業者がその事業場を常時使用する労働者の数が一定の人数以上の場合に選任が必要で，建設現場（建設業）の場合は100人以上である。

なお，p. 235の表に，安全衛生管理体制における紛らわしい管理者，責任者をまとめているので参照のこと。

7-4 安全管理 安全な通路 ★★★

22 労働者が使用するための安全な通路に関する記述のうち，「労働安全衛生法」上，**誤っているもの**はどれか。

(1) 架設通路の勾(こう)配が 30 度を超えるものには，踏さんその他の滑止めを設ける。

(2) 建設工事に使用する高さ 8 m 以上の登りさん橋には，7 m 以内ごとに踊場を設ける。

(3) 屋内に設ける通路には，通路面から高さ 1.8 m 以内に障害物を置かない。

(4) 通路で主要なものには，通路であることを示す表示をする。

（基本問題）

解 答 次に示す図中の説明にあるように，架設通路の勾配は 15 度を超えるものと規定されている。

したがって，**(1)は誤っている。** **正解** (1)

試験によく出る重要事項

① 架設通路（労働安全衛生規則第 552 条） 右図を参照。

② 屋内に設ける通路（同規則第 542 条第三号） 「通路面から高さ 1.8 m 以内に障害物を置かないこと。」と規定されている。

③ 通路（同規則第 540 条第二号） 通路で主要なものには，これを保持するため，通路であることを示す表示をしなければならないと規定されている。

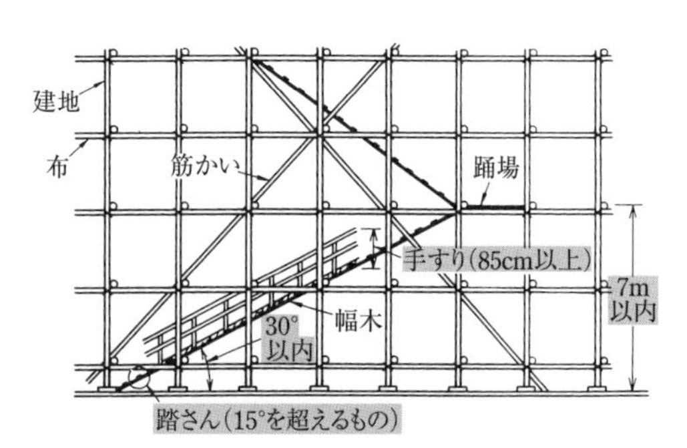

架設通路

脚立（同規則第 528 条） 次ページの図を参照。

①丈夫な構造とし，②材料は著しい損傷，腐食等がないものであること。 **脚立**

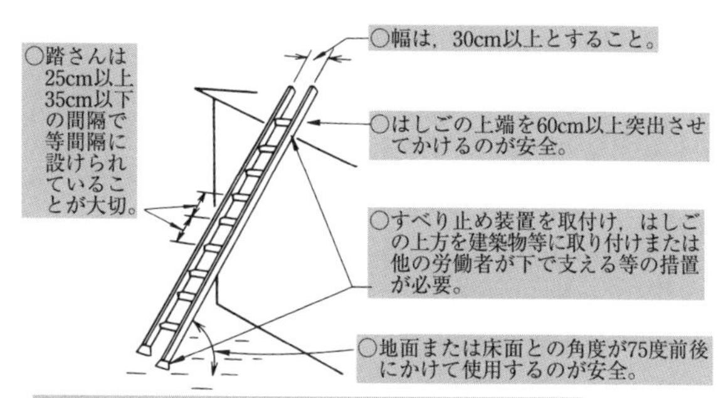

①丈夫な構造とし，②その材料は著しい損傷，腐食等がないものであること。 **移動はしご**

類題 作業現場の安全管理に関する記述のうち，「労働安全衛生法」上，**誤っているもの**はどれか。

(1) 作業床の高さが 10 m 以上の高所作業車の運転（道路上を走行させる運転を除く。）の業務は，技能講習を修了した者その他厚生労働大臣が定める者に行わせなければならない。

(2) 交流アーク溶接機の自動電撃防止装置は，その日の使用を開始する前に，作動状態を点検しなければならない。

(3) はしご道は，踏さんを等間隔に設け，はしごの上端を床から 45 cm 以上突出させなければならない。

(4) 重量が 100 kg 以上の機器等を貨物自動車に積む作業又は貨物自動車から卸す作業を行うときは，当該作業を指揮する者を定めなければならない。

（基本問題）

解答 はしご道は，踏さんを等間隔に設け，はしごの上端を床から 45 cm 以上ではなく 60 cm 以上突出させなければならない。 **正解** (3)

試験によく出る重要事項

（労働安全衛生規則）第 556 条　事業者は，はしご道については，次に定めるところに適合したものでなければ使用してはならない。

一　丈夫な構造とすること。　　二　踏さんを等間隔に設けること。

三　踏さんと壁との間に適当な間隔を保たせること。

四　はしごの転位防止のための措置を講ずること。

五　はしごの上端を床から 60 cm 以上突出させること。

六　坑内はしご道でその長さが 10 m 以上のものは，5 m 以内ごとに踏だなを設けること。

七　坑内はしご道のこう配は，80 度以内とすること。

7-4 安全管理 安全管理 ★★★

23 建設工事現場における危険防止に関する記述のうち，**適当でないもの**はどれか。

(1) 交流アーク溶接機の自動電撃防止装置は，その日の使用開始前に，作動状態を点検した。

(2) 高所作業車を用いた作業のため，作業床上では安全帯を使用した。

(3) 屋内に設ける通路には，通路面から1.8 m以内の高さに障害物を置かないようにした。

(4) 架設通路のうち，高さ10 m以上の登りさん橋には，8mごとに踊場を設けた。

（基本問題）

解答 規則第552条（架設通路）によると，「建設工事に使用する高さ8m以上の登りさん橋には，7m以内ごとに踊場を設けること。」と定められている。

(1)，(2)，(3)は正しい。

したがって，**(4)は適当でない。** **正解** (4)

解説

(1) 規則第352条（電気機械器具等の使用前点検等）に規定

(2) 規則第194条の22（安全帯等の使用）に規定（高所作業車の項）

(3) 規則第542条（屋内に設ける通路）に規定

試験によく出る重要事項

❶ 事故が発生した場合には，人が関係する不安全行動と物に起因する不安全状態とがある。

❷ 安全管理用語

(1) ツールボックスミーティング（TBM） p.241（R2-B8）の「解答」を参照。

(2) 安全施工サイクル p.226参照。

(3) 4S運動：整理，整頓，清掃，清潔の頭文字のSをとって4Sという。

(4) 労働災害の死傷者数 労働災害によって死亡した者と，休業4日以上の負傷者数を合計した数値である。

(5) 安全衛生管理体制における紛らわしい管理者，責任者は，次の表による。

名　称	選任の要件	職　務
統括安全衛生責任者	常時 50人以上	1) 元方安全衛生管理者の指揮 2) 協議組織の設置・運営 3) 作業間の連絡・調整 4) 作業場所の巡視 5) 関係請負人が行う労働者の安全又は衛生のための教育に対する指導及び援助 6) 建設業の特定元方事業者は，仕事の工程に関する計画や作業場所における機械，設備等の配置計画を作成するとともに，それらを使用する作業に関して，関係請負人が労働安全衛生法令に基づいて講ずべき措置についての指導 7) その他，労働災害を防止するため必要な事項
元方安全衛生管理者	常時 50人以上 元方統括安全衛生責任者を選任した事業場で元請以外の請負人が選任	統括安全衛生責任者の職務のうち1）を除く6項目（上記2）～7））
安全衛生責任者		1) 統括安全衛生責任者との連絡 2) その連絡を受けた事項の関係者への連絡 3) その連絡を受けた事項のうち，請負人に関することの実施についての管理 4) 請負人がその労働者の作業の実施に関する計画を作成する場合のその計画と特定元方事業者（元請）が作成する計画との整合性の確保を図るための統括安全衛生責任者との調整 5) 請負人の労働者の行う作業及びその請負人以外の労働者が行う作業によって生ずる労働災害に係る危険の有無の確認 6) 請負人がさらにその一部を他の請負人に請負わせている場合，当該他の請負人の安全衛生責任者との作業間の連絡・調整
安全衛生推進者	常時 10人以上 50人未満 監督署への届出は不要	1) 労働者の危険や健康障害を防止するための措置 2) 労働者の安全や衛生のための教育の実施 3) 健康診断の実施，健康診断の結果に基づく事後措置，作業環境の維持管理，作業の管理又は健康教育，健康相談その他労働者の健康の保持増進を図るために必要な措置 4) 労働災害の原因調査や再発防止策 5) 建設物，設備，原材料，ガス，蒸気，粉じん等による，又は作業行動その他業務に起因する危険性又は有害性等の調査その結果に基づき講ずる措置 6) 安全衛生に関する計画の作成，実施，評価及び改善

法規及びwebサイト「安全衛生管理体制のポイント」http://taisei-point.com/が役に立つので参照のこと。

「統括安全衛生管理者」と「元方安全衛生管理者」の違いを正確に把握しておくとよい。p. 237の「試験によく出る重要事項」を参照。

第8章設備関連法規（p.309ほか）も同様の出題が多いので参照のこと。

7-4 安全管理 安全管理体制 ★★★

24 下請け混在の建設工事現場の安全管理体制図において，[　　]内に当てはまる用語の組合せとして，**正しいもの**はどれか。

ただし，労働者の数は，元請け・下請け含め常時50人以上とする。

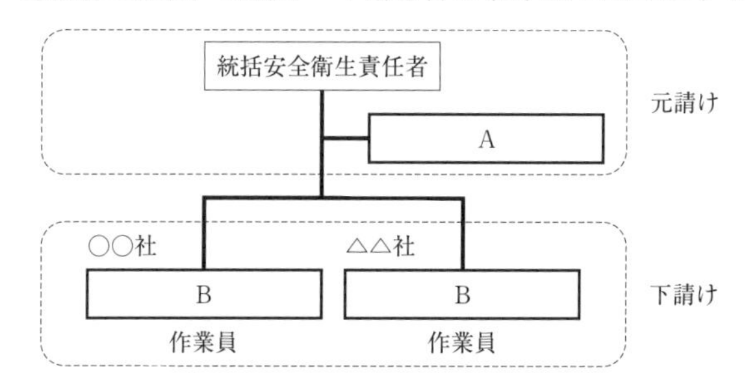

安全管理体制図

	(A)		(B)
(1)	元方安全衛生責任者	――	安全衛生管理者
(2)	元方安全衛生責任者	――	安全衛生責任者
(3)	元方安全衛生管理者	――	安全衛生責任者
(4)	元方安全衛生管理者	――	安全衛生管理者

（基本問題）

解答 常時50人以上が働く作業所では，統括安全衛生責任者を任命し，元方安全衛生管理者と安全衛生責任者を選任しなければならない。前者は元請けから，後者は下請けから選任する。

したがって，**(3)は正しい。** **正解** (3)

※ p.235の表をよく読んでおくとよい。

試験によく出る重要事項

❶ 統括安全衛生責任者（法第15条第1項のまとめ）

(1) 事業者で，一の場所で行う仕事の一部を請負人に請け負わせる者を元方事業者という。

(2) 一の場所で行う仕事の一部を請負人に請け負わせているもののうち，建設業等を特定事業という。この特定事業を行う者を，特定元方事業者という。

(3) 特定元方事業者は，その労働者およびその請負人（「関係請負人」という。）の労働者が当該場所において，常時50人以上（令第7条第2項第二号）で作業をすることによって生ずる労働災害を防止するため，「統括安全衛生責任者」を選任し，その者に「元方安全衛生管理者」の指揮をさせるとともに，定められた事項を統括管理させなければならない。

(4) この統括安全衛生責任者とは，通常いわれる現場所長のことであり，元方安全衛生管理者はその現場の副所長のことである。

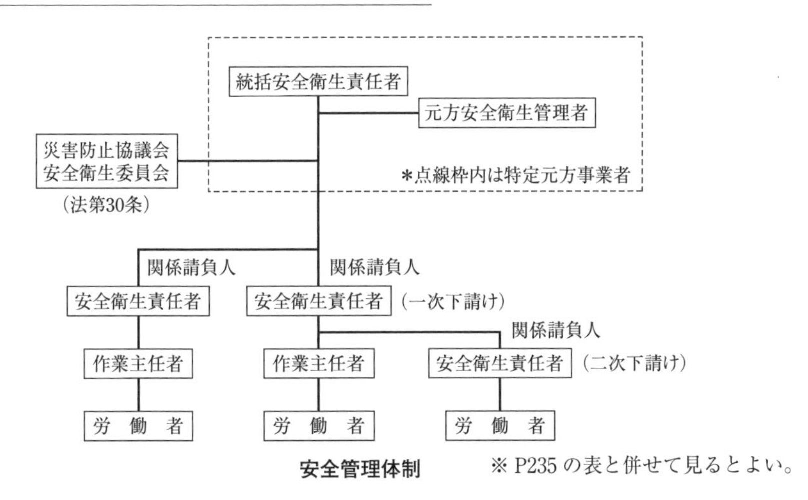

安全管理体制　※P235の表と併せて見るとよい。

(5) この事業所と下請負契約を締結する関係請負人は，重層下請けであっても「安全衛生責任者」を選任しなければならない。

❷ 特定元方事業者等の講ずべき措置

法第30条第1項　特定元方事業者は，その労働者及び関係請負人の労働者の作業が同一の場所において行われることによって生ずる労働災害を防止するため，次の事項に関する必要な措置を講じなければならない。

一　協議組織の設置及び運営を行うこと。

二　作業間の連絡及び調整を行うこと。

三　作業場所を巡視すること。

四　関係請負人が行う労働者の安全又は衛生のための教育に対する指導及び援助を行うこと。　　以下略

類題　建設工事において，統括安全衛生責任者が統括管理しなければならない事項として，「労働安全衛生法」上，**定められていないものは**どれか。

(1)　協議組織の設置及び運営

(2)　関係請負人が行う労働者の安全又は衛生のための教育に対する指導及び援助

(3)　労働災害の原因の調査及び再発防止対策

(4)　作業間の連絡及び調整　(H30-B18)

解答　(3)は統括安全衛生責任者ではなく，安全衛生推進者の業務である。p.235の表を参照のこと。　**正解**　(3)

類題　建設業における安全管理に関する記述のうち，**適当でないもの**はどれか。

(1)　事業者は，労働者を雇い入れたときあるいは作業内容を変更したときは，当該労働者に対して，その従事する業務に関する安全又は衛生のための教育を行わなければならない。

(2)　特定元方事業者は，労働災害を防止するために，作業場所を，週に少なくとも1回巡視しなければならない。

(3)　作業床の高さが10 m以上の高所作業車の運転（道路上を走行させる運転を除く。）の業務は，当該業務に係る技能講習を修了した者に行わせた。

(4)　明り掘削作業を行う場合，運搬機械が労働者の作業箇所に後進して接近するときは，誘導者を配置し，その者に運搬機械を誘導させた。　(基本問題)

解答　労働安全衛生第637条には，特定元方事業者は，法第30条第1項第三号に「作業場所を巡視するこ規則と。」と規定され，毎作業日に少なくとも1回，これを行なわなければならないと定められている。　**正解**　(2)

7-4 安全管理 建設工事の安全管理 ★★★

25 建設工事における安全管理に関する記述のうち，**適当でないもの**はどれか。

(1) 関係請負人は，安全衛生管理者を選任し，その者に，統括安全衛生責任者から連絡を受けた事項の関係者への連絡等を行わせなければならない。

(2) 特定元方事業者は，労働災害を防止するため，災害防止協議会等の協議組織を設置し定期的に開催しなければならない。

(3) 特定元方事業者は，労働災害を防止するため，毎作業日に作業場所の巡視を実施しなければならない。

(4) 事業者は，建設用リフトの運転業務等の危険又は有害な業務に労働者を就かせるときは，当該業務に関する安全又は衛生のための特別の教育を行わなくてはならない。

（基本問題）

解 答 労働安全衛生法（以下「法」）第16条第1項で，統括安全衛生責任者を選任すべき事業者以外の請負人で，当該仕事を自ら行うものは，安全衛生責任者を選任し，その者に統括安全衛生責任者との連絡その他の厚生労働省令で定める事項を行わせなければならないと規定している。

したがって，(1)**は適当でない**。 **正解** (1)

解 説

1. 特定元方事業者が行う災害防止活動については，p. 237「試験によく出る重要事項」の❷を参照のこと。
2. 特定元方事業者の巡視については，p. 238の類題の解答を参照のこと。
3. 法第59条第3項「事業者は，危険又は有害な業務で，厚生労働省令で定めるものに労働者を就かせるときは，厚生労働省令が定める，当該業務に関する安全又は衛生の特別教育を行う。」と規定されている。本条を受け，規則第36条で特別教育を必要とする「危険又は有害な業務」を規定しているが，第十八号に，「建設用リフトの運転の業務」が掲げられている。

類題　建設現場における安全管理に関する文中，［　　］内に当てはまる，「労働安全衛生法」上に定められた数値の組合せとして，**正しいもの**はどれか。

事業者は，つり上げ荷重が［ A ］トン未満の移動式クレーンの運転（道路上を走行させる運転を除く。）の業務，又は，つり上げ荷重が［ B ］トン未満の移動式クレーンの玉掛けの業務を作業員にさせる場合は，当該業務に関する安全又は衛生のための特別の教育を行わなければならない。

	(A)	(B)
(1)	1	1
(2)	1	5
(3)	5	1
(4)	5	5

(H30-B19)

解答　(A)　労働安全衛生法クレーン等安全規則　第67条　より「1トン未満」
(B)　同規則第222条　より「1トン未満」　**正解**　(1)

類題　作業現場の安全管理に関する記述のうち，下線部の数値が「労働安全衛生法」上に定められている数値として，**誤っているもの**はどれか。

(1)　高さ又は深さが1.5 mをこえる箇所で作業を行うときは，原則として，当該作業に従事する労働者が安全に昇降するための設備等を設けなければならない。

(2)　屋内に設ける通路では，通路面から高さ1.8 m以内に障害物を置いてはならない。

(3)　高さが2 m以上の箇所で作業を行う場合において，労働者に安全帯等を使用させるときは，安全帯等を安全に取り付けるための設備等を設けなければならない。

(4)　2 m以上の高所から物体を投下するときは，適当な投下設備を設け，監視人を置く等労働者の危険を防止するための措置を講じなければならない。

(基本問題)

解答　事業者は，3 m以上の高所から物体を投下するときは，適当な投下設備を設け，監視人を置く等労働者の危険を防止するための措置を講じなければならない，と規定されている（労働安全衛生規則　第536条）。　**正解**　(4)

解説　各設問が記載されている法律の条項を確認しておくとよい。

(1)　規則第526条　昇降するための設備設置等
(2)　規則第542条　第三項　屋内に設ける通路
(3)　規則第521条　安全帯等の取付設備等

7-4 安全管理 建設工事における安全管理 ★★★

最新問題

26 建設工事における安全管理に関する記述のうち，**適当でないもの**はどれか。

(1) ツールボックスミーティングは，職場安全会議ともいい，作業関係者が作業終了後に集まり，その日の作業，安全等について反省，再確認等を行う活動である。

(2) 暑さ指数（WBGT）は，気温，湿度及び輻射熱に関係する値により算出される指数で，熱中症予防のための指標である。

(3) 不安全行動とは，手間や労力，時間やコストを省くことを優先し，労働者本人又は関係者の安全を阻害する可能性のある行動を意図的に行う行為をいう。

(4) 4S活動とは，整理，整頓，清掃，清潔の4Sにより，安全で健康な職場づくりと生産性の向上を目指す活動である。

(R2-B8)

解答 ツールボックスミーティングは，作業前に当日の作業内容を確認して，その作業時に考えられるリスクを指摘して注意喚起を実施する短い打合わせである。危険予知と組み合わせTBM-KYと呼ぶ。作業は日々変わっていくので，毎日実施することに意味がある。

したがって，(1)**は適当でない。** **正解** (1)

解説

(2) 暑さ指数（WBGT（湿球黒球温度）：Wet Bulb Globe Temperature）は，熱中症の予防を目的として1954年に米国で提案された指標で，単位は気温と同じ摂氏度（℃）で示されるが，その値は気温とは異なる。暑さ指数は，人体と外気との熱収支に着目した指標で，人体の熱収支に与える影響の大きい ①湿度，②日射・輻射（ふくしゃ）など周辺の熱環境，③気温の3つを取り入れている。

(3) 労働者本人又は関係者の安全を阻害する可能性のある行動を意図的に行うことを指す。

(4) 4S活動は，p. 234「試験によく出る重要事項」を参照。

類題 建設工事における安全管理に関する記述のうち，**適当でないもの**はどれか。

(1) 屋内でアーク溶接作業を行う場合は，粉じん障害を防止するため，全体換気装置による換気の実施又はこれと同等以上の措置を講じる。

(2) 導電体に囲まれた著しく狭隘な場所で，交流アーク溶接等の作業を行うときは，自動溶接の場合を除き，交流アーク溶接機用自動電撃防止装置は使用しない。

(3) リスクアセスメントとは，潜在する労働災害のリスクを評価し，当該リスクの低減対策を実施することである。

(4) リスクアセスメントの実施においては，個々の事業場における労働者の就業に係るすべての危険性又は有害性が対象となる。

(R1-B8)

解答 「交流アーク溶接機用自動電撃防止装置の接続及び使用の安全基準に関する技術上の指針について」の1. 総則－1-2用語の定義(1)に自動溶接を除いて，交流アーク溶接機用自動電撃防止装置を接続するよう記述されている。 **正解** (2)

類題 建設工事における安全管理に関する記述のうち，**適当でないもの**はどれか。

(1) ZD（ゼロ・ディフェクト）運動とは，作業方法のマニュアル化と作業員に対する監視を徹底することにより，労働災害ゼロを目指す運動である。

(2) 不安全行動とは，手間や労力，時間やコストを省くことを優先し，労働者本人又は関係者の安全を阻害する可能性のある行動を意図的に行う行為をいう。

(3) 指差呼称とは，対象を指で差し，声に出して確認する行動のことをいい，意識のレベルを上げて緊張感，集中力を高める効果をねらった行為である。

(4) 4S活動とは，整理，整頓，清掃，清潔のことをいい，安全で健康な職場づくりと生産性の向上を目指す活動である。

(H30-B7)

解答 ZD運動〖zero defects movement〗は，従業員の自発性・熱意を喚起させ，創意工夫により仕事の欠陥をなくし，コストの低減，製品・サービスの向上を目的とする運動を言い，管理監督者が監視を徹底することではない。 **正解** (1)

7-5-1 設備施工（機器の据付け）

●出題傾向分析●

出題内容 ＼ 年度(和暦)	R2	R1	H30	H29	H28	計
(1) 機器の据付け	2	2	2	1	1	8
(2) 機器のコンクリート基礎					1	1
(3) その他				1		1
計	2	2	2	2	2	10

[過去の出題傾向]

工事施工のうち，機器据付けは，**毎年2題出題**されている。

[機器の据付けと点検スペース]

① 令和2年度も昨年に引き続き機器の据付けが2問出題された。

② 【No.9】は，機器相互の離隔距離，分割搬入冷凍機の組立要領（H29-B9に同じ）などである。

③ 【No.10】はあと施工アンカーに特化した出題だった。

[機器のコンクリート基礎]

① 重量機器の基礎コンクリート打設から機器据付までの養生日数は頻度の高い出題である。

[あと施工アンカー]

① あと施工アンカーの施工に関する細かな設問が出ており，接着系アンカーの施工要領に習熟していないと理解できない出題もあった。

② 接着系アンカーと金属拡張アンカーの特徴，接着系アンカーの打設間隔，耐震計算時の注意事項などが出題されており，細かな知識が要求される。

年度(和暦)	No	出題内容（キーワード）
R2	9	機器の据付け：隣接する冷却塔の離隔距離，横型ポンプ基礎の間隔，密閉型遠心冷凍機の据付け（真空又は窒素加圧），大型冷凍機基礎の養生日数
	10	機器の据付け（アンカーボルト）：あと施工アンカーのおねじ形とめねじ形の引抜強度，接着系カプセル形アンカーの施工方法，地震時にアンカーボルト算定の考え方，接着系アンカーボルトの打設間隔
R1	9	機器の据付け：冷凍機の操作盤前面の空間距離，屋内設置の飲料用受水タンクの基礎の構造と高さ，送風機（3番）の天吊と振れ止め，雑排水用水中モーターポンプ2台の離隔距離
	10	機器の据付け：貯湯タンクの保守・点検スペース（数値），防振基礎に設ける耐震ストッパ，あと施工アンカーの施工方法，接着系アンカーの上向き設置禁止
H30	9	機器の据付け：パッケージ形空気調和機の屋外機の設置と季節風，2台の冷却塔を近接して設置する場合の離隔距離，天吊り#3送風機の防振措置，大型ボイラーの据え付け時の基礎コンクリート養生日数
	10	機器の据付け：0.2MPaを超える温水ボイラーの設置条件，メカニカルシール方式冷却水ポンプ基礎排水の要否，機器をワイヤーロープで吊るときの角度と張力の関係，冷凍機の耐震計算時の地震力かかる位置
H29	9	機器の据付け：吸収冷温水機と防振パッド，送風機の転倒防止ストッパー，送風機とモーターのプーリーの心出し，真空又は窒素加圧の状態で据え付けられた冷凍機
	10	アンカーボルト：金属拡張アンカー・接着系アンカー，雌ねじ形・雄ねじ形，アンカーボルトの径及び埋込み長さ，埋込み位置と基礎縁の距離
H28	9	機器の基礎及びアンカーボルト：基礎コンクリートのセメント・砂・砂利調合比，冷凍機耐震ストッパー，アンカーボルト強度（J形・L形），あと施工アンカーボルトの使用と基礎コンクリート強度の規定
	10	機器の据付け：送風機Vベルト，排水用水中ポンプの設置位置，吸込側の連成計取付け，呼び番号3送風機を吊る場合の振れ止め

7-5-1　設備施工（機器の据付け）　機器の基礎およびアンカーボルト　★★★

27　アンカーボルトに関する記述のうち，**適当でないもの**はどれか。

(1)　あと施工のアンカーボルトにおいては，下向き取付けの場合，金属拡張アンカーに比べて，接着系アンカーの許容引抜き力は小さい。

(2)　あと施工のメカニカルアンカーボルトは，めねじ形よりおねじ形の方が許容引抜き力が大きい。

(3)　アンカーボルトの径及び埋込み長さは，アンカーボルトに加わる引抜き力，せん断力及びアンカーボルトの本数などから決定する。

(4)　アンカーボルトの埋込み位置と基礎縁の距離が不十分な場合，地震時に基礎が破損することがある。　(H29-B10)

解答　金属拡張アンカーと接着系アンカーは，正しく施工されていれば，アンカー径と長さが同じならば許容引抜き力は同じである。右図を参照のこと。

したがって，(1)**は適当でない**。　**正解**　(1)

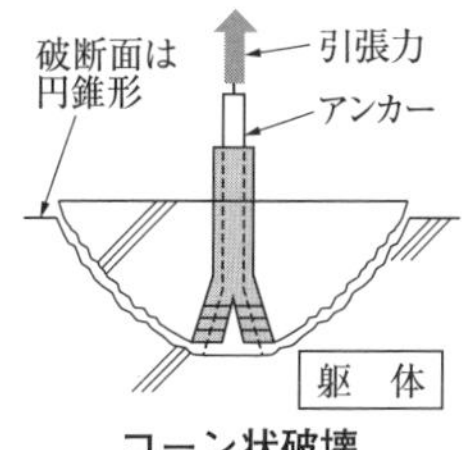

コーン状破壊

試験によく出る重要事項

❶　機器据付け工事

(1)　アンカーボルト（あと施工アンカー）

①　アンカーボルトは，それに加わる引抜き力，せん断力またはせん断応力度およびアンカーボルトの本数から，ボルトの径および埋込み長さを決定する。

②　めねじ形の金属拡張アンカー（内部コーン打込み式あと施工アンカー）については，上記解答を参照。

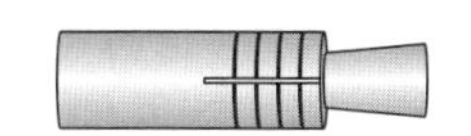
めねじ形アンカーボルト

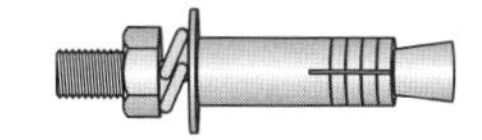
おねじ形アンカーボルト
（据付例は次ページ）

(2)　アンカーボルトの最大引張り力・せん断力　　機器の据付けの際，地震時にアンカーボルトにかかる最大引張り力・せん断力は，次のように求める。

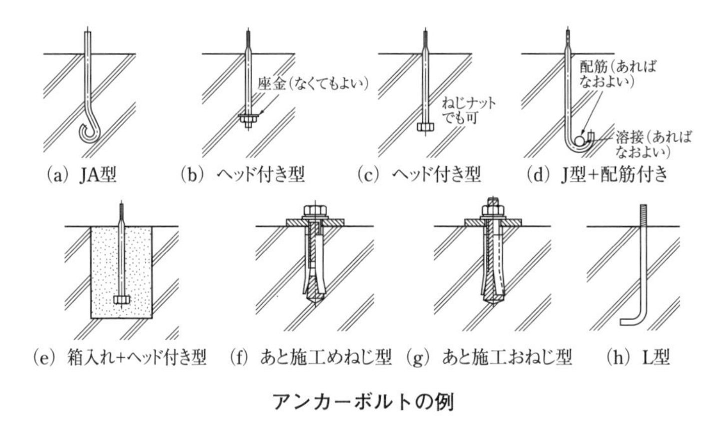

アンカーボルトの例

(a) 最大引張り力　地震時に機器のアンカーボルトを引き抜く外力には，次のようなものがある。

① 水平地震力：機器の質量に水平震度を掛けた力で，機器を水平に動かしてアンカーボルトを引き抜こうとする方向の力

② 鉛直地震力：機器の質量に鉛直震度を掛けた力で，機器を上下に動かしてアンカーボルトを引き抜こうとする方向の力

③ 機器重量：機器の重心にかかる機器本体の質量で，床上設備の機器であればアンカーボルトの引抜きを押さえる方向に働く力，天井および壁面取付けの機器であればアンカーボルトを引き抜く方向に働く力以上の3つの力が，アンカーボルトを引き抜く力として支点を中心に作用する。この場合，平面が長方形の物体では，長辺方向よりも短辺方向が転倒しやすいため，短辺方向のチェックを行えばよい。

(b) せん断力　アンカーボルトにせん断力が作用するのは水平地震力である。

埋め込まれたアンカーにせん断荷重がかかると，図のようにアンカーは角度45°の斜め方向の引張り力によって抜き出されようとする。このとき，コンクリートの上部はせん断荷重の方向に，下部はそれと反対方向に破壊されようとする力を受け，ボルトには曲げモーメントが作用する。

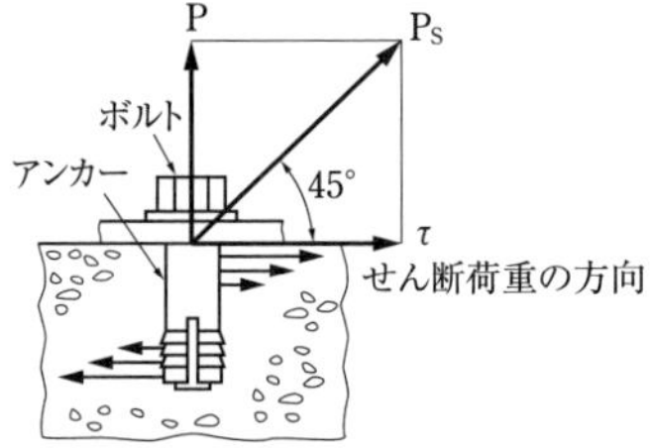

アンカーボルトのせん断力

7-5-1　設備施工（機器の据付け）　機器の基礎及びアンカーボルト　★★★

最新問題

28　機器の据付けに関する記述のうち，**適当でない**ものはどれか。

(1)　あと施工のメカニカルアンカーボルトは，めねじ形よりおねじ形の方が許容引抜き力が大きい。

(2)　カプセル方式の接着系アンカーボルトを施工する場合，マーキング位置までアンカーボルトを埋込み後，アンカーボルトの回転により接着剤を十分攪拌する。

(3)　地震時にアンカーボルトに加わる荷重は，原則として，機器を剛体とみなし，当該機器の重心の位置に水平及び鉛直の地震力が作用するものとして算定する。

(4)　あと施工の接着系アンカーボルトの打設間隔は，呼び径の10倍以上を標準とする。（R2-B10）

解答　カプセル方式は，アンカーボルトに回転打撃を与えながら一定の速度でマーキング位置まで埋め込み，過剰攪拌してはならない。(1)，(3)，(4) は正しい。したがって，(2)**は適当でない。**　**正解** (2)

類題　機器の基礎及びアンカーボルトに関する記述のうち，**適当でないもの**はどれか。

(1)　コンクリートを現場練りとする場合，調合（容積比）はセメント1，砂2，砂利4程度とする。

(2)　チリングユニットで防振基礎とする場合は，耐震ストッパーを設ける。

(3)　アンカーボルトは，J形より許容引抜き荷重が大きいL形を用いた。

(4)　あと施工アンカーボルトは，基礎コンクリートの強度が，規定以上であることを確認してから打設した。（H28-B9）

解答　L形は，基礎コンクリート打設時に箱入れした孔に差し込んでモルタルを充填する。一方，J形は，基礎コンクリートの配筋に掛けて，基礎コンクリートと一体で打設するので，L形より強度が高い。(p.374　付録13-(3)の表を参照)。　**正解** (3)

類題　耐震対策において，図に示す直方体の機器の4隅を1本ずつのアンカーボルトで床上基礎に固定する場合のアンカーボルト1本あたりの引抜力 R_b〔N〕として，**適当なもの**はどれか。ただし，重最 W〔N〕，設計用水平地震力＝F_H〔N〕，設計用鉛直地震力 F_V = 0.5 W〔N〕とし，Gは重心を表す。

(1)　$\frac{1}{8}W$〔N〕

(2)　$\frac{1}{4}W$〔N〕

(3)　$\frac{3}{8}W$〔N〕

(4)　$\frac{1}{2}W$〔N〕

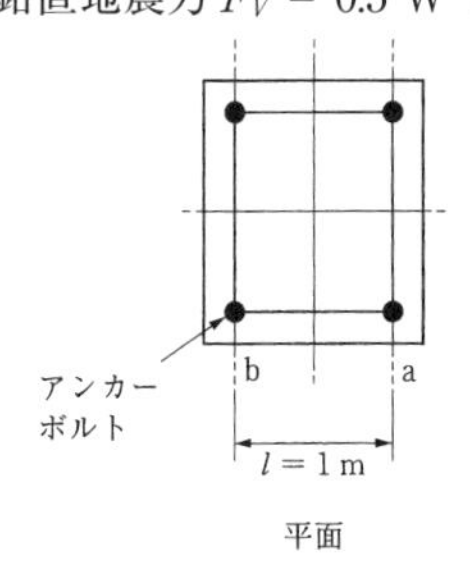

平面

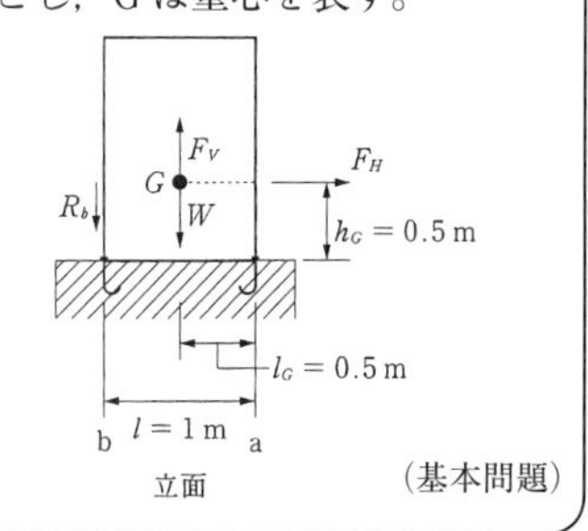

立面

（基本問題）

解 答　アンカーボルトの引抜き力 R_b は，aの軸におけるモーメントのつり合いを考える（bの軸で考えても同様）。機器が転倒しないためには，aの軸に作用する右廻りのモーメントと左廻りのモーメントがつり合う必要がある。

ここで，右廻りのモーメントは，$F_H \cdot h_G + F_V \cdot l_G$

また，左廻りのモーメントは，$W \cdot l_G + 2R_b \cdot l$

（$2R_b \cdot l$ になるのは，bの軸のアンカーボルトが2本あるから）

したがって，右廻りのモーメントと左廻りのモーメントは等しいことから，

$F_H \cdot h_G + F_V \cdot l_G = W \cdot l_G + 2R_b \cdot l$

ここで，$F_H = W$，$F_V = 0.5\ W$，$h_G = 0.5$，$l_G = 0.5$，$l = 1$ を上式に代入すると，

$W \times 0.5 + 0.5\ W \times 0.5 = W \times 0.5 + 2R_b \times 1$

よって，$R_b = 1/8\ W$ となる。　**正解**　(1)

試験によく出る重要事項

○送風機の据付けに関する出題　（付録13も併せて参照のこと）

H28-B10	Vベルト駆動の送風機は，Vベルトの回転方向でベルトの下側が引っ張りとなるように設置した。（H25-B10に同じ）	正
H26-B10	呼び番号4の送風機は，天井より吊りボルトにて吊り下げた上，振れ防止のため斜材を設けた。	誤
R1-B9 H28-B10	呼び番号3の送風機は，天井より吊ボルトにて吊下げ，振れ防止のためターンバックルをつけた斜材を4方向に設けた。	誤
H27-B10	呼び番号1 1/2 の小型送風機は吊りボルトで吊下げ，振れ防止のため，4方向に斜材を設けた。	正
H29-B9	送風機の防振基礎には，地震による横ずれを移動防止のストッパを設けた。	正
H29-B9	送風機とモータのプーリの心出しは，外側面に定規や水糸などを当て調整する。	正
H30-B9	呼び番号3の送風機を天井吊りとする場合，送風機は形鋼をかご型に溶接した架台上に防振材を介して設置し，当該架台は建築構造体に固定する。	正

7-5-1　設備施工（機器の据付け）　機器の据付け　★★★

29　機器の据付けに関する記述のうち，**適当ではないもの**はどれか。

(1)　低層建築物の屋上に2台の冷却塔を近接して設置する場合，2台の冷却塔は，原則として，冷却塔本体のルーバー面の高さの2倍以上離して設置する。

(2)　横形ポンプを2台以上並べて設置する場合，各ポンプの基礎の間隔は，一般的に，500 mm 以上とする。

(3)　真空又は窒素加圧状態で分割搬入した密閉型遠心冷凍機は，大気開放してから組み立て据え付ける。

(4)　大型冷凍機をコンクリート基礎に据え付ける場合，冷凍機は，基礎のコンクリートを打設後，10日が経過してから据え付ける。

(R2-B9)

解答　大型冷凍機器の冷媒は，搬送中高圧になるおそれ（破壊版が破裂して冷媒抜けを起こす）があるので，現場搬入据付後に充填する。冷媒充填部分は水分・塵埃を嫌うので，真空や窒素充填など周囲の空気が入り込まない措置が必要である（H29-B9に同じ出題があり）。

したがって，(3)**は適当でない**。　**正解**　(3)

試験によく出る重要事項

(1)　ボイラの据付け

・ボイラ前面と壁・配管等の構造物との離隔を1.5 m 以上（コイル引抜スペース）確保する。

・ボイラ基礎は，運転時全重量の3倍の長期荷重に耐えるものとする。

・大型ボイラの基礎は，コンクリート打込み後適切な養生を行い，10日程度経過してから据え付ける。

・ボイラ及び圧力容器安全規則第20条に，据付位置は，下記のように定められている。

ボイラの最上部から天井，配管その他のボイラの上部にある構造物までの距離を，1.2 m 以上としなければならない（以下略）。（第1項）

本体を被覆していないボイラまたは立てボイラについては，前項の規定によるほか，ボイラの外壁から壁配管その他のボイラの側部にある構造物（検査および掃除に支障のないものを除く。）までの距離を0.45 m以上としなければならない（以下略）。（第2項）

また，ボイラ前面には通常バーナーが取り付けられていて，この運転およびメンテナンスのために，前面壁等との離隔距離は1.5 m以上は確保したい。

(2)　冷却塔の据付け

①　冷却塔から排出した空気が再び塔内に吸い込まれないよう，周辺に十分なスペースを設ける（ショートサーキットの防止）。

②　煙突などからの排煙を吸い込まないよう，離隔距離と風向を検討する。

③　冷却塔の給水口は高置タンクの低水位より2 m以上の落差が必要である。

④　冷却塔周りの配管は，その重量が直接冷却塔にかからないように支持し，必要に応じてたわみ継手などを取り付ける。

⑤　近接して設置する2台の冷却塔は，ルーバー面の高さの2倍以上離して設置する。

類題　機器の据付けに関する記述のうち，**適当でないもの**はどれか。

(1)　ゲージ圧力が0.2 MPaを超える温水ボイラーを設置する場合，安全弁その他の附属品の検査及び取扱いに支障がない場合を除き，ボイラーの最上部からボイラーの上部にある構造物までの距離は，0.8 m以上とする。

(2)　軸封部がメカニカルシール方式の冷却水ポンプをコンクリート基礎上に設置する場合，コンクリート基礎表面に排水目皿及び当該目皿からの排水管を設けないこととしてもよい。

(3)　機器を吊り上げる場合，ワイヤーロープの吊り角度を大きくすると，ワイヤーロープに掛かる張力も大きくなる。

(4)　冷凍機の設置において，アンカーボルト選定のための耐震計算をする場合，設計用地震力は，一般的に，機器の重心に作用するものとして計算を行う。

（H30-B10）

解答　ボイラー及び圧力容器安全規則（ボイラ則）第20条により，ボイラーの最上部からボイラーの上部にある構造物までの距離は，1.2 m以上とするとある。

正解　(1)

7-5-1 設備施工（機器の据付け） 吸収冷凍機 ★★★

30 吸収冷凍機の特徴に関する記述のうち，**適当でないもの**はどれか。

(1) 大型の場合には，一般に，分割搬入が可能である。

(2) 構造上，形状，重量が遠心冷凍機に比べて小さい。

(3) 凝縮器のチューブ引き出し用の空間を確保する必要がある。

(4) 騒音，振動が遠心冷凍機に比べて少ない。

（基本問題）

解答 吸収式冷凍機は，圧縮機を使用せず，吸収器，再生器，凝縮器，蒸発器等，各種の熱交換器を用いるため，同一性能の遠心冷凍機と比較すると重量も形状も大きい。

したがって，**(2)は適当でない。**

正解 (2)

試験によく出る重要事項

(1) 冷凍機の据付け

①吸収冷凍機は，冷媒である水を吸収剤である臭化リチウム水溶液に吸収させ，この溶液をポンプで発生器に送って加熱し，高温高圧の冷媒蒸気を発生させ，これを冷却して冷媒液として冷凍サイクルを行わせるものである。

吸収冷凍機は圧縮機を使用しないので，騒音や振動が少ない特徴がある反面，各種の熱交換器群から構成されているため，形状，重量が同一容量の遠心冷凍機に比べると大きくなる。また，形状が大きくなるため，大型の吸収冷凍機では分割して現場に搬入することも必要になってくる。

②遠心冷凍機（ターボ冷凍機）は，運転時重量の3倍以上の長期荷重に十分耐えるコンクリートまたは鉄筋コンクリート造の基礎に据え付ける。

③冷凍機凝縮器のチューブ引出し用として，いずれかの方向に有効な空間を確保する。また，保守点検のため周囲に1m以上のスペースを確保する。

平成25年度でも，前面のコイル引抜きスペースについて出題されている。

④冷凍機に接続する冷水・冷却水の配管は，荷重が機器本体に直接かからないように支持する。

(2) 機器の防振施工

① ポンプの防振は，防振ゴムよりも金属ばねを用いるほうが振動絶縁効率がよい。

② ポンプや送風機の強制振動数には，一般に，軸回転数の振動数を用いる。

③ 機器の強制振動数が防振基礎の固有振動数と等しいと共振状態になる。

④ 地震時に大きな変位を想定できる防振基礎には，耐震ストッパを設ける。

⑤ 回転数の大きい機器の防振基礎は，振動を絶縁しやすい。機器の回転数が小さくなると，振動絶縁効率は低下する。したがって，機器の回転数を大きくするか，基礎の質量を増やして固有振動数を小さくすると，振動を絶縁しやすい。

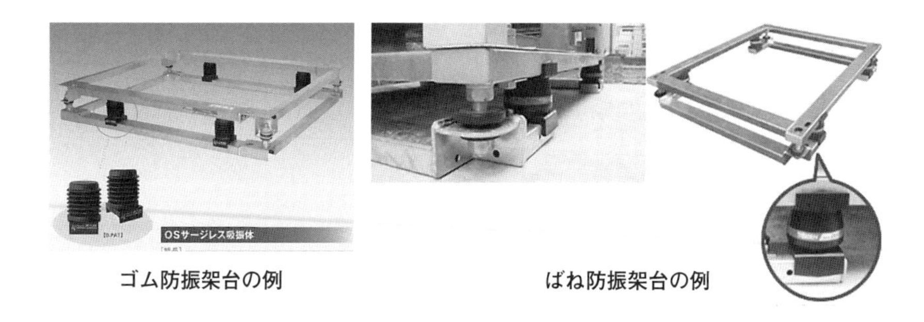

ゴム防振架台の例　　ばね防振架台の例

類題 ポンプの防振施工に関する記述のうち，**適当でないもの**はどれか。

(1) 地震時に大きな変位を生じるおそれのある防振基礎には，耐震ストッパーを設ける。

(2) 回転数の小さい機器は，一般に，振動を絶縁しにくい。

(3) ポンプの強制振動数には，一般に，軸回転数の振動数を用いる。

(4) ポンプの防振は，金属バネを用いるより防振ゴムを用いる方が振動絶縁効率がよい。

（基本問題）

解 答 防振ゴムより金属ばねのほうがばね定数を小さく，固有振動数も小さくなるので，振動絶縁効率は大きくなり，防振ゴムより金属バネのほうが，振動絶縁効率はよい。

正解 (4)

7-5-1 設備施工（機器の据付け） 機器の据付け ★★★

31 機器の据付けに関する記述のうち，**適当でないもの**はどれか。

(1) 1日の冷凍能力が法定50トン未満の冷凍機の据付けにおいて，冷凍機の操作盤前面の空間距離は，大型ボイラー等に面する場合を除き，1.2 mとしてよい。

(2) 屋内設置の飲料用受水タンクの据付けにおいて，コンクリート基礎上の鋼製架台の高さを100 mmとする場合，コンクリート基礎の高さは500 mmとしてよい。

(3) 呼び番号3の送風機の設置において，4方向に振れ止めを設ける場合，天井から吊りボルトにより吊り下げてよい。

(4) 4雑排水用水中モーターポンプ2台を排水槽内に設置する場合，ポンプケーシングの中心間距離は，ポンプケーシングの直径の3倍としてよい。

(R1-B9)

解答 送風機を吊ボルトで吊下げる場合は，呼び番号2未満であり，それ以上はチャンネル等架台を吊り下げ，送風機を載せて固定する。

したがって，**(3)は適当でない。** **正解** (3)

類題 機器の据付けに関する記述のうち，**適当でないもの**はどれか。

(1) 貯湯タンクの据付けにおいては，周囲に450 mm以上の保守・点検スペースを確保するほか，加熱コイルの引抜きスペース及び内部点検用マンホール部分のスペースを確保する。

(2) 防振基礎に設ける耐震ストッパは，地震時における機器の横移動の自由度を確保するため，機器本体との間の隙間を極力大きくとって取り付ける。

(3) あと施工アンカーの設置においては，所定の許容引抜き力を確保するため，使用するドリルにせん孔する深さの位置をマーキングして所定のせん孔深さを確保する。

(4) 天井スラブの下面において，あと施工アンカーを上向きに設置する場合，接着系アンカーは使用しない。 (R1-B10)

解答 耐震ストッパは，地震時に防振架台上に載せた機器の横移動の自由度を抑制するものであり，機器本体の隙間は極力小さくして取り付ける。 **正解** (2)

7-5-1 設備施工（機器の据付け） 機器のコンクリート基礎 ★★★

32 機器の据付けに関する記述のうち，**適当でないもの**はどれか。

(1) パッケージ形空気調和機の屋外機の設置場所に季節風が吹き付ける場合，屋外機は，原則として，空気の吸込み面や吹出し面が季節風の方向に正対しないように設置する。

(2) 3階建ての建築物の屋上に2台の冷却塔を近接して設置する場合，2台の冷却塔は，原則として，ルーバー面の高さの2倍以上離して設置する。

(3) 呼び番号3の送風機を天井吊りとする場合，送風機は形鋼をかご型に溶接した架台上に防振材を介して設置し，当該架台は建築構造体に固定する。

(4) 大型ボイラーをコンクリート基礎に据え付ける場合，ボイラーは，基礎のコンクリートを打設後，5日が経過してから据え付ける。

(H30-B9)

解答 コンクリート打設後の養生期間は，10日である。
したがって，**(4)は適当でない**。 **正解** (4)

試験によく出る重要事項

(1) 共通事項

① 機器据付け後および運転中に基礎の沈下が想定できるときは，あらかじめ杭などを設け地盤沈下対策をたてる。

② 機器からの騒音・振動が建物への伝播を防止する場合には，防振基礎を設ける。

③ 地震・風圧などで機器が移動または浮上のおそれがある場合には，アンカーボルトで堅固に固定または転倒防止のストッパを設ける。

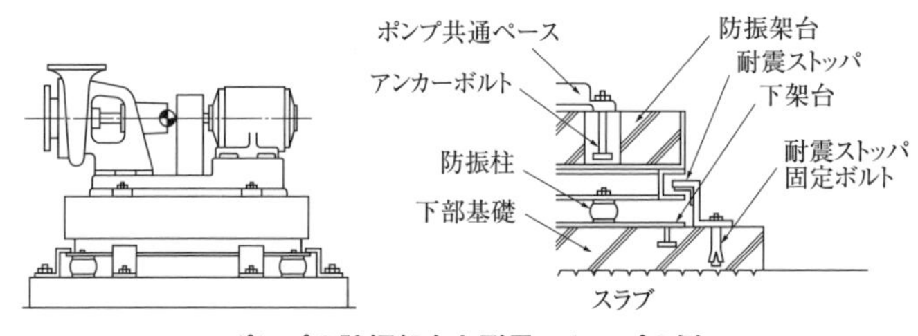

ポンプの防振架台と耐震ストッパの例

④ 防振基礎は地震による機器の過大な変位または転倒防止に，ストッパを設ける。

⑤ 基礎のコンクリート強度は，一般には18 N/mm^{2}以上とする。また，現場調合の場合は調合比（容積比）をセメント1：砂2：砂利4程度とする。（平成28年度に出題あり）

(2) ポンプの据付け

① 管および弁の荷重が，直接ポンプにかからないようにする。

② 据付け後に軸継手部を手で回し，ポンプが軽く回ることを確認する。

③ 水量調整は吸込み側弁を全開し，吐出し側弁を全閉状態から徐々に開いていく。

④ 渦（うず）巻ポンプで負圧になる吸込み配管には，連成計を取り付ける。

⑤ ポンプ類の基礎の高さは，床上300 mm程度とし，基礎表面の排水溝に排水目皿を設け，最寄りの排水系統に間接排水する。

⑥ 冷水蓄熱槽で開放回路の場合，渦巻ポンプの吸込み管は，ポンプの中心から吸水面までの高さは，常温の場合，6 m程度が限度である。

⑦ 揚水用渦巻ポンプの据付けにおいて，ポンプの吸込み管は，ポンプに向かって上り勾配とする。

⑧ 揚水用渦巻ポンプの据付けにおいて，高揚程のポンプの吐出し管に，ウォーターハンマー防止措置として衝撃吸収式逆止め弁等を設ける。

⑨ 排水用水中モーターポンプの据付け位置は，排水流入口からできるだけ離れた位置に設置する（平成28年度に出題あり）。

⑩ 排水用水中モーターポンプの据付け位置の上部に，直径60 cm以上のポンプ引揚げ用マンホールを設ける。

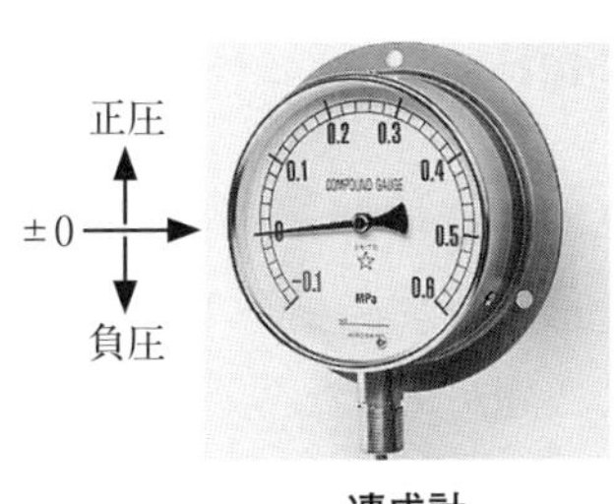

連成計
（マイナスがある）

圧力計

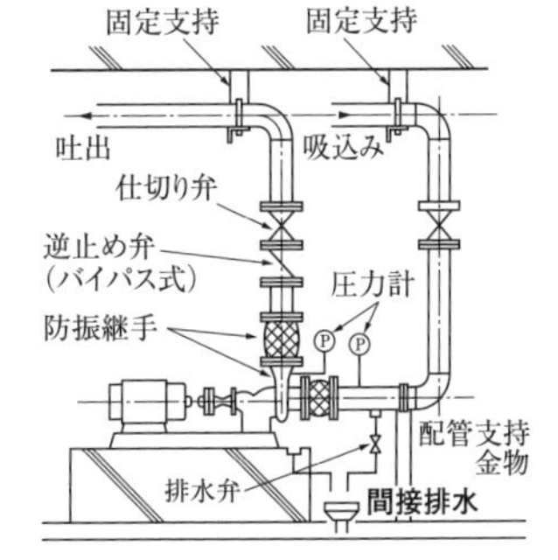

ポンプ周りの例

7-5-2 設備施工（配管・ダクト）

●出題傾向分析●

出題内容 ＼ 年度(和暦)	R2	R1	H30	H29	H28	計
(1) ダクトの施工・ダクト付属品	2	2	2	2	2	10
(2) 配管の施工	2	2	2	2	2	10
計	4	4	4	4	4	20

［過去の出題傾向］

ダクトと配管の施工の詳細について，毎年各2問，計4問出題されている。

過去の出題から組み合わせを変えて出題されているので，過去5年分を繰り返し解くとよい。

［ダクトの施工］

令和2年度は，送風機吹出側に，エルボやダンパを取付ける際の制限事項が出題された。

① φ600以上のスパイラルダクトの接続方式（フランジ）はよく出題されている。

② 天井アネモの設置間隔と拡散半径についての設問もあった。

③ ダクトサイズによる補強の要否も出題されている。

④ 令和2年度はダクトの支持に関する出題がなかったので，**令和3年度は要注意**である。

［配管の施工］

令和2年度は，冷温水管・排水管の施工，配管の溶接接合，排水桝の設置要領，ポンプ廻り配管などが出題された。

① 冷温水配管は，最適なエア抜き位置，分岐部伸縮対策，偏心レジューサの使用方法が出題された。

② 排水管のオフセットと通気管の関係は調べておくとよい。

③ 溶接接合（ステンレス・鋼管）の知識についての出題があった。

④ 吸上げ式のポンプサクション管の勾配について出題があった。

年度（和暦）	No	出題内容（キーワード）
R2	11	配管の施工：［冷温水管］自動エア抜き弁の設置位置，分岐部の処置（スリー・クッション），横走管に使用する偏心レジューサの使い方　［排水管］排水立て管の45°を超えるオフセットの処置
	12	配管の施工：排水枡の設置間隔，ステンレス鋼管の溶接仕様，吸上げポンプの吸込み側配管勾配，鋼管の溶接接合部の余盛高さと処置
	13	ダクトの施工：高圧ダクトとする場合の内圧，送風機吹出側VDの取付要領，排煙ダクトとたわみ継手，送風機吹出側にエルボを取り付ける場合の離隔距離
	14	ダクトの施工：スパイラルダクトの接続方法（φ600以上），排煙ダクトの板厚，天井アネモ形吹出口の設置間隔，亜鉛鉄板ダクトのリブ補強とダクトサイズ
R1	11	空調冷温水管施工：混合型電動三方弁の設置位置と空調機，冷温水往き管の空調機接続開放形膨張タンク（膨張管）の管理バルブ設置可否，空調機偏流防止とリバースリターン
	12	配管の施工：ポンプ防振継手と配管の絶縁，配管の防振支持と防振ゴム，給湯管・返湯管勾配，通気横管から立て管に対する勾配
	13	ダクト及びダクト付属品：スパイラルダクトの高圧系統への使用可否，横ダクト振れ止め支持間隔（数値），階高と立てダクトの支持，サプライチャンバー・レタンチャンバーの点検扉開閉方向
	14	ダクト及びダクト付属品：長方形ダクトの分岐形状（割込み／片テーパ直付け）と抵抗，帯状バンド支持が許されるスパイラルダクト口径，パネル形排煙口の回転軸方向と気流方向
H30	11	配管及び配管付属品の施工：鋼管の転造ねじ，仕切弁の最高許容圧力（脈動水と静流水），ステンレス鋼管の溶接，バタフライ弁の種類と用途
	12	配管及び配管付属品の施工：複式伸縮管継手の支持方法，硬質塩化ビニルライニング鋼管のねじ切り時の面取り，伸縮する立て管を振れ止め支持，揚水管の試験圧力
	13	ダクト及びダクト付属品の施工：フランジ用ガスケットの厚さ，コーナーボルト工法ダクト（フランジ用ガスケットの取付け方法・シール箇所・角部のはぜの構造）

年度（和暦）	No	出題内容（キーワード）
H30	14	ダクト及びダクト付属品の施工：シーリングディフューザ形吹出口（拡散半径の重複可否・中コーンの位置と気流方向），スパイラルダクトの継手（大口径・小口径），送風機の吐出し口直後のダンパ取付け方法
H29	11	配管の施工（配管材と継手の組合せ）：配管用炭素鋼鋼管，配管用ステンレス鋼鋼管，ポリエチレン管，耐火二層管
	12	配管の施工：ポンプの吸込み管勾配，給湯管のリバースリターン，冷媒配管の勾配，配管の共吊り施工の可否
	13	ダクトの施工：アングルフランジ工法のダクトの角の継目の個数，共板フランジ工法のクリップ，風量調整ダンパの形式（平行翼・対向翼），フランジ接続部分の鉄板の折返し幅
	14	ダクト付属品の施工：チャンバーに設ける点検口の開閉方向，共板フランジ工法のクリップ個数，角ダクト風量測定口の取付け位置，VAV ユニット接続ダクトの条件
H28	11	給水管・排水管の施工：保守及び改修を考慮したフランジ継手の適用，排水管掃除口の設置間隔，揚水管の試験圧力，排水管の満水試験保持時間
	12	配管の切断・接合：VLP とチップソーカッター，ステンレス鋼管の厚さと開先形状，飲用配管接合の液状シール剤，冷媒配管ろう付時の窒素通気
	13	ダクトの施工：共板フランジ工法 / アングルフランジ工法の吊り間隔，送風機の吐出側のエルボを取り付け時の離隔距離，スパイラルダクトの高圧ダクトへの適用，横走りダクトの耐震支持（形鋼振止め）間隔
	14	ダクト及びダクト付属品：防火ダンパ温度ヒューズの作動温度，風量調整ダンパとエルボの離隔距離，シーリングディフューザの設置間隔と最小拡散半径および中コーンの調整（冷房時・暖房時）

7-5-2 設備施工（配管・ダクト） ダクトの施工 ★★★

33 ダクト及びダクト付属品の施工に関する記述のうち，**適当でないもの**はどれか。

(1) フランジ用ガスケットの厚さは，アングルフランジ工法ダクトでは3mm以上，コーナーボルト工法ダクトでは5mm以上を標準とする。

(2) コーナーボルト工法ダクトのフランジ用ガスケットは，フランジ幅の中心線より内側に貼り付け，コーナー部でオーバーラップさせる。

(3) コーナーボルト工法ダクトのフランジのコーナー部では，コーナー金具まわりと四隅のダクト内側のシールを確実に行う。

(4) コーナーボルト工法ダクトの角部のはぜは，アングルフランジ工法ダクトの場合と同じ構造としてよい。

(H30-B13)

解 答 フランジ用ガスケットは，フランジ幅の中心線より内側に貼り付け，コーナー部ではなくダクト直線部でオーバーラップさせる。

したがって，(2)**は適当でない。**

正解 (2)

類題 ダクト及びダクト付属品の施工に関する記述のうち，**適当でないもの**はどれか。

(1) アングルフランジ工法ダクトの角の継目は，長辺が800 mmの長方形ダクトの場合，1か所とする。

(2) 共板フランジ工法ダクトのフランジ押さえ金具(クリップなど)は再使用しない。

(3) 風量調整ダンパーは，対向翼ダンパーの方が平行翼ダンパーより風量調整機能が優れている。

(4) アングルフランジ工法ダクトは，フランジ接続部分の鉄板の折返しを5 mm以上とする。

(H29-B13)

解 答 ダクト接続のフランジ部は，ガスケットを挟み込み，4隅にシールをすることによりはじめて気密になる。

正解 (1)

試験によく出る重要事項

鋼板製長方形ダクトのフランジ接続部の構造

	アングルフランジダクト（AF ダクト）	コーナーボルト工法ダクト	
		共板フランジダクト（TF ダクト）	スライドオンフランジダクト（SF ダクト）
構　成　図	ダクトを折り返す	ダクト本体を③成形加工しフランジ製作 内側にかしめる	③ダクトに差し込みスポット溶接
フランジ接続方法			
フランジ製作	等辺山形鋼でフランジを製作する	ダクト本体を成形加工して，フランジとする	鋼板を成形加工して，フランジを製作する
フランジの取付け方法	ダクト本体にリベットまたはスポット溶接で取り付ける	フランジがダクトと一体のため，組立時にコーナーピースを取り付けるだけ	フランジをダクトに差し込み，スポット溶接する
フランジの接続	フランジ全周をボルト・ナットで接続する	4 隅のボルト・ナットと専用のフランジ押え金具（クリップなど）で接続する	4 隅のボルト・ナットと専用のフランジ押え金具（ラッツなど）で接続する

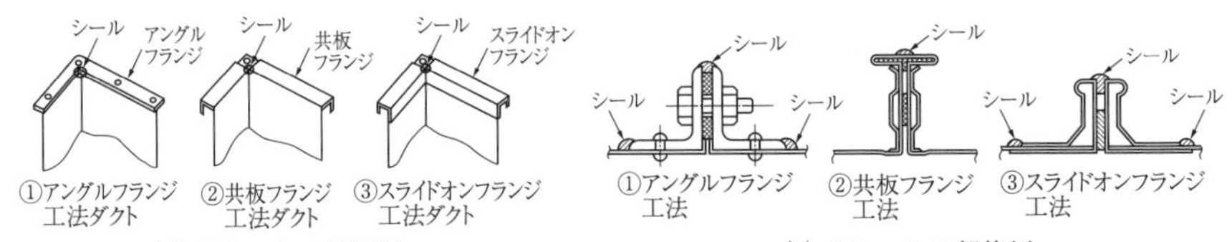

(a) Nシールの部位例　　(b) Bシールの部位例

シールクラスと部位

シールクラス	シールの必要箇所
N シール	①ダクト接合フランジ部のダクト折返し 4 隅部
A シール B シール C シール	②コーナ金物とフランジ部 ・縦方向のはぜ部 ・ダクトの接合部 ・ダクト貫通部（リベット，ボルト，タイロッドなど全てを含む）

7-5-2　設備施工（配管・ダクト）　長方形ダクトのアングルフランジ工法 

34　ダクト及びダクト付属品の施工に関する記述のうち，**適当でないもの**はどれか。

(1)　鉄板製の排煙ダクトの角の継目は，ピッツバーグはぜとした。

(2)　アングルフランジ工法ダクトのフランジ部のダクトの折返しは，5 mm とした。

(3)　コーナーボルト工法ダクトの接合フランジ部の 4 隅部は，シールを不要とした。

(4)　長辺が 800 mm のダクトの角の継目は，ダクトの強度を保持するため 2 箇所とした。

（基本問題）

解 答　コーナーボルト工法にかぎらず，ダクトの接合フランジ部の 4隅部は，シールをすることによりはじめて気密になる（p.260の「試験によく出る重要事項」参照）。

したがって，(3)**は適当でない。**　　**正解**　(3)

解 説

(1)　ピッツバーグはぜは気密が最もよい（下図参照）。

(2)　アングルフランジ工法の接続部ダクトの折り返し（p.260 参照）は，5mm 以上である。

(4)　公共建築工事標準仕様書（機械設備工事編）第 2 節 ダクトの製作及び取付け　2.2.2 アングルフランジ工法の項に，板の角部の継ぎ目は，長辺 750 mm を超える場合は 2 箇所とする記述がある。

試験によく出る重要事項（前ページの続き）

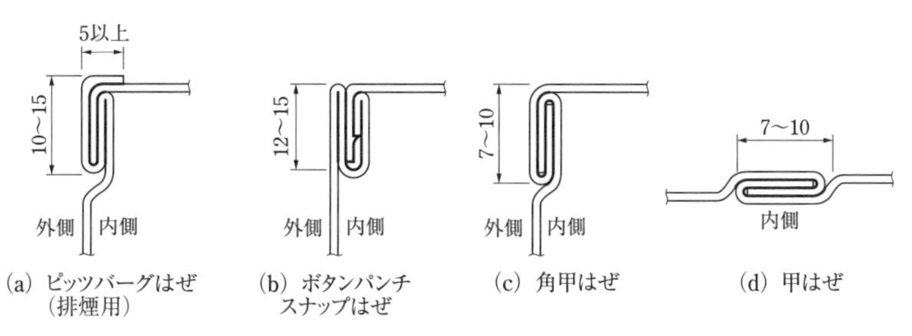

(a) ピッツバーグはぜ（排煙用）　(b) ボタンパンチスナップはぜ　(c) 角甲はぜ　(d) 甲はぜ

鋼板製長方形ダクトの継目の構造（JIS A 4009-1997）

試験によく出る重要事項

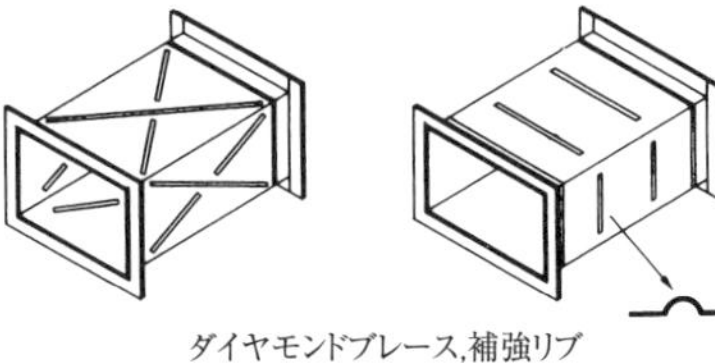

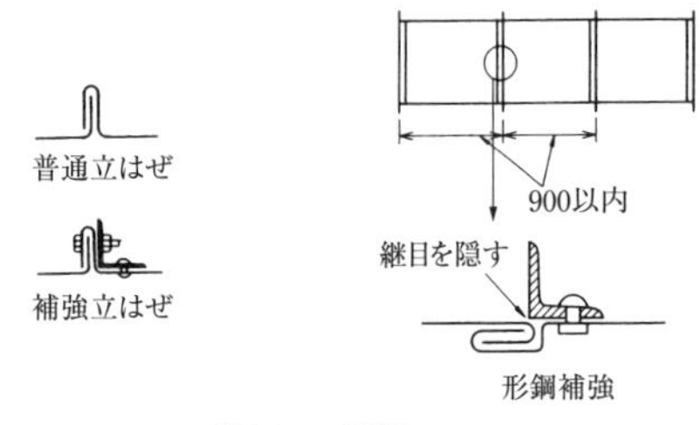

ダクトの補強

・長方形ダクトの角の継目は2箇所以上とし，ピッツバーグはぜまたはボタンパンチスナップはぜとする。
・長方形ダクトに用いる直角エルボは，ダクトの板厚と同じ案内羽根（ガイドベーン）を設ける。
・ダクト幅が標準の板取り以上に広い場合は，内部甲はぜ接続とする。
・コーナーボルト工法のフランジ辺部は，共板フランジ工法ではダクトの端部を折曲げ成型したフランジをクリップなどで留め付け，スライドオンフランジ工法では鋼板を成形加工したフランジをダクトに差し込みスポット溶接する。
・コーナーボルト工法ダクトは，アングルフランジ工法ダクトに比べ強度が小さい。
・ダクトの断面を拡大する角度は，縮小する角度より緩やかにする。一般的に，拡大する場合は15° 以内，縮小する場合は30° 以内とする。
・厨房や浴室の排気ダクトの角の継目は，上部2箇所で継目をとるU字形の継ぎとして下部から凝縮水が滴下するのを防止する。
・横走り主ダクトには，形鋼振れ止め支持を12 m以下の間隔で設ける。

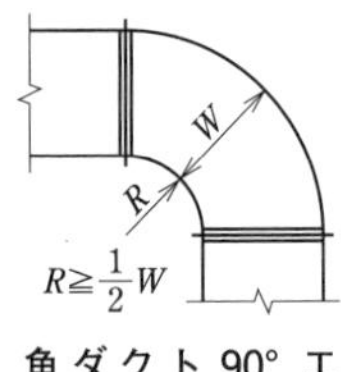

角ダクト90° エルボ部の曲率半径

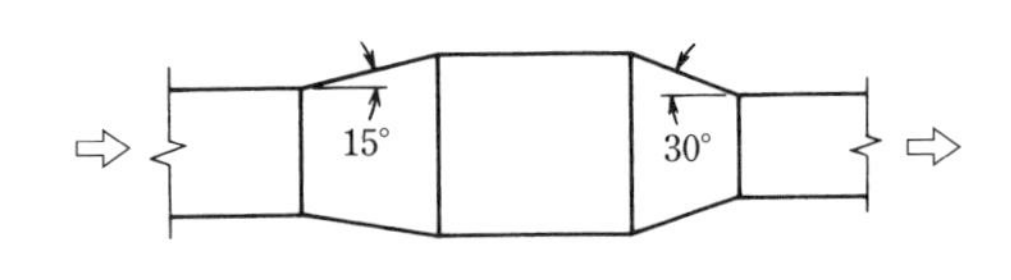

ダクトの拡大・縮小

7-5-2 設備施工（配管・ダクト） ダクトの施工 ★★★

最新問題

35 ダクト及びダクト付属品の施工に関する記述のうち，**適当でないもの**はどれか。

(1) 口径が600 mm以上のスパイラルダクトの接続は，一般的に，フランジ継手が使用される。

(2) 排煙ダクトに使用する亜鉛鉄板製の長方形ダクトの板厚は，高圧ダクトの板厚とする。

(3) シーリングディフューザー形吹出口は，最小拡散半径が重なるように配置する。

(4) 長辺が450 mmを超える保温を施さない亜鉛鉄板製ダクトには，補強リブを入れる。

(R2-B14)

解答 シーリングディフューザー形吹出口は，部屋全体を最大拡散半径で覆い，かつ最小拡散半径が重ならないよう均等に配置する。

したがって，(3)**は適当でない。** **正解** (3)

試験によく出る重要事項

❶ 長方形ダクトは，亜鉛鉄板を加工し継目を接続して長方形に整形し，角の継目はダクトの強度を保持するため，2箇所以上（長辺が750 mm以下は1箇所以上）とする。接続法は，1点・2点・4点接続法があり，1点および2点接続法は多湿箇所の排気ダクトに適している。継目の構造は，ピッツバーグはぜ，ボタンパンチスナップはぜまたは角甲はぜを用いるが，角甲はぜの使用例は少ない。

❷ ダクトは内圧力を規準に次の3種類に区分される（第6章 p.181も参照のこと）。

ダクトの区分 （単位 Pa）

ダクト区分	常用圧力	
	正　圧	負　圧
① 低圧ダクト	＋500以下	－500以内
② 高圧1ダクト	＋500を超え ＋1,000以下	－500を超え －1,000以内
③ 高圧2ダクト	＋1,000を超え ＋2,500以下	－1,000を超え －2,500以内

（出典：平成28年版公共建築工事標準仕様書機械設備編　第14節　表3.1.15）

❸　スパイラルダクトは，亜鉛鉄板を機械でらせん状に甲はぜがけしたものである。スパイラルダクトのつり金物は25×3 mmの平鋼を円形加工したものを9 mmの棒鋼で最大つり間隔3,000 mmでつり，小口径ダクト（300 mm以下）の場合のつり金物は，厚さ0.8 mm以下の亜鉛鉄板を帯板状に加工したものを使用する。

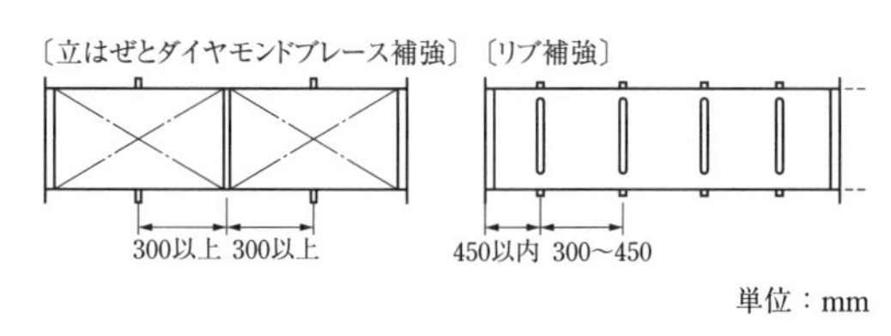

リブおよびダイヤモンドブレース補強

建築設備技術者協会改訂5版「空気調和・給排水設備施工標準より」

❹　横走りする主ダクトの耐震支持は，ダクトの直角方向は12 m以内ごとに形鋼振止め支持を設ける。

類題　ダクトの施工に関する記述のうち，**適当でないもの**はどれか。

(1)　共板フランジ工法の横走りダクトの吊り間隔は，アングルフランジ工法より短くする。

(2)　送風機の吐出し口直後にエルボを取り付ける場合，吐出し口からエルボまでの距離は，送風機の羽根径の1.5倍以上とする

(3)　亜鉛鉄板製スパイラルダクトは，亜鉛鉄板をら旋状に甲はぜ機械掛けしたもので，高圧ダクトにも使用できる。

(4)　最上階等を横走りする主ダクトに設ける耐震支持は，25 m以内に1箇所，形鋼振止め支持とする。　(H28-B13)

解答　最上階等を横走りする主ダクトに設ける耐震支持は，「2015年版　建築設備の耐震設計・施工指針」(日本建築センター編)によると，「ダクトの支持間隔約12m以内に1箇所A種またはB種を設ける」とある（A種，B種の支持例は同書に記載。または，http://www.shasej.org/gakkaishi/0704/kouza.pdf を参照）。

正解　(4)

7-5-2　設備施工（配管・ダクト）　ダクトの施工　★★★

36　ダクト及びダクト付属品の施工に関する記述のうち，**適当でないもの**はどれか。

(1)　亜鉛鉄板製スパイラルダクトは，亜鉛鉄板をらせん状に甲はぜ機械掛けしたもので，高圧ダクトにも使用できる。

(2)　横走りの主ダクトに設ける振れ止め支持の支持間隔は 12 m 以下とするが，梁貫通箇所等の振れを防止できる箇所は振れ止め支持とみなしてよい。

(3)　立てダクトの支持はフロア 1 か所とするが，階高が 4 m を超える場合には中間に支持を追加する。

(4)　サプライチャンバーやレタンチャンバーの点検口の扉は，原則として，チャンバー内が正圧の場合は外開き，負圧の場合は内開きとする。

(R1-B13)

解 答　チャンバーの点検扉は漏気が小さくなるように，内部が正圧ならば内開き，負圧ならば外開きとする。サプライチャンバーは内開き，レタンチャンバーは外開きである。

したがって，**(4)は適当でない。**　**正解**　(4)

試験によく出る重要事項

(1)　アングルフランジ工法のダクト接合は，アングル材を溶接加工したフランジ継手により行う。

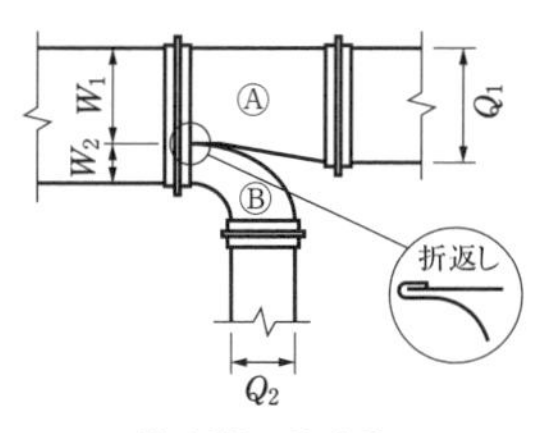

$W_1：W_2 = Q_1：Q_2$
Ⓐは拡大・縮小の項に準ずる。
Ⓑはエルボの項に準ずる。

(a)　割込み分岐

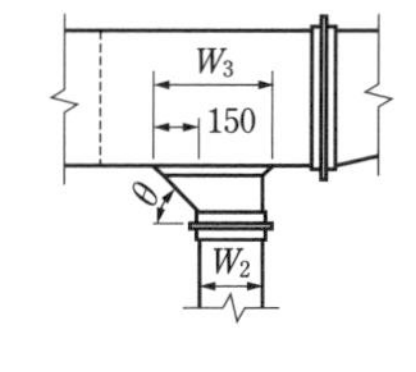

取出し　$W_3=W_2+150$mm，
$\theta=45°$を標準とする。

(b)　片テーパ付き直付け分岐

標準的なダクトの分岐方法

(2) アングルフランジ工法，コーナーボルト工法とも，フランジ継手のダクト角部にはすき間ができやすく，漏気の最大の原因となるのでシール材を用いてすき間をふさぐ必要がある。

(3) アングルフランジ工法では，ダクトの折返しは5 mm以上とり，折返し不足とならないよう注意する。

(4) 長方形ダクトの分岐には，割込み分岐（ベント形分岐ともいう。）と片テーパー付き直角分岐（ドン付けともいう。）とがある。

主ダクトや分岐流に精度を要する場合には割込み分岐とするが，枝ダクトの分岐には一般に施工が容易でコストが安い直角分岐が使用される。

なお，割込み分岐の割込み比率は風量比で決める。

類題 ダクト及びダクト付属品の施工に関する記述のうち，**適当でないもの**はどれか。

(1) 長方形ダクトの分岐には，一般的に，割込み分岐に比べて加工が容易な片テーパ付き直付け分岐が用いられる。

(2) 直径500 mm以下のスパイラルダクトの吊り金物には，棒鋼にかえて亜鉛鉄板を帯状に加工したバンドを使用してもよい。

(3) 長方形ダクトの直角エルボには案内羽根を設け，案内羽根の板厚はダクトの板厚と同じ厚さとする。

(4) パネル形の排煙口は，排煙ダクトの気流方向とパネルの回転軸が平行となる向きに取り付ける。

(R1-B14)

解 答 機械設備工事監理指針（H28年版，公共建築協会）によると，「スパイラルダクト750 φ以下の場合の吊金物は，厚さ0.8mm以上の亜鉛めっきを施した鋼板を円形に加工したバンドとし，小口径のもの（300 φ以下）の場合の吊り金物は，厚さ0.6mm以上の亜鉛鉄板を帯状に加工したもの（吊りバンド）を使用してもよい。ただし，これを使用する場合は要所に振れ止めを行う。」とある。

正解 (2)

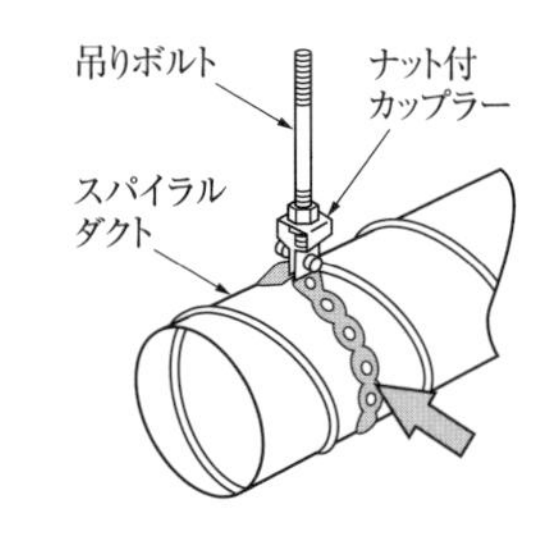

亜鉛鉄板を帯状に加工したバンドの例
（栗本鉄工（株）webサイトより）

7-5-2　設備施工（配管・ダクト）　亜鉛鉄板製円形スパイラルダクト　★★★

37　ダクト及びダクト付属品に関する記述のうち，**適当でないもの**はどれか。

(1)　亜鉛鉄板製スパイラルダクトは，亜鉛鉄板をら旋状に甲はぜ機械掛けしたもので，高圧ダクトにも使用できる。

(2)　風量調整ダンパーは，平行翼ダンパーの方が対向翼ダンパーより風量調整機能が優れている。

(3)　シーリングディフューザ形吹出口では，中コーンを上げると，暖房効果が上がる。

(4)　消音ボックスは，ボックス出入口の断面変化による反射効果と内貼りの消音効果をあわせもったものである。

(5)　送風機の吐出し口直後に風量調節ダンパーを設ける場合は，風量調節ダンパーの軸が送風機羽根車の軸に対し直角となるようにする。

（H30-B14 と過去問題から作成）

解 答　平行翼ダンパーは，羽根を中間開度で使用する場合，下流に偏流が起り易いため調整用には不向きで開閉専用に使われる。対向翼は平行翼に比べ偏流が少なく，開度による風量がリニアに近いので，風量調節用に適している（下図を参照）。

したがって，(2)**は適当でない**。　**正解**　(2)

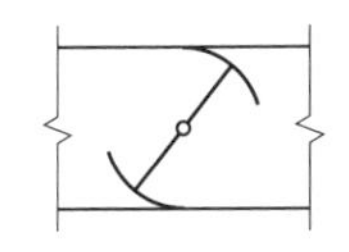

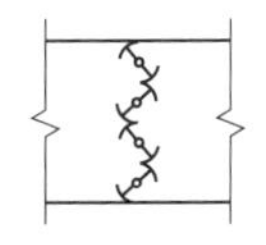

(a) バタフライダンパ　(b) 多翼型ダンパ（平行翼形）　(c) 多翼型ダンパ（対向翼形）

ダンパの形式

試験によく出る重要事項

(1)　スパイラルダクト　　サイズに関係なく低圧および高圧ダクトに使用される。

スパイラルダクトの差込み接続は，外面にシール材を塗布した継手をダクトに差し込み，鋼製ビスで接合した後，ダクト用テープを巻く。

・口径 300 mm 以下のスパイラルダクトのつり金物には厚さ 0.6 mm 以上，口径 350mm 以上の場合には厚さ 0.8mm 以上の亜鉛鉄板を帯板状に加工したものを使用できる。

・円形ダクトの曲がり部の内側曲がり半径は，ダクト直径の1/2以上とする。
・フレキシブルダクトには，グラスウール製と金属製があり，ダクトと吹出し口チャンバーとの接続，可とう性や防振性が必要な場所などに用いられる。
・p. 266の「類題」解答もよく見ておく。

類題　ダクト及びダクト付属品の施工に関する記述のうち，**適当でないもの**はどれか。

(1) 負圧となるチャンバーに設ける点検口の開閉方向は，原則として，外開きとする。
(2) 共板フランジ工法のフランジ押さえ金具（クリップなど）の取付けは，ダクト寸法にかかわらず，四隅のボルトの間に1か所とする。
(3) 長方形ダクトに取り付ける風量測定口は，ダクト辺に200mmから300mmピッチ程度で取り付ける。
(4) 変風量（VAV）ユニットは，原則として，ユニット入口長辺寸法の2倍以上の長さの直管が上流側にある位置に取り付ける。　(H29-B14)

解答　共板フランジ工法のフランジ押さえ金具は，右図のような間隔で取り付ける必要がある。

A：ダクト端部から押さえ金具までの距離（150mm以内）

B：押さえ金具～押さえ金具間の距離（200mm以内）

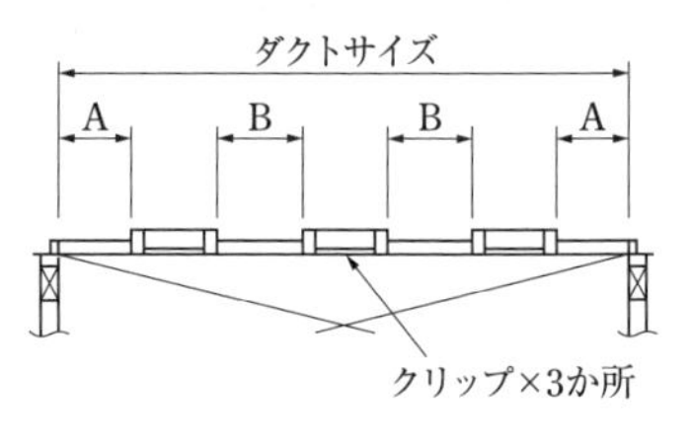

（出典：http://kinki-duct-skill.com/pdf/hyojunzu.pdf）

正解　(2)

試験によく出る重要事項

(1) スパイラルダクトのはぜ
　高い補強効果があり，高圧ダクト，集じんダクト，排煙ダクトにも使用できる。

(2) スパイラルダクトの差込み継手
　右図を参照されたい。

(3) スパイラルダクトの接続
　小口径は差込み継手を，大口径はフランジ継手を使用する。

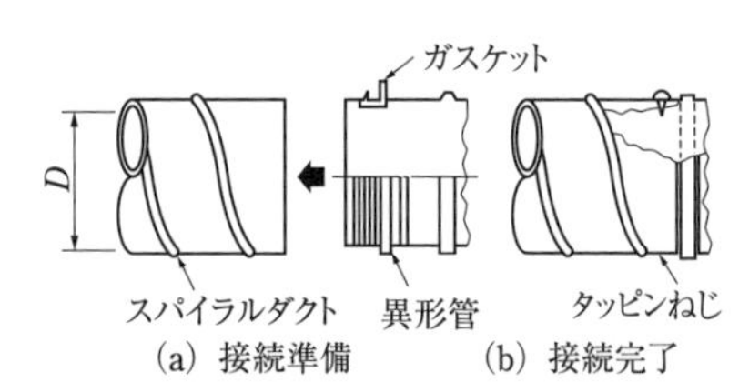

スパイラルダクトの簡易接続法（K社カタログ）

7-5-2 設備施工（配管・ダクト） ダクトの施工 ★★★

最新問題

38 ダクト及びダクト付属品の施工に関する記述のうち，**適当でないもの**はどれか。

(1) ダクトの系統において，常用圧力（通常の運転時におけるダクト内圧）が 500 Pa を超える部分は，高圧ダクトとする。

(2) 送風機の吐出し口直後に風量調節ダンパーを取り付ける場合，風量調節ダンパーの軸が送風機の羽根車の軸に対し平行となるようにする。

(3) 亜鉛鉄板製の排煙ダクトと排煙機の接続は，原則として，たわみ継手等を介さずに，直接フランジ接合とする。

(4) 送風機の吐出し口直後にエルボを取り付ける場合，吐出し口からエルボまでのダクトの長さは，送風機の羽根車の径の 1.5 倍以上とする。

(R2-B13)

解答 送風機の吐出し口「直後」に風量調節ダンパーを取り付けることは，送風機の脈動によりダンパーの羽根の振動が大きくなるので推奨されない。またダンパー取付け方向は，送風機近傍で偏流（羽根車外側で多く，回転軸に近い側で少ない）するので，ダンパーの軸は羽根車回転軸に対して直行する方向に取付けるのがよい。

したがって，(2)**は適当でない。** **正解** (2)

解説 (1) 風速 15m 以下で静圧 490Pa 以下のダクトを“低圧ダクト”，それ以上を“高圧ダクト”としている。(3)，(4)は記述通り。

試験によく出る重要事項

❶ ダクト付属品（第 6 章 p.179 ～も参照のこと。）

(1) ノズル型吹出し口　構造が簡単で，到達距離が長く，劇場・ホール・工場などの大空間で広く用いられている。壁・天井ともに設置可能である。大空間で用いる場合には吹出し温度と室温により噴流の軌跡が大きく変わるため，選定に注意が必要である。

(2)　防火防煙ダンパには，温度ヒューズ形，煙感知器連動形および熱感知器連動形の3種類がある。

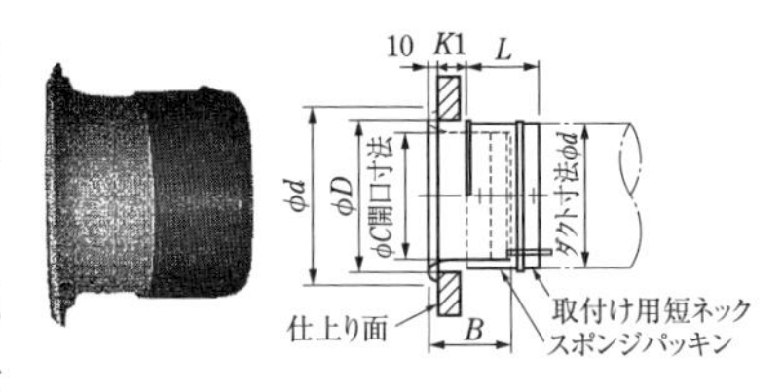

ノズル形吹出口の例

温度ヒューズ形ダンパは，ダンパ部に高熱の気流が達すると，ヒューズが溶融してダンパが自動的に閉塞する。

温度ヒューズは，通常一般系統では溶解温度72℃程度のものを使用するが，排煙風道の場合は280℃程度のものを使用する。

(3)　防火ダンパ（FD）　　ダクトが防火区画を貫通する部分，火を使用する厨房排気フード吸込み口などに取り付ける。ヒューズを備え，熱を感知すると羽根を閉止して，延焼防止の役目をする。

(4)　煙感知器連動ダンパ（SD）・煙感知器連動防火ダンパ（SFD）　　火災時，煙の拡散による災害を防ぐため床，シャフト，異種用室の壁などの貫通の場所に設置する。煙感知器と連動し，防火ダンパと併用する場合が多い。

(5)　定風量ユニットは，ユニット前後の圧力差が必要静圧以上になる場所に設置する。

微風時から設定風量まで，フラップは端部にある独自のバランス機構で開放状態を保つ。設定風量以上の風がフラップを通過すると，表面に圧力の差が生じて回転力が発生する。閉鎖方向にフラップが動く。

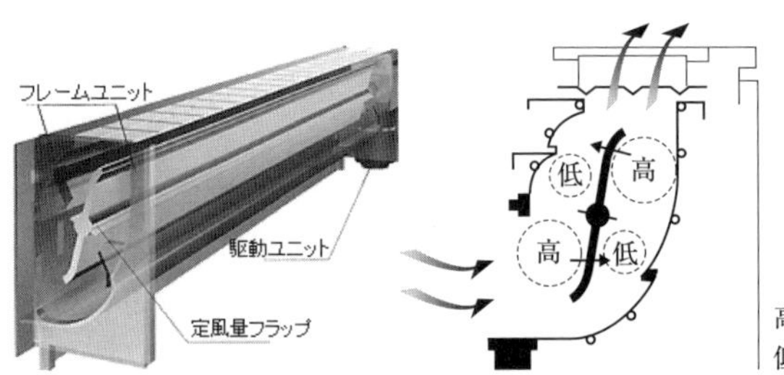

高：流速が遅く圧力が高い。
低：流速が速く圧力が低い。

定風量ユニット

7-5-2　設備施工（配管・ダクト）　ダクト及びダクト付属品　★★★

39　ダクト及びダクト付属品に関する記述のうち，**適当でないもの**はどれか。

(1)　亜鉛鉄板製円形スパイラルダクトは，亜鉛鉄板をら旋状に甲はぜ機械掛けしたもので，高圧ダクトにも使用できる。

(2)　シーリングディフューザ形吹出口は，冷房時には，冷房効果をあげるため，中コーンを下げる。

(3)　防火ダンパの温度ヒューズの作動温度は，一般系統用は72℃ 程度，厨房排気系統用は120 ℃ 程度とする。

(4)　最上階，屋上等を横走りする主ダクトに耐震支持を必要とする場合は，20 m 以内に1箇所，形鋼振止め支持を設ける。

（基本問題）

解 答　横走りする主ダクトの耐震支持は，ダクトの直角方向は12 m 以内ごとに1箇所，形鋼振止め支持を設ける。（H24年度で初めて設問された。）

したがって，**(4)は適当でない。**　**正解**　(4)

試験によく出る重要事項

シーリングディフューザ形およびパン形の天井吹出し口のダクトとの接続は，図のようにボックス，羽子板またはフレキシブルダクトによって行われる。

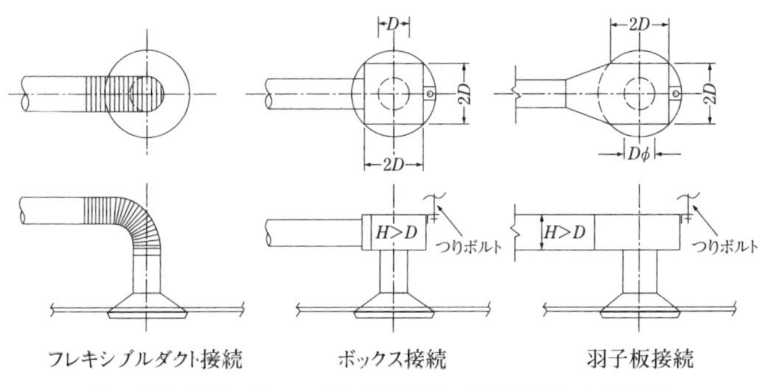

シーリングディフューザー形吹出し口のダクトへの接続

7-5-2　設備施工（配管・ダクト）　冷温水配管の施工　★★★

最新問題

配管及び配管付属品の施工に関する記述のうち，**適当でないもの**はどれか。

(1)　冷温水配管の空気抜きに自動空気抜き弁を設ける場合，当該空気抜き弁は，管内が正圧になる箇所に設ける。

(2)　冷温水配管の主管から枝管を分岐する場合，エルボを3個程度用いて，管の伸縮を吸収できるようにする。

(3)　排水立て管に鉛直に対して45°を超えるオフセットを設ける場合，当該オフセット部には，原則として，通気管を設ける。

(4)　冷温水横走り配管の径違い管を偏心レジューサーで接続する場合，管内の下面に段差ができないように接続する。　(R2-B11)

解答　冷温水配管の横走管で偏心レジューサーを使う理由は，エア溜まりの防止である。そのため，配管の上面に段差がないように施工することで，エアが溜まった場合でも滞留しにくくなる。

したがって，(4)**は適当でない。**　**正解**　(4)

解説　(1)系統内で最も静圧が低い箇所に設けるが，負圧だと空気を吸込む　(2)付録15"蒸気配管の施工"を参照。(3)記述通り。

試験によく出る重要事項

(1)　冷温水配管の施工

・冷温水配管の頂部に設ける自動空気抜き弁は，管内が正圧の場所に取り付ける。
・冷温水配管の主管から枝管分岐の場合は，枝管にエルボを2個以上用いる。
・冷温水配管の主管の曲部には，ベンドまたはロングエルボを用いる。

(2)　空調機周りの配管の施工

・冷温水管の流入は空気調和機のコイル下部の風下側に接続し，流出はコイル上部の風上側に接続する。
・空気調和機の冷温水量を調節する電動弁は，冷温水コイルの還り管に設ける。
・空気調和機のドレン管は，送風機の全圧以上の封水深を有する排水トラップを設ける。
・加湿用水は，上水以外の水を使用しない。

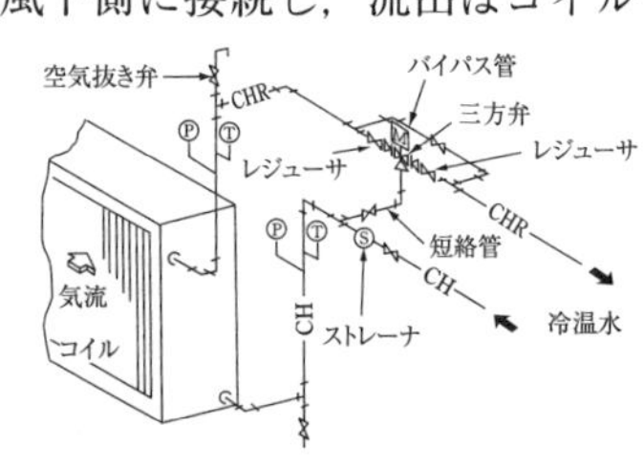

冷温水コイル周りの配管図
（三方弁使用の場合）

7-5-2 設備施工（配管・ダクト） 冷温水配管の施工 ★★★

41 空気調和設備の配管の施工に関する記述のうち，**適当でないもの**はどれか。

(1) 空気調和機への冷温水量を調整する混合型電動方弁は，一般的に，空調機コイルからの還り管に設ける。

(2) 空気調和機への冷温水配管の接続では，往き管を空調機コイルの下部接続口に，還り管を上部接続口に接続する。

(3) 冷温水配管からの膨張管を開放形膨張タンクに接続する際は，接続口の直近にメンテナンス用バルブを設ける。

(4) 複数の空気調和機に冷温水を供給する冷温水配管において，各空気調和機を通る経路の摩擦損失抵抗を等しくする方式にリバースリターン方式がある。

(R1-B11)

解答 膨張管は，循環系統に補給水を供給する役割もあるが，加温時の水の膨張による加圧を逃がす役割が趣旨である。メンテナンス用とはいえ，開放形膨張タンクに接続する際は，接続口の直近にバルブを設けることは，安全装置という意味で禁止されている。

したがって，(4)**は適当でない**。

正解 (4)

試験によく出る重要事項

❶ 冷温水配管の横引き配管は，1/250 程度の勾配で，膨張タンクまたは空気抜き弁に向かって，先上がりとなるように配管する。

❷ ベローズがステンレス製の伸縮継手は，耐食性，耐候性，疲労，劣化，機械的強度に優れ，安定した性能を維持するので，幅広く用いることが可能である。

❸ リバースリターン方式では，各放熱器への管摩擦抵抗がほぼ等しくなる。

❹ ダイレクトリターン方式（直接還水式）では，往・還水管とも最短距離を通って循環するもので，放熱器に対する配管抵抗は，ポンプに近いほど小さく，ポンプから遠くなるほど大きくなる。したがって，調整弁を用いて各放熱器の流量調整を行う必要がある。リバースリターン方式にすると放熱器に対し，往・還配管の長さの和をほぼ等しくするので，流量バランスがとりやすい。

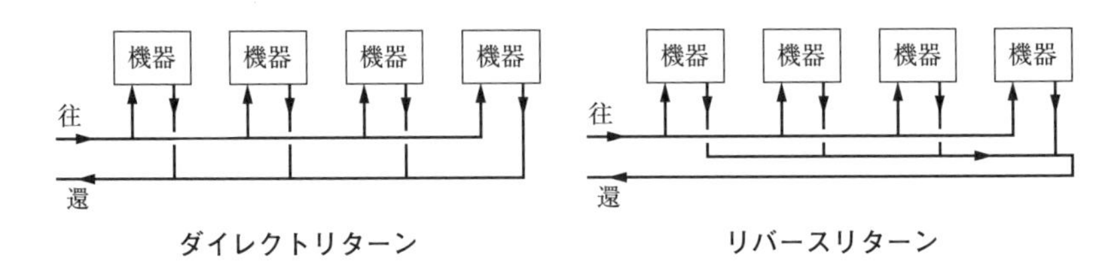

❺ 冷媒配管

・冷媒配管のフラッシングおよび気密試験には，窒素ガスを使用する。
・冷媒配管は，冷温水配管より管内の温度変化が大きいので，伸縮量が大きい。
・冷媒の追加充填には，単一冷媒ではチャージングシリンダを，混合冷媒では，冷媒充填用計量器を使用して行う。

❻ 配管施工の一般事項

・横走り配管で径違い管を接続する場合は，ブッシングを用いない。ブッシングとは，口径の調整用で，横走り管に用いると，エア溜りの原因となるため使用せず，偏心径違いソケットを使用する。
・肉厚5 mmのステンレス鋼管を突合せ溶接するときは，V形開先とする。

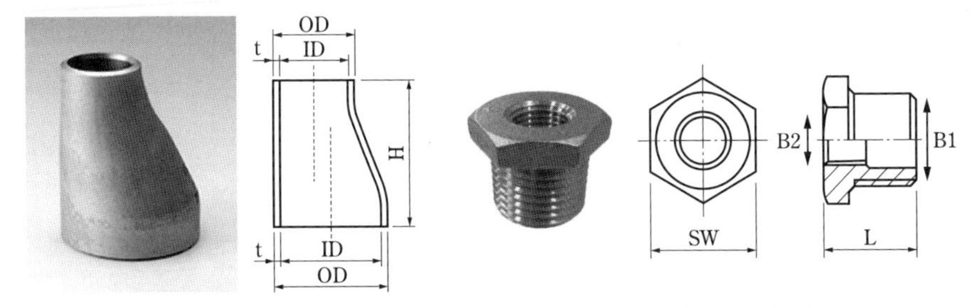

偏心径違いソケットの例　　径違いブッシングの例

類題 冷温水管の施工に関する記述のうち，**適当でないもの**はどれか。

(1) 主管の曲部に，ベンド管やロングエルボを用いて接続した。
(2) 管の熱による伸縮を考慮して，フレキシブルジョイントを用いて接続した。
(3) 横走り管に，レジューサを用いて径違い管を接続した。
(4) 配管頂部に設ける自動空気抜き弁は，管内が負圧にならない場所に設けた。

(基本問題)

解 答 フレキシブルジョイントは，管の変位を吸収するためのもので，熱による伸縮を吸収するには，伸縮継手を用いる。

※レジューサ は，径違いソケットのことである。

正解 (2)

7-5-2 設備施工（配管・ダクト） 配管の施工 ★★★

42 配管材とその継手又は接合方法の組合せのうち，**適当でないもの**はどれか。

	（配管材）	（継手又は接合方法）
(1)	配管用炭素鋼鋼管	ねじ込み式可鍛鋳鉄製管継手
(2)	配管用ステンレス鋼鋼管	B形ソケット接合
(3)	ポリエチレン管	クランプ式管継手
(4)	耐火二層管	TS式差込み接合

（H29-B11）

解答 硬質ポリ塩化ビニル管のTS式差込み継手には，差込み口の形状によりA形とB形があり，後者は「B形ソケット」と呼ばれる。配管用ステンレス鋼鋼管の継手ではない。

したがって，(2)**は適当でない**。

正解 (2)

解説 p.377掲載の「付録16　配管材料と接続工法・継手など」を参照のこと。

試験によく出る重要事項

(1) 硬質塩化ビニルライニング鋼管の施工

・管を切断後，スクレーパー等の面取り工具を用いて，塩ビ管肉厚の1/2から1/3を目標に面取りをする。

・管内面に塩化ビニルをライニングしてあるので，切断に際しては，熱のかからない方法を選ぶ必要がある。自動金切り鋸盤（のこ）（バンドソー），ねじ切り機搭載自動丸鋸機，旋盤は用いてよいが，パイプカッター，高速砥（と）石，ガス切断，チップソーカッターによる切断は行ってはならない。管の切断は，必ず管軸に対して直角に切断する。斜め切断は，偏肉ねじや多角ねじ（ねじつぶれ）の原因になる。

(2) ステンレス鋼管の施工

・呼び径25 Su以下のベンダー加工の曲げ半径は，管外径の4倍以上とする。
・呼び径100 Suの配管をTIG溶接する場合は，肉厚が薄いためV形開先加工は行わず，適正なルート間隔（母材どうしのすき間）を保持する。呼び径が150以上では，V形開先加工を用いる。
・プレス接合の差込みおよびかしめ状態の確認は，差込み長さ測定器，六角ゲージ等を用いる。
・切断には，金切り鋸，電動鋸盤，パイプカッター，高速砥石切断機によって切断するが，これらの鋸刃はステンレス鋼専用のものを使用し，切断面のバリは必ず除去する。管の肉厚が薄いため，原則として，水や潤滑油等は必要ない。
・ステンレス鋼管は，炭素鋼管より材質が硬く切断には，メタルソー，バンドソーを用いる。炭素鋼用の刃を用いると，刃先が鈍り，焼付きを起こしやすい。

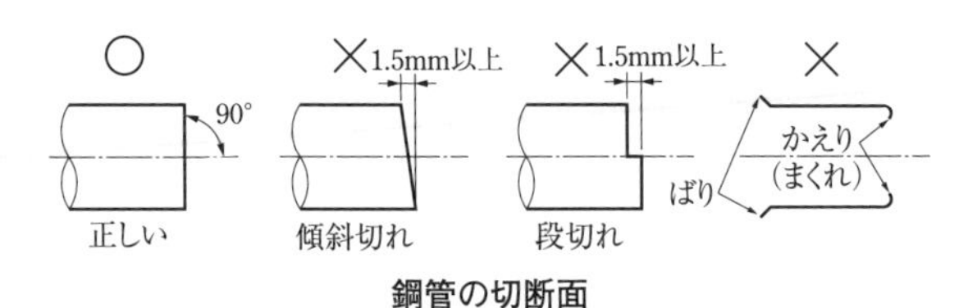

鋼管の切断面

(3) 「給排水衛生配管の施工」については，付録14（p. 375）参照。

類題 配管の切断・接合に関する記述のうち，**適当でないもの**はどれか。

(1) 硬質塩化ビニルライニング鋼管の切断に，チップソーカッターを使用した。
(2) 管の厚さが4 mmのステンレス鋼管を突合せ溶接する際の開先をV形開先とした。
(3) 飲料用に使用する鋼管のねじ接合に，ペーストシール剤を使用した。
(4) 冷媒配管を差込接合する際に，配管内に不活性ガスを流しながら接合した。

(H28-B12)

解答 ライニング鋼管は，切断時の熱により，内部の樹脂がはく離することがあるので，熱を持ちやすいチップソーではなく，帯鋸を使用するのがよい（付録13 p. 374 (4)参照）。

正解 (1)

7-5-2 設備施工（配管・ダクト） 給水管の施工 ★★★

43 給水管・排水管の施工に関する記述のうち，**適当でないもの**はどれか。

(1) 揚水管の試験圧力を，揚水ポンプの全揚程が 0.5 MPa だったので，1.0 MPa とした。

(2) 3階以上にわたる排水立て管には，階ごとに満水試験用の継手を取り付けた。

(3) 呼び径 75 の屋内横走り排水管の勾（こう）配を $\frac{1}{200}$ とした。

(4) 水道用硬質塩化ビニルライニング鋼管のねじ接合に，管端防食管継手を使用した。

(5) 硬質塩化ビニルライニング鋼管のねじ切りの際のリーマ掛けは，ライニング厚の $\frac{1}{2}$ 程度とする。　（H30-B12 と過去問題から作成）

解答 屋内横走り排水管の勾配は下表による。呼び径 75 の場合，最小勾配は 1/100 である。したがって，**(3)は適当でない。**　**正解** (3)

解説 (1) 給水管の試験圧力は，最小 0.75 MPa とし，揚水管は揚水ポンプ設計送水圧力の 2 倍と 1.75 MPa の大きい方とする。高置水槽以下は静水頭の 2 倍とする。

(2) 排水管の満水試験は，各階の横引き配管試験であるため，各階に取付けないと意味がない。排水立て管は一般に通水試験のみ実施する。

(3) 屋内の排水横走り管の勾配は，下の表による。

呼び径	最小勾配	呼び径	最小勾配
65 A　以下	1/50	125 A	1/150
75 A～100 A	1/100	150 A　以上	1/200

(4) 樹脂ランニング鋼管には，必ず管端防食管継手（管端コア入り）を使用する。配管ねじ部および継手を防食しないと，赤水，管閉塞の要因となる。弁類には管端防食コア付バルブを使用する。

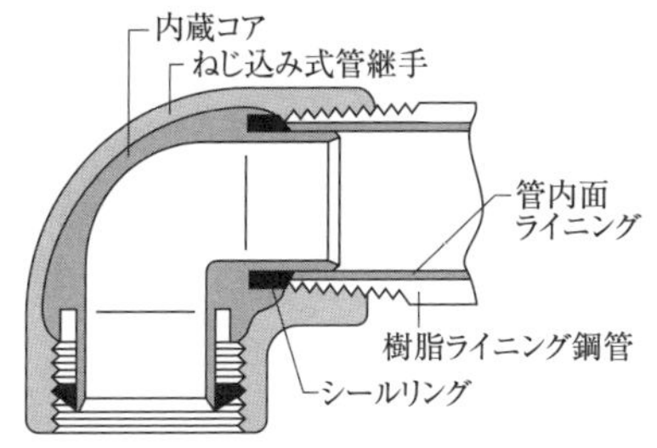

管端防食コア内蔵継手（H 社カタログ）

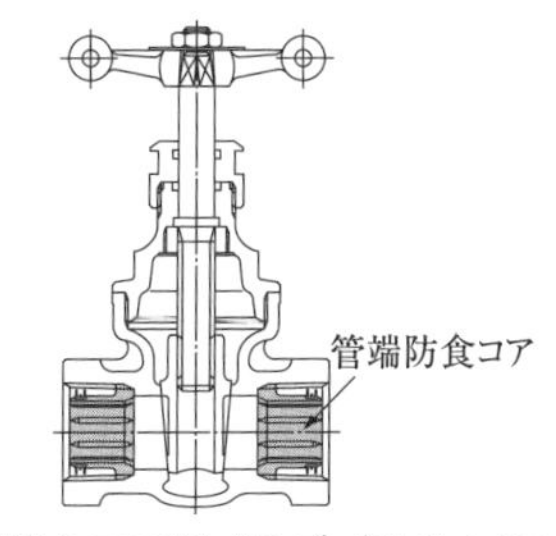

管端防食コア付バルブ（T 社カタログ）

類題 配管の施工に関する記述のうち，**適当でないもの**はどれか。

(1) 揚水ポンプの吸込管は，揚水ポンプに向かって 1/50 ～ 1/100 の上り勾配とした。

(2) 揚水管の試験圧力は，揚水ポンプの全揚程に相当する圧力とした。

(3) 管径 200 mm の屋外排水管の直管部に，排水桝を 24 m の間隔で設けた。

(4) 屋内給水主配管の適当な箇所に，保守及び改修を考慮してフランジ継手を設けた。

(5) 管径が 100 mm の屋内排水管の直管部に，18 m 間隔で掃除口を設けた。

(6) 排水管の満水試験において，満水後 30 分放置してから減水がないことを確認した。

(7) 呼び径 65 A 以下の排水管は，床からの高さが 2 m 以内の場合，共吊りしてもよい。

(8) 中央式の強制循環給湯配管は，リバースリターン方式とする必要はない。

(H29-B11，H28-B11 と過去問題から作成)

解 答 (2) 揚水管の試験圧力は，設計送水圧力の2倍と1.75 MPaの大きい方で実施。

(5) 屋内排水管の掃除口は，管径 100 mm は 15 m 以内ごとに要設置。

(7) 管径に関わらず，配管の共吊りは禁止事項である。 **正解** (2)，(5)，(7)

解 説 (1) 水槽が下方の場合ポンプ吸込側は，空気だまりができないようにポンプに向かって 1/100 程度の上り勾配とする。押込みとなる場合は，逆に下り勾配がよい。

(2) 給水の試験圧力は最小 0.75 MPa とするが，揚水管では「解答」のとおり。

(3) 屋外排水管の排水桝は，管径の 120 倍を超えない範囲で点検・清掃用に設ける。

(4) ねじ込配管は組み上がると容易に回せないため，長い場合はフランジを設ける。フランジ接続バルブでも代替できる。

(5) 屋内排水管は，管径 100 mm 以下は 15 m 以内，125 mm 以上では 30 m 以内ごとに設ける。曲がりが多い場合は，3 曲がり以内とする。

(6) 排水立て管には階ごとに満水継手を設けて注水し，保持時間 30 分で減水しないことを確認する。

(7) 解答のとおりである。

(8) リバースリターン方式は，常に水が流れる場合は有効だが，給湯のような負荷の読めない系統に設置してもあまり意味はないと言われており，定流量弁を設置が有効とされている。

7-5-2 設備施工（配管・ダクト） 配管の施工 ★★★

最新問題

配管及び配管付属品の施工に関する記述のうち，**適当でないもの**はどれか。

(1) 屋外埋設の排水管には，合流，屈曲等がない直管部であっても，管径の120倍以内に1箇所，排水桝を設ける。

(2) ステンレス鋼管の溶接接合は，管内にアルゴンガス又は窒素ガスを充満させてから，TIG溶接により行う。

(3) 遠心ポンプの吸込み管は，ポンプに向かって$\frac{1}{100}$程度の下り勾配とし，管内の空気がポンプ側に抜けないようにする。

(4) 配管用炭素鋼鋼管を溶接接合する場合，管外面の余盛高さは3mm程度以下とし，それを超える余盛はグラインダー等で除去する。　(R2-B12)

解 答　ポンプに向かって$\frac{1}{100}$程度の上り勾配とする。吸込側にエア溜まりができると，ポンプが水を吸い込めなくなるので，ポンプ側にエアが抜けるようにする。

したがって，(3)**は適当でない。**　**正解**　(3)

類題　配管の施工に関する記述のうち，**適当でないもの**はどれか。

(1) ポンプの振動が防振継手により配管と絶縁されている場合は，配管の防振支持の検討は不要である。

(2) 配管の防振支持に吊り形の防振ゴムを使用する場合は，防振ゴムに加わる力の方向が鉛直下向きとなるようにする。

(3) 強制循環式の下向き給湯配管では，給湯管，返湯管とも先下がりとし，勾配は$\frac{1}{200}$以上とする。

(4) 通気横走り管を通気立て管に接続する場合は，通気立て管に向かって上り勾配とし，配管途中で鳥居配管や逆鳥居配管とならないようにする。

(R1-B12)

解 答　ポンプはインペラの回転による脈動が絶えずあり，防振架台，防振継手などにより機器自体の振動は抑制できるが水の脈動の配管伝搬は抑止できない。そのため，とくにポンプ近傍の配管は防振支持をする必要がある。　**正解**　(1)

7-5-2 設備施工（配管・ダクト） 配管の支持 ★★★

45 配管の支持に関する記述のうち，**適当でないもの**はどれか。

(1) 立て管に鋼管を用いる場合は，各階1箇所に形鋼振れ止め支持をする。

(2) 銅管を鋼製金物で支持する場合は，合成樹脂を被覆した支持金具を用いるなどの絶縁措置を講ずる。

(3) 土間スラブ下に配管する場合は，不等沈下による配管の不具合が起きないよう建築構造体から支持する。

(4) 複式伸縮管継手を使用する場合は，当該伸縮管継手が伸縮を吸収する配管の両端を固定し，伸縮管継手本体は固定しない。

（基本問題）

解答 複式伸縮管継手は図(b)に示すとおりに継手本体を鋼材などに堅固に固定し，継手両側の配管にはガイドを設け，管の伸縮が継手軸方向からずれないように支持して，力が継手にかかるようにする。

したがって，**(4)は適当でない。**

正解 (4)

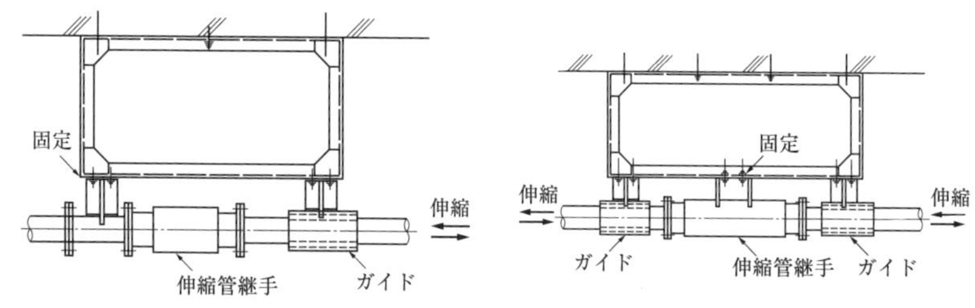

(a) **単式伸縮継手の例**　(b) **複式伸縮継手の例**

伸縮継手の取付け例

解説

(1) 形鋼による振れ止めは，各階の床で固定し，階の中間では固定しない。

(2) 銅管・ステンレス鋼鋼管の支持は，塩化ビニルやゴムなどで被覆した支持金物などを使用する。

(3) 土間スラブ下配管は，施工時は土を突き固めて支持するが，地盤沈下を想定し，床からも支持固定が取れるように施工する。

7-5-3 設備施工（保温・保冷・塗装）

●出題傾向分析●

出題内容＼年度（和暦）	R2	R1	H30	H29	H28	計
(1) 保温・保冷・塗装	1	1	1	1	1	5
計	1	1	1	1	1	5

［過去の出題傾向］

保温・保冷・塗装は，毎年必ず１問出題されている。

保温仕様の詳細に触れた問題があるので，本書付録15（p.376）を参照すること。

［保温・保冷・塗装］

① 令和２年度は，全問，公共建築工事標準仕様書「第３章保温，塗装及び防錆工事」3.1.3 施工からの出題だった（国交省 web サイトで確認のこと）。

② ポリスチレンフォーム保温筒施工に関する設問が過去頻出している。

③ 塗装の出題はないので，**令和３年度は要注意**である。

④ ポリエチレンフィルム（防湿材）に関する設問は28年度以来出題がないので注意する。

⑤ グラスウール保温材の表示，ポリエチレンフォーム保温材に関する設問も見ておくと良い。

⑥ 屋内露出配管の床貫通部の保温材保護については，上記仕様書の記述である。

年度（和暦）	No	出題内容（キーワード）
R2	15	保温・保冷：スパイラルダクトの保温施工，保温材相互の隙間の処置方法，保温が必要な機器扉 / 点検口廻りの保温施工，立て配管のテープ巻き仕上げの施工
R1	15	保温・保冷：ステンレス鋼板製貯湯タンクを保温時のタンク本体と保温材の絶縁，ポリスチレンフォーム保温筒のテープ止め施工方法，JIS に規定する保温材規格の K 値（熱伝導率）の意味
H30	15	保温・保冷・塗装：ポリスチレンフォーム保温材の特徴，立て管外装用テープの巻き進める方向，合成樹脂調合ペイントの養生時間，二層以上保温帯を重ねる場合措置
H29	15	保温・保冷・塗装：ポリスチレンフォーム保温筒の施工方法，室内露出管床貫通部の施工仕様，保温補助材ポリエチレンフィルムの役割，塗装に不適切な温湿度条件
H28	15	保温・保冷：ポリスチレンフォーム保温材・グラスウール保温材の特性，保温筒の施工方法，ポリエチレンフィルムの巻き方，グラスウール保温材の規格

7-5-3 設備施工（保温・保冷・塗装） 保温・保冷・塗装 ★★★

46 配管保温に関する記述のうち，**適当でないもの**はどれか。

(1) ステンレス鋼板製（SUS 444 製を除く。）貯湯タンクを保温する際は，タンク本体にエポキシ系塗装等を施すことにより，タンク本体と保温材とを絶縁する。

(2) ポリスチレンフォーム保温筒を冷水管の保温に使用する場合，保温筒 1 本につき 2 か所以上粘着テープ巻きを行うことにより，合わせ目の粘着テープ止めは省略できる。

(3) 保温を施した屋内露出配管が床を貫通する場合は，床面より少なくとも 150 mm 程度の高さまでステンレス鋼帯製バンド等で被覆する。

(4) JIS に規定される 40 K のグラスウール保温板は，32 K の保温板に比較して，熱伝導率（平均温度 70 ℃）の上限値が小さい。（R1-B15）

解 答　公共建築工事標準仕様書「第 3 章保温，塗装及び防錆工事」3.1.3 施工(c)に“合わせ目をすべて粘着テープで止め，継目は，粘着テープ 2 回巻きとする”とある。したがって，**(2)は適当でない**。　**正解** (2)

解 説　公共建築工事標準仕様書の出題で，(1)は表 2.3.6 注記 6 の記述通り，(3) 3.1.3 施工(n)の記述通り。目的はダクトを含め“保温材保護のため”とある。(4)グラスウール保温材の JIS 規格で 32 K，40 K の熱伝導率は，それぞれ 0.034 W/（m・K），0.035 W/（m・K）であり設問通りである。

類題　保温・保冷・塗装に関する記述のうち，**適当でないもの**はどれか。

(1) ポリスチレンフォーム保温筒は，保温筒 1 本につき鉄線を 2 か所以上巻き締める。

(2) 室内露出配管の床貫通部は，その保温材の保護のため，床面より少なくとも高さ 150 mm 程度までステンレス鋼板等で被覆する。

(3) 冷温水管の保温施工において，ポリエチレンフィルムは，防湿及び防水のため，補助材として使用される。

(4) 塗装は，原則として，塗装場所の気温が 5℃ 以下，湿度が 85% 以上，換気が十分でなく結露する等，塗料の乾燥に不適当な場所では行わない。

（H29-B15）

解 答　鋼線の巻き締めが必要なのは，グラスウール・ロックウール保温板を管に巻きつける場合の施工である。　**正解** (1)

7-5-3　設備施工（保温・保冷・塗装）　保温・保冷・塗装　★★★

保温・保冷に関する記述のうち，**適当でないもの**はどれか。

(1)　保温帯を2層以上重ねて所要の厚さにするときは，保温帯の各層をそれぞれ鉄線で巻き締める。

(2)　事務室天井内の冷水管の保温仕様は，グラスウール保温筒，亜鉛鉄線及びアルミガラスクロスとする。

(3)　ステンレス鋼板（SUS 304）製貯湯タンクは，エポキシ系塗装により保温材と絶縁する。

(4)　横走り冷水管に取り付ける保温筒の抱合せ目地は，管の横側に位置するように取り付ける。

（基本問題）

解答　天井隠ぺい部に冷水管（冷温水管も同じ）を通す場合は，必ず保温材の外部に防湿層を設け，結露を防止しなければならない。

したがって，(2)**は適当でない**。　**正解**　(2)

試験によく出る重要事項

保温工事は，施工対象物の温度によって使用する材料や施工方法が異なり，保温工事，保冷工事，防露工事などと対象物によって分けて称する場合もある。一般には，保温・保冷・防凍工事などを総称して保温工事と表現している。

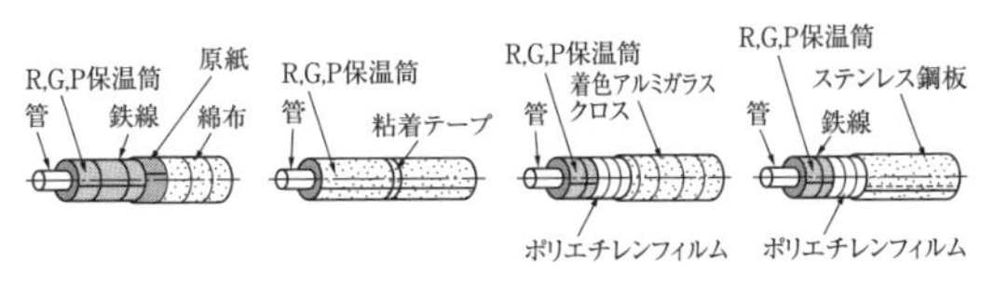

(a) 屋内露出部　(b) 天井内，パイプシャフト内　(c) 床下，暗きょ部　(d) 屋外露出部

保温施工要領図

JIS A 9501（保温保冷施工標準）では，次のように定義している。

① 保温：常温以上，約1,000℃以下の物体を被覆し熱放散を少なくすること，または被覆後の表面温度を低下させることを目的とする措置

② 保冷：常温以下の物体を被覆し，侵入熱量を小さくまたは被覆後の表面温度を露点温度以上とし，表面に結露を生じさせないことを目的とする措置

③ 防露：保冷の一分野で，主に0℃以上，常温以下の物体の表面に結露を生じさせないことを目的とする措置

7-5-3 設備施工（保温・保冷・塗装） 保温・保冷・塗装 ★★★

最新問題

48 保温，保冷の施工に関する記述のうち，**適当でないもの**はどれか。

(1) スパイラルダクトの保温に帯状保温材を用いる場合は，原則として，鉄線を150 mm以下のピッチでらせん状に巻き締める。

(2) 保温材相互のすきまはできる限り少なくし，保温材の重ね部の継目は同一線上とならないようにする。

(3) 保温材の取付けが必要な機器の扉，点検口廻りは，その開閉に支障がなく，保温効果を減じないように施工する。

(4) テープ巻き仕上げの重ね幅は15 mm以上とし，垂直な配管の場合は，上方から下方へ巻く。 (R2-B15)

解 答 公共建築工事標準仕様書「第3章保温，塗装及び防錆工事」3.1.3 施工(7)の通り，“テープ巻きは，配管の下方より上向きに巻き上げる”とある。漏水時にテープの隙間からの浸入が少ない。

したがって，**(4)は適当でない。** **正解** (4)

解 説 いずれも，同仕様書3.1.3 施工の記述である。(1)は④，(2)は②，(3)は⑰の記述にそれぞれ対応する（注：本解説の○付文字は，実際は（　）付き文字だが，出題の番号も（　）付数値のため紛らわしいので，読替えること）
https://www.mlit.go.jp/gobuild/gobuild_tk6_000058.html

試験によく出る重要事項

(1) 保温材を緊結するため鉄線巻きが行われる。鉄線巻きは，帯状材の場合は50 mmピッチ（スパイラルダクトの場合は150 mmピッチ）以下にらせん巻き締めする。また，筒状材の場合は，1本に付き50 mm以下に1箇所以上，2巻き締めとする。

(2) テープ状の保温仕上げ材等を巻く場合，テープ巻きの重なり幅は15 mm以上とする。厚紙などの下地材を巻く場合，その重なり幅は30 mm以上とする。

(3) タンク類をグラスウールやロックウール保温材で保温する場合，保温材に塩素成分が含まれていて使用中に溶出してくる。一方，SUS 304などのオーステナイト系ステンレスは応力腐食割れの現象を有し，塩素成分はその促進因子である。SUS 304 などのオーステナイト系のタンクをグラスウールやロックウールで保温する場合，塩素成分からタンクを絶縁するため，エポキシ系の塗装を施し保温材と絶縁する。なお，SUS 444 などフェライト系ステンレスは応力腐食割れを起こさないので絶縁処置は不要である。

類題　保温に関する記述のうち，**適当でないもの**はどれか。

(1)　保温筒の抱合せ目地は，同一線上にならないようずらして取り付ける。

(2)　グラスウール保温材の 24K，32K，40K という表示は，保温材の密度を表すもので，数値が大きいほど熱伝導率が小さい。

(3)　室内露出配管の床貫通部は，その保温材の保護のため，床面より少なくとも高さ 150 mm 程度までステンレス鋼版で被覆する。

(4)　ポリエチレンフォーム保温材は，水にぬれた場合，グラスウール保温材に比べ熱伝導率の変化が大きい。

（基本問題）

解答　ポリエチレンフォーム保温材は，吸水・吸湿性がほとんどなく，水にぬれた場合でも熱伝導の変化は小さく，優れた保温性と結露防止性をもっている。ちなみに，グラスウール保温材は，水にぬれると熱伝導率は大きくなる。

正解　(4)

類題　保温に関する記述のうち，**適当でないもの**はどれか。

(1)　帯状保温材の鉄線巻きは，50 mm ピッチ（スパイラルダクトの場合は 150 mm ピッチ）以下のらせん巻き締めとする。

(2)　綿布，ガラスクロス，ビニルテープ等，テープ状のテープ巻きの重なり幅は原則として 15 mm 以上とする。

(3)　ステンレス鋼板製（SUS 304）のタンクは，エポキシ系塗装により保温材と絶縁する。

(4)　冷温水配管の保温施工において，ポリエチレンフィルムを補助材として使用する場合の主な目的は，保温材の脱落を防ぐためである。

（基本問題）

解答　ポリエチレンフィルムは，防湿材として使用される。帯状のポリエチレンを，保温材の上から 1/2 重ね巻きとする。

正解　(4)

7-5-3　設備施工（保温・保冷・塗装）　保温の施工　★★★

49　保温・保冷に関する記述のうち，**適当でないもの**はどれか。

(1)　ポリスチレンフォーム保温材は，水にぬれた場合，グラスウール保温材に比べて熱伝導率の変化が大きい。

(2)　保温筒相互の間げきは，出来る限り少なくし，重ね部の継目は同一線上にならないようにずらして取り付ける。

(3)　ポリエチレンフィルム巻きの場合は$\frac{1}{2}$重ね巻きとする。

(4)　グラスウール保温材の24K，32K，40Kという表示は，保温材の密度を表すもので，数値が大きいほど熱伝導率が小さい。　(H28-B15)

解 答　ポリスチレンフォーム保温材は，独立気泡体なのでほとんど吸水せず，嵩（かさ）も変わらないが，グラスウール保温材は，水に濡れると嵩が小さくなり，断熱性能が低下する。

したがって，(1)**は適当でない。**　**正解**　(1)

試験によく出る重要事項

(1)　施工にあたって，保温材の種別・厚さ，施工箇所などを確認し適正に施工を行う。施工の不具合で被害が最も大きいのは気密性が不十分で起こる内部結露である。

(2)　保温材を2層以上重ねて所要の厚さにするときは，保温材の各層を鉄線で巻き締める。

(3)　保温材相互の間隙は少なくし，重ね部の継目は同一線上を避けて取り付ける。

(4)　配管およびダクトの床貫通部は，保温材保護のため，床面より高さ約150 mmまでステンレス鋼板等で被覆する。

その他，注意事項には，次のものがある。

①　保温厚は保温材主体の厚さとし，外装材および補助材の厚さは含まない。

②　横走り配管の筒状保温材（ラギング）の抱合わせ目地は，管の横側に位置するようにする。

③ 防火区画等の床，壁等を配管，ダクトが貫通する場合，貫通孔内面等の間隙を不燃性材で完全に充填する。

④ 冷水・冷温水配管のつりバンドの支持部は，防湿加工の木製または合成樹脂製の支持受けを用いる。配管を直接支持する場合は，保温外面より約150 mmまでつり棒に保温の被覆（厚さ20 mm）を施す。

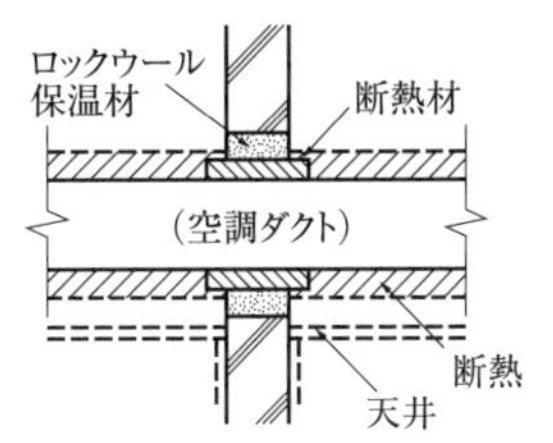

隠蔽ダクトの壁貫通（断熱ダクト）

類題 保温に関する記述のうち，**適当でないもの**はどれか。

(1) グラスウール保温材の24 K，32 Kなどの表示は，保温材の耐熱温度を表すもので，数値が大きいほど耐熱温度が高い。

(2) ポリエチレンフォーム保温材は，水にぬれた場合でも，グラスウール保温材に比べ熱伝導率の変化が小さい。

(3) 事務室天井内の冷水管をグラスウール保温材で保温する場合の施工順序は，1. 保温筒，2. 鉄線，3. ポリエチレンフィルム，4. アルミガラスクロスとする。

(4) ステンレス鋼板（SUS 304）製貯湯タンクは，エポキシ系塗装により保温材と絶縁する。

（基本問題）

解 答 グラスウールのような繊維系断熱材は，その密度によって熱抵抗が決まる。種類の中の24 K，32 Kという表示は，断熱材の密度を表す表示で，数値が大きいほど密度が高く，断熱性能が高い。ただし，この密度（K）以外にも保温材の厚さがあるので，厚くても密度が小さければ断熱性能が劣る。 **正解** (1)

7-5-4 設備施工（その他）

●出題傾向分析●

出題内容 ＼ 年度(和暦)	R2	R1	H30	H29	H28	計
(1) 試運転調整	1	1		1	1	4
(2) 腐食		1	1	1		3
(3) 防振	1		1		1	3
計	2	2	2	2	2	10

[過去の出題傾向]

設備施工（その他）で取りあげる内容に関しては，毎年2問出題されている。試運転調整・腐食・振動のうち2題が順番に出題されており，**令和3年度は試運転調整と腐食が出る可能性が高い**ので，よく研究しておく。

[試運転調整]

① 令和2年度は冷凍機，ボイラーの単体試運転調整が出題された。

② 過去には，冷凍機器・蒸気ボイラーの保護回路に関する知識が必要な設問，ポンプのシール部の設問，冷凍機の高圧カット動作試験法，冷凍機の起動の順序，排水槽の満水警報，揚水ポンプと減水警報，空調機と関連機器のインターロック等が出題されている。

[腐食と防食]

① 令和2年度は出題がなかったので，**令和3年度は出題の可能性が高い**。

② 過去の問題が繰返し出題されているので，過去問中心に演習すると良い。

[防振（騒音・振動）]

① 令和2年度は回転機器用防振材の選定方法，金属ばねの特性，金属ばねと防振ゴムの比較などが出題されていた。

② 過去5年程度の出題をよく研究するとよい。

年度(和暦)	No	出題内容（キーワード）
R2	16	ボイラーの単体試運転調整：ガス圧の調整，起動手順，オイルヒーター（油焚），火炎監視装置（フレームアイ）
	17	防振：共通架台に複数台回転機器を乗せる場合の設定，金属バネとゴム防振の比較，金属バネのサージング*
R1	16	腐食・防食：溶融めっき（亜鉛・どぶ漬け），金属溶射（アルミ・亜鉛），防食テープ（塩ビ・ペトロラタム），外部電源方式の電気防食法
	17	試運転調整：冷凍機の起動，ボイラー補機の単体運転，ポンプのメカニカルシール，空調機（加湿器と送風機のインターロック）
H30	16	腐食・防食：　配管用炭素鋼鋼管（白管）の管内の水質条件と腐食速度（pH・水温・溶存酸素・水の硬度）
	17	騒音・振動の現象・発生部位・原因：ポンプ振動，流水音，ウォーターハンマー
H29	16	腐食・防食：　ステンレス鋼管溶接時のバックシール，耐溝状腐食対策としての鍛接鋼管，給湯銅管におけるかい食（潰食）防止，流速
	17	試運転調整：横型ポンプの芯出し，吸収冷温水機とインターロックを組むべき機器類，排水ポンプの自動交互運転と警報の発報，温水ボイラの地震時緊急停止
H28	16	試運転調整：冷凍機・ポンプ・冷却塔のインターロック，蒸気ボイラの低水位燃焼遮断装置，ポンプ吐出し側の弁操作，風量測定口がない場合の送風機の風量推定方法
	17	機器の防振：ポンプの振動伝搬抑制方法（防振ゴム・防振継手），送風機の振動伝搬抑制方法（軀体伝搬・ダクト伝搬）

＊サージング：コイルばね自体の固有振動のこと。ばねに質量があるため，ばねの固有振動数に近い振動数成分を有する外力が作用するとばねの激しい振動現象が現れる。（出典：https://jp.misumi-ec.com/tech-info/categories/machine_design/md05/c1276.html）

7-5-4　設備施工（その他）　試運転調整　★★★

50　機器の試運転に関する記述のうち，**適当でないもの**はどれか。

(1)　冷凍機の試運転では，冷水ポンプ，冷却水ポンプ及び冷却塔が起動した後に冷凍機が起動することを確認する。

(2)　ボイラーの試運転では，ボイラーを運転する前に，ボイラー給水ポンプ，オイルポンプ給気ファン等の単体運転の確認を行う。

(3)　ポンプの試運転では，軸封部がメカニカルシール方式の場合，メカニカルシールから水滴が連続滴下していることを確認する。

(4)　空気調和機の試運転では，加湿器は，空気調和機の送風機とインターロックされていることを確認する。

(R1-B17)

解答　ポンプ軸封メカニカルシールは微量の漏れが蒸発する状態が最適で，滴下する場合は異常があると見る。グランドパッキンとは異なる。

したがって，(3)**は適当でない**。　**正解**　(3)

解説　(1)についてはp.294の問題と試験によく出る重要事項を参照。(2)は記述通り試運転前に補機類の動作を確認する。(4)空調機は送風機停止状態で加湿器が稼働しないことを確認する。

試験によく出る重要事項

❶　ボイラの試運転

(1)　蒸気ボイラは，低水位遮断装置用の水位検出器の水位を下げ，バーナが停止し，警報装置が作動することを確認する。

(2)　ボイラは，バーナの起動スイッチを入れ，火災を監視し，始動時の不着火，失火の場合のバーナ停止などの動作を確認する。

(3)　蒸気ボイラは，低水位遮断器の作動と水位調節器による自動給水装置の作動を確認する。

7-5-4 設備施工（その他） 試運転調整 ★★★

最新問題

51 ボイラーの単体試運転調整に関する記述のうち，**適当でないもの**はどれか。

(1) ガスだきの場合は，ガス配管の空気抜きを行い，ガス圧の調整を行う。

(2) 煙道ダンパーを開き，炉内ガスを排出し，蒸気ボイラーの場合は，主蒸気弁を開く。

(3) オイルヒーターがある場合，オイルヒーターの電源を入れ，油を予熱する。

(4) 火炎監視装置（フレームアイ）の前面をふさぎ，不着火や失火の場合のバーナー停止の作動を確認する。

(R2-B16)

解 答 蒸気ボイラーの起動時は，主蒸気弁を閉じ，蒸気圧力が上がった段階で蒸気弁を開く。また，煙道ダンパーは記述通りで，炉内ガス排出により炉内爆発を防止する。

したがって，(2)**は適当でない。** **正解** (2)

解 説 (1)は正しい。(3)は重油など揮発性の低い燃料は加温し燃えやすくする。(4)火炎監視装置（火炎検出器）は自動で火炎の有無をチェックする装置である。下記 URL が参考になる。

https://www.compoclub.com/products/knowledge/fsg/fsg3.html

試験によく出る重要事項

❶ 試運転調整

(1) 室内環境測定

① 室内騒音は，騒音計を用いて周波数補正回路の A 特性で測定する。

② 温湿度は，アスマン通風乾湿球温度計で通風状態にして測定する。測定に際しては，湿球温度計のガーゼが湿っていることを確認する。

③ 風速は，熱線風速計を用いて測定する。

④ デジタル粉じん計による浮遊粉じん量の測定は，浮遊粉じんに光を当てて，その散乱光の強さを光電子倍増管によって光電流に変え，積算計数器によって計算する方法である。

(2) 総合試運転調整

① 冷凍機起動時の運転順序は，冷水ポンプ→冷却水ポンプ→冷却塔（ファン）→冷凍機の順であり，停止時はこの逆である。

② 給水系統の消毒は，末端給水栓において，遊離残留塩素が0.2 mg/l 検出されるまで行う。

(3) ユニット形空気調和機は，送風機が停止後も加湿が継続運転すると，空気調和機内が飽和水蒸気で満たされ，結露による水滴の落下や空調機内の保温や電気機器等に悪影響を与えるので，加湿器が停止後タイムラグを設けて送風機を停止する必要がある。

「主要機器の試運転調整」については，付録18（p. 380）を参照。

類題　送風機の試運転調整に関する記述のうち，**適当でないもの**はどれか。

(1) 送風機を手で廻し，羽根と内部に異常なあたりがないかを点検する。

(2) 手元スイッチで瞬時運転し，送風機の回転方向とベルトの張力側が上側にあることを確認する。

(3) 風量測定口で計測し又は送風機の試験成績表の電流値を参考にし，規定風量に調整する。

(4) 軸受温度を点検し，周囲空気温度より40℃ 以上高くないことを確認する。

（基本問題）

解 答　手元スイッチで瞬時運転し，送風機の回転方向までは正しいが，V ベルトの張力側が下側にあるかを確認する。　**正解**　(2)

類題　空調調和設備の試運転調整に関する記述のうち，**適当でないもの**はどれか。

(1) ポンプは，吐出し側の弁を全開にして起動し，徐々に弁を閉じて，規定の水量になるように調整する。

(2) 冷凍機は，冷水ポンプ，冷却水ポンプ，冷却塔などとの連動を確認する。

(3) 送風機の V ベルトは，指で押したときベルトの厚さ程度たわむのを確認する。

(4) 空気調和機に設ける加湿器が停止した後に，タイムラグを設けて送風機が停止するのを確認する。

（基本問題）

解 答　渦（うず）巻ポンプは，吸込み弁は全開にし，吐出し側の弁を閉じておく。空気抜き後に，回転方向を確認後，ポンプを起動して全閉にした吐出し側の弁を徐々に開いて，規定の水量になるように調整する。　**正解**　(1)

7-5-4 設備施工（その他）　試運転調整　★★★

52　試運転調整時の確認事項に関する記述のうち，**適当でないもの**はどれか。

(1)　渦巻きポンプは，ポンプと電動機の主軸が一直線になるようにカップリングに定規を当てて水平度を確認する。

(2)　吸収冷温水機は，減水時システム停止のインターロックを確認するほか，換気ファンとのインターロックを確認する。

(3)　排水ポンプは，排水槽の満水警報の発報により2台交互運転することを確認する。

(4)　無圧式温水発生機は，地震又はこれに相当する衝撃により燃焼が自動停止することを確認する。　(H29-B17)

解答　排水ポンプが2台交互運転の場合，満水警報は発報しない。正しくは2台同時運転時に満水警報が発報することを確認することが必要である。

したがって，**(3)は適当でない。**　**正解**　(3)

解説　(1)はポンプ芯出しの確認プロセス。(2)は燃焼機器なので換気ファンとインターロックが必要。(4)燃焼機器は感震器により燃料を遮断する。

類題　給水設備の試運転調整において行う清掃・消毒に関する文中，［ A ］内に当てはまる用語の組合せとして，**適当なものは**どれか。

「建築物における衛生的環境の確保に関する法律」に基づく建築物環境衛生管理基準では，飲料水に関する衛生上必要な措置等として，水の供給は［ A ］における水に含まれる［ B ］の含有率を100万分の0.1以上に保持するように規定しているため，給水設備の試運転調整において行う清掃・消毒は，水に含まれる［ B ］が規定値以上となるまで行う。

	(A)		(B)
(1)	受水タンク出口	—	遊離残留塩素
(2)	受水タンク出口	—	結合残留塩素
(3)	給水栓	—	遊離残留塩素
(4)	給水栓	—	結合残留塩素

（基本問題）

解答　建築物衛生法施行規則（飲料水に関する衛生上必要な措置等）第四条第一項に，“給水栓における水に含まれる遊離残留塩素の含有率を100万分の0.1（結合残留塩素の場合は，100万分の0.4）以上に保持するようにすること”とある。　**正解**　(3)

7-5-4 設備施工（その他） 関連機器の起動・停止の順序 ★★★

53 冷凍機と関連機器の起動又は停止の順序として，**適当なもの**はどれか。

(1) 起動：冷水ポンプ→冷凍機→冷却水ポンプ→冷却塔
(2) 起動：冷凍機→冷水ポンプ→冷却水ポンプ→冷却塔
(3) 停止：冷却塔→冷却水ポンプ→冷凍機→冷水ポンプ
(4) 停止：冷凍機→冷却水ポンプ→冷却塔→冷水ポンプ

（基本問題）

解 答 冷凍機は，冷水ポンプと冷却水ポンプが稼働していない状況で運転すると，熱交換器凍結のリスクがある。そのため，本問は消去法で対処すべきであり(1)，(2)，(3)は不適当である。

したがって，**(4)は適当である。** **正解** (4)

試験によく出る重要事項

冷凍機とその関連機器（冷水ポンプ，冷却水ポンプ，冷却塔）を運転・停止するとき，冷水や冷却水が流れないのに圧縮機が回ったまま（チラーやターボ冷凍機の場合）であったり，バーナーが運転されたまま（冷温水発生機の場合）であったりすると，蒸発器や凝縮器や再生器の温度が異常に低くもしくは高くなる。また，冷媒圧力も異常に高くもしくは低くなったり，吸収式の場合は吸収液の結晶化を引き起こしたりと，機器に異常や故障を引き起こす原因となる。また，製造済みの冷水を効率よくシステムとして利用してから冷凍機を停止させるためにも，冷凍機とその関連機器の運転・停止に当たっては，各機器の起動・停止の順序関係は重要である。

冷凍機，冷水ポンプ，冷却塔，冷却水ポンプの運転停止の順序を示すと，次のようになる。

起動：冷水ポンプ→冷却水ホンプ→冷却塔→冷凍機
停止：冷凍機→冷却塔→冷却水ポンプ→冷水ポンプ

「主要機器の試運転調整」については，付録18（p. 380）を参照。

7-5-4 設備施工（その他）　腐食　★★★

54　配管用炭素鋼鋼管（白管）の管内の水の性状に関する記述のうち，管の腐食速度が増大する要因として，**適当でないもの**はどれか。

(1)　pH の値が中性域よりも高 pH 側である。

(2)　密閉系の配管で水温が高い。

(3)　溶存酸素濃度が高い。

(4)　硬度が低い軟水である。　　(H30-B16)

解 答　鉄は低 pH には弱く，高 pH では高い耐食性を示す金属である（右図）。記述にあるように「中性域よりも高 pH 側」では鉄は腐食しにくくなる。

したがって，(1)**は適当でない。**　　**正解**　(1)

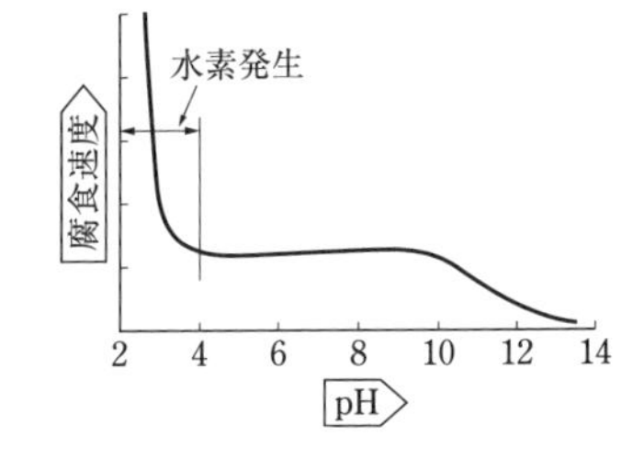

解 説　(1)鋼の腐食速度と pH の関係は右図を参照。(3)溶存差酸素は，腐食現象におけるアクセル役である。(4)水の硬度は低いほど Ca や Mg の含有量が少ない軟水は，管内面のスケールを形成しにくいので，腐食しやすい水質を意味する。

試験によく出る重要事項

(1)　応力腐食割れ　　ステンレス鋼の溶接や冷間加工による残留応力や使用時にかかる外部応力など材料に引張応力がかかり，これと特定の環境（環境中の塩化物イオンの存在が極めて有害）の腐食作用とによって材料に割れをもたらす現象を**応力腐食割れ**という。黄銅材料においても，ナットなどの雌ねじ部で過度の締込みによる応力腐食割れが知られている。

(2)　脱亜鉛腐食　　黄銅（銅と亜鉛の合金）に含まれる亜鉛が，環境中の腐食因子（塩化物イオン，硫酸イオン，残留塩素など）により選択的に腐食して離脱する脱成分腐食である。表面が赤っぽくなり膨潤し，これを起点として応力腐食割れに至ることもある。

(3)　潰食（かいしょく）　給湯銅管のエルボの出口部分で典型が見られる腐食で，過度な流速によりエルボ部でキャビテーションが起こり，その際に離脱した気泡が物理的に作用して孔食を起こす現象をいう。水質中の流速を 1.5 m/s 以下にすることや，十分な脱気を行うなどの対策がある。

(4)　異種金属接触腐食　　水質中でイオン化傾向の異なる材料が電気的に接触していると，イオン化傾向の大きい方の金属の接触している端部が選択的に腐食する現象をいう。溶存酸素多寡が腐食速度に関係するため，給水や給湯に事例が多く，密閉系空調配管では事例が少ない。

電池は銅と亜鉛を電解液に浸し，この腐食現象を有効利用している。設備配管において問題になるのは，次のような例である（右側が腐食する材料）。

例：①ステンレス鋼管>鋼管　②銅管または青銅材料>鋼管
③青銅弁類>ライニング鋼管

(5)　電食　　鉄道の線路・地下鉄の近くなどで，大きな電流が地中に漏洩したものが地中の埋設管に流れ，その電流が流出する側で腐食を起こす現象である。

(6)　マクロセル腐食　　同じ材料でも周辺環境の差で金属の電位（電流は電位が高い方から低い方に流れる）の差が大きくなって電流が流れて腐食を起こす現象で，埋設配管に多く見られる。近年，ポリエチレン管や外面ライニング鋼管の利用が主流で，あまり事例を見ない。

例：①埋設配管が地中壁貫通で建物内に入る部分（コンクリート埋設部と地中埋設部の電位差）②埋設配管で異なる土質が隣り合う箇所（砂地と粘土質など）

(7)　鋼管の溝状腐食

SGP は，板材を丸めて溶接（軸方向）して製造するため，溶接ビード部が選択的に腐食する溝状腐食が，冷却水，排水など溶存酸素の多い系統で多発していた。現在は鍛接管（一部メーカが一部のサイズで作成）耐溝状腐食鋼管が発売され溶接部の弱点を改善し，かつてほど頻繁には発生していない。

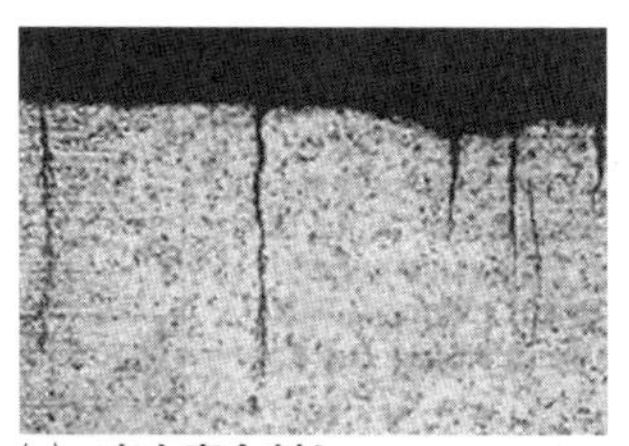
(1)　**応力腐食割れ**
（金属結晶に沿って割れる）

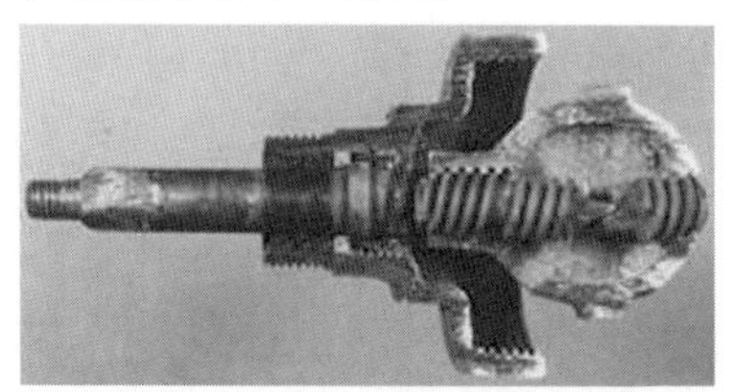
(2)　**脱亜鉛腐食**（腐食部位は赤褐色になる）

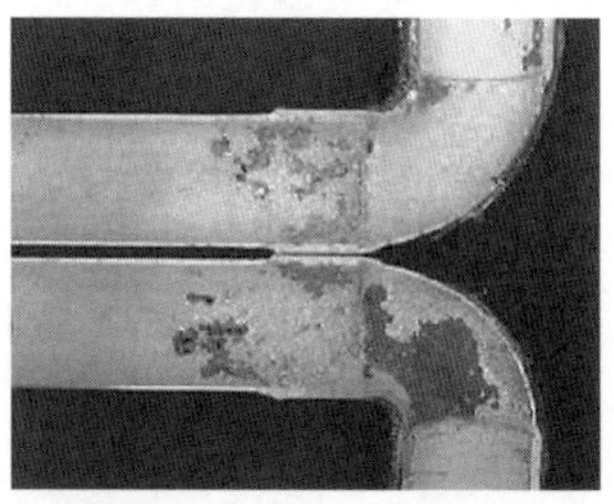
(3)　**潰食**（エルボの下流側で起きる）

7-5-4　設備施工（その他）　腐食の形態と発生する部位の組合せ　★★★

55　腐食の形態とその発生する部位の組合せのうち，**適当でないもの**はどれか。

（腐食の形態）　　　（発生する部位）

(1)　電食 ―――――― 迷走電流が地中から鋼管に流れ込む部分
(2)　潰食 ―――――― 流速の早い給湯用銅管のエルボ下流の部分
(3)　脱亜鉛腐食 ―――― 給湯用銅管に設けられた青銅製仕切弁の黄銅製弁棒の部分
(4)　異種金属接触腐食 ―― 銅管と絶縁されずに接続された鋼管の部分

（基本問題）

解答　電食とは本来，迷走電食のことで，例えば，直流軌動のレールから漏れ出た電流が，近くの土中の埋設管に流れ込み，変電所近くで埋設管から土中に電流が流出する部分で著しく腐食を受ける現象である。

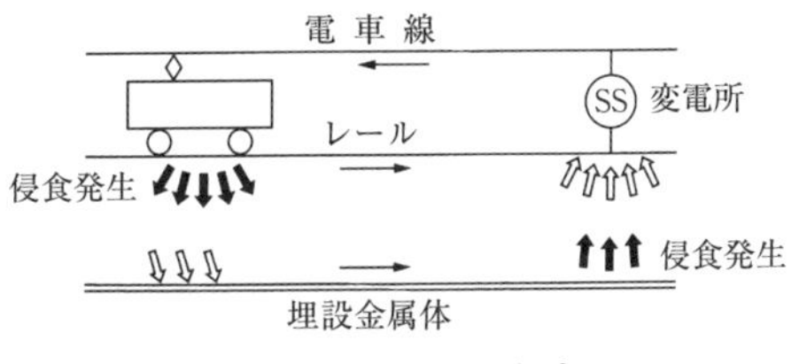

漏えい電流による侵食

したがって，(1)**は適当でない**。

正解　(1)

試験によく出る重要事項

❶　異種金属接触腐食は，ガルバニック腐食ともよばれる。貴な金属（たとえば，銅）と卑な金属（炭素鋼）が水中で接触することにより，卑な金属側が損傷される腐食形態をいう。広い面積を有する貴な金属と，小さい面積の卑な金属が接触した場合は後者が著しく腐食され，危険な組合せといえる。

異種金属接触腐食はイオン化傾向の順位に関係が深く，イオン化傾向が大（＝卑）の金属と小（＝貴）の金属が接触すると，大の金属のほうが腐食する。銅管と鋼管が接触していると，鋼管のほうが腐食する。イオン化傾向の大きいほうからの順は，Mg，Al，Mn，Zn，Cr，Fe，Ni，Sn，Pb，Cu，Ag，Ptである。

❷　土中埋設管の地中壁貫通部では，配管とコンクリート中の鉄筋の間に大きなマクロセル腐食電位差を生ずるので絶縁継手を設置する（次ページの図を参照のこと）。

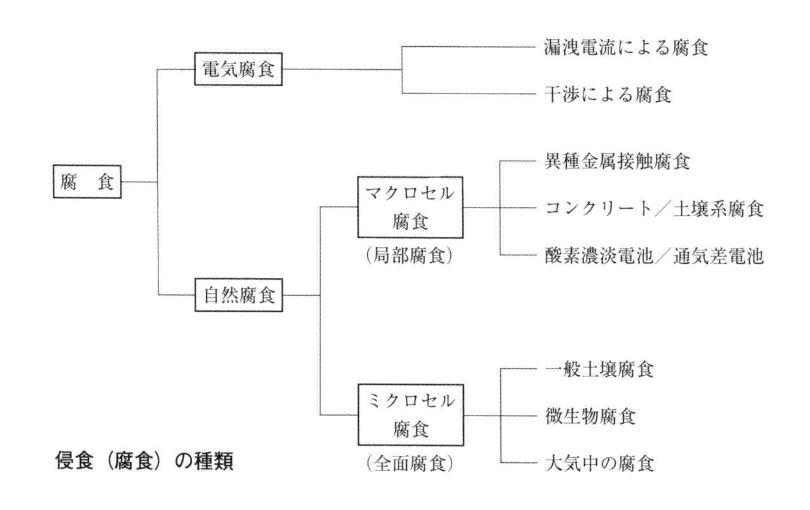

侵食（腐食）の種類

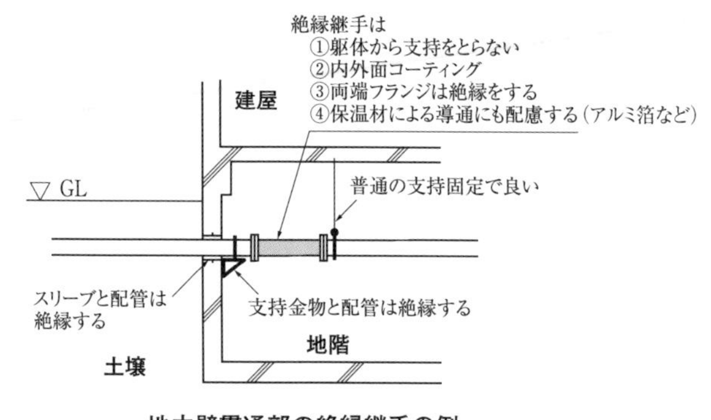

地中壁貫通部の絶縁継手の例

類題　設備配管の腐食・防食に関する記述のうち，**適当でないもの**はどれか。

(1)　密閉系配管では，ほとんど酸素が供給されないので配管の腐食速度は遅い。
(2)　電縫鋼管は，鍛接鋼管に比べて溝状腐食が発生しやすい。
(3)　蒸気管に使用した鋼管に発生する腐食は，還り管より往き管に発生しやすい。
(4)　開放系冷却水管では，スケールの形成による腐食の抑制があるが，酸素濃淡電池による局部腐食が発生する場合がある。　（基本問題）

解答　蒸気管の腐食は，往き管より還り管で顕著に起こる。近年導入割合が高い貫流ボイラーは，水中の炭酸（CO_2）を蒸気と一緒に管内に運ぶ傾向が強く，乾き蒸気部分では問題ないが，凝結水ができると蒸気中のCO_2が溶解して低 pH となることが起因の“炭酸腐食”が起きる。近年，還水管（蒸気還り管）は，ステンレス鋼鋼管の採用が一般化している。　**正解**　(3)

類題　腐食に関する記述のうち，**適当でないもの**はどれか。

(1)　ステンレス鋼管の溶接は，内面の酸化防止として管内にアルゴンガスを充てんして行う。

(2)　冷温水管に用いる呼び径 100 A 以下の配管用炭素鋼鋼管は，溝状腐食のおそれの少ない鍛接鋼管を使用する。

(3)　給湯用銅管は，管内流速を 1.2 m/s 以下とし，曲がり部直近で発生するかい食を防止する。

(4)　ステンレス鋼管に接続する青銅製仕切弁は，弁棒を黄銅製として脱亜鉛腐食を防止する。

(5)　SUS304 製受水タンクの応力腐食は，圧縮応力のかかる部分より引張応力のかかる部分に発生しやすい。

(6)　蒸気管に使用した鋼管に発生する腐食は，往き管より還り管に発生しやすい。　（H29-B16 をベースに作成）

解 答　青銅は銅と錫，黄銅は銅と亜鉛の合金で，かつて黄銅の弁棒が脱亜鉛腐食を頻発した歴史（50 年前）があり間違いである（p.296 写真参照）。接続管は関係なく水質の問題（とくに残留塩素）である。以来，弁棒は SUS になった。　**正解**　(4)

解 説　(1) 酸化スケール防止のため不活性ガスを充填。(2) 鍛接鋼管は耐溝状腐食鋼管の一種で製造は 1 社に限られる。(3) 記述の通り。給湯銅管は絶滅危惧種。(5) 設問のとおりである。近年の受水タンクは SUS444（気相部 SUS329J4）の製品がほとんどである。(6) 還水管凝縮水による炭酸腐食である。ステンレス鋼鋼管採用が対策。

試験によく出る重要事項

金属の表面に何らかの被覆を行うことにより，環境と遮断して防食を行う方法には，被覆物質により金属被覆と非金属被覆に大別される。

7-5-4 設備施工（その他） 腐食 ★★★

56 防食方法等に関する記述のうち，**適当でないもの**はどれか。

(1) 溶融めっきは，金属を高温で溶融させた槽中に被処理材を浸漬したのち引き上げ，被処理材の表面に金属被覆を形成させる防食方法である。

(2) 金属溶射は，加熱溶融した金属を圧縮空気で噴射して，被処理材の表面に金属被覆を形成させる防食方法である。

(3) 配管の防食に使用される防食テープには，防食用ポリ塩化ビニル粘着テープ，ペトロラタム系防食テープ等がある。

(4) 電気防食法における外部電源方式では，直流電源装置から被防食体に防食電流が流れるように，直流電源装置のプラス端子に被防食体を接続する。

(R1-B16)

解答 外部電源方式は直流電源装置と耐久性電極を用い，直流電源装置のプラス極を電解質中に設置した耐久性電極に接続し，マイナス極を被防食体に接続して防食電流を通電する方式である。

したがって，**(4)は適当でない**。 **正解** (4)

（日本防蝕工業（株）の web サイトより https://www.nitibo.co.jp/note/）

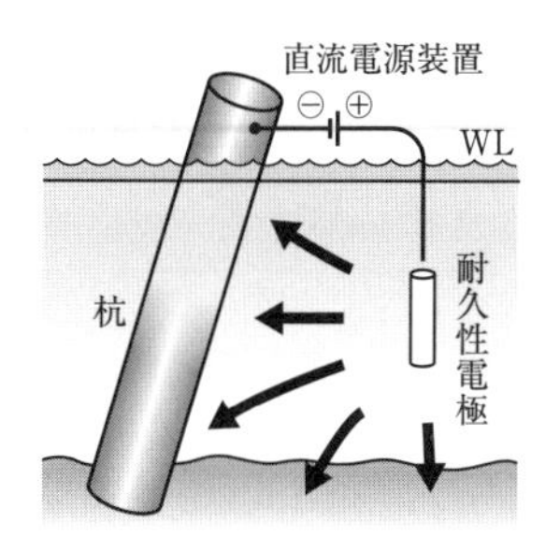

試験によく出る重要事項

(1) 溶融めっきはどぶづけとも称され，高温で溶融させた亜鉛の中に下地処理した被めっき材を浸漬し，表面を亜鉛で被覆するものである。鉄板・鋼管・鋼材などの被覆に用いられている。

(2) 金属溶射はメタリコンとも称され，下地処理（主としてサンドブラスト法）した鉄鋼などの素地面に対して，加熱溶融状態の亜鉛やアルミニウムなどの金属粒子を圧縮空気で吹き付けて金属被覆を形成させる方法である。

(3) 電気めっきは，金属塩を含む溶液中に被処理品を陰極として浸漬し，電気分解により被処理品表面に目的の金属被覆を形成させる方法で，ニッケル，クロム，亜鉛，銅，すず等が被覆金属として用いられている。

7-5-4 設備施工（その他） 防振 ★★★

最新問題

57　防振に関する記述のうち，**適当でないもの**はどれか。

(1)　共通架台に複数個の回転機械を設置する場合，防振材は一番低い回転数に合わせて選定する。

(2)　金属バネは，防振ゴムに比べて，一般的に，低周波数の振動の防振に優れている。

(3)　金属バネは，減衰比が大きいため，共振時の振幅が小さく，サージング現象が起こりにくい。

(4)　金属バネは，防振ゴムに比べて，一般的に，耐寒性，耐熱性，耐水性，耐油性に優れている。　(R2-B17)

解 答　金属バネには一般に減衰性能はない（付録19参照）。また，共振時の振幅も大きくサージングを起こしやすい。サージングについては，次ページ類題の解説を参照のこと。

したがって，**(3)は適当でない。**　**正解**　(3)

解 説　下記の「試験によく出る重要事項」及び巻末の付録19を参照のこと。

試験によく出る重要事項

(1)　一般に，防振ゴムに比べて金属ばねのほうが防振性能がよい。金属ばねは防振ゴムよりばね定数を小さくできるためであり，ばね定数が小さいことはたわみが大きくなることである。したがって，金属ばねのほうが防振ゴムに比べて振動伝達率を小さくできる。金属ばねは低振動の防振材として多く採用される。

(2)　防振

①　防振材上の機器の重量が大きいほど，防振基礎の固有振動数は小さい。

②　金属ばねは，防振ゴムに比べて，固有振動数が低く振動絶縁効率がよく，また，載荷した場合の変位（たわみ）が大きい。

③　機器の強制振動数が防振基礎の固有振動数に近くなると共振状態になる。

④　防振ゴムは，垂直方向だけでなく，水平方向にも防振性を発揮できる。

⑤　機器の回転数が小さくなると，振動絶縁効率は低下する。したがって，機

器の回転数を大きくするか，基礎の質量を増やして固有振動数を小さくすると，振動を絶縁しやすい。

⑥　地震時に大きな変位を生じるおそれのある防振基礎には，耐震ストッパを設ける。（右図）

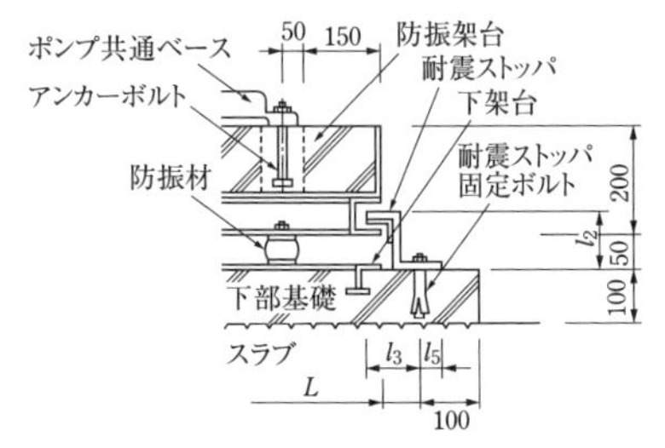

耐震ストッパ：幅 $l_2=50$，$l_3=100$，$l_5=50$

防振付きポンプ設置とストッパの例

類題　騒音・振動の（現象），（発生部位）及び（原因）の組合せとして，**適当でないもの**はどれか。

	（現　象）	（発生部位）	（原　因）
(1)	振動	遠心ポンプ	キャビテーション
(2)	流水音	給水管	水圧が低い
(3)	流水音	排水管	流水の乱れ
(4)	ウォーターハンマー	揚水管	水圧が高い

（H30-B17）

解答　給水管の水圧が高い場合，水が使用されたときの流速が大きくなるので騒音（流水音）が発生しやすい。

正解　(2)

類題　防振に関する記述のうち，**適当でないもの**はどれか。

(1)　金属ばねは，高い強制振動数に対して，サージングを起こすことがある。
(2)　防振ゴムは，一般に，金属ばねに比べて，ばね定数が小さい。
(3)　振動伝達率は，防振架台に載せる機器の重量が大きくなると，小さくなる。
(4)　防振ゴムは，垂直方向だけでなく，水平方向も防振性能を発揮できる。

（基本問題）

解答　金属ばねは，防振ゴムに比べて，ばね定数を小さくすることができる。

正解　(2)

解説　(1)　サージングは金属ばね自体の固有振動数のことであり，それに近い振動数を持つ外力が加わると，激しい振動が現れる。（エンジニアのための技術講座ホームページより）。

(3)　振動伝達率は【強制振動数／固有振動数】が大きい程小さくなる。強制振動数が一定の場合，重量が大きくなるほど，固有振動数は小さくなる。

(4)　金属ばねは，方向性を持つがゴムは荷重方向に関係なく一定のばね定数を持つ材料である。

7-5-4 設備施工（その他） 機器の防振 ★★★

58 機器の防振に関する記述のうち，**適当でないもの**はどれか。

(1) ポンプの振動を直接構造体に伝えないために，防振ゴムを用いた架台を使用する。

(2) ポンプの振動を直接配管に伝えないために，防振継手を使用する。

(3) 送風機の振動を直接構造体に伝えないために，金属コイルバネを用いた架台を使用する。

(4) 送風機の振動を直接ダクトに伝えないために，伸縮継手を使用する。

（H28-B17）

解答 送風機の振動をダクトに伝えないようにするには，たわみ継手を用いる。したがって，(4)**は適当でない**。 **正解** (4)

解説 ポンプ，送風機の防振対策をまとめると，次の表のようになる。

機器	振動の伝搬防止	
	配管・ダクトへの伝搬防止	躯体への伝搬防止（基礎などの防振材料）
ポンプ	ゴム製防振継手	ゴム防振
送風機	たわみ継手	金属コイルバネ防振

たわみ継手の例（角ダクト用）

ゴム製防振継手の例

試験によく出る重要事項

建物内に設置される各種機器は回転するものが多く，振動を生じまたは振動に起因する騒音を発生し，各種の障害を生じることがあるので，機器は防振上の措置が必要とされることが多い。

各種機器の中でもポンプと送風機は建物内において様々な用途に多用されているので，それら機器自体ならびにそれら機器に接続される配管やダクトに振動を伝えない対策を講じる必要がある。

① ポンプ防振基礎としては，防振ゴムを用いたもの，防振コイルばね（金属製）を用いたものがあり，振動伝達率をより低く抑えるためには金属コイルばねが使用され，それ以外ではゴムが防振材として使用される。

② 送風機自体から発生する振動が，それを設置するスラブを通して建物躯体に伝播されるのを防止するために，防振基礎が使用される。送風機の回転数はポンプなどに比べて小さく，その振動数も低い。低周波振動の防振は高周波振動の防振より一般に難しく，ばね定数の小さい防振材を選択する必要がある。このため送風機の防振基礎には，ばね定数が防振ゴムより小さな金属コイルばねが多く使用される。

③ 送風機の振動はそれに接続されているダクトに伝わり，ダクトを通して建物躯体に振動が伝播されることになる。これを防止するためダクトにも防振性能を有する継手を介して送風機と接続する必要があり，このため使用されるのがたわみ継手（キャンバス継手ともいう）である。

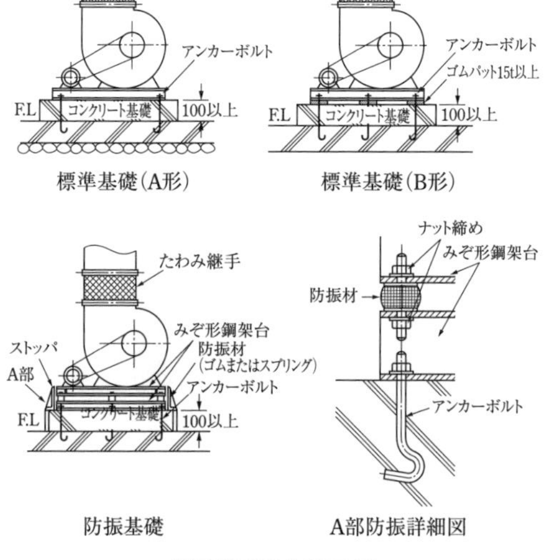

送風機の防振施工例

第８章　設備関連法規

●出題傾向分析●

出題内容 ＼ 年度（和暦）	R2	R1	H30	H29	H28	計
(1)　労働安全衛生法	2	2	2	2	2	10
(2)　労働基準法	1	1	1	1	1	5
(3)　建築基準法	2	2	2	2	2	10
(4)　建設業法	2	2	2	2	2	10
(5)　消防法	2	2	2	2	2	10
(6)　廃棄物処理及び清掃に関する法律	1	1	1	1	1	5
(7)　建設工事に係る資源の再資源化等に関する法律		1	1	1		3
(8)　騒音規制法	1			1		2
(9)　その他	1	1	1		2	5
計	12	12	12	12	12	60

［過去の出題傾向］

法規は選択問題で，全12問の内から10問選択する。10問以上選択すると減点となるので注意すること。

（内訳）

① 労働安全衛生法，建築基準法，建設業法，消防法から**毎年各２問出題**されており，労働基準法，廃棄物処理及び清掃に関する法律，建設工事に係る資源の再資源化等に関する法律，騒音規制法又はその他から**各１問出題**されている。

② その他は，高齢者，障害者等の移動等の円滑化の促進に関する法律，建築物の衛生的環境の確保に関する法律及び工事における必要な資格等が出題されている。

8-1 労働安全衛生法

労働安全衛生法に関しては，毎年，2問出題されている。

① 安全衛生管理体制に関する事項は，毎年出題されている。**令和3年度も要注意**である。

② 安全衛生管理に関する事項は，平成29，30，令和2年度に出題されている。

③ 労働者の就業に当たっての措置（作業主任者等）に関する事項は，平成26年度以降出題されていない。

④ 統括安全衛生責任者は，平成28，29，30，令和1，2年度に出題されている。**令和3年度も要注意**である。

⑤ 総括安全衛生管理者は，平成26年度以降出題されていない。

⑥ 元方安全衛生管理者は，令和1年度に出題されている。

⑦ 安全衛生責任者は，平成29年度に出題されている。

⑧ 特定元方事業者の現場巡回に関する事項は，平成26年度以降出題されていない。**令和3年度は要注意**である。

⑨ 安全衛生管理に関する，架設通路，安全通路は，平成29年度に出題されている。

⑩ 職長の安全教育項目が，平成28，令和1年度に出題されている。

年度(和暦)	No	出題内容（キーワード）
R2	18	安全衛生管理体制：統括安全衛生責任者，産業医
	19	安全衛生管理：フルハーネス型墜落制止用器具（特別の教育），作業主任者の周知，研削といしの取替え又は取替え時の試運転の業務に関する特別の教育，高所作業車の運転に関する技能講習
R1	18	安全衛生管理体制：特定元方事業者
	19	安全衛生教育（職長）
H30	18	安全衛生管理体制：統括安全衛生責任者
	19	安全衛生管理：特別教育
H29	18	安全衛生管理体制：統括安全衛生責任者，安全衛生責任者，作業場所の巡視
	19	安全衛生管理：架設通路，屋内に設ける通路
H28	18	安全衛生管理体制：統括安全衛生責任者
	19	安全衛生教育（職長）

8-1 労働安全衛生法 安全衛生管理体制 ★★★

1 建設工事において，統括安全衛生責任者が統括管理しなければならない事項として，「労働安全衛生法」上，**定められていない**ものはどれか。

(1) 協議組織の設置及び運営
(2) 関係請負人が行う労働者の安全又は衛生のための教育に対する指導及び援助
(3) 労働災害の原因の調査及び再発防止対策
(4) 作業間の連絡及び調整 (H30-B18)

解答 労働安全衛生法第十五条（統括安全衛生責任者）によると，事業者で，一の場所において行う事業の仕事の一部を請負人に請け負わせているもののうち，建設業等の業種に属する事業を行う者は，その労働者及びその請負人の労働者が当該場所において作業を行うときは，これらの労働者の作業が同一の場所において行われることによって生ずる労働災害を防止するため，統括安全衛生責任者を選任し，その者に元方安全衛生管理者の指揮をさせるとともに，第三十条第1項各号の事項を統括管理させなければならないと規定されている。同一作業所に混在する作業員が50人以上いる事業所が対象となる。

法第三十条（特定元方事業者等の講ずべき措置）第1項によると，特定元方事業者は，その労働者及び関係請負人の労働者の作業が同一の場所において行われることによって生ずる労働災害を防止するため，次の事項に関する必要な措置を講じなければならないと規定されている。

一 協議組織の設置及び運営
二 作業間の連絡及び調整
三 作業場所を巡視する（毎作業日少なくとも1回行う）
四 関係請負人が行う労働者の安全衛生の教育に対する指導及び援助
五 工程及び機械，設備等の配置に関する計画を作成する
六 労働災害を防止するため必要な事項

したがって，(3)労働災害の原因の調査及び再発防止策を行うことは職務にない。

したがって，(3)**は定められていない。** **正解** (3)

8-1　労働安全衛生法　安全衛生管理体制　★★★

最新問題

2　建設業を行う事業者の安全衛生管理体制に関する記述のうち，「労働安全衛生法」上，**誤っているもの**はどれか。

(1)　特定元方事業者は，選任した統括安全衛生責任者に，安全管理者，衛生管理者等を指揮させなければならない。

(2)　特定元方事業者は，下請を含めた現場の労働者の数が常時50人以上の場合（ずい道等の建設の仕事等を除く。），統括安全衛生責任者を選任しなければならない。

(3)　事業者は，常時50人以上の労働者を使用する事業場ごとに，産業医を選任しなければならない。

(4)　事業者は，選任した産業医に，労働者の健康管理その他の厚生労働省令で定める事項を行わせなければならない。

（R2-B18）

解 答　労働安全衛生法第十五条（統括安全衛生責任者）によると，事業者で，一の場所において行う事業の仕事の一部を請負人に請け負わせているもの（元方事業者）のうち，建設業等の業種に属する事業を行う者（特定元方事業者）は，その労働者及びその請負人の労働者が当該場所において作業を行うときは，これらの労働者の作業が同一の場所において行われることによって生ずる労働災害を防止するため，統括安全衛生責任者を選任し，その者に元方安全衛生管理者の指揮をさせるとともに，第三十条第1項各号の事項を統括管理させなければならないと規定されている。同一作業所に混在する作業員が50人以上いる事業所が対象となる。

したがって，**(1)は誤っている。**　**正解**　(1)

試験によく出る重要事項

(1) **混在する事業所の安全管理体制**　次のとおりである。

① **統括安全衛生責任者**　同一作業所に混在する作業員が50人以上いる事業所が対象で，特定元方事業者が選任し，元方安全衛生管理者の指揮および次の業務が職務となる。

一　協議組織の設置および運営　　二　作業間の連絡および調整

三　作業場所を巡視する（毎作業日少なくとも1回行う）

四　関係請負人が行う労働者の安全衛生の教育に対する指導および援助

五　工程および機械，設備等の配置に関する計画を作成する

六　労働災害を防止するため必要な事項

なお，混在する事業所の安全衛生管理体制図を，次に示す。

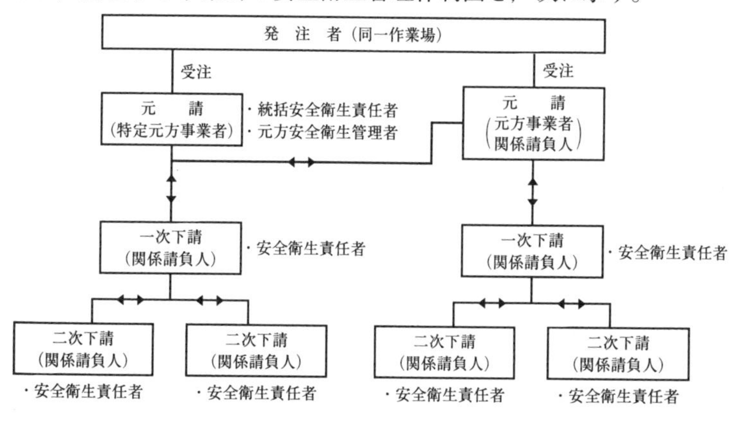

混在する事業所の安全衛生管理体制図

② **元方安全衛生管理者**　同一作業所に混在する作業員が50人以上いる事業所が対象で，特定元方事業者が選任（専属の者を専任）する。統括安全衛生責任者の業務の技術的事項の管理が職務となる。

③ **店社安全衛生管理者**　統括安全衛生責任者を選任しない事業者のうち，主要構造部が鉄骨造または鉄骨鉄筋コンクリート造の建設物の建設（常時20人以上50人未満）に係る作業を行う場合に選任し，労働基準監督署長に報告しなければならない。

(2) **単一事業所の安全管理体制**

規模	10〜50人未満	50人以上	100人以上
選任種別	安全衛生推進者	安全管理者，衛生管理者，産業医，安全衛生委員会	総括安全衛生管理者

8-1　労働安全衛生法　安全衛生管理　★★

3　建設工事現場における危険防止措置に関する記述のうち，「労働安全衛生法」上，**誤っているもの**はどれか。

(1)　勾配が30度を超える架設通路には，踏さんを設けなければならない。

(2)　高さが3 mの作業場所だったので，残材料などの投下のため投下設備を設けた。

(3)　高さが2 mの足場で作業床を設けることが困難なため，防網を張り，安全帯を使用させた。

(4)　高さが2 mの作業場所は，作業を安全に行うために必要な照度を保持しなければならない。

（基本問題）

解答　安衛法施行規則第五百五十二条（架設通路）第1項第三号によると，事業者は，架設通路については，次に定めるところに適合したものでなければ使用してはならない。

三　勾配が15度を超えるものには，踏桟その他の滑止めを設けることと規定されている。

したがって，(1)**は誤っている**。　**正解**　(1)

試験によく出る重要事項

❶ 安全管理

(1)　**架設通路**は，次に定めるところに適合したものでなければ使用してはならない。

一　丈夫な構造とすること。

二　勾配は，30°以下とすること。

三　勾配が15°を超えるものには，踏さんその他の滑止めを設けること。

四　墜落の危険のある箇所には，イ．高さ85 cm以上の手すり，ロ．高さ35 cm以上50 cm以下の中さんを設けること。ただし，作業上やむを得ない場合は，必要な部分を臨時に取りはずすことができる。

五　建設工事に使用する高さ8 m以上の登りさん橋には，7 m以内ごとに踊場を設けること。

(2) **作業主任者**を選任したときは，当該作業主任者の氏名およびその者に行わせる事項を作業場の見やすい箇所に掲示する等により関係労働者に周知させなければならない。

(3) **高所からの物体投下**による危険の防止では，3 m 以上の高所から物体を投下するときは，適当な投下設備を設け，監視員を置く等労働者の危険を防止するための措置を講じなければならない。

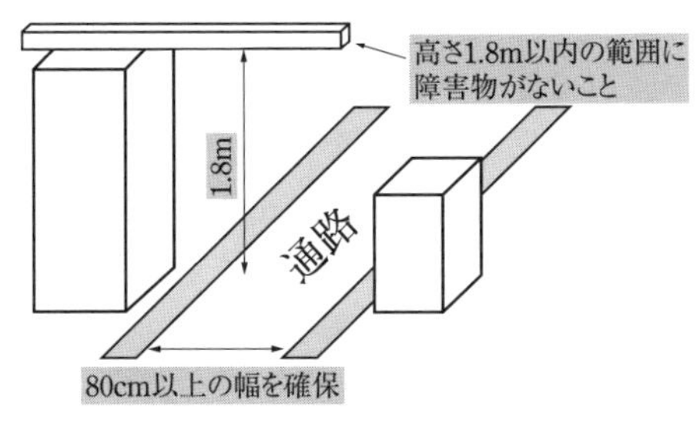

安全通路

(4) 作業場に通ずる場所および作業場内には，労働者が使用するための**安全通路**を設け，かつ，これを常時有効に保持しなければならない。また，主要なものには，これを保持するため，通路であることを示す表示をしなければならない（図参照）。

(5) 高所作業車（p. 372 の付録-12(7)を参照）

(6) **掘削面の勾配**

次の表のように，基準が規定されている。

掘削面の勾配の基準

掘削面の高さ ＼ 地山の種類	2 m 未満	2 m〜5 m 未満	5 m 以上
岩盤または固い粘土	90°以下		75°以下
その他の地山	90°以下	75°以下	60°以下

(7) **作業床の設置**

① **作業床**　高さが 2 m 以上の箇所（作業床の端，開口部等を除く）で作業を行う場合においては，足場を組み立てる等の方法により作業床を設けなければならない。ただし，作業床を設けることが困難なときは，防網を張り，労働者に安全帯を使用させる等の措置を講じなければならない。

② **囲い，手すり，覆い等**　高さが 2 m 以上の作業床の端，開口部等では，

囲い，手すり，覆い等を設けなければならない。ただし，囲い等を設けることが著しく困難なときまたは作業の必要上臨時に囲い等を取りはずすときは，防網を張り，労働者に安全帯を使用させる等の措置を講じなければならない。

③ **安全帯等の使用**　労働者は，高さが2 m以上の箇所（作業床の端，開口部等を除く）で作業を行う場合，安全帯等の使用を命じられたときは，これを使用しなければならない。

(8) 高さが2 m以上の箇所で作業を行うときは，当該作業を安全に行うため必要な**照度**を保持しなければならない。

(9) 高さ又は深さが1.5 mを超える箇所で作業を行うときは，当該作業に従事する労働者が**安全に昇降するための設備等**を設けなければならない。

(10) **酸素欠乏危険作業**では，当該作業を行う場所の空気中の酸素の濃度を18%以上に保つように換気しなければならない。なお，換気するときは，純酸素を使用してはならない。

類題　建設工事現場における安全管理に関する記述のうち，「労働安全衛生法」上，**誤っているもの**はどれか。

(1) 高さが1.2 mの箇所で作業を行なうときは，労働者が昇降するための設備を設けなかった。

(2) 作業主任者を選任したときは，その者の氏名及びその者に行なわせる事項を作業場の見やすい箇所に掲示することにより関係労働者に周知した。

(3) 作業床を設ける必要がある枠組み足場で，作業床は，その幅を30 cmとした。

(4) 作業場に通ずる場所及び作業場内には安全な通路を設け，通路で主要なものには，通路であることを示す表示をした。

（基本問題）

解 答　労働安全衛生法施行規則第五百六十三条（作業床）第1項第二号によると，作業床は，つり足場の場合を除き，幅は，40 cm以上とし，床材間のすき間は，3 cm以下とすることと規定されている。

正解　(3)

8-1 労働安全衛生法 安全衛生教育（職長） ★★

4 建設業の事業場において新たに職務につくこととなった職長等（作業主任者を除く。）に対し，事業者が行わなければならない安全又は衛生のための教育における教育事項のうち，「労働安全衛生法」上，**規定されていないもの**はどれか。

(1) 作業効率の確保及び品質管理の方法に関すること
(2) 労働者に対する指導又は監督の方法に関すること
(3) 法に定める事項の危険性又は有害性等の調査及びその結果に基づき講ずる措置に関すること
(4) 異常時等における措置に関すること (R1-B19)

解答・解説 労働安全衛生法第六十条によると，事業者は，新たに職務につくこととなった職長その他の作業中の労働者を直接指導又は監督する者に対し，次の事項について，厚生労働省令で定めるところにより，安全又は衛生のための教育を行なわなければならないと規定されている。

一 作業方法の決定及び労働者の配置に関すること。
二 労働者に対する指導又は監督の方法に関すること。
三 前二号に掲げるもののほか，労働災害を防止するため必要な事項で，厚生労働省令で定めるもの

労働安全衛生規則第四十条（職長等の教育）によると，教育内容の定めは次の通りである。

一 作業手順の定め方
二 労働者の適正な配置の方法
三 指導及び教育の方法
四 作業中における監督及び指示の方法
五 危険性又は有害性等の調査の方法
六 危険性又は有害性等の調査の結果に基づき講ずる措置
七 設備，作業等の具体的な改善の方法
八 異常時における措置
九 災害発生時における措置

十　作業に係る設備及び作業場所の保守管理の方法

十一　労働災害防止についての関心の保持及び労働者の創意工夫を引き出す方法

したがって，(1)**作業効率の確保及び品質管理の方法に関することは職長の教育内容に規定されていない。** **正解**　(1)

試験によく出る重要事項

(1)　**就業制限**　　作業主任者制度は，**就業制限**業務に従事する者の資格要件であり，他に次のような作業がある。

・ボイラ（小型ボイラを除く。）の取扱いの作業の業務
・つり上げ荷重が5t以上のクレーンの運転の業務
・つり上げ荷重が1t以上の移動式クレーンの運転の業務
・可燃性ガスおよび酸素を用いて行う金属の溶接・溶断または加熱の業務
・作業床の高さが10m以上の高所作業車の運転の業務
・制限荷重が1t以上の揚貨装置等のクレーンの玉掛けの業務

(2)　**特別教育**　　**特別教育**は労働安全衛生法が定める「安全衛生教育」の一つであるが，現場では就業制限（免許・技能講習）対象業務の一種と理解されることがある。特別教育を必要とする業務は，次のとおり。

・小型ボイラの取扱いの業務
・つり上げ荷重が5t未満のクレーンの運転業務
・つり上げ荷重が1t未満の移動式クレーンの運転の業務
・つり上げ荷重が1t未満のクレーン，移動式クレーンの玉掛けの業務
・研削といしの取替え又は取替え時の試運転の業務

8-1 労働安全衛生法 安全衛生管理 ★★

最新問題

5 建設工事現場における安全衛生管理に関する記述のうち，「労働安全衛生法」上，**誤っているもの**はどれか。

(1) 事業者は，高さが2 m以上の作業床のない箇所でフルハーネス型墜落制止用器具を用いて行う作業に係る業務に労働者をつかせるときは，当該業務に関する特別の教育を行わなければならない。

(2) 事業者は，作業主任者を選任したときは，当該作業主任者の氏名及びその者に行わせる事項を関係労働者に周知させなければならない。

(3) 事業者は，研削といしの取替え又は取替え時の試運転の業務に労働者をつかせるときは，当該業務に関する特別の教育を行わなければならない。

(4) 事業者は，作業床の高さが10 m以上の高所作業車の運転（道路上を走行させる運転を除く。）の業務については，作業主任者に当該業務に従事する労働者の指揮を行わせなければならない。 (R2-B19)

解答 労働安全衛生法第六十一条（就業制限）第1項によると，事業者は，クレーンの運転その他の業務で，政令で定めるものについては，都道府県労働局長の当該業務に係る免許を受けた者又は都道府県労働局長の登録を受けた者が行う当該業務に係る技能講習を修了した者その他厚生労働省令で定める資格を有する者でなければ，当該業務に就かせてはならないと規定されている。

また，労働安全衛生法施行令第二十条（就業制限に係る業務） 法第六十一条第1項の政令で定める業務は，次のとおりとする（抜粋）。

二　制限荷重が5t以上の揚貨装置の運転の業務

三　ボイラー（小型ボイラーを除く）の取扱いの業務

六　つり上げ荷重が5 t以上のクレーンの運転の業務

七　つり上げ荷重が1 t以上の移動式クレーンの運転の業務

十　可燃性ガス及び酸素を用いて行なう金属の溶接，溶断又は加熱の業務

十五　作業床の高さが10 m以上の高所作業車の運転（道路上を走行させる運転を除く）の業務

十六　制限荷重が1トン以上の揚貨装置又はつり上げ荷重が1 t以上のクレーン，移動式クレーン若しくはデリックの玉掛けの業務

したがって，(4)は誤っている。 **正解** (4)

8-2 労働基準法

労働基準法に関しては，毎年1問出題されている。

① 使用者の守るべき義務は，平成29，30，令和1，2年度に出題されている。**令和3年度も要注意**である。

② 有給休暇は，平成27年度以降出題されていない。

③ 労働契約は，平成28，令和1年度に出題されている。

年度（和暦）	No	出題内容（キーワード）
R2	20	使用者の守るべき義務：就業規則の作成，年少者の就業制限，労働者名簿，休業手当
R1	20	使用者の守るべき義務：貯蓄の契約付随，年少者の証明書，違約金，労働基準法に違反した労働条件は無効
H30	20	使用者の守るべき義務：年少者の就業制限，労働関係の重要な書類の保存，就業規則の作成，休業手当
H29	20	使用者の守るべき義務：定義，休業手当，年少者の就業制限，年少者の証明書
H28	20	労働契約：労働関係の重要な書類の保存，労働基準法に違反した労働条件は無効，貯蓄の契約付随，就業規則の作成

8-2 労働基準法　使用者の守るべき義務　★★★

最新問題

6　次の記述のうち，「労働基準法」上，**誤っているもの**はどれか。

(1)　常時10人以上の労働者を使用する使用者は，就業規則を作成して所轄労働基準監督署長に届け出なければならない。

(2)　使用者は，満18歳に満たない者を，最大積載荷重1t以上の人荷共用のエレベーターの運転業務に就かせてはならない。

(3)　使用者は，各事業場ごとに労働者名簿を，各労働者（日々雇い入れられる者を除く。）について調整し，労働者の氏名，生年月日，履歴等を記入しなければならない。

(4)　使用者の責に帰すべき事由による休業の場合においては，使用者は，休業期間中当該労働者に，その平均賃金の100分の60以上の休業手当を支払わなければならない。

(R2-B20)

解答　労働基準法第六十二条（危険有害業務の就業制限）第1項によると，使用者は，満18歳に満たない者に，運転中の機械若しくは動力伝導装置の危険な部分の掃除，注油，検査若しくは修繕をさせ，運転中の機械若しくは動力伝導装置にベルト若しくはロープの取付け若しくは取りはずしをさせ，動力によるクレーンの運転をさせ，その他厚生労働省令で定める危険な業務に就かせ，又は厚生労働省令で定める重量物を取り扱う業務に就かせてはならないと規定されている。

また，年少者労働基準規則第八条（年少者の就業制限の業務の範囲）によると，法第六十二条第1項の厚生労働省令で定める危険な業務は，次の各号に掲げるものとする（抜粋）。

一　ボイラーの取扱いの業務

五　最大積載荷重が2t以上の人荷共用若しくは荷物用のエレベーター又は高さが15m以上のコンクリート用エレベーターの運転の業務

十　クレーン，デリック又は揚貨装置の玉掛けの業務

二十五　足場の組立，解体又は変更の業務

したがって，(2)**は誤っている**。

正解　(2)

8-2　労働基準法　使用者の守るべき義務　★★★

7　次の記述のうち，「労働基準法」上，**誤っているもの**はどれか。

(1)　使用者は，労働契約に附随して貯蓄の契約をさせ，又は貯蓄金を管理する契約をしてはならない。

(2)　使用者は，満20才に満たない者を使用する場合，その年齢を証明する戸籍証明書を事業場に備え付けなければならない。

(3)　使用者は，労働契約の不履行について違約金を定め，又は損害賠償額を予定する契約をしてはならない。

(4)　労働基準法で定める基準に達しない労働条件を定める労働契約は，その部分については無効であり，労働基準法に定められた基準が適用される。

(R1-B20)

解答　労働基準法第五十七条（年少者の証明書）によると，使用者は，満18才に満たない者について，その年齢を証明する戸籍証明書を事業場に備え付けなければならないと規定されている。

したがって，(2)**は誤っている。**　　**正解**　(2)

試験によく出る重要事項

❶　使用者の義務

(1)　**年少者の証明書**　使用者は，満18歳に満たない者について，その年齢を証明する戸籍証明書を事業場に備え付けなければならない。

(2)　**労働契約**　この法律で定める基準に達しない労働条件を定める労働契約は，その部分については無効とすると規定されており，使用者と労働者が対等の立場で決定した労働条件であっても，**法に定める基準に達しないもの**は，すべて無効である。

(3)　**強制貯金**　使用者は，労働契約に附随して貯蓄の契約をさせ，又は貯蓄金を管理する契約をしてはならない。

(4)　**就業規則**　常時10人以上の労働者を使用する使用人は，**就業規則**を作成し，行政官庁に届け出なければならない。

❷　労働時間，その他の労働条件　使用者は，労働契約の締結に際し，労働者

に対して賃金，**労働時間その他の労働条件**を明示しなければならない。

⑴　**労働時間**　　休憩時間を除き1日について8時間，1週間について40時間を超えて労働をさせてならない。

⑵　**休憩**　　労働時間が6時間を超える場合においては少くとも45分，8時間を超える場合においては少くとも1時間の休憩時間を労働時間の途中に与えなければならない。

⑶　**休日**　　毎週少なくとも1回の休日を与えなければならない。ただし，4週間を通じ4日以上の休日を与える使用者については適用しない。

⑷　**有給休暇**　　その雇入れの日から起算して，6箇月間継続勤務し全労働日の8割以上出勤した労働者に対して，継続し，または分割した10労働日の有給休暇を与えなければならない。

⑸　**割増賃金**　　使用者が，労働時間を延長し，又は休日に労働させた場合においては，その時間又はその日の労働については，通常の労働時間又は労働日の賃金の計算額の2割5分以上5割以下の範囲内で割増賃金を支払わなければならない。

❸　**年少者の就業制限**の業務範囲抜粋（規則第八条）

・ボイラ（小型ボイラを除く。）の取扱いの業務
・クレーン，デリックまたは揚貨装置の運転の業務
・最大荷重2t以上の人荷共用エレベーターの運転の業務
・動力により駆動される巻上機（電気ホイストおよびエアホイストを除く。），運搬機または索道の運転業務
・クレーン・デリックまたは揚貨装置の玉掛けの業務（2人以上の者によって行う玉掛けの業務における補助作業は除く。）
・土砂が崩壊するおそれのある場所または深さが5m以上の地穴における業務
・足場の組立て，解体または変更の業務（地上や床上の補助作業の業務を除く）

❹　**15歳未満の児童**　　使用者は，児童が満15歳に達した日以後最初の3月31日が終了するまで使用してはならない。また，**15歳未満の児童**は建設工事の現場に就業させてはならない。

8-3　建築基準法

建築基準法に関しては，毎年，2問出題されている。

① 建築用語の定義は，**毎年出題**されている。**令和3年度も要注意**である。

② 建築設備の基準は，**毎年出題**されている。**令和3年度も要注意**である。

③ 建築確認申請は，平成30年度に出題されている。

④ 建築設備の更新は，大規模修繕に該当しないという記述が，令和1年度に出題されている。

⑤ 延焼のおそれのある部分は，平成29年度に出題されている。

⑥ 仮設工事事務所は，平成27年度以降出題されていない。

⑦ 階数は，平成28，29，令和1年度に出題されている。

年度（和暦）	No	出題内容（キーワード）
R2	21	建築用語の定義：居室の天井の高さ，建築主，住宅の居室，地階
	22	建築設備の基準：ダクトの不燃，ボイラーの煙突高さ，中央管理方式の空気調和設備，通気管
R1	21	建築用語の定義：階数，主要構造物，大規模の修繕
	22	建築設備の基準：防火区画貫通，防火ダンパ，空気調和設備の風道，排水槽の底の勾配
30	21	建築用語の定義：昇降路の床面積，用途変更，木造建築物，確認申請
	22	建築設備の基準：防火区画貫通，雨水排水トラップ，ダクトの不燃，冷却塔の並列設置
29	21	建築用語の定義：避難，延焼のおそれのある部分，階数，地階の階数
	22	建築設備の基準：非常用エレベーターの昇降ロビー，換気設備，排水槽，給水タンク
28	21	建築用語の定義：特殊建築物，主要構造部，階数，地階
	22	建築設備の基準：防火区画貫通の鉄板の厚さ，通気管，マンホール，排水再利用水

8-3 建築基準法　建築用語の定義　★★★

最新問題

8　次の記述のうち，「建築基準法」上，**誤っているもの**はどれか。

(1)　居室の天井の高さは，2.1 m 以上とし，一室で天井の高さの異なる部分がある場合においては，その平均の高さによるものとする。

(2)　建築主とは，建築物に関する工事の請負契約の注文者又は請負契約によらないで自らその工事をする者をいう。

(3)　住宅の居室には，採光のための窓その他の開口部を設け，その採光に有効な部分の面積は，原則として，その居室の床面積に対して$\frac{1}{7}$以上とする。

(4)　地階とは，床が地盤面下にある階で，床面から地盤面までの高さがその階の天井の高さの$\frac{2}{3}$以上のものをいう。　(R2-B21)

解答　建築基準法施行令第一条（定義）第１項第二号によると，地階とは，床が地盤面下にある階で，床面から地盤面までの高さがその階の天井の高さの$\frac{1}{3}$以上のものをいうと規定されている。

したがって，(4)は誤っている。　**正解**　(4)

試験によく出る重要事項

❶ 建築用語の定義

(1)　**建築物**　土地に定着する工作物のうち，屋根，柱，壁のあるもの，これらに附属する門もしくは塀，観覧のための工作物，地下または高架工作物内に設けられる事務所，店舗，興行所，倉庫等およびこれら附属する建築設備も含まれる。

煙突，広告塔，8 m を超える高架水槽，擁壁その他これらに類する工作物も含まれる。

(2)　**特殊建築物**　一般の建築物と区別し，建築物の規模，構造上の分類ではなく，その用途上の特殊性（不特定・他人数が使用，火災発生のおそれ・火災荷重が大，周辺に与える影響が大等）に着目して定められている。学校，体育館，病院，劇場，集会場，百貨店，市場，遊技場，公衆浴場，旅館，寄宿舎，共同住宅，工場，倉庫，自動車車庫などがある。

(3)　**建築設備**　建築物に設ける電気，ガス，給水，排水，換気，暖房，冷房，消火，排煙もしくは汚物処理の設備または煙突，昇降機もしくは避雷針をいう。

⑷　**居室**　居住，執務，作業，集会，娯楽その他これらに類する目的のために継続的に使用する室をいう。

⑸　**主要構造部**　壁，柱，床，梁，屋根または階段をいい，建築物の構造上重要でない間仕切壁，間柱，附け柱，揚げ床，最下階の床，廻り舞台の床，小梁，ひさし，局部的な小階段，屋外階段その他これらに類する建築物の部分を除くものとする。

⑹　**延焼のおそれのある部分**　隣地境界線，道路中心線または同一敷地内の 2 以上の建築物相互の外壁間の中心線から，1 階にあっては 3 m 以下，2 階以上にあっては 5 m 以下の距離にある建築物の部分をいう。

⑺　**耐火構造**　壁，柱，床その他の建築物の部分の構造のうち，耐火性能に関して技術的基準に適合する鉄筋コンクリート造，れんが造その他の構造で，国土交通大臣が定めた構造方法を用いるものまたは国土交通大臣の認定を受けたものをいう。

⑻　**防火構造**　建築物の外壁または軒裏の構造のうち，防火性能に関して技術的基準に適合する鉄鋼モルタル塗，しっくい塗その他の構造で，国土交通大臣が定めた構造方法を用いるものまたは国土交通大臣の認定を受けたものをいう。

⑼　**不燃材料**　建築材料のうち，不燃性能に関して技術的基準に適合するもので，国土交通大臣が定めたものまたは国土交通大臣の認定を受けたものをいう。

⑽　**大規模の修繕**　建築物の主要構造部の一種以上について行う過半の修繕をいう。設備更新等で配管全体を更新する工事は，大規模な修繕に該当しない。

⑾　**地階**　床が地盤面下にある階で，床面から地盤面までの高さがその階の天井高さの 1/3 以上のものをいう。

⑿　**延べ面積**　建築物の各階の床面積の合計をいう。

8-3 建築基準法 建築確認申請 ★★

9 建築の確認の申請に関する記述のうち，「建築基準法」上，**正しいもの**はどれか。

(1) 建築物でない工作物として設ける高さ 6 m の高架水槽については，建築の確認の申請をしなければならない。

(2) 工事現場に仮設として設ける 2 階建ての事務所については，建築の確認の申請をしなくてもよい。

(3) 延べ面積が 1,000 m^2 の既存の劇場に設けるエレベーターについては，建築の確認の申請をしなくてもよい。

(4) 機械室内の設備機器や建築物内の配管全体を更新する工事については，建築の確認の申請をしなければならない。

（基本問題）

解答 (2)は建築基準法第八十五条（仮設建築物に対する制限の緩和）によると，特定行政庁は，仮設興行場，博覧会建築物，仮設店舗，その他これらに類する仮設建築物について，安全上，防火上及び衛生上支障がないと認める場合においては，1 年以内の期間（建築物の工事を施工するためその工事期間中当該従前の建築物に替えて必要となる仮設店舗その他の仮設建築物については，特定行政庁が当該工事の施工上必要と認める期間）を定めてその建築を許可することができる。すなわち，建築確認申請の規定を適用しないと規定されている。正しい。

(1)の高さ 8 m 以上の高架水槽ならば工作物となるので，確認申請は必要である。誤っている。

(3)の既存の劇場に設けるエレベーターは，延べ面積が 100 m^2 を超えるならば確認申請が必要である。誤っている。

(4)の設備更新工事等で配管全体を更新する工事は，大規模な修繕に該当しないので，確認申請は不要である。誤っている。

したがって，**(2)は正しい。**

正解 (2)

8-3　建築基準法　室内環境基準　

10　建築物の居室に設ける中央管理方式の空気調和設備の性能に関する記述のうち，「建築基準法」上に定められている数値として，**誤っているもの**はどれか。

(1)　浮遊粉じんの量は，空気1 m^3 につき0.5 mg 以下とする。

(2)　一酸化炭素の含有率は，100万分の10以下とする。

(3)　相対湿度は，40% 以上70% 以下とする。

(4)　気流は，1秒間につき0.5 m 以下とする。

（基本問題）

解答　建築基準法施行令第百二十九条の二の六（換気設備）第3項によると，建築物の居室に設ける中央管理方式の空気調和設備の性能について，表に示すように項目と基準が規定されている。

したがって，(1)**は誤っている**。　**正解**　(1)

室内環境基準

	項　目	基　準
(1)	浮遊粉じんの量	空気1 m^3 につき0.15 mg 以下
(2)	一酸化炭素の含有率	10/1,000,000 以下
(3)	炭酸ガスの含有率	1,000/1,000,000 以下
(4)	温度	一　17℃ 以上28℃ 以下 二　居室における温度を外気の温度より低くする場合は，その差を著しくしないこと
(5)	相対湿度	40% 以上70% 以下
(6)	気流	1秒間につき0.5 m 以下

試験によく出る重要事項

建築物における衛生的環境の確保に関する法律

（建築物衛生法）施行令　第二条第1項によると，上表の室内環境基準にホルムアルデヒドの量（空気1 m^3 につき0.1 mg 以下）を加えた基準が示されている。

8-3 建築基準法 建築設備の基準 ★★★

最新問題

11 建築設備に関する記述のうち,「建築基準法」上,**誤っているもの**はどれか。

(1) 地階を除く階数が2以上である建築物に設ける冷房設備等のダクトは,屋外に面する部分その他防火上支障がないものとして国土交通大臣が定める部分を除き,不燃材料で造らなければならない。

(2) 建築物に設けるボイラーの煙突の地盤面からの高さは,ガスを使用するボイラーにあっては,原則として,9m以上としなければならない。

(3) 開口部の少ない建築物等の換気設備において,中央管理方式の空気調和設備とは,空気を浄化し,その温度,湿度及び流量を調節して供給(排出を含む。)をすることができる設備をいう。

(4) 通気管は,配管内の空気が屋内に漏れることを防止する装置が設けられている場合,必ずしも直接外気に衛生上有効に開放しなくてもよい。

(R2-B22)

解答 建築基準法第百二十九条の二の二第1項第六号によると,地階を除く階数が3以上である建築物,地階に居室を有する建築物又は延べ面積が3,000 m^{2}を超える建築物に設ける換気,暖房又は冷房の設備の風道及びダストシュート,メールシュート,リネンシュートその他これらに類するもの(屋内に面する部分に限る。)は,不燃材料で造ることと規定されている。

したがって,(1)**は誤っている。** **正解** (1)

8-3　建築基準法　建築設備の基準　★★★

12　建築設備に関する記述のうち，「建築基準法」上，**誤っているもの**はどれか。

(1)　給水管が準耐火構造の防火区画を貫通する場合，当該管と防火区画との隙間をモルタルその他の不燃材料で埋めなければならない。

(2)　換気設備の風道が準耐火構造の防火区画を貫通する部分に近接する部分に防火ダンパを設ける場合，防火ダンパと防火区画の間の風道は，厚さ1.5 mm以上の鉄板とする。

(3)　空気調和設備の風道は，火を使用する設備又は器具を設けた室の換気設備の風道その他これらに類するものに連結してはならない。

(4)　排水槽の底の勾配は，吸い込みピットに向かって$\frac{1}{10}$以上$\frac{1}{5}$以下としなければならない。

(R1-B22)

解 答　国土交通省告示　建築物に設ける飲料水の配管設備及び排水のための配管設備の構造方法を定める件　第2　排水のための配管設備の構造は，次に定めるところによらなければならないと規定されている。

2. 排水槽

イ．通気のための装置以外の部分から臭気が洩れない構造とすること。

ロ．内部の保守点検を容易かつ安全に行うことができる位置にマンホール（直径60 cm以上の円が内接することができるものに限る。）を設けること。ただし，外部から内部の保守点検を容易かつ安全に行うことができる小規模な排水槽にあってはこの限りでない。

ハ．排水槽の底に吸い込みピットを設ける等保守点検がしやすい構造とすること。

ニ．排水槽の底のこう配は吸い込みピットに向かって15分の1以上10分の1以下とする等内部の保守点検を容易かつ安全に行うことができる構造とすること。

ホ．通気のための装置を設け，かつ，当該装置は，直接外気に衛生上有効に開放すること。

したがって，(4)**は誤っている。**　　**正解**　(4)

試験によく出る重要事項

❶ 建築設備の基準

(1) マンホール　小規模でない給水タンクに設けるマンホールは，直径 60 cm 以上の円が内接できる大きさとする。

(2) **雨水排水立て管**　雨水専用とする必要があり，汚水排水管もしくは通気管と兼用し，またはこれらの管に連結してはならない。

(3) **汚水に接する部分**　不浸透質の耐水材料で造ること。

(4) その他，建築設備の基準

① 給水管，配電管その他の管の貫通する部分および当該貫通する部分からそれぞれ両側に 1 m 以内の距離にある部分を**不燃材**で造ること。

② 給水立て主管からの各階への分岐管等主要な分岐管には，分岐点に近接した部分で，かつ操作を容易に行うことができる部分に**止水弁**を設けること。

③ 排水管で汚水に接する部分は，不浸透質の耐水材料で造ること。

④ トラップの封水深は，5 cm 以上 10 cm 以下（阻集器を兼ねる排水トラップについては 5 cm 以上）とすること。

⑤ 雨水排水管を汚水排水のための配管設備に連結する場合においては，当該雨水排水管に**排水トラップ**を設けること。

⑥ 排水再利用水の配管設備は，洗面器や手洗器と連結してはならない。

⑦ **空気調和ダクトの不燃材料**　地階を除く階数が 3 以上である建築物，地階に居室のある建築物又は延べ面積が 3,000 m^2 を超える建築物に設ける換気，暖房又は冷房の設備の風道（ダクト）及びダストシュート，メールシュート，リネンシュートその他これらに類するものは，不燃材料で造ること。

⑧ **防火区画**　主要構造物を耐火構造とした建築物で延べ面積が 1,500 m^2 を超えるものは，床面積 1,500 m^2 以内ごとに準耐火構造の床，壁または特定防火設備で区画する。

⑨ **特定防火設備の構造方法**　鉄製で鉄板の厚さが 1.5 mm 以上の防火戸または防火ダンパであること。

8-4 建設業法

建設業法に関しては，**毎年，２問出題**されている。毎年，主任技術者又は監理技術者が出題されていたが，令和２年度は出題がなかった。

① 主任技術者又は監理技術者は，平成 28，29，30，令和１年度に出題されている。**令和３年度は要注意**である。

② 監理技術者の要件は，平成 29 年度に初めて出題された。

③ 建設業の許可は，平成 26 年度以降出題がない。**令和３年度は要注意**である。

④ 請負契約は，令和１，２年度に出題されている。

⑤ 元請負人の義務は，平成 30 年度に出題されている。

⑥ 指定建設業種は，平成 28，令和２年度に出題されている。

⑦ 施工体制台帳は，平成 28，令和１年度に出題されている。**令和３年度は要注意**である。

年度(和暦)	No	出題内容（キーワード）
R2	23	指定建設業種
	24	請負契約：現場代理人の権限，請負代金の額又は工事内容の変更，賠償金の負担，損害金
R1	23	請負契約：一括下請けの禁止，片務契約，意見の申し出の方法，工事内容の変更
	24	主任技術者と監理技術者：施工体系図の作成・掲示，同一の専任の主任技術者，監理技術者の職務
H30	23	技術者制度
	24	元請負人の義務：下請負人から意見聴取，下請代金の支払い，前払金，検査の実施
H29	23	主任技術者又は監理技術者：同一の専任の主任技術者，主任技術者の専任，国又は地方公共団体が注文者，主任技術者の専任
	24	監理技術者の要件
H28	23	指定建設業種
	24	施工体制：主任技術者，監理技術者，施工体制台帳，保険等の加入状況

8-4 建設業法 施工体制 ★★★

13 建設工事における施工体制に関する記述のうち，「建設業法」上，**誤っているもの**はどれか。

(1) 一般建設業の建設業者が下請負人として建設工事を施工する場合，その請負代金の額にかかわらず，主任技術者を配置しなければならない。

(2) 発注者から直接建設工事を請け負った特定建設業者は，当該建設工事を施工するために締結した下請契約の請負代金の総額にかかわらず，監理技術者を配置しなければならない。

(3) 施工体制台帳の作成を要する建設工事を請けた建設業者は，当該建設工事に係るすべての建設業者名等を記載し，施工の分担関係を表示した施工体系図を作成しなければならない。

(4) 施工体制台帳の作成を要する建設工事を請けた建設業者は，その下請負人に関する事項として，健康保険等の加入状況を施工体制台帳に記載しなければならない。

(H28-B24)

解答 建設業法第二十六条（主任技術者及び監理技術者の設置等）第2項によると，発注者から直接建設工事を請け負った特定建設業者は，当該建設工事を施工するために締結した下請契約の請負代金の額が4,000万円以上（建築工事では6,000万円）になる場合においては，当該工事現場における建設工事の施工の技術上の管理をつかさどる監理技術者を置かなければならないと規定されている。

したがって，(2)**は誤っている。**

正解 (2)

8-4 建設業法 主任技術者又は監理技術者 ★★

14 建設工事における施工体制に関する記述のうち,「建設業法」上,**誤っているもの**はどれか。

(1) 施工体制台帳の作成を要する建設工事を請け負った建設業者は,当該建設工事における各下請負人の施工の分担関係を表示した施工体系図を作成しなければならない。

(2) 施工体制台帳の作成を要する建設工事を請け負った建設業者は,建設工事の目的物の引渡しをするまで,施工体系図を工事現場の見やすい場所に掲示しなければならない。

(3) 主任技術者の専任が必要な工事で,密接な関係のある二つの建設工事を同一の場所において施工する場合は,同一の専任の主任技術者とすることができる。

(4) 監理技術者は,工事現場における建設工事を適正に実施するため,当該建設工事の請負代金の管理及び当該建設工事の施工に従事する者の技術上の指導監督の職務を誠実に行わなければならない。

(R1-B24)

解答 建設業法第二十六条の三(主任技術者及び監理技術者の職務等)によると,主任技術者及び監理技術者は,工事現場における建設工事を適正に実施するため,当該建設工事の施工計画の作成,工程管理,品質管理その他の技術上の管理及び当該建設工事の施工に従事する者の技術上の指導監督の職務を誠実に行わなければならないと規定されている。

したがって,(4)**は誤っている。** **正解** (4)

試験によく出る重要事項

(1) **主任技術者**

① 建設業者(建設業の許可を受けた建設業者,管工事業者等)は,その請け負った建設工事を施工するときは,自ら施工する場合であっても,一定の資格を有する主任技術者をおかなければならない。ただし,建設業の許可がなく軽微な工事を施工する場合は,主任技術者は必要ない。

② 国土交通大臣が認定する者のうち管工事の業種の要件

一 管工事施工管理技士

二 技術士

三 冷凍空気調和機器施工もしくは配管等の技能検定合格者が合格後，管工事に関し３年以上の実務経験を有する者

四 建築設備士で合格後，管工事に関し１年以上の実務経験を有する者

③ 公共性のある施設若しくは工作物または多数の者が利用する施設若しくは工作物に関する重要な建設工事（工事１件の請負代金の額は，3,500万円。ただし，建築工事業の場合は7,000万円）は，おかなければならない主任技術者または監理技術者は，工事現場ごとに，専任の者でなければならない。

④ 密接な関係のある２以上の建設工事を同一の建設業者が，同一の場所または近接した場所において施工するものについては，同一の専任の主任技術者がこれらの建設工事を管理することができる。

⑵ **監理技術者**

① 元請負人である特定建設業者は，その建設工事を施工するために，法で定める金額以上の工事（管工事は4,000万円）を下請施工させる場合は，その建設工事に関し一定の資格を有する監理技術者をおかなければならない。

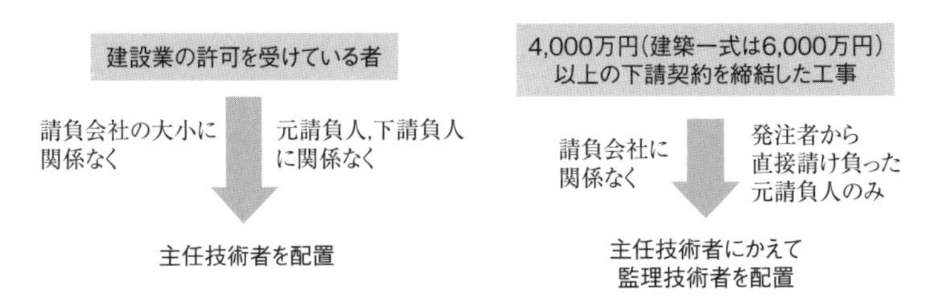

主任技術者と監理技術者

② 監理技術者の資格要件（管工事業）

一 １級管工事施工管理技士

二 技術士

三 国土交通大臣が一又は二に掲げる者と同等以上の能力を有するものと認定した者

8-4　建設業法　建設業の許可　★★

15　建設業の許可に関する記述のうち,「建設業法」上, **誤っているもの**はどれか。

(1)　管工事業を営もうとする者は, 工事一件の請負代金の額が500万円に満たない工事のみを請け負うことを営業とする者を除き, 二以上の都道府県に営業所を設けて営業をしようとする場合は, 国土交通大臣の許可を受けなければならない。

(2)　発注者から直接管工事を請け負い, 下請代金の総額が4,000万円以上となる下請契約を締結して施工しようとする者は, 特定建設業の許可を受けていなければならない。

(3)　国, 地方公共団体又はこれらに準ずるものとして国土交通省令で定める法人が発注者である管工事を施工しようとする者は, 特定建設業の許可を受けていなければならない。

(4)　管工事業の許可を受けている者は, 管工事を請け負う場合においては, 当該管工事に附帯する電気工事を請け負うことができる。

(基本問題)

※平成28年6月に, 請負代金の額の見直しに関する政令改正があり, 問題の一部について修正を行った。

解答　建設業法によると, 発注者から直接請け負った建設工事の下請け契約の制限が設けられており, 特定建設業の許可を受けた者でなければ, 次に該当する下請契約を締結してはならないと規定されている。

①　下請代金の額が, 1件で4,000万円（建築工事業の場合は6,000万円）以上となる場合

②　その下請契約を締結することにより, 下請代金の額の総額が4,000万円（建築工事業の場合は6,000万円）以上となる場合

すなわち, 国, 地方公共団体又はこれらに準ずるものとして国土交通省令で定める法人が発注者の場合の規定はない。

したがって, (3)**は誤っている。**　　**正解**　(3)

試験によく出る重要事項

❶ 建設業の許可

(1) **建設業の許可**（許可する行政庁）

a．①2以上の都道府県の区域内に営業所を設けて営業をしようとする場合にあっては国土交通大臣の許可

②1つの都道府県の区域内にのみ営業所を設けて営業をしようとする場合にあっては当該営業所の所在地を管轄する都道府県知事の許可

b．一般建設業の許可を受けた者が，特定建設業の許可を受けたときは，その者に対する当該建設業に係る一般建設業の許可は，その効力を失う。

c．建設業者は，許可を受けた建設業に係る建設工事を請け負う場合においては，当該建設工事に附帯する他の建設工事を請け負うことができる。

d．建設業の許可の**有効期限**は5年である。

(2) **特定建設業者**　特定建設業の許可を受けた者でなければ，元請として次に該当する下請契約を締結してはならない。

① 下請代金の額が，1件で4,000万円（建築工事業の場合は6,000万円）以上となる場合

② その下請契約を締結することにより，下請代金の額の総額が4,000万円（建築工事業の場合は6,000万円）以上となる場合

(3) **一般建設業者**　特定建設業者以外。元請として，下請代金の総額が，1件で4,000万円（建築工事業の場合は6,000万円）未満となる場合

(4) **軽微な建設工事**　管工事500万円未満のみを請け負うことを営業とする者は，建設業の許可を受けなくてもよい。

(5) **発注者が国または地方公共団体の場合**　発注者が国または地方公共団体の場合であっても，民間の請負いと同じ。

8-4　建設業法　指定建設業種　

最新問題

16　建設業の種類のうち,「建設業法」上, 指定建設業に**該当しないもの**はどれか。

(1)　管工事業
(2)　建築工事業
(3)　電気工事業
(4)　水道施設工事業　(R2-B23)

解 答　建設業法施行令第五条の二　法第十五条第1項第二号ただし書の政令で定める指定建設業は, 次に掲げるものとすると規定されている。

一　土木工事業
二　建築工事業
三　電気工事業
四　管工事業
五　鋼構造物工事業
六　舗装工事業
七　造園工事業

したがって, (4)**の水道施設工事業は該当しない**。　**正解**　(4)

試験によく出る重要事項

❶　請負契約

(1)　不当な使用資材等の購入強制の禁止（法第十九条の4）
注文者は, 請負契約の締結後, 自己の取引上の地位を不当に利用して, 購入先を指定し, これらを請負人に購入させて, その利益を害してはならない。

(2)　建設工事の見積り等（法第二十条第2項）
建設業者は, 建設工事の注文者から請求があったときは, 請負契約が成立するまでの間に, 建設工事の見積書を提示しなければならない。

(3)　一括下請負の禁止（法第二十二条）

(4)　経営事項審査（法第二十七条の二十三）

8-4 建設業法 請負契約 ★★

17 建築工事の請負契約に関する記述のうち，「建設業法」上，**誤っているもの**はどれか。

ただし，電子情報処理組織を使用する方法その他の情報通信の技術を利用する方法によらないものとする。

(1) 共同住宅を新築する建設工事を請け負った建設業者は，あらかじめ発注者から書面による承諾を得た場合であっても，その工事を一括して他人に請け負わせてはならない。

(2) 注文者は，請負契約の締結後，自己の取引上の地位を不当に利用して，その注文した建設工事に使用する資材もしくは機械器具又はこれらの購入先を指定してはならない。

(3) 注文者は，工事現場に監督員を置く場合においては，当該監督員の行為についての請負人の注文者に対する意見の申し出の方法を，請負人と協議しなければならない。

(4) 発注者と請負人との請負契約において，工事内容を変更するときは，その変更の内容を書面に記載し，署名又は記名押印をして相互に交付しなければならない。

(R1-B23)

解答 建設業法第十九条の二（現場代理人の選任等に関する通知）によると，請負人は，請負契約の履行に関し工事現場に現場代理人を置く場合においては，当該現場代理人の権限に関する事項及び当該現場代理人の行為についての注文者の請負人に対する意見の申出の方法を，書面により注文者に通知しなければならない。

2 注文者は，請負契約の履行に関し工事現場に監督員を置く場合においては，当該監督員の権限に関する事項及び当該監督員の行為についての請負人の注文者に対する意見の申出の方法を，書面により請負人に通知しなければならないと規定されている。

したがって，(3)は**誤っている**。

正解 (3)

試験によく出る重要事項

❶ 元請負人の義務

(1) **下請負人の意見**　元請負人は，その請け負った建設工事を施工するために必要な工程の細目，作業方法その他事項を定めようとするときは，あらかじめ，下請負人の意見を聞かなければならない。

(2) **支払**　元請負人は，請負代金の出来形部分に対する支払または工事完成後における支払を受けたときは，当該支払の通知を受けた日から1箇月以内で，かつ，できる限り短い期間内に支払わなければならない。

(3) **完成検査**　元請負人は，下請負人からその請け負った建設工事が完成した旨の通知を受けたときは，当該通知を受けた日から20日以内で，かつ，できる限り短い期間内に，その完成を確認するための検査を完了しなければならない。

(4) **施工体制台帳**　特定建設業者は，発注者から直接建設工事を請け負った場合において，当該建設工事を施工するために締結した下請契約の請負代金の額が4,000万円（建築一式工事は6,000万円）以上になるときは，当該建設工事について，下請負人の商号または名称，下請負人に係る建設工事の内容（健康保険等の加入状況を含む），工期及び施工体系図その他事項を記載した施工体制台帳を作成し，工事現場ごとに備え置かなければならない。

❷ 建設工事の請負契約の内容（建設業法第十九条）（抜粋）

一　工事内容

二　請負代金の額

三　工事着手の時期及び工事完成の時期

四　請負代金の前金払又は出来形部分に対するその支払の時期及び方法

五　当事者の一方から設計変更又は工事着手の延期若しくは工事の中止の申出があつた場合における工期の変更，請負代金の額の変更

七　価格等の変動・変更に基づく請負代金の額又は工事内容の変更

八　工事の施工により第三者が損害を受けた場合における賠償金

十一　工事完成後における請負代金の支払の時期及び方法

十二　工事の目的物が不適合を担保すべき責任

十三　履行の遅滞，債務の不履行における遅延利息，違約金，損害金

十四　契約に関する紛争の解決方法

8-5 消 防 法

消防法に関しては，**毎年，2 問出題**されている。

① スプリンクラー設備の基準は，平成 28，30，令和 1 年度の偶数年度に出題されている。**令和 3 年度は要注意**である。

② 屋内消火栓設備の基準は，平成 29，30，令和 1，2 年度に出題されている。

③ 不活性ガス消火設備の基準は，平成 29 年度に出題されている。**令和 3 年度は要注意**である。

④ 消防の用に供する設備の種類は，5 年ぶりに令和 2 年度に出題されている。

⑤ 消火活動上必要な施設の種類は，平成 28 年度に初めて出題された。

年度（和暦）	No	出題内容（キーワード）
R2	25	屋内消火栓設備：ポンプの圧力ゲージ，直接操作による停止，呼水槽，表示灯
	26	消防の用に供する設備の種類：粉末消火設備，泡消火設備，スプリンクラー設備
R1	25	屋内消火栓設備：立上がり管 50mm 以上，放水圧力 0.7MPa 以下，配管の耐圧力，水源の水量
	26	スプリンクラー設備：末端試験弁，散水障害，補助散水栓，ポンプ逃し配管
H30	25	スプリンクラー設備：送水口，放水圧力，末端試験弁，予作動式
	26	屋内消火栓設備：ポンプ停止，電動機，呼水槽，表示灯
H29	25	屋内消火栓設備：性能を試験するための配管設備，放水圧 0.7 MPa，圧力計・連成計，立上り管 50 mm 以上
	26	不活性ガス消火設備：非常電源容量，手動式の起動装置，全域放出方式，貯蔵容器置き場
H28	25	消火活動上必要な施設の種類
	26	スプリンクラー設備：送水口，開放型ヘッド，逃し配管，末端試験弁

8-5　消 防 法　スプリンクラー設備　★★★

18　スプリンクラー設備に関する記述のうち，「消防法」上，**誤っているものは**どれか。ただし，特定施設水道連結型スプリンクラー設備は除く。

(1)　末端試験弁は，閉鎖型スプリンクラーヘッドの作動を試験するために設ける。

(2)　閉鎖型スプリンクラーヘッドのうち標準型ヘッドは，給排気用ダクト等でその幅又は奥行が1.2 m を超えるものがある場合には，当該ダクト等の下面にも設けなければならない。

(3)　補助散水栓は，防火対象物の階ごとに，その階の未警戒となる各部分からホース接続口までの水平距離が15 m 以下となるように設けなければならない。

(4)　ポンプによる加圧送水装置には，締切運転時における水温上昇防止のための逃し配管を設ける。　(R1-B26)

解 答　消防法施行規則第十四条（スプリンクラー設備に関する基準の細目）によると，スプリンクラー設備の設置及び維持に関する技術上の基準の細目は，次のとおりとすると規定されている。

第1項第五の二号　閉鎖型スプリンクラーヘッドを用いるスプリンクラー設備の配管の末端には，流水検知装置又は圧力検知装置の作動を試験するためのバルブ（以下「末端試験弁」という。）を次に定めるところにより設けること。ただし，特定施設水道連結型スプリンクラー設備でその放水圧力及び放水量を測定することができるものにあっては，末端試験弁を設けないことができる。

したがって，**(1)は誤っている。**　**正解**　(1)

試験によく出る重要事項

❶ スプリンクラー消火設備の基準

(1) **末端試験弁**　閉鎖型スプリンクラーヘッドを用いるスプリンクラー設備の配管の末端には，流水検知装置又は圧力検知装置の作動を試験するための末端試験弁を設ける。

(2) **乾式又は予作動式の流水検知装置**　乾式又は予作動式の流水検知装置が設けられているスプリンクラー設備にあっては，スプリンクラーヘッドが開放した場合に1分以内に当該スプリンクラーヘッドから放水できるものとする。

(3) **加圧送水装置**　スプリンクラーヘッドにおける放水圧力が1 MPaを超えないための措置を講ずる。

(4) **その他スプリンクラー設備の細則**

① **非常用電源**　非常用電源を附置すること。

② **開放型ヘッド**　舞台部については，開放型ヘッドとすること。

③ **放水量**　閉鎖型ヘッドのうち標準型ヘッドについては，放水圧力が0.1 MPa以上で，放水量が80 L/min（ラック式倉庫にあっては，140 L/min）以上で放水することができること。

④ **補助散水栓**　防火対象物の階ごとに，その階の各部分から1のホース接続口までの水平距離が15 m以下となるように設けること。

⑤ **標示温度**　閉鎖型ヘッドは，その取り付ける場所の正常時における最高周囲温度に応じて，次の表で定める標示温度を有するものを設けること。

取り付ける場所の最高周囲温度	標示温度
39℃ 未満	79℃ 未満
39℃ 以上 64℃ 未満	79℃ 以上 121℃ 未満
64℃ 以上 106℃ 未満	121℃ 以上 162℃ 未満
106℃ 以上	162℃ 以上

⑥ **散水障害**　給排気用ダクト，棚等でその幅又は奥行が1.2 mを超えるものがある場合には，当該ダクト等の下面にもスプリンクラーヘッドを設けること。

8-5　消 防 法　屋内消火栓設備　★★★

最新問題

19　屋内消火栓設備の加圧送水装置に用いるポンプに関する記述のうち，「消防法」上，**誤っているもの**はどれか。

(1)　ポンプには，その吐出側に圧力計，吸込側に連成計を設けるものとする。

(2)　ポンプは，直接操作による停止又は消火栓箱の直近に設けられた操作部からの遠隔操作による停止ができるものとする。

(3)　ポンプには，水源水位がポンプより低い場合，専用の呼水槽を設けるものとする。

(4)　ポンプの始動を明示する表示灯を設ける場合，当該表示灯は赤色とし，消火栓箱の内部又はその直近に設けるものとする。

(R2-B25)

解 答　消防法施行規則第十二条第1項第七号ト（屋内消火栓設備に関する基準の細目）によると，屋内消火栓設備の設置及び維持に関する技術上の基準の細目は，次のとおりとすると規定されている。

七　加圧送水装置は，次のイからチまでに定めるところによること

ト　加圧送水装置は，直接操作によってのみ停止されるものであること。

したがって，(2)**は誤っている。**　**正解**　(2)

試験によく出る重要事項

❶ 屋内消火栓に関する細目

(1) **立上り管** 1号消火栓の主配管のうち，立上り管は，管の呼びで 50 mm 以上のものとする。

(2) **耐圧力** 配管の耐圧力は，加圧送水装置の締切圧力の 1.5 倍以上の水圧を加えた場合において当該水圧に耐えるものであること。

(3) **全揚程** ポンプの吐出量が定格吐出量の 150% である場合における全揚程は，定格全揚程の 65% 以上のものであること。

(4) 易操作性**1号消火栓** 1号消火栓は，その階の各部分から1のホース接続口までの水平距離は 25 m 以下とする。2号消火栓は，15 m 以下。

(5) **2号消火栓** 工場又は作業場及び倉庫には設置してはならない。

(6) **水源容量** 水源は，屋内消火栓の設置個数が最も多い階における当該設置個数（設置個数が2を超えるときは，2とする）に 2.6 m^3 を乗じて得た量以上でなければならない。

(7) **加圧送水装置** 締切運転時における水温上昇防止のための逃がし配管を設けること。また，直接操作によってのみ停止されるものであること。

8-5　消 防 法　不活性ガス消火設備　★★

20　不活性ガス消火設備に関する記述のうち,「消防法」上, **誤っているもの**はどれか。

(1)　非常電源は, 当該設備を有効に1時間作動できる容量以上としなければならない。

(2)　手動式の起動装置は, 一の防護区画ごとに設けなければならない。

(3)　駐車の用に供される部分及び通信機械室であって常時人がいない部分は, 局所放出方式としなければならない。

(4)　貯蔵容器は, 防護区画外の場所に設けなければならない。

(H29-B26)

解 答　消防法施行規則第十九条（不活性ガス消火設備に関する設置基準）第5項第一号によると, 駐車の用に供される部分及び通信機械室であって常時人がいない部分は, 全域放出方式の不活性ガス消火設備を設けることと規定されている。

したがって, (3)**は誤っている。**　　**正解**　(3)

試験によく出る重要事項

❶ 不活性ガス消火設備の基準

(1)　**全域放出方式**　駐車の用に供される部分および通信機器室であって, 常時人がいない部分には, 全域放出方式の不活性ガス消火設備を設ける。

(2)　**局所放出方式**　常時人がいない部分以外の部分には, 全域放出方式または局所放出方式の不活性ガス消火設備を設けてはならない。

(3)　**消火剤**　全域放出方式の不活性ガス消火設備に使用する消火剤は, 次ページの表の左欄に掲げる当該消火設備を設置する防火対象物またはその部分の区分に応じ, 同表右欄に掲げる消火剤とする。

(4)　**防護区画の換気装置**　消火剤放射前に停止できる構造とする。

(5)　**貯蔵容器**　次のイからハまでに定めるところにより設けること。

イ　防護区画以外の場所に設けること。

全域放出方式の不活性ガス消火設備に使用する消火剤の種類

<table>
<tr><th colspan="2">防火対象物またはその部分</th><th>消火剤の種類</th></tr>
<tr><td colspan="2">鍛造場，ボイラ室，乾燥室その他多量の火気を使用する部分，ガスタービンを原動力とする発電機が設置されている部分または指定可燃物を貯蔵しもしくは取り扱う防火対象物もしくはその部分</td><td rowspan="2">二酸化炭素</td></tr>
<tr><td rowspan="2">その他の防火対象物またはその部分</td><td>防護区画の面積が 1,000 m^2 以上または体積が 3,000 m^3 以上のもの</td></tr>
<tr><td>その他のもの</td><td>二酸化炭素，窒素，IG-55 または IG-541</td></tr>
</table>

ロ　温度 40℃ 以下で温度変化が少ない場所に設けること。

ハ　直射日光および雨水のかかるおそれの少ない場所に設けること。防護区画外の場所に設けなければならない。

(6)　**選択弁**　　次の定めるところによること。

イ　1 の防火対象物又はその部分に防護区画又は防護対象物が 2 以上存する場合において貯蔵容器を共用するときは，防護区画又は防護対象物ごとに選択弁を設けること。

ロ　選択弁は，防護区画以外の場所に設けること。

(7)　**非常電源**　　自家発電設備，蓄電池設備又は燃料電池設備によるものとし，その容量は当該設備を有効に 1 時間作動できる容量以上とする。

類題　不活性ガス消火設備に関する記述のうち，「消防法」上，**誤っているもの**はどれか。

(1)　駐車の用に供される部分及び通信機器室であって常時人がいない部分には，全域放出方式としなければならない。

(2)　防護区画が 2 以上あり，貯蔵容器を共用するときは，防護区画ごとに選択弁を設けなければならない。

(3)　非常電源は，当該設備を有効に 1 時間作動できる容量以上としなければならない。

(4)　手動式の起動装置は，2 以下の防護区画ごとに設けなければならない。

（基本問題）

解 答　消防法施行規則第十九条（不活性ガス消火設備に関する設置基準）第 5 項第十五号ロによると，全域放出方式または局所放出方式の不活性ガス消火設備の手動起動装置は，1 の防護区画または防護対象物ごとに設けることと規定されている。

正解　(4)

8-5　消 防 法　消防の用に供する設備の種類　★★

最新問題

21　次のうち,「消防法」上, 消防の用に供する設備に**該当しないもの**はどれか。

(1)　粉末消火設備
(2)　泡消火設備
(3)　連結送水管
(4)　スプリンクラー設備　(R2-B26)

解 答　消防法施行令第七条（消防用設備等の種類）第2項によると, 法第十七条第1項の政令で定める消防の用に供する設備は, 消火設備, 警報設備及び避難設備とすると規定されている。

2　前項の消火設備は, 水その他消火剤を使用して消火を行う機械器具又は設備であって, 次に掲げるものとする。

一　消火器及び次に掲げる簡易消火用具
　イ　水バケツ　ロ　水槽　ハ　乾燥砂　ニ　膨張ひる石又は膨張真珠岩
二　屋内消火栓設備
三　スプリンクラー設備
四　水噴霧消火設備
五　泡消火設備
六　不活性ガス消火設備
七　ハロゲン化物消火設備
八　粉末消火設備
九　屋外消火栓設備
十　動力消防ポンプ設備

したがって, (3)**の連結送水管は該当しない**。　**正解**　(3)

試験によく出る重要事項

❶　消火活動上必要な施設の種類

消防隊の消火活動における重要な補助設備

排煙設備, 連結散水設備, 連結送水管, 非常コンセント, 無線通信補助設備

8-6 廃棄物の処理及び清掃に関する法律

廃棄物の処理及び清掃に関する法律に関しては，**毎年，1問出題**されている。

① 産業廃棄物の委託は，平成28，令和1，2年度に出題されている。**令和3年度も要注意**である。

② 産業廃棄物管理票（マニフェスト）は，平成28，令和1，2年度に出題されている。**令和3年度も要注意**である。

③ 廃棄物の処理は，平成28，29，30，令和1，2年度に出題されている。**令和3年度も要注意**である。

年度(和暦)	No	出題内容（キーワード）
R2	29	産業廃棄物の処理：産業廃棄物管理票（マニフェスト），自ら産業廃棄物を運搬する場合，再生利用する産業廃棄物のみの運搬又は処分を委託する場合，安定型最終処分場で処分
R1	29	廃棄物の処理：情報処理センター登録，産業廃棄物管理票（マニフェスト）の保存，運搬受託者，都道府県知事に届け出
H30	29	廃棄物の処理：自ら処理施設へ運搬する場合，再生利用する産業廃棄物の運搬，石綿，電子情報処理組織の利用
H29	29	廃棄物の処理：処理責任，運搬及び処分，自ら処理施設へ運搬する場合，産業廃棄物管理票
H28	28	廃棄物の処理：安定型産業廃棄物，委託契約書の保存，産業廃棄物管理票（マニフェスト），特別管理産業廃棄物の運搬又は処分の委託

8-6	廃棄物の処理及び清掃に関する法律	産業廃棄物の処理	

22　産業廃棄物の処理に関する記述のうち，「廃棄物の処理及び清掃に関する法律」上，**誤っているもの**はどれか。

(1)　事業者は，電子情報処理組織を使用して産業廃棄物の運搬又は処分を委託する場合，委託者に産業廃棄物を引き渡した後，3日以内に情報処理センターに登録する必要がある。

(2)　事業者は，他人に委託した産業廃棄物の運搬または処分が終了したことを確認した後，産業廃棄物管理票（マニフェスト）の写しの送付を受けた日から5年間は当該管理票の写しを保存しなければならない。

(3)　運搬受託者は，産業廃棄物の運搬を終了した日から20日以内に産業廃棄物管理票（マニフェスト）の写しを管理票交付者に送付しなければならない。

(4)　事業者は，建設工事に伴い発生した産業廃棄物を事業場の外の300 m^2 以上の保管場所に保管する場合，非常災害のために必要な応急措置として行う場合を除き，事前にその旨を都道府県知事に届け出なければならない。

(R1-B29)

解 答　廃棄物の処理及び清掃に関する法律第十二条の三（産業廃棄物管理票）によると，

第3項　産業廃棄物の運搬を受託した者（運搬受託者）は，当該運搬を終了したときは，第1項の規定により交付された管理票に環境省令で定める事項を記載し，環境省令で定める期間内に，管理票交付者に当該管理票の写しを送付しなければならない。この場合において，当該産業廃棄物について処分を委託された者があるときは，当該処分を委託された者に管理票を回付しなければならないと規定されている。

また，廃棄物の処理及び清掃に関する法律施行規則第八条の二十三（運搬受託者の管理票交付者への送付期限）によると，法第十二条の三第3項の環境省令で定める期間は，処分を終了した日から10日とすると規定されている。

したがって，(1)**は誤っている。**

正解　(1)

8-6　廃棄物の処理及び清掃に関する法律　廃棄物の処理　★★★

最新問題

23　産業廃棄物の処理に関する記述のうち，「廃棄物の処理及び清掃に関する法律」上，**誤っているもの**はどれか。

(1)　産業廃棄物管理票（マニフェスト）を交付された処分受託者は，当該処分を終了した日から10日以内に，管理票交付者に当該管理票の写しを送付しなければならない。

(2)　排出事業者が自ら産業廃棄物を運搬する場合，その運搬車両には産業廃棄物収集運搬車である旨と，排出事業者名を表示しなければならない。

(3)　排出事業者は，専ら再生利用の目的となる産業廃棄物のみの運搬又は処分を業として行う者に，再生利用する産業廃棄物のみの運搬又は処分を委託する場合，産業廃棄物管理票（マニフェスト）の交付を要しない。

(4)　建築物の改築に伴って生じた廃石こうボード，木くず，繊維くずは，安定型最終処分場で処分することができる。　(R2-B29)

解答　廃棄物の処理及び清掃に関する法律施行令第六条（産業廃棄物の収集，運搬，処分等の基準）第1項第三号によると，次のとおりとすると規定されている。

三　産業廃棄物の埋立処分に当たっては，次によること。

イ　次に掲げる産業廃棄物（特別管理産業廃棄物以外の安定型産業廃棄物）以外の産業廃棄物の埋立処分は，地中にある空間を利用する処分の方法により行つてはならないこと。

(1) 廃プラスチック類　(2) ゴムくず　(3) 金属くず

(4) ガラスくず，コンクリートくず（工作物の新築，改築又は除去に伴って生じたものを除く。）及び陶磁器くず

(5) がれき類

すなわち，建築物の改築に伴って生じた廃石こうボード，木くず，繊維くずは，上記の産業廃棄物に該当せず，安定型最終処分場（廃棄物の性質が安定している物が埋め立てられる処分場で，安定型最終処分場に持ち込まれる廃棄物は，腐敗しても周辺の環境を汚染しない廃棄物である。）で埋立処分することができない。

したがって，**(4)は誤っている。**　**正解**　(4)

試験によく出る重要事項

(1)　**産業廃棄物管理票（マニフェスト）**

a. **一般**　産業廃棄物を排出した事業者が産業廃棄物の処理を委託する場合に，受託者に対して産業廃棄物管理票を交付し，処理終了後に受託者が処理終了を記載した産業廃棄物管理票の写しを送付することにより，委託契約とおりに産業廃棄物が環境上適正に処理されたことを確認する。例外として，専ら再生利用の目的となる産業廃棄物のみの収集もしくは運搬または処分を業として行う者に当該産業廃棄物のみの運搬または処分を委託する場合は，管理票を交付しなくてもよい。

b. **産業廃棄物管理票の交付**　産業廃棄物排出事業者は，産業廃棄物の種類ごと，運搬先ごとに産業廃棄物管理票を交付しなければならない。

c. **管理票の写しの送付**　運搬受託者は，運搬を終了したとき，処分受託者は，処分が終了したとき，交付されたまたは回付された管理票に必要事項を記載し，10日以内に，管理票交付者に管理票の写しを送付しなければならない。

d. **管理票の保存**　管理票交付者は，管理票の写しにより，運搬または処分が終了したことを確認し，管理票の写しの送付を受けた日から5年間，保存しなければならない。

e. **産業廃棄物管理票交付者**　当該管理票に関する報告書を作成し，これを都道府県知事に提出しなければならない。

(2)　**委託契約**　委託契約は，書面により行い，イ．委託する産業廃棄物の種類および数量，ロ．産業廃棄物の運搬を委託するときは，運搬最終目的地の所在地，ハ．産業廃棄物の処分または再生を委託するときは，その処分または再生の場所の所在地，その処分または再生の方法およびその処分または再生に係る施設の処理能力等の条項が含まれ，かつ書面が添付されていること。

(3)　**特別管理産業廃棄物**

a. **保管**　事業者は，その特別管理産業廃棄物が運搬されるまでの間，生活環境の保全上支障のないようにこれを保管しなければならない。

b. **文書で通知**　事業者の特別管理産業廃棄物に係る処理として，事業者は，特別管理産業廃棄物の運搬または処分を委託する場合，委託しようとする者に対し，あらかじめ，当該委託しようとする特別管理産業廃棄物の種類，数量，性状その他事項を文書で通知する。

8-7　建設工事に係る資材の再資源化等に関する法律

建設工事に係る資材の再資源化等に関する法律については，平成28，令和2年度を除き，毎年1問出題されている。**令和3年度は要注意**である。

① 届出は，平成29，令和1年度に出題されている。

② 建設廃棄物の再資源化は，平成29，30年度に出題されている。

③ 分別解体は，平成29，30，令和1年度に出題されている。

年度(和暦)	No	出題内容（キーワード）
R2	—	—
R1	28	分別解体：計画の届出，縮減，登録，下請
H30	27	分別解体：縮減，特定建設資材，再資源化等，請負契約
H29	27	分別解体等：計画の届出，建設廃棄物の再資源化，登録，分別解体
H28	—	—

8-8　騒音規制法

① 騒音規制法に関しては，平成29，令和2年度に出題されている。すべて特定建設作業に関しての出題である。

年度(和暦)	No	出題内容（キーワード）
R2	27	特定建設作業：著しい騒音を発生する作業，開始した日に終わるもの，届け出，市町村長に届け出
R1	—	—
H30	—	—
H29	28	特定建設作業：届出，開始の日の7日前までに届出，例外，連続して6日を超えて行われる特定建設作業
H28	—	—

8-7　建設工事に係る資材の再資源化等に関する法律　分別解体

24　分別解体等に関する記述のうち，「建設工事に係る資材の再資源化等に関する法律」上，**誤っているもの**はどれか。

(1)　分別解体等に伴って生じた特定建設資材廃棄物である木材について，工事現場から50km以内に再資源化をするための施設がない場合は，再資源化に代えて縮減をすれば足りる。

(2)特定建設資材を用いた建築物の解体工事で，当該解体工事に係る部分の床面積の合計が100m^{2}以下の場合は，分別解体をしなくてもよい。

(3)　対象建設工事の元請業者は，当該工事に係る特定建設資材廃棄物の再資源化等が完了したときは，その旨を当該工事の発注者に書面で報告するとともに，当該再資源化等の実施状況に関する記録を作成し，これを保存しなければならない。

(4)　対象建設工事の請負契約の当事者は，分別解体等の方法，解体工事に要する費用その他の事項を書面に記載し，相互に交付しなければならない。

(H30-B27)

解答　建設工事に係る資材の再資源化等に関する法律　第九条によると，特定建設資材を用いた建築物等に係る解体工事又はその施工に特定建設資材を使用する新築工事等であって，その規模が第3項の建設工事の規模に関する基準以上のもの（以下「対象建設工事」という。）の受注者又はこれを請負契約によらないで自ら施工する者は，正当な理由がある場合を除き，分別解体等をしなければならない。

3 建設工事の規模に関する基準は，政令で定めると規定されている。

同施行令第二条によると，法第九条第3項の建設工事の規模に関する基準は，次に掲げるとおりとすると規定されている。

一　建築物（建築基準法第二条第一号に規定する建築物をいう。）に係る解体工事については，当該建築物（当該解体工事に係る部分に限る。）の床面積の合計が80m^{2}であるものとある。

したがって，(2)**は誤っている。**　　　**正解**　(2)

類題　分別解体等に関する記述のうち，「建設工事に係る資材の再資源化等に関する法律」上，**誤っているもの**はどれか。

(1)　対象建設工事受注者は，解体する建築物等の構造，工事着手の時期及び工程の概要，分別解体等の計画等の事項を都道府県知事に届け出なければならない。

(2)　対象建設工事受注者は，分別解体等に伴って生じた特定建設資材廃棄物である木材は，再資源化施設が工事現場から50km以内にない場合は，再資源化に代えて縮減をすれば足りる。

(3)　「建設業法」上の管工事業のみの許可を受けた者が解体工事業を営もうとする場合は，当該業を行おうとする区域を管轄する都道府県知事の登録を受けなければならない。

(4)　対象建設工事受注者は，その請け負った建設工事の全部又は一部を他の建設業を営む者に請け負わせようとするときは，当該他の建設業を営む者に対し，当該対象建設工事について届け出られた分別解体等の計画等の事項を告げなければならない。　(R1-B28)

解答　建設工事に係る資材の再資源化等に関する法律第十条（対象建設工事の届出等）によると，対象建設工事の発注者又は自主施工者は，工事に着手する日の7日前までに，解体する建築物等の構造，工事着手の時期，分別解体等の計画等の必要事項を都道府県知事に届け出なければならないと規定されている。届出は，元請業者ではなく，発注者は又自主施工者である。　**正解**　(1)

試験によく出る重要事項

(1)　**特定建設資材廃棄物**　特定建設資材が廃棄物になったものをいう。特定建設資材は，次のとおりである。

a.　コンクリート，b.　コンクリートおよび鉄からなる建設資材，c.　木材，d.　アスファルト・コンクリート等

(2)　**解体工事業**　対象建設工事の請負契約の当事者は，分別解体等の方法，解体工事に要する費用その他事項を書面に記載し，署名または記名押印をして相互に交付しなければならない。また，技術管理者を選任しなければならない。

(3)　**記録と保存**　対象建設工事の元請業者は，当該工事に係る特定建設資材廃棄物の再資源化等が完了したときは，その旨を当該工事の発注者に書面で報告し，実施状況に関する記録を作成・保存しなければならない。

(4)　**縮減**　対象建設工事受注者は，分別解体等に伴って生じた特定建設資材廃棄物について，再資源化をしなければならない。

8-8　騒音規制法　特定建設作業

最新問題

25　指定地域内における特定建設作業に関する記述のうち，「騒音規制法」上，**誤っているもの**はどれか。

ただし，災害その他非常の事態の発生により当該特定建設作業を緊急に行う必要がある場合を除く。

(1)　特定建設作業とは，建設工事として行われる作業のうち，著しい騒音を発生する作業であって，びょう打機を使用する作業等をいう。

(2)　建設作業として行われる作業のうち，著しい騒音を発生する作業は，当該作業がその作業を開始した日に終わるものであっても，特定建設作業に該当する場合がある。

(3)　特定建設作業の実施の届け出は，当該特定建設作業の開始の日の7日前までに行わなければならない。

(4)　特定建設作業を伴う建設工事を施工しようとする者は，特定建設作業の場所及び実施の期間等の事項を市町村長に届け出なければならない。

(R2-B27)

解答　騒音規制法施行令第二条（特定建設作業）によると，法第二条第3項の政令で定める作業は，別表第二に掲げる作業とする。ただし，当該作業がその作業を開始した日に終わるものを除く。

したがって，(2)**は誤っている。**　**正解**　(2)

試験によく出る重要事項

(1)　**特定建設作業**とは，建設工事として行われる作業のうち，著しい騒音を発生する作業をいう。また，特定施設とは，工場または事業所に設置される施設のうち，著しい騒音を発生する施設（空気圧縮機および送風機（原動機の定格出力が7.5 kW 以上）等）をいう。

(2)　**特定建設作業に伴って発生する騒音の規制に関する基準**は次のとおりである。

ただし，災害その他非常の事態の発生時に緊急に行う必要がある特定建設作業にあっては，一項以外は除外されている。

一　特定建設作業の騒音が，特定建設作業の場所の敷地の境界線において，85

デジベルを超える大きさのものでないこと。

二　特定建設作業の騒音が，別表の第一号に掲げる区域にあっては午後７時から翌日の午前７時までの時間内，別表の第二号に掲げる区域にあっては午後10時から翌日の午前６時までの時間内において行われる特定建設作業に伴って発生するものでないこと。

三　特定建設作業の騒音が，当該特定建設作業の場所において，別表の第一号に掲げる区域にあっては１日10時間，別表の第二号に掲げる区域にあっては１日14時間を超えて行われる特定建設作業に伴って発生するものでないこと。

四　特定建設作業の騒音が，特定建設作業の全部または一部に係る作業の期間が当該特定建設作業の場所において連続して６日を超えて行われる特定建設作業に伴って発生するものでないこと。

五　特定建設作業の騒音が，日曜日その他の休日に行われる特定建設作業に伴って発生するものでないこと。

類題　指定地域内における特定建設作業に関する記述のうち，「騒音規制法」上，**誤っているもの**はどれか。

ただし，災害その他非常の事態の発生により特定建設作業を緊急に行う場合を除く。

(1)　特定建設作業の騒音は，特定建設作業の場所の敷地の境界線において，75デシベルを超えてはならない。

(2)　建設工事として行われる作業のうち，著しい騒音を発生する作業であっても，当該作業がその作業を開始した日に終わるものは，特定建設作業に該当しない。

(3)　特定建設作業の騒音は，日曜日その他の休日に行われる特定建設作業に伴って発生するものであってはならない。

(4)　特定建設作業の実施届け出は，当該特定建設作業の開始の日の７日前までに行わなければならない。

（基本問題）

解答　特定建設作業に伴って発生する騒音の規制に関する基準によると，特定建設作業の騒音が，特定建設作業の場所の敷地の境界線において，85デシベルを超える大きさのものでないことと規定されている。

正解　(1)

8-9 その他の法令

① 建築物における衛生的環境の確保に関する法律は，平成28，令和1，2年度に出題されている。

② 高齢者，障害者等の移動等の円滑化の促進に関する法律に関しては，平成30年度に出題されている。

③ 機器据付け及び配管作業における資格に関して，平成28年度に出題されている。

年度(和暦)	No	出題内容（キーワード）
R2	28	建築物における衛生的環境の確保に関する法律
R1	27	建築物における衛生的環境の確保に関する法律
H30	28	高齢者，障害者等の移動等の円滑化の促進に関する法律
H29	—	—
H28	27	建築物における衛生的環境の確保に関する法律（特定建築物）
	29	工事における必要な資格等：浄化槽設備士，指定給水装置工事事業者，乙種消防設備士免状の交付を受けている者，液化石油ガス設備士

（「—」は，出題がなかったことを表す。）

8-9 その他の法令　高齢者，障害者等の移動等の円滑化の促進に関する法律　★★★

26 「高齢者，障害者等の移動等の円滑化の促進に関する法律」に関する文中，□内に当てはまる数値と用語の組合せとして，**正しいもの**はどれか。

建築主等は，床面積の合計が［A］以上の特別特定建築物に該当する図書館の建築をしようとするときは，当該建築物を，［B］に適合させなければならない。

	(A)	(B)
(1)	1,000	建築物移動等円滑化基準
(2)	1,000	建築物移動等円滑化誘導基準
(3)	2,000	建築物移動等円滑化基準
(4)	2,000	建築物移動等円滑化誘導基準

(H30-B28)

解答 高齢者，障害者等の移動等の円滑化の促進に関する法律　第十四条によると，建築主等は，特別特定建築物の政令で定める規模以上の建築（用途の変更をして特別特定建築物にすることを含む。）をしようとするときは，当該特別特定建築物を，移動等円滑化のために必要な建築物特定施設の構造及び配置に関する政令で定める基準（以下「建築物移動等円滑化基準」という。）に適合させなければならないと規定されている。なお，同施行令　第九条（基準適合義務の対象となる特別特定建築物の規模）によると，法第十四条第１項の政令で定める規模は，床面積（増築若しくは改築又は用途の変更の場合にあっては，当該増築若しくは改築又は用途の変更に係る部分の床面積）の合計2,000m²とするとある。

したがって，**(3)の組合せが正しい。**　　**正解** (3)

8-9　その他の法令　工事における必要な資格等　★★

機器の据付け及び配管作業における資格などに関する記述のうち，関係法令上，**誤っているもの**はどれか。

(1)「浄化槽法」上，浄化槽設備士が自ら浄化槽工事を行う場合を除き，浄化槽工事を行うときは，浄化槽設備士が実地に監督しなければならない。

(2)「水道法」上，水道事業者は，水の供給を受ける者の給水装置工事が水道事業者又は指定給水装置工事事業者によるものであることを供給条件とすることができる。

(3)「消防法」上，屋内消火栓設備における配管の設置工事は，乙種消防設備士免状の交付を受けている者でなければ行ってはならない。

(4)「液化石油ガスの保安の確保及び取引の適正化に関する法律」上，液化石油ガス設備工事における硬質管のねじ切りの作業は，液化石油ガス設備士でなければ行ってはならない。　(H28-B29)

解 答　消防法第十七条の六第2項によると，甲種消防設備士免状の交付を受けている者が行うことができるのは，工事又は整備である。乙種消防設備士免状の交付を受けている者が行うことができるのは整備と規定されている。すなわち，工事ができるのは甲種消防設備士に限るとある。

したがって，(3)**は誤っている。**　**正解**　(3)

試験によく出る重要事項

❶ 機器の設置又は配管における作業と必要な資格

(1) **浄化槽設備士の設置等**　浄化槽設備士に実地に監督させ，又はその資格を有する浄化槽工事業者が自ら実地に監督しなければならない。

(2) **液化石油ガス設備工事の作業に関する制限**　液化石油ガス設備士でなければ，液化石油ガス設備工事の作業（硬質管のねじ切り作業）に従事してはならない。

(3) **高所作業車の作業指揮者**　事業者は，高所作業車を用いて作業を行うときは，当該作業の指揮者を定め，その者に作業計画に基づき作業の指揮を行わせなければならない。

(4) **ボイラー据付け作業の指揮者**　ボイラー（小型ボイラーを除く。）の据付けの作業は，当該作業を指揮するため必要な能力を有すると認められる者のうちから，当該作業の指揮者を定め，その者に指揮をさせなければならない。

付　　録

付録 1　建築基準法における換気に関する規定（換気設備全般関連）……… 358
付録 2　排煙設備設置基準（基本問題関連：p. 104 参照）…………………… 359
付録 3　下水道（H29-A27 関連：p. 117 参照）……………………………… 360
付録 4　消防用設備（R2-A34 関連：p. 146 参照）………………………… 361
付録 5　スプリンクラー設備（消火設備関連）………………………………… 363
付録 6　公共工事標準請負契約約款（抜粋）（設計図書）
（R1-A43 関連：p. 185 参照）…………………… 364
付録 7　ネットワーク手法（p. 202 ～ 208 関連）…………………………… 366
付録 8　品質管理手法（p. 217 関連）…………………………………………… 367
付録 9　工程と原価・品質との関係（基本問題関連：p. 211 参照）………… 368
付録10　ヒストグラム（柱状図）測定値の読み方（p. 217 関連）………… 369
付録11　酸素欠乏等に対する安全基準（安全管理全般関連）……………… 370
付録12　安全管理（足場・鋼管足場）（p. 226 関連）……………………… 371
付録13　送風機の据付け（設備施工全般関連）……………………………… 373
付録14　給排水衛生配管の施工（H29-B11 関連：p. 275 参照）………… 375
付録15　蒸気配管の施工（基本問題関連：p. 277 参照）…………………… 376
付録16　配管材料と接続工法・継手など（H29-B11 関連：p. 275 参照）…… 377
付録17　保温・保冷・塗装の施工（R1-B15 関連：p. 282 参照）………… 378
付録18　主要機器の試運転調整（R2-B16 関連：p. 291 参照）…………… 380
付録19　防振　……………………………………………………………………… 381
付録20　産業廃棄物の分類（第 8 章，設備施工関連）……………………… 382
付録21　ベルヌーイの定理（H30-A5関連：p. 17～18参照）……………… 383
付録22　流体の運動に関する基本事項・用語及び流体の圧力，流速，流量 …… 384
付録23　湿り空気線図（R2-A9関連：p. 24～25参照）…………………… 385
付録24　熱の移動に関する基本事項や用語（R2-A8関連：p. 26～27参照）…… 386
付録25　低圧屋内配線工事の種類（R2-A11関連：p. 37参照）…………… 387

付録1　建築基準法における換気に関する規定（換気設備全般関連）

<table>
<tr><th>換気を要する室</th><th>換気設備の種類</th><th>機械換気設備による場合の有効換気量</th></tr>
<tr><td>1. 無窓の居室（換気に有効な窓あるいは開口部の面積がその室の床面積の$\frac{1}{20}$未満の室）</td><td>1. 自然換気設備
2. 機械換気設備
3. 中央管理方式の空調設備**</td><td>$V=\frac{20A_f}{N}$ [m^3/h]***
V：有効換気量
A_f：床面積
－(換気に有効な開口面積　m^2)
×20
N：実況に応じた1人当たりの占有面積≦10 m^2/人
※室内居住人数は，これを満足しなければならない重要事項である。</td></tr>
<tr><td>2. 集会室などの居室
劇場・映画館・演芸場・観覧場・公会堂および集会場の居室</td><td>1. 機械換気設備**
2. 中央管理方式の空調設備*</td><td>$V=\frac{20A_f}{N}$ [m^3/h]***
A_f：床面積 [m^2]
N：実況に応じた1人当たりの占有面積≦3 m^2/人</td></tr>
<tr><td>3. 調理室，浴室，湯沸室等でかまど，こんろ，その他火を使用する設備または器具を設ける室</td><td>1. 自然換気設備
2. 機械換気設備</td><td rowspan="2">1. 換気扇等のみにより排気する場合
$V=40\ KQ$ [m^3/h]
2. 左図Aに示す排気フードⅠ型を有する場合
$V=30\ KQ$
左図Bに示す排気フードⅡ型を有する場合
$V=20\ KQ$
3. 煙突を設ける場合
$V=2\ KQ$
1・2・3において，
V＝有効換気量 [m^3/h]
K：燃料の単位燃焼量当たりの理論廃ガス量　****
Q：燃料消費量 [kWまたはkg/h]</td></tr>
<tr><td>図A　Ⅰ型
四，イ．(イ)に定める
排気フード
l　H　火源
$l≧0$m　$H≦1$m</td><td>図B　Ⅱ型
四，イ．(ロ)に定める
排気フード
10°以上　5cm以上
l　H　火源
$l≧\frac{H}{2}$　$H≦1$m</td></tr>
</table>

*　中央管理方式の空気調和設備の居室における条件は本書p. 5の表に掲載。

**　高さ31 mを超える建築物または各構えの床面積の合計が1,000 m^{2}を超える地下街に設ける機械換気設備および中央管理方式の空気調和設備の制御および作動状態の監視は，中央管理室において行うことができるものとするすること。

***1の機械換気設備が2以上の居室その他の建築物の部分に係る場合にあっては，当該換気設備の有効換気量は，当該2以上の居室その他の建築部分のそれぞれについて必要な有効換気量の合計以上とすること。この式からわかるように，1人当たり20 m^3/hの換気量が必要である。

****　理論廃ガス量Kは，都市ガス・LPガス0.93 m^3/kW時，灯油12.1 m^3/kgとする。

付録2　排煙設備設置基準（基本問題関連：p. 104 参照）

設置しなければならない建築物			
建物用途の名称あるいは規模		面積	設置免除される場合または部分（その1）
Ⓐ特殊建築物	(1) 劇場，映画館，演芸場，観覧場，公会堂，集会場など	延べ面積＞500 m^2	
	(2) 病院，診療所，ホテル，旅館，下宿，共同住宅，寄宿舎，養老院など	延べ面積＞500 m^2	床面積 100 m^2 以内に防火区画された部分
	(3) 学校，体育館など 博物館，美術館，図書館など ボーリング場，スケート場，水泳場など	延べ面積＞500 m^2	学校，体育館 ボーリング場，スキー場，スケート場，水泳場またはスポーツの練習場
	(4) 百貨店，マーケット，展示場，キャバレー，カフェー，ナイトクラブ，バー，舞踏場，遊技場，その他	延べ面積＞500 m^2	
Ⓑ	Ⓐ以外の建築物で階数が3以上	延べ面積＞500 m^2	1. 高さ 31 m 以下にある居室で床面積 100 m^2 以内ごとに防火区画，防煙壁で区画された部分 2. 機械製作工場，不燃性の物品の倉庫などの用途に供する建築物で，主要構造部分が不燃材料でつくられたもの 3. 火災が発生した場合に避難上支障のある高さまで煙またはガスの降下が生じない建築物の部分
Ⓒ	排煙に有効な開口部を有しない居室（天井または天井から下方 80 cm 以内の部分で，開放できる面積の合計がその居室の床面積 $\frac{1}{50}$ に満たない居室）	床面積＞200 m^2	高さ 31 m 以下にある居室で床面積 100 m^2 以内ごとに防火区画，防煙壁で区画された部分
Ⓓ	延べ面積 1,000 m^2 を超える建築物の居室	居室の床面積＞200 m^2	高さ 31 m 以下にある居室で床面積 100 m^2 以内ごとに防火区画，防煙区画された居室

排煙設備の構造

	1. 一般の場合	2. 防炎区画面積＞500 m^2 の劇場等の場合
排煙機の能力	・120 m^3/min 以上で，防煙区画の床面積 1 m^2 につき 1 m^3/min 以上。ただし，2 以上の防煙区画を受け持つ排煙機にあっては，最大となる防煙区画面積 1 m^2 につき 2 m^3/min 以上	・500 m^3/min 以上で，かつ防火区画の床面積（2 以上区画がある場合はその合計面積）1 m^2 につき 1 m^3/min 以上

注. 高さ 31 m を超える建築物または各構えの床面積の合計が 1,000 m^2 を超える地下街に設ける換気設備の制御および作動状態の監視は，中央管理室において行うことができるものとするすること。

付録3　下水道（H29-A27関連：p. 117参照）

(1)　排除方式　　汚水と雨水を同一の管きょで排除する**合流式**と，別々の管きょで排除する**分流式**とがある。汚水管きょは，暗きょとする。

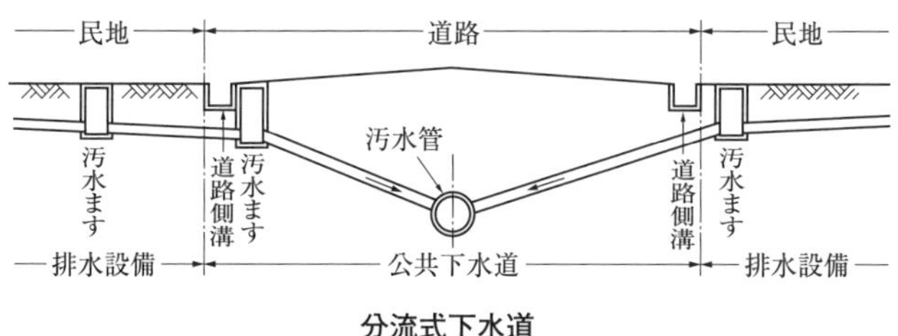

分流式下水道

(2)　計画下水量：汚水管きょは**時間計画最大汚水量**，雨水管きょは**計画雨水量**，合流管きょは時間計画最大汚水量に計画雨水量を合算した量とする。

(3)　伏越し（ふせごし）：管を河川や鉄道などを横断させるために，管をいったん下げてそれらの下をくぐる施設をいう。土砂の堆積を防ぐため流速を大きくとる。

(4)　敷地内の排水管の**土被り**　　原則として20 cm以上とする。

(5)　排水ます　　排水管の合流する部分または方向が変化する部分に，管径の120倍以内に設ける。

(6)　汚水ます　　半円形のインバートを設け，上流側管底と下流側管底との間には2 cm程度の落差（ステップ）を設ける。図のAの部分で汚物が堆積しないように，インバートの部分を垂直に管頂の高さまで傾斜をつけて仕上げる。

(7)　雨水ます　　清掃等の維持管理上，15 cm程度の泥だまりを設ける。また，雨水排水を汚水系統に接続する部分には，トラップますを設ける。

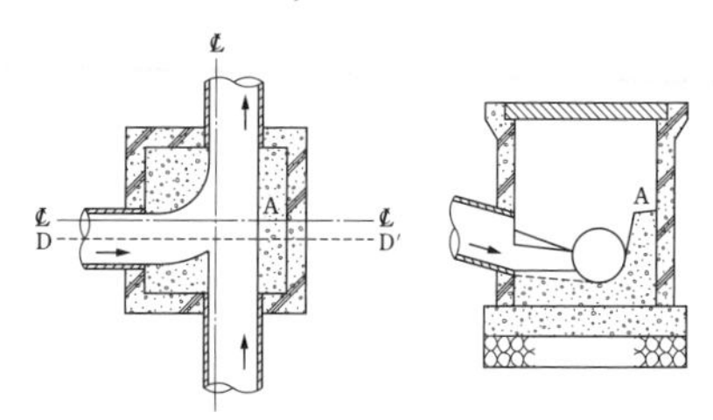

T字形に会合する汚水ますの底部

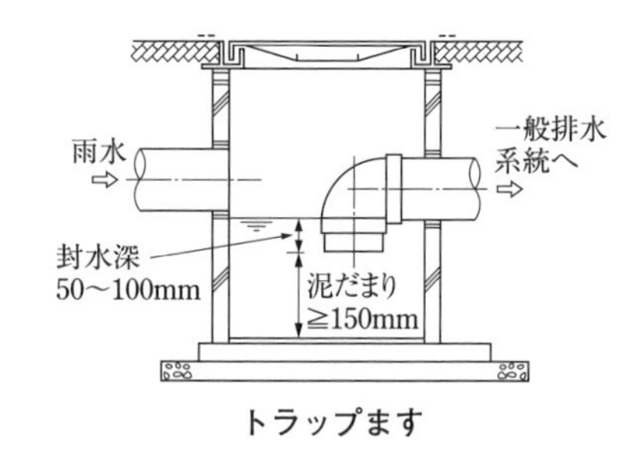

トラップます

付録4　消防用設備（R2-A34関連：p. 146参照）

⑴　消防用設備等

①　消火設備・警報設備および避難設備等の**消防の用に供する設備**

②　**消防用水**

③　連結散水設備，連結送水管などの**消火活動上必要な施設**

⑵　消火設備　　火災の際に消防隊が来るまで利用される初期消火のための設備である。消防法施行令第7条に次の設備が定められている。④～⑧の設備は，駐車場等の特定の用途の室に設置され，特殊消火設備とよばれる。③～⑧の設備は，自動で起動し消火することができる設備である。

①消火器および簡易消火用具　②屋内消火栓設備　③スプリンクラー設備
④水噴霧消火設備　⑤泡消火設備　⑥不活性ガス消火設備
⑦ハロゲン化物消火設備　⑧粉末消火設備　⑨屋外消火栓設備
⑩動力消防ポンプ設備

⑶　屋内消火栓設備

①　水源，加圧送水装置，配管，屋内消火栓などで構成される。

②　2人で操作する**1号消火栓**と，1人で操作することができる**2号消火栓**とがある。倉庫・工場・作業場には1号消火栓を設置する。

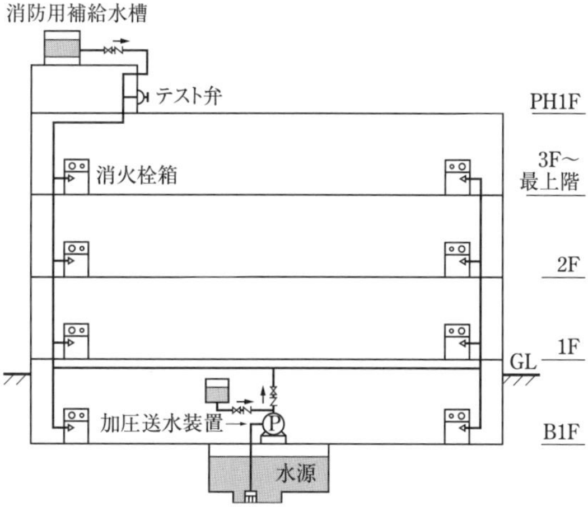

屋内消火栓設備系統図の例

⑷　泡消火設備，水噴霧消火設備

①　泡消火設備および水噴霧消火設備は，主に駐車場に設置される。

②　泡消火設備および水噴霧消火設備の構成はほぼ同じで，違いとしては泡消火設備には泡原液タンクと混合器が設けられる。

(5)　ガス系消火設備

不活性ガス消火設備およびハロゲン化物消火設備を総称して，ガス系消火設備という。電気絶縁性が大きく，機器を汚損・腐食させない，油火災に対して速効性があるなどの特徴をもつ。主として，水損すると被害が大きい電気室や電算室，ボイラ室などに設置される。

(6)　**不活性ガス消火設備**

①　消火剤は，二酸化炭素，窒素，窒素とアルゴンの混合物（IG55），窒素とアルゴンと二酸化炭素の混合物（IG541）の 4 種類である。

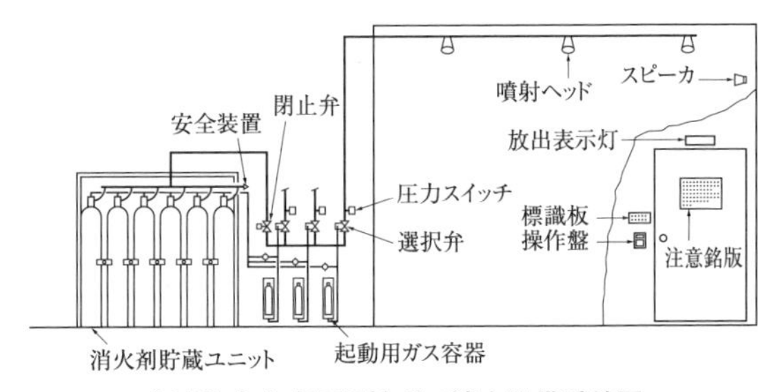

全域放出方式不活性ガス消火設備系統図

②　消火剤放出後の排出装置を設けなければならない。自然換気，機械換気のどちらでもよい。機械換気の場合は専用のものとし，非常電源付きとする。

(7)　ハロゲン化物ガス消火設備

①　消火剤は，ハロン 1301（オゾン層破壊の原因物質のため，製造は中止されている），HFC-23，HFC-227ea である。

②　設備の構成は，不活性ガス消火設備と同じである。

(8)　連結散水設備

①　消防隊が地階の火災を消火するための設備である。

②　設置対象は，防火対象物の用途に関係なく，地階の床面積の合計が 700m² 以上のもの。

③　送水口は，消防ポンプ車が容易に接近できる位置に設ける。

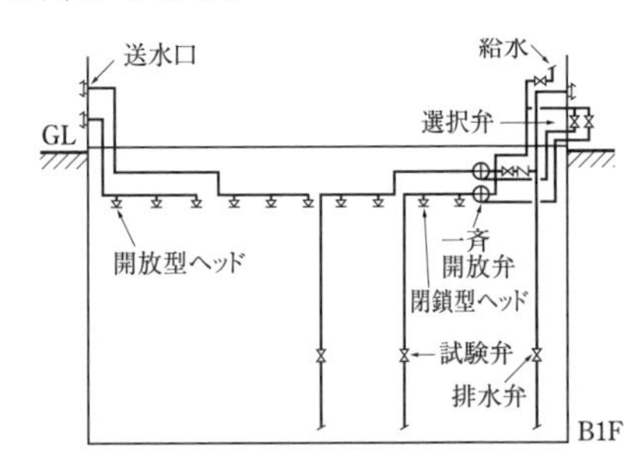

連結散水設備系統図

付録5　スプリンクラー設備（消火設備関連）

(1)　一般の場所に設ける**閉鎖型**と，劇場等の舞台部に設ける**開放型**がある。

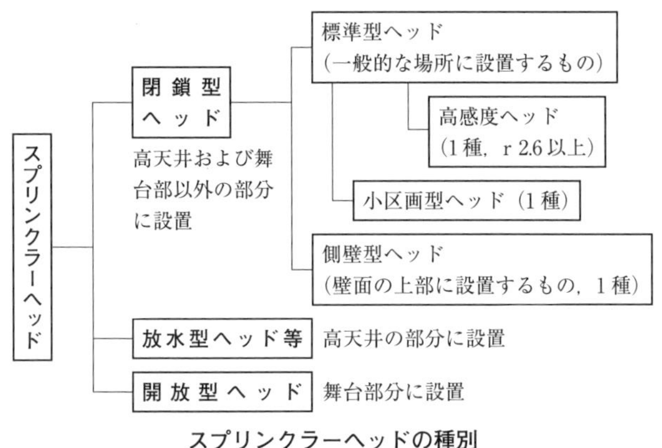

スプリンクラーヘッドの種別

(2)　閉鎖型には，**湿式・乾式・予作動式**があり，また，大空間などに設ける放水銃などの固定式あるいは可動式の放水型ヘッドを用いる方式もある。

(3)　湿式は，ヘッドまでの配管に水が充満している方式で，最も一般的な方式である。予作動式は，予作動弁まで水が充満していて，ヘッドと専用の熱感知器の両方が作動しないと放水されない。乾式は，凍結のおそれのある部分に使用される。

(4)　閉鎖型では，スプリンクラーヘッドの設置が免除されている部分は，屋内消火栓設備の代替として，補助散水栓を用いることができる。

(5)　閉鎖型ヘッドのうち標準型ヘッドは，ヘッドの取付け面から0.4 m以上突出した梁等によって区画された部分ごとに設ける。ただし，梁等の相互間の中心距離が1.8 m以下の場合はこの限りではない。

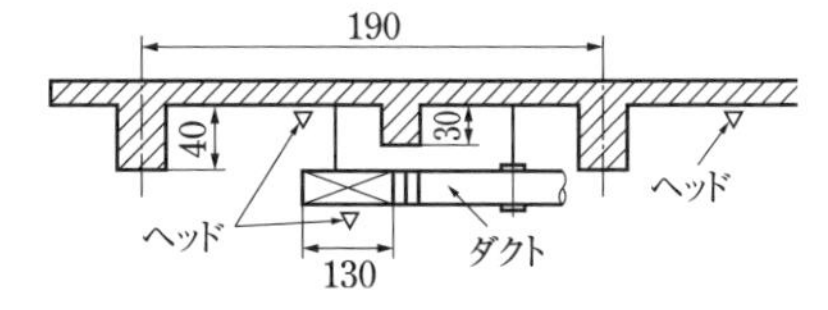

梁ダクトがある場合の設置方法（単位：cm）

付録 6　公共工事標準請負契約約款（抜粋）（設計図書）

（R1-A43 関連：p. 185 参照【H ○，R ○】は過去問を示す。）

（総則）第一条

3. 仮設，施工方法その他工事目的物を完成するために必要な一切の手段（「施工方法等」という。以下同じ）については，この契約書及び設計図書に特別の定めがある場合を除き，受注者がその責任において定める。（【H28，R1】）

（請負代金内訳書及び工程表）第三条　受注者は，この契約締結後 14 日以内に設計図書に基づいて，請負代金内訳書（以下「内訳書」という。）及び工程表を作成し，発注者に提出しなければならない。

2. 内訳書には，健康保険，厚生年金保険及び雇用保険に係る法定福利費を明示するものとする。【R2】

（監督員）第九条　発注者は，監督員を置いたときは，その氏名を受注者に通知しなければならない。監督員を変更したときも同様とする。

4. 第 2 項の規定に基づく監督員の指示又は承諾は，原則として，書面により行わなければならない。

5. この契約書に定める請求，通知，報告，申出，承諾及び解除については，設計図書に定めるものを除き，監督員を経由して行うものとする。（【H30】）この場合においては，監督員に到達した日をもって発注者に到着したものとみなす。

（現場代理人及び主任技術者等）第十条　受注者は，次の各号に掲げる者を定めて工事現場に設置し，設計図書に定めるところにより，その氏名その他必要な事項を発注者に通知しなければならない。これらの者を変更したときも同様とする。

一　現場代理人。　二　(A)主任技術者，(B)監理技術者。　三　専門技術者。

2. 現場代理人は，この契約の履行に関し，工事現場に常駐し，その運営，取締りを行うほか，請負代金額の変更，工期の変更，請負代金の請求及び受領，第十二条第 1 項の請求の受理，同条第 3 項の決定及び通知，同条第 4 の請求，同条第 5 項の通知の受理並びにこの契約の解除に係る権限を除き，この契約に基づく受注者の一切の権限を行使することができる。

4. 現場代理人，主任技術者及び監理技術者並びに専門技術者は，これを兼ねることができる。（【H29】）

（工事材料の品質及び検査等）第十三条　工事材料の品質については，設計図書に定めるところによる。設計図書にその品質が明示されていない場合にあっては，中等の品質を有するものとする。（【H29】）

4. 受注者は，工事現場内に搬入した工事材料を監督員の承諾を受けないで工事現場外に搬出してはならない。（【H28，R1】）

（条件変更等）第十八条　受注者は，工事の施工に当たり，次の各号のいずれかに該当する事実を発見したときは，その旨を直ちに監督員に通知し，その確認を請求しなければならない。

三　設計図書の表示が明確でないこと。(【R1】)

(設計図書の変更) 第十九条　発注者は，必要があると認めるときは，設計図書の変更内容を受注者に通知して，設計図書を変更することができる。(【H30】) この場合において，発注者は，必要があると認められるときは工期若しくは請負代金額を変更し，又は受注者に損害を及ぼしたときは必要な費用を負担しなければならない。

(発注者の請求による工期の短縮等) 第二十二条　発注者は，特別の理由により工期を短縮する必要があるときは，工期の短縮変更を受注者に請求することができる。

(検査及び引渡し) 第三十一条　受注者は，工事を完成したときは，その旨を発注者に通知しなければならない。

2. 発注者は，前項の規定による通知を受けたときは，通知を受けた日から14日以内に受注者の立会いの上，設計図書に定めるところにより，工事の完成を確認するための検査を完了し，当該検査の結果を受注者に通知しなければならない。(【H27，29】) この場合において，発注者は，必要があると認められるときは，その理由を受注者に通知して，工事目的物を最小限度破壊して検査することができる。

3. 前項の場合において，検査又は復旧に直接要する費用は，受注者の負担とする。(【H30】)

(請負代金の支払) 第三十二条　2.　発注者は，前項の規定による請求があったときは，請求を受けた日から40日以内に請負代金を支払わなければならない。(【R2】)

(瑕疵担保) 品確法に該当する場合　第四十四条　発注者は，工事目的物に瑕疵があるときは，受注者に対して相当の期間を定めてその瑕疵の修補を請求し，又は修補に代え若しくは修補とともに損害の賠償を請求することができる。

(発注者の解除権) 第四十七条　発注者は，受注者が次の事項の一に該当するときは，契約を解除できる。

一　正当な理由なく，工事に着手すべき期日を過ぎても工事に着手しないとき。(【H28，R2】)

(受注者の解除権) 第四十九条　受注者は，次の各号のいずれかに該当するときは，この契約を解除することができる。

一　第十九条の規定により設計図書を変更したため請負代金額が三分の二以上減少したとき。(【H29，R2】)

(火災保険等) 第五十一条　受注者は，工事目的物及び工事材料等を設計図書に定めるところにより火災保険，建設工事保険その他の保険に付さなければならない。(【H28，30，R1】)

付録7　ネットワーク手法（p. 202～208関連）

(1)　**ネットワーク手法**　作業の順序関係を○と→とで書き表す手法である。

①ネットワークの表示方法には，作業を矢線で表示するアロー型ネットワークと，イベントを中心に表示するイベント型ネットワークがある。

(2)　**記号**

(a)　アクティビティ　基本ルールは，①矢線は作業，時間の経過などを表し，必要な時間（デュレイション）を，矢線の下に記入する。②矢線は常に左から右へ流れる。③作業内容は矢線の上に表示する。

(b)　イベント（ノード）　○で示す。作業の開始点および終了点を示す。①イベントには**イベント番号**（正数の番号）をつけ，作業を番号で表示する。②番号に同じ番号が2つ以上あってはならない。③隣り合うイベント間には2つ以上の作業を表示してはならない。④アクティビティは矢線の尾が接するイベントに入る矢線群がすべて終了しないと着手できない。

(c)　ダミー　破線の矢線で，架空の作業を表し，時間や作業内容がなく方向と着点のみが書き表される。

(3)　**時間管理の手法**

(a)　イベントタイム　イベントのもつ時間的性格を，ネットワークの開始の時点を0として計算した経過時間をもって表したものである。

1)　最早開始時刻（ET）：そのイベントを始点とするアクティビティのどれもが，最も早く開始できる時刻をいう。その計算の方法は，左図をみて右表で確認する。

イベント	アクティビティ	計　算		ET
①		0		0
②	①→②	0＋3＝3		3
③	②→③	3＋5＝8		8
④	②→④ ③┈→④	3＋3＝6 8＋0＝8	8＞6	8
⑤	③→⑤ ④→⑤	8＋4＝12 8＋2＝10	12＞10	12
⑥	⑤→⑥	12＋5＝17		17

2)　最早完了時刻：その作業が最も早く完了できる時刻をいう。

3)　最遅開始時刻：その作業を最も遅く開始しても全体工程は予定工期内に完了できる時刻をいう。

4)　トータルフロート（TF）：任意のアクティビティ内でとれる最大余裕時間をいう。

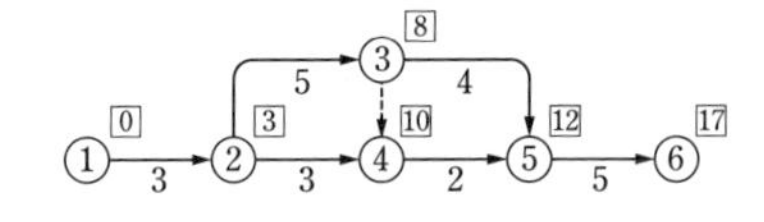

5) フリーフロート（FF）：そのアクティビティ内で，後続するアクティビティに影響を及ぼさない余裕時間をいう。

6) クリティカルパス：フロートのないアクティビティの経路をクリティカルパスといい，ネットワーク上では太い矢線または色線で表示する。クリティカルパスは必ずしも1本とは限らない。

(4) **日程短縮**　工期を短縮するには，クリティカルパス上のアクティビティを短縮しないと所定の工期を達成できないが，フロートの非常に小さいアクティビティには注意を要する。

付録8　品質管理手法（p. 217 関連）

(1) **散布図**

関連のある2つの対になったデータの1つを y 軸に，もう1つを x 軸にとり，これらの相関関係をプロットした図である。

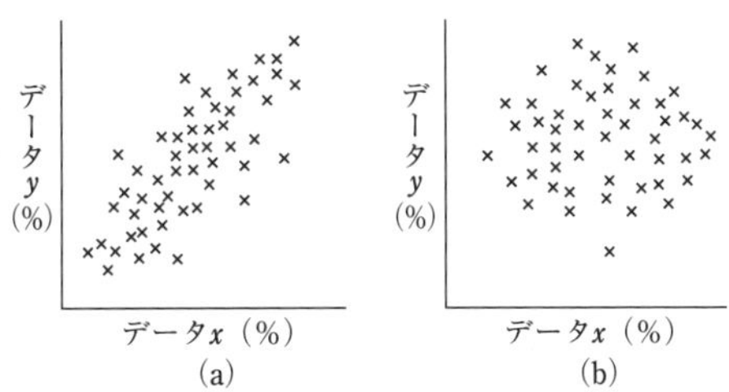

(a)　(b)

強い相関関係にある場合は，右図(a)に示すように，プロットした点は直線状または曲線状に近づく（正の相関）。

(2) **管理図**

右図に示すように，中心線の上下に，上方管理限界線・下方管理限界線を設けた図に，データをプロットしてその点を直線で結んだ折れ線グラフである。

異常である（見のがせない原因がある）
上方管理限界線
中心線
下方管理限界線

安定状態（a）　管理されていない状態（b）

この上下管理限界線内で，一方的に上昇または下降する。周期的に変動するなど形式的に変動するのではなく，中心線を中心に，上下適切にばらついている状態が好ましい。

管理図から，下記のことが判明する。

① データの時間変化　　② 異常なバラツキの発見

※ パレート図は，p. 215 の基本問題および解説（2）を参照のこと。

※ 特性要因図は，p. 216 の解説（5）を参照のこと。

付録9　工程と原価・品質との関係（基本問題関連：p. 211 参照）

施工管理を行うには，工程・原価・品質の間には図のような関係がある。

① 工程と原価との関係(a)　　施工速度が遅くなると施工量が減少することになり，単位施工量当たりの原価は一般に高くなっていく。また，施工速度を速めるとその速度に従って原価は低くなるが，ある速度を超えると逆に単位施工量当たりの原価は急騰する。この限界が経済速度であり，この点を超えた工事を突貫工事という。

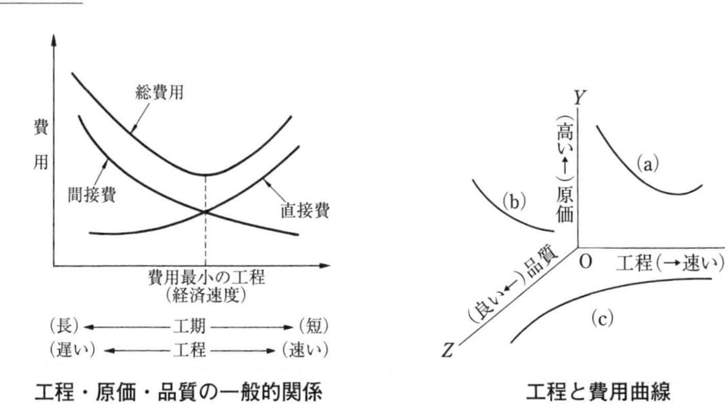

工程・原価・品質の一般的関係　　　　工程と費用曲線

② 原価と品質との関係(b)　　一般に高品質のものは原価が高く，低品質のものは原価が安い。

③ 品質と工程との関係(c)　　一般的に高品質のものを作ろうとすると工期は必要となり，低品質のものを作成するにはあまり工期は必要としない。

付録10　ヒストグラム（柱状図）測定値の読み方（p. 217関連）

測定データが，上限規格値・下限規格値の範囲内にある程度の余裕をもって収まっていることが大切であり，規格値からはみ出した場合は，何らかの問題が発生しているため，その原因を追究して対策をたてる。

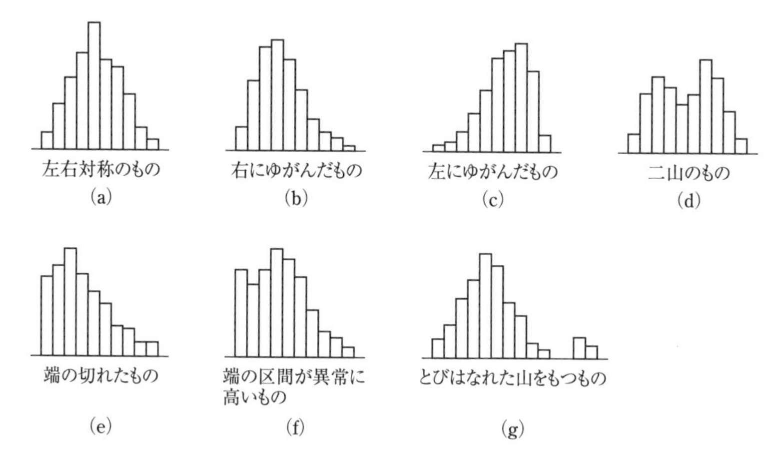

ヒストグラムの例

図のヒストグラムは，次のような場合に現れる。

(a)　一般に多く現れる。

(b)　微量成分の含有率など，ある値以下の値をとることができない場合

(c)　純度の高い成分の含有率など，ある値以上の値をとることができない場合

(d)　2つの分布が混じり合っている場合，たとえば2台の機械間，2種類の原料間に差がある場合など

(e)　規格以下（または以上もしくは両方）のものを全数選別して取り除いた場合など

(f)　規格はずれのものを手直したり，データを偽って報告した場合など

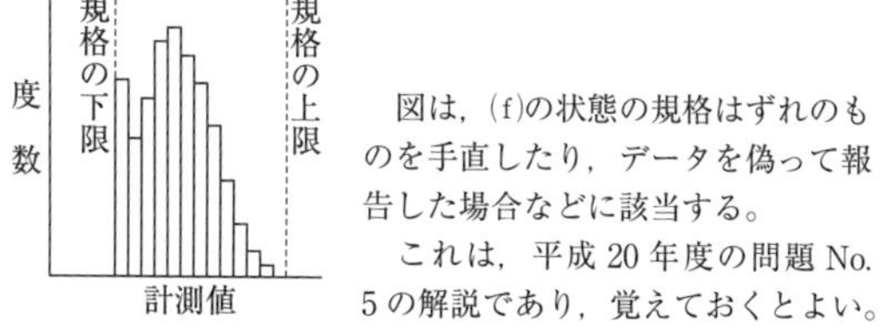

図は，(f)の状態の規格はずれのものを手直したり，データを偽って報告した場合などに該当する。

これは，平成20年度の問題No. 5の解説であり，覚えておくとよい。

(g)　測定誤りがあったり，工程に異常があった場合など

付録 11　酸素欠乏等に対する安全基準（安全管理全般関連）

酸素欠乏症等防止規制（抜粋）

（定義）

第 2 条　この省令において，次の各号に掲げる用語の意義は，それぞれ当該各号に定めるところによる。

一　酸素欠乏　空気中の酸素の濃度が 18% 未満である状態をいう。

（換気）

第 5 条　事業者は，酸素欠乏危険作業に労働者を従事させる場合は，当該作業を行う場所の空気中の酸素の濃度を 18% 以上（第二種酸素欠乏危険作業に係わる場所にあっては，空気中の酸素の濃度を 18% 以上，かつ，硫化水素の濃度を 100 万分の 10 以下）に保つように換気しなければならない。ただし，爆発酸化等を防止するか換気することができない場合又は作業の性質上換気することが著しく困難な場合はこの限りでない。

2　事業者は，前条の規定により換気するときは，純酸素を使用してはならない。

（作業主任者等）

第 11 条　事業者は，酸素欠乏危険作業については，第一種酸素欠乏危険作業にあたっては酸素欠乏危険作業主任者技能講習又は酸素欠乏硫化水素危険作業主任者技能講習を終了した者のうちから，第二種酸素欠乏危険作業にあっては技能講習を終了した者のうちから，酸素欠乏危険作業主任者を選任しなければならない。

（特別の教育）

第 12 条　事業者は，第一種酸素欠乏危険作業に係わる業務に労働者を就かせるときは，当該労働者に対し，次の科目について特別の教育を行わなければならない。

一　酸素欠乏の発生の原因

二　酸素欠乏症の症状

三　空気呼吸器等の使用の方法

四　事故の場合の退避及び救急そ生の方法

五　前各号に掲げるもののほか，酸素欠乏症の防止に関し必要な事項

付録12　安全管理（足場・鋼管足場）（p. 226関連）

(1) 足場

第563条　事業者は，足場（一側足場を除く。）の高さ2 m以上の作業場所には，次に定める作業床を設ける。

二　つり足場の場合を除き，幅は40 cm以上とし，床材間の隙間は，3 cm以下とする。

三　墜落により労働者に危険を及ぼすおそれのある箇所には，次に定める，手すり等を設けること。ただし，作業の性質上手すり等を設けることが著しく困難な場合または作業の必要上臨時に手すり等を取り外す場合において，防網を張り，労働者に安全帯を使用させる等，墜落による労働者の危険を防止するための措置を講じたときは，この限りでない。イ　丈夫な構造。ロ　材料は，著しい損傷，腐食等がないもの。ハ　高さは75 cm以上。

四　腕木，布，梁，脚立その他作業床の支持物は，これにかかる荷重で破壊しないものを使用する。

五　つり足場の場合を除き，床さんは転位又は脱落しないように2以上の支持物に取り付ける。

(2) 鋼管足場　p. 226の図参照。

第570条　事業者は，鋼管足場については，次の定めに適合したものを使用する。

一　足場（脚輪を取り付けた移動式足場を除く。）の脚部には，足場の滑動又は沈下を防止するため，ベース金具を用い，かつ，敷板，敷角等を用い，根がらみを設ける等の措置を講ずる。

二　脚輪を取り付けた移動式足場は，不意の移動を防止するため，ブレーキ，歯止め等で脚輪を確実に固定させ，足場の一部を堅固な建設物に固定させる等の措置を講ずる。

三　鋼管の接続部または交さ部は，これに適合した付属金具を用いて，確実に接続し又は緊結する。

四　筋かいで補強する。

(3) 鋼管規格に適合する鋼管足場

第571条　事業者は，鋼管規格に適合する鋼管を用いて足場を構成するときは，前条第1項の各号の定めによるが，単管足場は第一号から第四号まで，わく組足場は第五号から第七号まで（略）の定めによる。

一　建地（たてじ）の間隔は，桁行（けたゆき）方向を1.85 m以下，梁間（はりま）方向は1.5 m以下とする。

二　地上第1の布（ぬの）は，2 m以下の位置に設ける。

三　建地の最高部から測って31 mを超える部分の建地は，鋼管を2本組とする。

四　建地間の積載荷重は，400 kgを限度とする。

(4)　つり足場

第574条　事業者は，つり足場については，次の定めに適合したものを使用する。

六　作業床は，幅を40 cm以上とし，かつ，すき間がないようにする。

(5)　作業禁止

第575条　事業者は，つり足場の上で，脚立，はしご等を用いて労働者に作業させてはならない。

(6)　落下物に対する保護

第136条の5　建築工事等において工事現場の境界線からの水平距離が5 m以内で，かつ，地盤面から高さが3 m以上の場所からくず，ごみその他飛散する物を投下する場合は，ダストシュートを用いる等，当該くず，ごみ等が工事現場の周辺に飛散することを防止する措置を講じる。

(7)　高所作業車

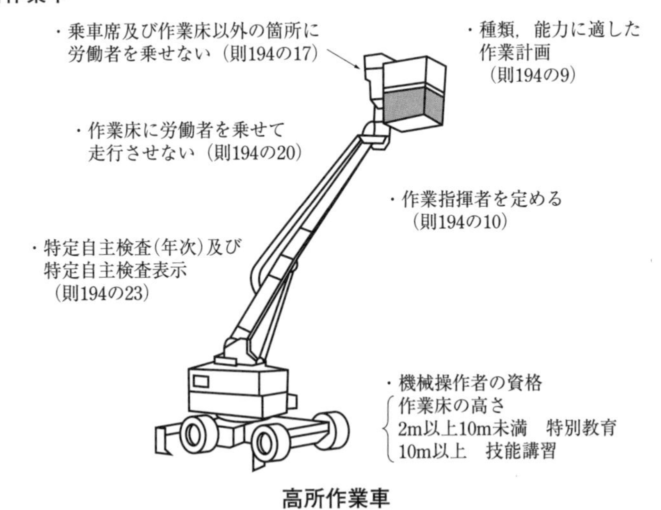

高所作業車

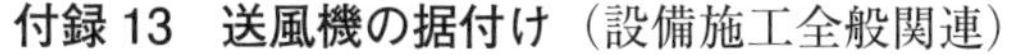

付録13　送風機の据付け（設備施工全般関連）

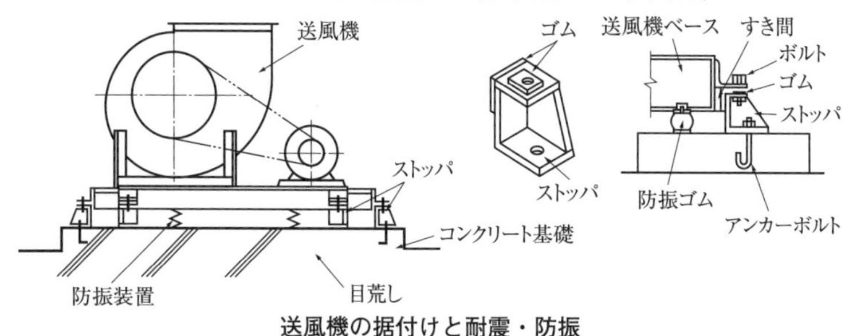

送風機の据付けと耐震・防振

(1) 送風機の据付け

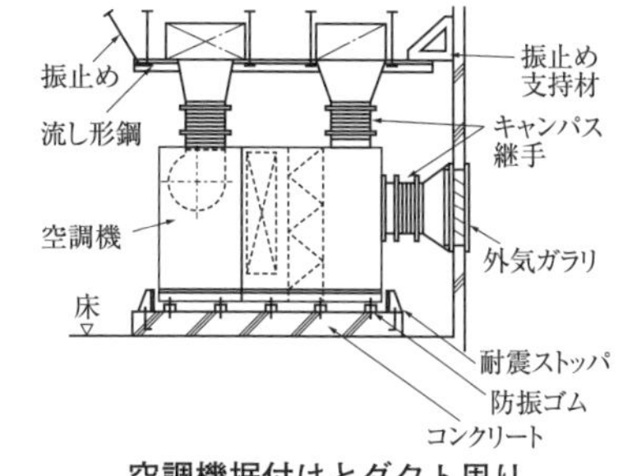

空調機据付けとダクト周り

・原則，呼び番号10以上の大型機の基礎は，鉄筋コンクリート基礎とする。

・羽根径＃4以上の遠心送風機は，床置きとするが，やむなく天井つりとする場合は，溶接枠組した架台に防振装置を介して取り付ける。ブレース付きのつりボルト施工が可能なものは，原則として羽根径＃2未満の小形送風機である。

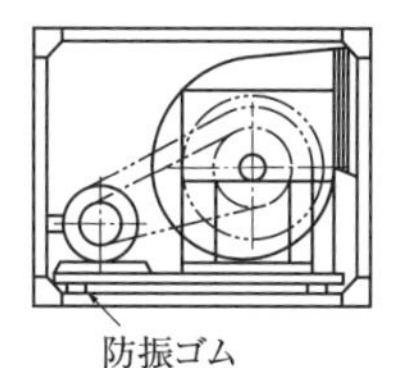

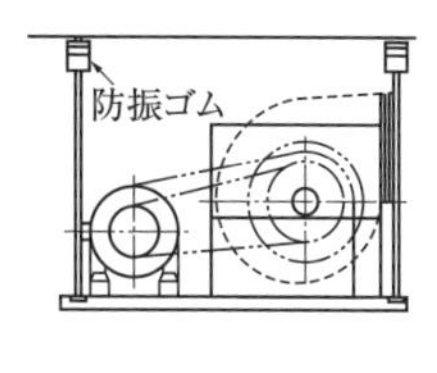

天井つり送風機の例

・送風機の点検やベルトの交換等の作業を行うには，送風機本体の周辺に，最低600 mm以上の保守点検スペースを確保する。

・呼び番号3程度の送風機の据付けで，送風機の前後に振動防止のため，フランジ間隔150 mm以上のキャンバス継手を取り付ける。

・呼び番号3程度の送風機の据付けで，送風機のベッドが水平になるように基礎面とベッド間にライナーを入れ調整する。

・送風機の基礎の大きさは，高さを150～300 mmとし，幅は，架台より100～200 mm大きくする。

・Vベルトの張力は，電動機を移動させて，送風機と電動機の軸間を調整する。

・送風機と電動機のプーリーの芯（しん）出しは，外側面に定規や水糸などを当て調整する。

・Vベルトの張りは，指で押してVベルトの厚さ程度たわむか，指でつまんで90°ひねることができる程度に調整する。

(2)　パッケージ形空気調和機の据付け

・天井カセット形の場合，エアフィルタの清掃や日常点検等のメンテナンスを本体の天井パネル部で行うことができる。

・床置形の場合，地震時に転倒しないように，壁にボルトで固定する等の転倒防止の処置を行う。

・屋外機の設置の場合，騒音を考慮し，設置場所に注意し，必要に応じて，防音壁等も検討する。ただし，ショートサーキット（屋外機排気を吸い込んでしまうこと）に注意する。

・冷媒封入量は，装置全体の量で決定される。したがって，冷媒配管の長さが長くなると，冷媒量も多くなる。

(3)　機器の基礎に使用するL型及びJ型アンカーボルトの許容引き抜き力を，下の表に示した。

L型アンカーボルトの場合
短期許容引抜き力 Ta［kN］

ボルト径 d(呼称)	ボルトの埋込み長さL［mm］				
	100	150	200	300	400
M 8	3.14	5.19	7.15	8.82	8.82
M10	3.92	6.47	8.92	13.72	13.72
M12	4.70	7.74	10.68	16.67	19.60
M16	—	10.29	14.31	22.25	29.40
M20	—	12.94	17.93	27.83	37.83
M24	—	—	21.46	33.32	45.08

(株)山口 のHPより引用

J型アンカーボルトの場合
短期許容引抜き力 Ta［kN］

ボルト径 d(呼称)	ボルトの埋込み長さL［mm］				
	100	150	200	300	400
M 8	8.82	8.82	8.82	8.82	8.82
M10	13.72	13.72	13.72	13.72	13.72
M12	18.42	19.60	19.60	19.60	19.60
M16	—	35.28	35.28	35.28	35.28
M20	—	41.16	55.37	55.37	55.37
M24	—	41.16	73.50	79.38	79.38

(注) J型の先端の向きは基礎内部側とする。
l'はJISボルトの場合のl'=4.5dである。

(4)　電動ノコギリの種類

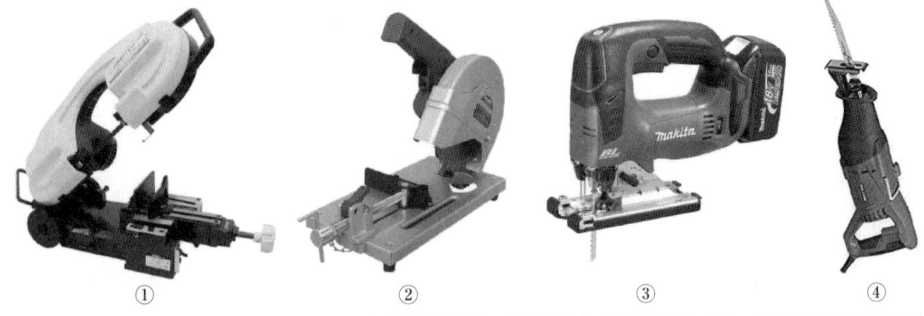

①　②　③　④

①バンドソー	帯鋸。配管の切断など	②チップソー	回転鋸。管は切らない
③ジグソー	糸鋸。石膏ボード切断など	④セーバソー	往復鋸。解体など。

付録14　給排水衛生配管の施工（H29-B11関連：p. 275参照）

(1)　給水管の施工

・給水管の横引き配管の勾配は，1/250以上とする。
・給水管では，保守・改修を考慮し，主配管の適当な箇所にフランジ継手を設ける。
・給水管の静水頭を40 m以上にしないため，中間水槽または減圧弁を設ける。
・給水管の水圧試験は，配管途中，隠蔽(へい)前，埋戻し前または配管完了後の被覆施工前に一区画ごとに行う。
・給水管の水圧試験圧力は，最少0.75 MPaとし，揚水管では当該ポンプの設計送水圧力の2倍または1.75 MPaのうちの大きい数値とし，高置水槽以下の給水配管では，静水頭に相当する圧力の2倍の圧力とする。また，保持時間は1時間以上とする。
・給水開口端の吐水口空間は，有効開口の内径が大きいほど，また，近接壁面の数が多くなるほど大きくする。
（参考：春日井市H.P.「第5章　水の安全・衛生対策」→ http://www.city.kasugai.lg.jp/dbps data/ material_/localhost/16500/t1651000/ansaneisei.pdf）
・給水管と排水管を平行に埋設する場合は，両配管の間隔を一定以上離して，給水管を上部に埋設する。
・飲料水の残留塩素の測定は，採取後，直ちに測定を行う。

(2)　給湯配管の施工

・給湯用の銅管を差込み接合する際に，配管の差込み部の管端から4 mm程度を残して，フラックスを塗布する。

(3)　排水管の施工

・3階以上にわたる排水立て管には，各階ごとに満水試験用の継手を取り付ける。
・呼び径150の屋外排水管で，直管部に設ける排水ますの間隔は，管径の120倍以下とする。
・直管部に設ける掃除口は，管径が100 mm以下は15 m以内，100 mmを超える場合は30 m以内に設ける。
・屋内排水横走り管の勾配は，呼び径65以下は最小1/50，75および100は1/100，125は1/125，150以上は最小1/200とする。
・満水試験では，保持時間は30分以上とし，減水のないことを確認する。

付録15　蒸気配管の施工（基本問題関連：p. 277 参照）

(1)　蒸気配管の施工

・蒸気配管の水圧試験圧力は，最高使用圧力の2倍，保持時間は30分とする。
・蒸気配管の順勾配の横走り管で径違いの管を接続する場合は，偏心径違い継手を用いて，ドレンが滞留しないように管底を揃えて施工する。
・蒸気の流れと凝縮水の流れ方向は同一の先下がり配管とし，勾配は1/250とする。
・逆勾配の蒸気配管は，順勾配の場合より勾配を大きくし，1/80以上とする。
・減圧弁周りにバイパスを設ける場合の管径は，一次側口径の1/2とする。
・高圧蒸気の凝縮水を低圧還水管へ還す場合は，蒸発タンクで高圧凝縮水を再蒸発させ，低圧になった凝縮水のみを低圧還水管に送り込む。
・還水管は，還水槽内での再蒸発を少なくするため還水槽の水面下まで配管する。
・上向き給気は，蒸気の流れと凝縮水の流れが逆行するため，下向き給気に比べてスチームハンマを起こしやすい。
・真空還水管の還水管にリフト継手を設ける場合は，真空ポンプの近くに設ける。

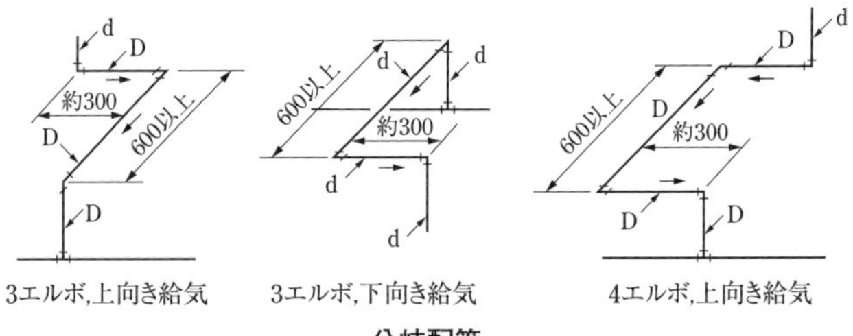

分岐配管

注）1. 一括配管勾配を示す（先下がり）。2. Dより一廻り大きくする。3. 分岐配管で，2エルボは望ましくない。

(2)　蒸気配管の支持方法

①横走り低温配管のつり金具のバンドが管に直に接している場合は，つり金具も20 mm厚以上に，被覆外面から150 mm以上の高さまで被覆する。

　ただし，あらかじめ管に木製または合成樹脂製のリング状受材を取り付けて，この上からバンドが取り付けてあるか，または管とバンドの間に保温材を取り付けることができるような場合は，受材もしくは保温材の上をほかの部分と同じ外装材で仕上げ，つり金具は被覆しない。

②ローラーサポート部分では，あらかじめ管にパイプシューが取り付けてある場合はシューの大きさだけ，また管にローラーがじかに接している場合はローラーを中心に長さ 50 mm 程度，それぞれの保温材の下部 1/4 ほどを切り取って取り付ける。

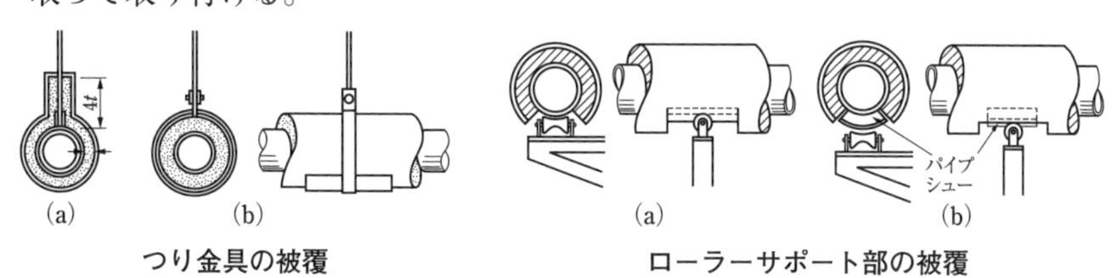

つり金具の被覆　　ローラーサポート部の被覆

付録 16　配管材料と接続工法・継手など（H29-B11 関連：p. 275 参照）

配管材料と接続工法・継手

配管材料	接続工法・継手
配管用炭素鋼鋼管	ねじ接合（ねじ込み式可鍛鋳鉄製管継手），フランジ接合，溶接接合，LA ジョイント，ハウジング形継手
樹脂ライニング鋼管	フランジ接合，ねじ接合（管端コア入り継手，管端防食コア内蔵弁），ハウジング形継手
ステンレス鋼鋼管	フランジ接合（JIS フランジ，管端つば出し＋遊動フランジ），ねじ接合，溶接接合，メカニカル継手（拡管式，プレス式ほか），LA ジョイント，ハウジング形継手他
銅　　管	溶接接合（硬ろう付・はんだ付），メカニカル継手（かしめ），くい込み継手，フランジ接合
硬質ポリ塩化ビニル管 耐火二層管	接着接合（TS 式差込継手（A 形・B 形），DV 継手），フランジ接合，RR 接合（ゴム輪接合）
ポリエチレン管	クランプ式継手（EF（電気融着）工法），メカニカル継手
架橋ポリエチレン管	EF（電気融着）工法，メカニカル式継手
ポリブテン管	EF（電気融着）工法，HF（熱融着）工法，メカニカル式継手

付録 17　保温・保冷・塗装の施工（R1-B15 関連：p. 282 参照）

1.　保温・保冷の施工上の注意点

- 冷温水配管の保温施工で，ポリエチレンフィルムを補助材に使用する目的は，保温材が吸湿し熱伝導率が大きくなることを防止するためである。
- 井水・冷温水配管のつりバンド等の支持部は，合成樹脂製の支持受けを使用する。
- 配管およびダクトの床貫通部は，保温材保護のため，床面より約 150 mm までステンレス鋼板で被覆する。
- 蒸気管等が壁・床などを貫通する場合，伸縮を考慮して，貫通部分およびその面から前後約 25 mm 程度は保温被覆を行わない。ただし，冷温水管等の場合は，結露を生じ保温効果を減少させるので保温する。
- ローラーサポートを使用して，蒸気管等を支持する場合は，サポート部分の保温材は除去する。
- 絶縁継手（絶縁フランジを含む）は，金属製のラギングを行わない。
- 保温筒相互の間隙は少なくし，重ね部の継目は同一線上を避けずらして施工する。
- 横走り管に保温筒を用いる場合，抱合わせ目地は管の垂直上下面を避ける。
- 綿布，ガラスクロス，ビニルテープ等の巻きの重なり幅は 15 mm 以上とする。
- 立て管の保温に綿布などをテープ巻きする場合は，下方より上方に巻く。
- 屋外配管の金属板外装材の管側面の継手は，はぜ掛けにシール材でシールする。
- ステンレス鋼板製（SUS 304）のタンクは，エポキシ系塗装により保温材と絶縁する。

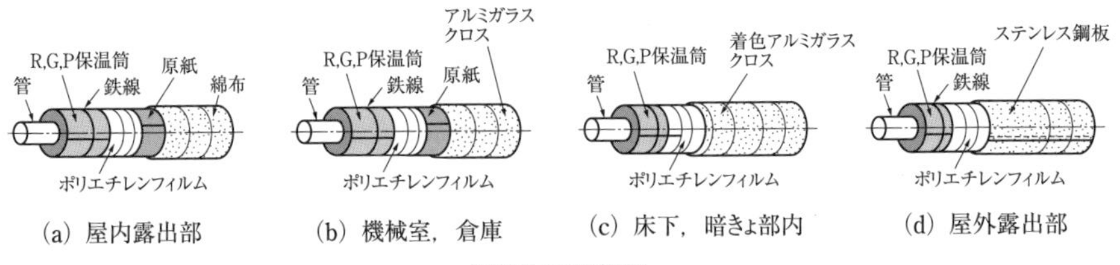

保温施工要領図

2.　防火区画を配管，ダクトが貫通する場合の貫通部分の被覆は，貫通孔内面もしくはスリーブ内面と配管およびダクトの間隙をロックウール保温材等の不燃性のもので完全に充塡する。グラスウール保温材は不可である。

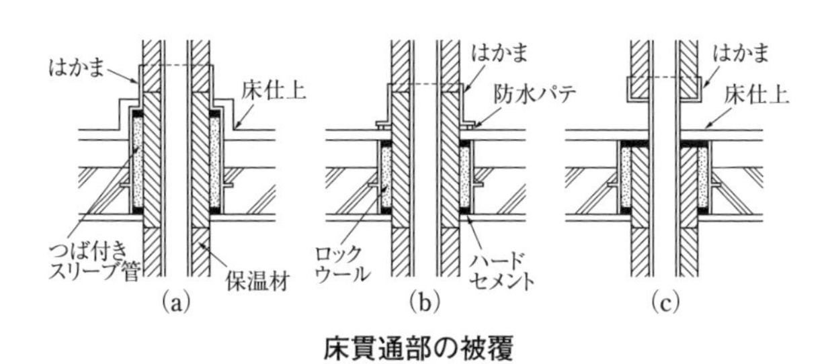

床貫通部の被覆

（建築設備技術者協会「空気調和・給排水設備施工標準（p.151）」）

3. 塗装

(1) 塗装施工　　塗装施工に際しての注意事項は，次のとおりである。

① 塗装場所の気温が5℃ 以下，湿度が85％ 以上または換気が十分でなく乾燥不適当な場所での塗装は行わない。

② 亜鉛めっき面をもつ鋼管およびダクトの表面処理には，エッチングプライマ，ウォッシュプライマなどの下地処理を行う。

③ 亜鉛めっき鋼管に塗装を施す場合，エッチングプライマで下地処理を行った後，一般環境における常温乾燥型塗料の塗装間隔の標準は，20℃ のとき24時間以上の間隔をあけて，下塗り・上塗りを行う。

(2) 安全色彩および配管識別　　配管内の物質の識別は，下の表による。

色彩の種類	基準の色	安全色彩表示事項	管内物質	備　考
赤	5 R　4/13	—	消火表示に使用	補助色：白
暗い赤	7.5 R　3/6	—	蒸気	
薄い黄赤	2.5 YR　7/6	—	電気	
黄赤	2.5 YR　6/14	危険，保安施設	危険表示に使用	補助色：黒
暗い黄赤	7.5 YR　5/6	—	油	
黄	2.5 Y　8/14	注意	ガス	補助色：黒
青	2.5 PB　5/6	用心	水	補助色：白
白	N 9.5	通路，整頓 文字，記号，矢印	空気	（補助色）

〔「JIS Z 9101　安全色彩使用通例　1995年」「JIS Z 9102　配管識別　1987年」より〕

付録18　主要機器の試運転調整（R2-B16関連：p. 291参照）

(1)　冷凍機の試運転

①　チリングユニットの場合，冷却塔の送風機を止め高圧リレーの作動を確認する。

②　冷凍機は，冷水ポンプ，冷却水ポンプ，冷却塔とのインターロックを確認する。

③　チリングユニットなどの冷凍機の運転条件として，冷凍機系統に冷水および一定温度以下の冷水ポンプ，冷却水ポンプ，冷却塔との連動がとれているかを確認する。

④　冷凍機と関連機器の始動は，関連機器をすべて稼働させた後，最後に冷凍機を起動する。一方，停止時は，冷凍機を最初に停止し，続いて関連機器を停止する。

起動：冷水ポンプ→冷却水ポンプ→冷却塔→冷凍機

停止：冷凍機→冷却塔→冷却水ポンプ→冷水ポンプ

(注意) ポイントは，冷凍機は関連機器のいずれかが停止していたら運転できないことであり，関連機器の順序が入れ替わっている出題もあり得るので，惑わされないようにする。

(2)　送風機の試運転

①　送風機を手で回し，羽根と内部に異常なあたりがないかを点検する。

②　送風機のVベルトの張りは，指で押してVベルトの厚さ程度たわむか，指でつまんで90°ひねることができる程度に調整する。

③　手元スイッチで瞬時運転し，送風機の回転方向とベルトの張力側が下側にあることを確認する。張力側が上側にあると，下側がたるみ，プーリーとベルトの接触面が減少して，動力の伝達が十分に行えない状態となる。

④　風量測定口で計測または送風機の試験成績表の電流値を基に，規定風量に調整する。

⑤　軸受温度を点検し，周囲空気温度より40℃以上高くないことを確認する。

⑥　送風機の風量は，試験成績表と運転電流値により確認する。

⑦　遠心送風機軸動力は，ダンパ全閉のときに最小で，風量が増加するにつれて増大する。したがって，ダンパを全閉にし，回転方向を確認して運転調整を始める。

(3)　ポンプの試運転

① 揚水ポンプの運転は，高水位で停止し，低水位で運転することを確認する。高水位で停止しない場合および低水位で稼働しない場合は，満水警報および減水警報が作動することもあわせて確認する。

② ポンプのメカニカルシールのしゅう動部は，リングの作用で漏れがなく，ほとんど漏水はみられない。グランドパッキンの場合は，連続滴下程度の水が外部に漏れる状態に調整する。締め付けすぎると焼付け等を起こす。

③ 渦巻ポンプは，吸込み弁は全開にし，空気抜き後に，吐出し弁を閉じ，回転方向を確認し運転調整を始める。

④ 一般に軸受の温度は，運転開始後に上昇し，ある時間を経過すれば，これよりやや低い温度（通常は室温より 10～40℃ 程度高い）で定常状態になる。定常状態になるまでの時間は，軸受の大きさ，形式，回転速度，潤滑方法，軸受周りの放熱条件により異なるが，20 分くらいから数時間要することもある。

付録 19　防　振

防振ゴムと金属ばねの特性比較

項　目	防振ゴム	金属ばね（コイルばね）
実用固有振動数［Hz］	4 ～ 15	1 ～ 10
減　衰　性　能	あり	なし
高周波振動絶縁性	○	×
常用温度範囲［℃］	−30 ～ 120	−40 ～ 150
耐へたり性能	○	◎
防　振　方　向	三方向	一方向
製品の均一性	○	◎
耐油性・耐老化性	○	◎

出典：防振材料の種類と性質，中野有朋，IHI 環境技報 Vol.20 No.6（1991）

付録 20　産業廃棄物の分類（第 8 章，設備施工関連）

建築廃棄物の具体例

建築廃棄物	分類	種類	具体例
一般廃棄物		事務所ごみ等	現場事務所での作業，作業員の飲食等に伴う廃棄物（図面，雑誌，飲料空缶，弁当殻，生ごみ）
産業廃棄物	安定型産業廃棄物	がれき類	工作物の新築・改築および除去に伴って生じたコンクリート殻，その他これに類する不要物 コンクリート殻，アスファルト・コンクリート殻，その他がれき類
		ガラスくず，コンクリートくずおよび陶磁器くず	ガラスくず，コンクリートくず（工作物の新築，改築および除去に伴って生じたものを除く），タイル衛生陶磁器くず，耐火れんがくず，瓦，グラスウール，石綿吸音板）
		廃プラスチック類	廃発泡スチロール，廃ビニル，合成ゴムくず，廃タイヤ，硬質塩ビパイプ，タイルカーペット，ブルーシート，PP バンド，梱包ビニル，電線被覆くず，発泡ウレタン，ポリスチレンフォーム
		金属くず	鉄骨鉄筋くず，金属加工くず，足場パイプ，保安塀くず，金属型枠，スチールサッシ，配管くず，電線類，ボンベ類，廃缶類（塗装缶，シール缶，スプレー缶，ドラム缶等）
		ゴムくず	天然ゴムくず
	安定型処分場で処分できないもの	汚　泥	含水率が高く粒子の微細な泥状の掘削物 掘削物を標準仕様ダンプトラックに山積みができず，また，その上を人が歩けない状態（コーン指数がおおむね 200 kN/m^2 以下または一軸圧縮強度がおおむね 50 kN/m^2 以下）＊具体的には，場所打ち抗工法，泥水シールド工法等で生じる廃泥水・泥土，およびこれらを脱水したもの
		ガラスくず，コンクリートくずおよび陶磁器くず	廃せっこうボード（ただし付着している紙を取り除いたせっこうは安定型処分場でも処分できる），廃ブラウン管（側面部）有機性のものが付着・混入した廃容器・包装機材
		廃プラスチック類	有機性のものが付着・混入した廃容器・包装，鉛管，鉛版，廃プリント配線盤，鉛蓄電池の電極
		木くず	解体木くず（木造家屋解体材，内装撤去材），新築木くず（型枠，足場板材等，内装，建具工事等の残材），伐採材，抜根材
		紙くず	包装材，ダンボール，壁紙くず，障子，マスキングテープ類
		繊維くず	廃ウエス，縄，ロープ類，畳，じゅうたん
		廃　油	防水アスファルト等（タールピッチ類），アスファルト乳剤等，重油等
		燃え殻	焼却残渣物
	特別管理産業廃棄物	廃石綿等	飛散性アスベスト廃棄物（吹付け石綿・石綿含有保温材・石綿含有耐火被覆板を除去したもの，石綿が付着したシート・防塵マスク・作業衣等）
		廃 PCB 等	PCB を含有したトランス，コンデンサ，蛍光灯安定器，シーリング材，PCB 付着ガラ

付録 21　ベルヌーイの定理（H30-A5 関連：p. 17 ～ 18 参照）

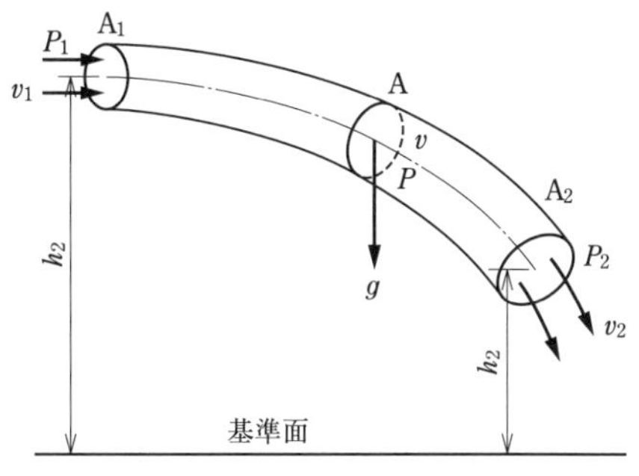

管内の流れ

重力だけが作用する場において，粘性もなく，圧縮性もない完全流体のダクト内あるいは管内の定常流において，流体のもっている運動のエネルギー，圧力のエネルギーおよび重力による位置のエネルギーの総和は一定である。この定理をベルヌーイの定理という。ベルヌーイの定理は，エネルギー保存の法則の一形式である。

右の図で，A_1 と A と A_2 の面を流れる流体のもつエネルギーの総和は同じである。

$$\frac{1}{2}\rho v^2 + P + \rho g h = 一定$$

ρ：流体の密度〔kg/m³〕，g：重力の加速度〔m/s²〕，v：流体の速度〔m/s〕，h：基準水平面からの高さ〔m〕，P：圧力〔Pa〕

上の式の第 1 項は流速による**動圧**，第 2 項＋第 3 項は**静圧**と呼ばれ，これらの合計は**全圧**と呼ばれる。静圧は流れに直角な管壁方向にかかり，全圧はダクトや管の断面方向にかかる。

ベルヌーイの定理を水頭で表すと次式になる。

$$\frac{v^2}{2g} + \frac{P}{\rho g} + h = 一定$$

第 1 項は速度水頭，第 2 項は圧力水頭，第 3 項は位置の水頭と呼ばれる。

ベルヌーイの定理に摩擦損失圧力 $\varDelta P$ を考慮すると，ダクトあるいは配管の A，B 2 点間には，次式が成り立つ。

$$\frac{1}{2}\rho v_A{}^2 + P_A + \rho g h_A = \frac{1}{2}\rho v_B{}^2 + P_B + \rho g h_B + \varDelta P$$

ダクトや水平の配管は位置の水頭が同じなので，$\rho g h_A = \rho g h_B$ となり，もう少し簡単な式になる。

$$\frac{1}{2}\rho v_A{}^2 + P_A = \frac{1}{2}\rho v_B{}^2 + P_B + \varDelta P$$

付録 22　流体の運動に関する基本事項・用語及び流体の圧力，流速，流量

❶　流体の運動に関する基本事項，用語を理解する。

⑴　ベルヌーイの定理の成立条件と実際の配管やダクトなどにおける計算条件の違い，また，静圧・動圧・全圧，運動のエネルギー・圧力のエネルギー・重力による位置のエネルギーなど用語とその意味を理解する。

⑵　定常流とは，流れの状態が場所だけによって定まり，時間には無関係な流れをいい，時間と場所により変化する流れを非定常流という。

⑶　管内の流れが定常流の場合，任意の断面の流速 v［m/s］，断面積 A［m^2］，流体の密度 ρ［kg/m^3］の積は一定である。

⑷　トリチェリの定理とは，開放された水槽などの側面の小孔から水が噴き出すときの速度 v を求める式である（$v=\sqrt{2gh}$）。

❷　流体の圧力（静圧・動圧），流速，流量などの測定を理解する。

⑴　ベンチュリ計（ベンチュリ管）　大口径部と小口径部の静圧（速度水頭）の差を測って求めた流速から，流量を求めるものである

⑵　ピトー管　先端に全圧孔，側面に静圧孔がある管で，流れに平行に設置し，これを流体の密度 ρ よりも大きい密度 ρ' の液体（水銀など）を入れたU字管（マノメータ）の両端に導入すると，マノメータ両脚内の液体に全圧と静圧の差，高さ h が生じる。

動圧を P_v，静圧を P_s とすると，

$$P_s+P_v+\rho' gh=P_s+\rho gh$$

$$P_v=(\rho'-\rho)gh=\frac{\rho v^2}{2}$$

$$v=\sqrt{\frac{2(\rho'-\rho)gh}{\rho}}$$

となり，流速 v が求められ，流速から流量も求めることができる。

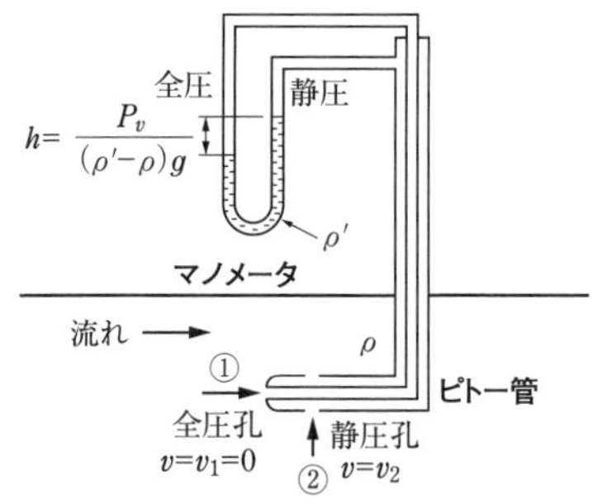

ピトー管による流速の測定

付録 23　湿り空気線図（R2-A9 関連：p. 24 ～ 25 参照）

湿り空気線図の構成，使い方を理解する。

湿り空気は，乾き空気（DA）1 kg あたりに加えられた熱と水分によって状態

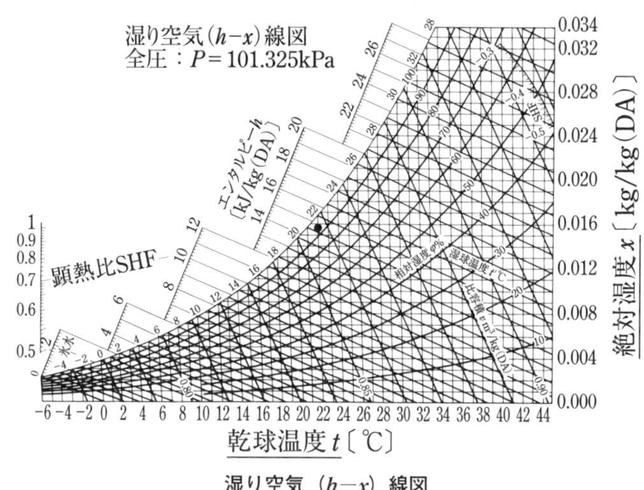

湿り空気（h—x）線図

変化するが，大気圧一定のもとでは，乾球温度，湿球温度，絶対湿度，露点温度，水蒸気圧，比エンタルピーなどのうち 2 つの要素が分かれば，他の要素を知ることができる。

その関係を示したものが空気線図である。

付録24　熱の移動に関する基本事項や用語（R2-A8関連：p. 26～27参照）

固体壁の両側の流体間における熱通過による熱の移動は，高温側流体から固体壁への熱伝達，固体壁内の熱伝導，固体壁から低温側流体への熱伝達により行われる。この過程を総称して熱通過（熱貫流）といい，次式で表される。

$$Q=K(t_1-t_2)\ A\cdot\tau$$

Q：伝熱量［J］　K：熱通過率（熱貫流率）［W/(m²・K)］

t_1：高温側流体温度［K］　A：固体壁の表面積［m²］

t_2：低温側流体温度［K］　τ：時間［s］

ここで，熱通過率 K は，次式で表されるように，固体壁と両側の流体1・流体2との熱伝達率 α_1，α_2 および固体壁の各構成材の各々の熱伝導率 λ_i と固体壁の厚さ d_i によって決まり，固体壁の厚さに反比例はしない。

$$K=\frac{1}{\left(\frac{1}{\alpha_1}\right)+\Sigma\left(\frac{d_i}{\lambda_i}\right)+\left(\frac{1}{\alpha_2}\right)}$$

(1)　フーリエの法則

$$Q=\lambda\left\{\frac{(t_1-t_2)}{d}\right\}\ (A\cdot\tau)$$

Q：壁を通して流れる熱量［J］　λ：熱伝導率［W/(m・K)］

t_1：高温側壁面温度［K］　A：固体壁の表面積［m²］

t_2：低温側壁面温度［K］　d：壁の厚さ［m］

τ：時間［s］

熱伝導率λは，熱の流れやすさを表す材料固有の定数であり，また，$\left\{\frac{(t_1-t_2)}{d}\right\}$ を温度勾配という。

(2)　ニュートンの法則

$$Q=\alpha\ (\theta_W-\theta_F)\ A\cdot\tau$$

Q：熱伝達量［J］　α：熱伝達率［W/(m²・K)］

θ_W：固体表面温度［K］　A：固体表面積［m²］

θ_F：周囲流体温度［K］　τ：時間［s］

熱伝達率 α は，表面状態，水平との角度，流れの状態などで異なる。

(3)　ステファン・ボルツマンの法則

物体から放射の強さと波長は，物体の表面温度と表面状態によって決まるが，

放射エネルギー量 E は物体の絶対温度 T の 4 乗に比例する。

$$E = \sigma T^4$$

E：放射エネルギー量［$\mathrm{W/m^2}$］　　T：絶対温度［K］

σ：ステファン・ボルツマン定数（5.67×10^{-8}［$\mathrm{W/(m^2 \cdot K^4)}$］）

付録 25　低圧屋内配線工事の種類（R2-A11 関連：p. 37 参照）

低圧屋内配線の施設場所による工事の種類

施設場所の区分		使用電圧の区分	工事の種類								
			がいし引き工事	合成樹脂管工事	＊3 金属管工事	＊1 金属可とう電線管工事	金属線ぴ工事	金属ダクト工事	バスダクト工事	＊2 ケーブル工事	フロアダクト工事
展開した場所	乾燥した場所	300V 以下	○	○	○	○	○	○	○	○	
		300V 超過	○	○	○	○		○	○	○	
	湿気の多い場所または水気のある場所	300V 以下	○	○	○	○			○	○	
		300V 超過	○	○	○	○				○	
点検できる隠蔽場所	乾燥した場所	300V 以下	○	○	○	○	○	○	○	○	
		300V 超過	○	○	○	○		○	○	○	
	湿気の多い場所または水気のある場所	—	○	○	○	○				○	
点検できない隠蔽場所	乾燥した場所	300V 以下		○	○	○				○	○
		300V 超過		○	○					○	
	湿気の多い場所または水気のある場所	—		○	○	○				○	

（備考）○は，使用できることを示す。

＊1　電線管は 2 種の場合を示す。

＊2　電線の種類がケーブルと 3 種・4 種キャップタイヤケーブルの場合を示す。（電技解釈第 156 条の抜粋）

CD 管：直接コンクリート埋設で使用可能。

コンクリート埋設以外は，不燃性又は自消性のある難燃性の管又はダクトに収めて施設する。

PF 管：コンクリート埋設の他，天井内等に施設できる。

＊3　300V を超える場合，金属製ボックスには接地工事を施す。

［執筆者］ 内 山 稔 Minoru Uchiyama
1978年 明治大学工学部建築学科卒業
現 在 ㈱クリマテック

横手幸伸 Yukinobu Yokote
1972年 関西大学工学部機械工学科卒業
現 在 ㈱建物診断センター シニアアドバイザー

伊藤宏之 Hiroyuki Ito
1983年 工学院大学建築学科卒業後，
同大学修士課程建築学専攻修了
現 在 ㈱ T-VIS 代表

飯 田 徹 Toru Iida
1984年 大阪大学工学部環境工学科卒業
現 在 三機工業㈱ R&D センター 主席研究員

松島俊久 Toshihisa Matsushima
1975年 日本大学理工学部電気工学科卒業，修士課程修了
現 在 ティ・エム研究所 代表

エクセレント ドリル
1級管工事施工管理技士
試験によく出る重要問題集

2021年6月2日 初版印刷
2021年6月14日 初版発行

執筆者 内 山 稔（ほか上記4名）
発行者 澤 崎 明 治

（印刷・製本）大日本法令印刷
（トレース） 丸山図芸社

発行所 株式会社市ケ谷出版社
東京都千代田区五番町5
電話 03-3265-3711（代）
FAX 03-3265-4008
http://www.ichigayashuppan.co.jp

 ISBN 978-4-87071-778-7